“十二五”国家重点出版物出版规划项目
国家出版基金资助项目
四川省重点出版资金资助项目

集成电路系统科技创新技术

田书林 叶 芃
曾 浩 刘 科 等著

宽带信号实时捕获与合成技术

2013年国家技术发明二等奖

电子科技大学出版社

图书在版编目（CIP）数据

宽带信号实时捕获与合成技术 / 田书林等著. ——成都：电子科技大学出版社，2015. 12

ISBN 978－7－5647－3309－4

Ⅰ. ①宽… Ⅱ. ①田… Ⅲ. ①宽带通信系统－信号处理－研究 Ⅳ. ①TN914. 4

中国版本图书馆 CIP 数据核字（2015）第 246182 号

宽带信号实时捕获与合成技术

KUANDAI XINHAO SHISHI BUHUO YU HECHENG JISHU

田书林　叶　芃　曾　浩　刘　科　等著

出　　版： 电子科技大学出版社（成都市一环路东一段 159 号信息产业大厦　邮编：610051）
总 策 划： 郭蜀燕
责任编辑： 万晓桐
责任校对： 刘　愚
主　　页： www. uestcp. com. cn
电子邮箱： uestcp@uestcp. com. cn
发　　行： 新华书店经销
印　　刷： 四川煤田地质制图印刷厂
成品尺寸： 170mm×240mm　　**印张** 25. 5　　**字数** 500 千字
版　　次： 2015 年 12 月第一版
印　　次： 2016 年 4 月第一次印刷
书　　号： ISBN 978－7－5647－3309－4
定　　价： 68. 00 元

目录 CONTENTS

第 1 章 概述

第 2 章 高速数据采集与实时存储技术

第5章 复杂信号合成技术

第6章 脉冲波形合成技术

第1章 概　　述

1.1 信号捕获与合成技术简介

门捷列夫曾经说过，“科学是从测量开始的。”随着科学技术的飞速发展，航空航天设备、军用武器系统等高技术产品的复杂程度日益提高。待测参数数量和种类的增加，测试精度要求的提高，测试时间的严格要求，使得传统的人工检测手段已经无法满足现代化装备测试的要求，自动测试系统正逐步成为复杂系统与设备研制、验收、运行的必要保障。典型的自动测试系统主要由待测系统、激励信号源、参数获取装置以及相关的控制器、测试总线构成，如图1-1所示。

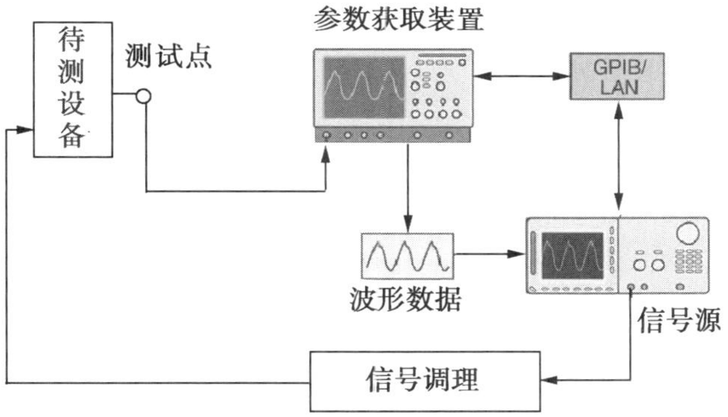

图 1-1　典型的自动测试系统组成

随着现代电子技术，特别是军事电子技术革新带来的新体制武器装备的发展与应用，电子信号呈现出高度复杂化的发展趋势，主要体现在：信号频率上限、信号带宽和调制带宽不断拓展，调制种类不断增加，信号波形任意化趋势加剧，信号频率分辨力和捷变速率大幅提高。这一趋势，对作为电子测试领域两大根本的测试信号捕获与合成技术，以及相应的电子测试仪器，都提出了新的挑战。

同时，科学研究和重大工程面对大量诸如深空探测、模拟核爆、战场环境下雷达回波等瞬态复杂信号。它们带宽极高、波形特征丰富，实时捕获（采集和处理）是获取其重要信息的前提；同时，产生信号的真实场景往往难以复现或风险代价极高，通过信号合成技术进行模拟至关重要。这些都对信号实时捕获与合成技术及相关科学仪器提出了迫切的需求。

由于信号本身的复杂性和测试应用目的的差异性，无论是测试信号合成还是获取，所涉及的研究领域和覆盖的技术范围都非常宽泛，单个研究者毕其一生也往往难尽一二。但是，随着数字化技术的不断发展，采样技术在测试信号捕获与合成中得到了广泛的应用，图 1-2 给出了基于数字采样的测试信号捕获与合成系统的基本结构。从理想角度看，信号捕获与合成是一个互逆的过程，所涉及的技术是完全统一的。如果 ADC、DAC 的转换速率和精度足够，其他器件工作速率匹配，采样技术可解决除输入/输出通道外测试信号合成与获取的几乎全部问题。尽管由于器件限制等原因，事实上数字采样技术并不能包打天下，目前主要依赖该技术的电子测试仪器在实现上也还有限，但它代表着未来测试仪器的技术发展方向，已经并将持续成为信号捕获与合成的研究热点之一。

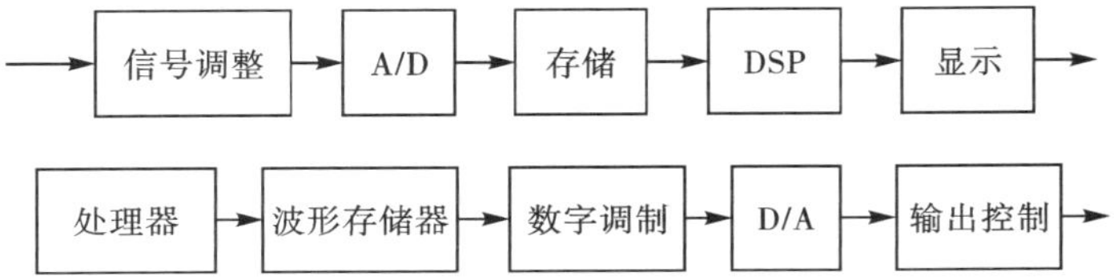

图 1-2　基于数字采样的测试信号捕获与合成系统的基本结构

在信号捕获方面，数字采样技术应用更为广泛，数字电压表、数字存储示波器（DSO）、数字化仪、波形分析仪等仪器的技术实现几乎完全依赖采样技术；而基于数字中频技术的实时频谱分析仪、无线通信分析仪等测试仪器中，数字取样和实时信号处理技术已成为整个技术体系中的核心。而且，随着A/D取样速率和精度的不断提升以及 DSP 理论与技术的日益成熟，射频/微波测试仪器的实现技术也正从以传统扫频技术为核心向以数字取样和实时处理技术为核心转变，基于实时采样的时域测试仪器，如数字示波器、高精度数字化仪等正在成为现代电子仪器的主流发展方向，孕育着电子仪器体系和测量方法的重要变革。

高实时采样率和高采样精度同样也是信号捕获技术中亘古不变的追求，它表征系统捕获宽带、瞬态和大动态范围信号的能力。在技术侦察等军事应用中，需要一次尽可能多地捕获信号，因此能够在最高采样率下进行连续存储的高速大容量存储系统，对信号分析至关重要。在以数字存储示波器为代表的实时观测仪器中，由于处理和显示时间的存在，无法实现“无缝捕获”（不间断采样），传统数字示波器采样捕捉时间通常只占总观测时间的2%左右，这意味着在“盲区时间”将会漏掉98%的波形细节，几乎不可能观测信号中的偶发事件。因此，如何提高波形捕获率也是时域测试中一个重要的研究课题。在多通道数据采集应用中，通道之间的精密同步十分关键。例如，通过辐射源电磁频谱对目标进行测向定位，要求通道之间同步能力达到100ps左右，这一接近传输路径基底抖动的指标限制，仅靠布线布局和精密调整手段显然无法逾越。

在信号合成方面，由于受DAC转换速率和固有特性限制，采用数字采样技术产生波形的最高频率和频谱纯度都较低，其应用受到一定限制。但由于传统信号合成方式难以穷尽测试所需的千差万别的复杂波形，数字取样技术在任意信号合成中成为不可替代的选择，其核心是数字直接频率合成（DDS）技术。基于DDS技术产生任意信号合成技术具有频率分辨率高、频率切换速率快、频率切换时相位保持连续等优点，在通信、雷达及对抗等领域得到了广泛应用。高性能任意波形发生器能够生成或复现理想的、无失真“现实”信号，产生具有噪声和抖动、预加重、多电平、宽带RF和快速变化等特性的信号，在设计和测试流程中至关重要。

随着电子设备，尤其是武器装备工作频率和复杂度的迅速提高，对任意波形发生器的采样率、波形带宽、波形存储深度、频率稳定度、幅度精度、信号失真度、边沿陡峭程度、波形细节描述能力等性能指标都提出了越来越高的要求。例如，使用任意波形发生器模拟叠加了干扰信息的雷达视频信号是验证雷达接收机性能的常用手段，但要满足雷达视频信号（30～50）MHz带宽，更好地模拟“真实”干扰情况，需要任意波形发生器具备400MHz以上的信号带宽和1Gsps以上的最高采样率；在技术侦察和对抗应用中，还希望波形精度尽可能高、波形持续时间尽可能长。但DAC、存储器等关键器件的工作速率瓶颈，极大地制约了高速高性能信号合成技术的发展。目前，高速信号合成技术的研究重点和难点主要在于：如何尽可能提高合成波形的质量；如何不断提高采样率和采样精度；如何实现大容量的波形存储和波形编辑；如何快速、灵活地产生各种复杂的调制信号。

由此可见，高采样率、高精度、高捕获率、高速大容量存储和通道精密同步等技术是目前高速信号捕获和产生技术研究中的几大难题。

上述种种难题极大地制约着高速信号捕获和产生技术以及相关测试仪器的发展和应用。在我国，由于研究水平上的差距、集成电路工业的整体滞后和西方国家的限制等原因，体现尤为突出。

1.2 信号捕获与合成测试仪器

1.2.1 信号捕获测试仪器

自然界运行着各种形式的波，比如海浪、地震、声波、爆破、空气中传播的声音，或者身体运转的自然节律等等。物理世界里，能量、振动粒子和不可见的力无处不在。即使是光（波粒二象物质）也有自己的基频，并因为基频的不同呈现出不同的颜色。人类对客观事物的认知从未停止，研究方法多种多样，其中测量是主要方法之一，也是一切科学的基础。通过传感器将声音、机械应力、压力、光、热等物理激励源转变为电信号，再通过电子仪器进行观察和测量是人类研究各种物理现象最简便和有效的手段。

示波器是信号捕获类测试仪器的典型代表，也是电子测量领域中的常用仪器，它用于观察、测量和记录各种瞬时物理现象，并通过波形方式，显示出物理现象与时间的二元关系。其实质就是一台图形显示设备，通过它描绘出的电信号的波形曲线可直观揭示出诸如信号的时间和电压、频率、噪声、AC 和 DC 成分、失真等信息。它是用途最广泛的测试仪器，是基础科学仪器的代表，也是国家仪器制造水平的重要标志。从科学家、工程师到教育工作者和电器维修人员，从科学研究、技术发明到生产制造和产品维护，示波器都被广泛使用，并且必不可少。例如，汽车工程师使用示波器来测量发动机振动，医师使用示波器测量脑电波，军事上使用示波器来进行武器射击瞬态捕获，通信上使用示波器进行信号分析等。

示波器作为对信号波形进行直观观测和测量的电子仪器，其发展历程与整个电子技术的发展息息相关。按照出现时间的先后，示波器技术的发展经历了从模拟实时示波器（Analog Real-Time Oscilloscopes，ART）到数字存储示波器（Digital Storage Oscilloscopes，DSO），再到数字三维示波器（Digital Three-dimension Oscilloscopes，DTO）的过程。

首先，阴极射线管（CRT）的发明为示波器能够直观显示波形奠定了基础，它是 1878 年由英国 W. 克鲁克斯发明的，至今有一百多年历史。但直到 1934 年，B. 杜蒙发明的 137 型示波器，才被称为现代示波器的雏形。随后，国外创立的许多仪器公司成为示波器研究和生产的主要厂商，对示波器的研究和生产起到了很大的推动作用。

示波器的发展过程大致可以分为三个阶段。

（1）模拟示波器

20 世纪 30～50 年代是模拟示波器诞生和实用化阶段，在这个阶段诞生了许多种类的示波管，如通用的模拟示波器，记忆示波器——一种为观测高频周期信号的取样示波器，并已达到实用化。但由于当时的技术水平，示波器的带宽仍很有限，1958 年时模拟示波器的最高带宽达到 100MHz，而我国第一台电子示波器也在此时诞生了。20 世纪 60 年代是技术水平不断提高的阶段。如模拟示波器带宽从 100MHz，150MHz 到 300MHz，取样示波器的带宽达到了 18GHz。

模拟示波器的 X，Y 通道对时间信号的处理均由模拟电路完成，整个处理均采用模拟方式进行，即 X 通道提供连续的锯齿波电压，Y 通道提供连续的被测信号，它们均为连续信号，而 CRT 屏上的图形显示也是光点连续运动的结果，即显示方式是模拟的。

模拟示波器可分为通用示波器、多束示波器、取样示波器、记忆示波器和专用示波器等。通用示波器采用单束示波管，它根据能在荧光屏上显示出的信号数目，可分为单踪、双踪、多踪示波器。多束示波器又称多线示波器，它采用多束示波管，荧光屏上显示的每个波形都由单独的电子束扫描产生，能同时观察、比较两个以上的波形。

将要观察的信号经衰减、放大后送入示波器的垂直通道，同时用该信号驱动触发电路，产生触发信号送入水平通道，最后在示波管上显示出信号波形。这是最为经典且传统的一类示波器，因此，也常称为通用示波器，其内部电路均为模拟电路。在 100MHz 以下的示波器中，模拟示波器占多数，且具有较高的性价比。

取样示波器是采用时域处理技术将高频周期信号转换为低频离散时间信号显示的，从而可以用较低频率的示波器测量高频信号。由于信号的幅度尚未量化，这类示波器仍属模拟示波器。

记忆示波器采用有记忆功能的示波管，实现模拟信号的存储、记忆和反复显示，特别适宜观测单次瞬变信号。

专用示波器是能够满足特殊用途的示波器，又称特种示波器。如矢量示波器、心电示波器、电视示波器、逻辑示波器等。

（2）数字存储示波器

数字示波器是 20 世纪 70 年代初发展起来的一种新型示波器。数字示波器对 X，Y 方向的信号进行数字化处理，即把 X 轴方向的时间离散化，Y 轴方向的幅值量化，获得被测信号波形上的一个个离散点的数据。

1972 年英国的 Nicolet 公司发明了第一台数字存储示波器（DSO）。数字存储示波器采用了微处理器进行控制和数据处理，因此具有超前触发、毛刺捕捉、波形处理、长时间波形存储等模拟示波器所不具备的功能。进入 20 世纪 80 年代，随着现代测试技术的不断发展，在电子信号测量领域中对各类微弱信号、高频信号或复杂信号进行快速、精确的测量的要求越来越高，功能方面除了对信号电压、频率、周期等常见参数的测量外，还要求能够提供诸如信号幅值概率分布、信噪比、抖动、频响函数等复杂的波形参数测量。模拟示波器的性能已不能满足测试需要。与此同时，高速 ADC 技术的快速发展促使了数字存储示波器的异军突起，大有全面取代模拟示波器之势。到了 90 年代，数字示波器带宽已提高到 1GHz 以上，性能全面超越了模拟示波器。在这一时期，美国的泰克和惠普公司都对数字示波器技术的发展做了重要贡献，随着他们对模拟示波器的停产，模拟示波器逐渐退出了历史舞台。尽管如此，DSO 仍然有不足之处，其有限的波形捕获速率、缺少了亮度等级的波形显示，使其捕获毛刺、观测信号概率分布等能力较低。

（3）第三代数字存储示波器

模拟示波器用阴极射线管显示波形，示波管的带宽与示波器相同，亦即示波管内电子运动速率与信号频率成正比，信号频率越高，电子速率越快，而示波管屏幕的亮度与电子束的速率成反比，低频波形的亮度高，高频波形的亮度低。因此，利用荧光屏幕的亮度或灰度可以很容易获得信号的第三维信息。这种与时间有关的荧光余辉效应对观察混合波形和偶发波形十分有效。而数字存储示波器由于是数字处理，它只有两个状态，非高即低，原则上波形只有“有”和“无”两种显示，没有灰度和余辉显示功能。因此，数字示波器技术又开始朝着模拟化方向发展，尽量去吸收模拟示波器的优点，数字模拟多层次亮度变化的荧光效果。数字三维示波器（DTO）应运而生。

泰克公司于 1999 年开始推出并迅速发展的新一代示波器平台——数字荧光示波器（Digital Phosphor Oscilloscope，DPO），是数字三维示波器的典型代表。DPO 不但具备数字存储示波器的数据存储和分析、先进的触发等功能，而且具有和模拟实时示波器相当的波形捕获速率和辉度等级显示，能以数字形式模拟亮度渐次变化的化学荧光效果。它成功融合了模拟领域和数字领域的优势，在实验室和工业现场等高端测试领域中大显身手。

数字示波器通过模数转换器（ADC）把被测电压转换为数字样值并存储，再通过处理器重构波形。数字示波器与模拟示波器相比有着显著的优点，它不但具有高带宽、高采样率等特点，还具有波形存储、参数测量、信号分析、自动设置以及丰富的触发等功能。随着ADC取样带宽的增长和数字信号处理（DSP）理论技术的日益成熟，基于实时采样的数字示波器逐渐成为现代测试仪器的主流。

数字示波器的核心技术是信号获取与处理。随着信号带宽、非平稳特性以及信息量的急速增长，信号的高速获取与实时处理成了测试领域公认的国际难题和研究热点。具体而言，足够的高速、高精度采样性能以及信号实时捕获能力是满足宽带、瞬态和无缝等现代测量需求的关键。

示波器的采样性能主要取决于ADC等关键器件的指标。国内对ADC的研究因受到材料、芯片工艺等因素的制约，限制了其技术指标的快速提升。目前，国产ADC速率仅能达到1Gsps，国外允许提供国内市场的ADC最高速率也仅为5Gsps。而一般的超宽带测试，如针对PCI Express（2.5Gbps）链路传输的信号完整性测试，需要测试3～5次谐波，采样率至少要求20Gsps。由此可见，高速ADC器件发展水平滞后是阻碍我国高端测试仪器进步的主要因素。解决这一核心问题的办法主要有两个：一是加大在集成电路技术上的研究投入，力争尽快提高国产ADC等器件的性能指标；二是加快对大规模并行采样非均匀和非一致性问题的研究进度，力争迅速突破ADC等器件的速率限制。

示波器的信号测量能力主要取决于信号高速测量方法、仪器的体系架构、波形重建与显示方法等因素。传统的数字存储示波器，由于采用的是采集、处理、显示串行工作的体系结构，导致其采集死区时间长，波形捕获率很低（通常在100wfms/s以内），容易遗失信号细节，错过瞬态事件。同时，DSO在显示效果上没有如模拟示波器般的辉度等级变化，只能以二维形式（幅度、时间）捕获信号，以单一颜色显示波形，因此无法获取信号出现的概率信息。由此可见，在突破了仪器高速采样性能后，随之而来的问题就是如何尽可能地提高示波器的波形捕获率并改善显示效果，最终提高测试效率。解决这一核心问题需要从研究示波器的体系结构上着手。

数字存储示波器与模拟示波器相比增加了数字环节，加强了触发能力，增加了自动测量功能，并且能够存储捕获的信号。在显示方面采用了液晶显示器，解决了带宽对CRT显示器的限制。然而在结构方面，数字存储示波器采用的是一种串行处理的体系结构，如图1-3所示。信号经过调理、采样、存储后，需要等待微处理器完成对采集数据的分析运算并处理成波形图像后才能显示，这一过程通常需要花费毫秒级的时间，并且此时系统是不能进行信号采集的，因此数字存储示波器一般存在着毫秒级的死区时间，在这个死区时间内出现的异常信号将被漏失。而模拟示波器，从信号采集一直到在 CRT 上显示出波形，都是纯粹的模拟通道，仅在扫描的回扫时间及闭锁（holdoff）时间内不采样信号，相比之下，数字存储示波器的波形捕获率远不如模拟示波器。DSO 的波形捕获速率很低，通常在 100wfms/s 以内。

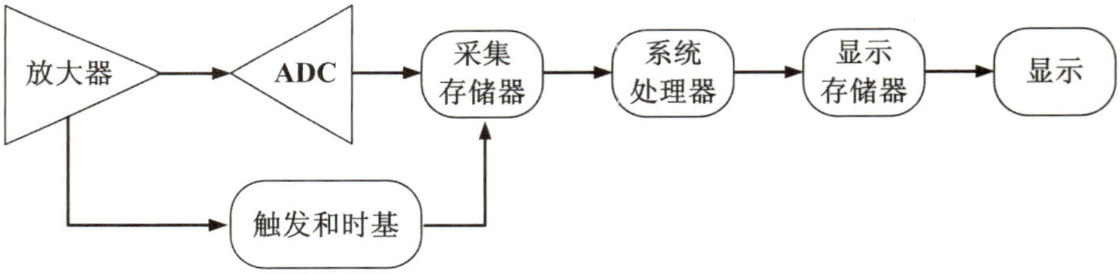

图 1-3　串行工作构架的数字化时域测试仪器

为了从根本上突破串行体系结构的速率瓶颈，减小或彻底消除死区时间，泰克公司推出了以数字荧光技术为核心的第三代示波器 DPO，这是一种数字三维示波器，它基本解决了 DSO 波形捕获率和显示效果两大难题。

数字三维示波器，是以三维数组的形式，即以幅度、时间和振幅随时间变化的分布情况进行数据采集处理、存储及显示。数字三维示波器采用了一种显示单元和数据处理单元并行的架构体系，其结构如图 1-4 所示。基于 ASIC 硬件技术的波形图像处理器专职负责将采集数据高速映射为具有辉度等级的波形图像，并不断地刷新屏幕显示，从而将处理器从显示管理任务中解放出来，并行完成系统控制、数据处理等工作，大大缩短了系统的死区时间，提高了示波器的波形捕获速率。高端 DPO 每秒钟可捕获 400 000 幅波形，超越了模拟实时示波器的极限，其信号数据比一般的 DSO 多数千倍，并且这种三维数组结构还能实现灰度或彩色亮度层次的荧光效果显示。

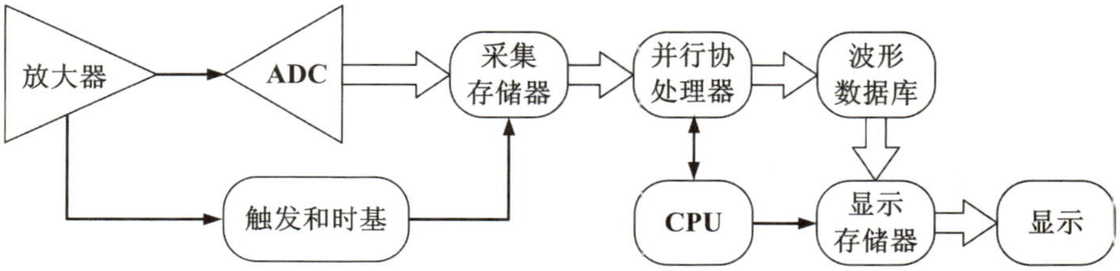

图 1-4　并行工作构架的数字化时域测试仪器结构示意图

这种快速波形捕获速率结合高超的显示能力，使数字三维示波器能够捕捉并显示当今复杂的动态信号中的全部细节和异常情况，增加了证明数字系统中的瞬态事件的可能性。

1.2.2 信号合成测试仪器

在测试系统中，激励信号源作为输入设备，并不直接测试任何参数。其作用是为待测系统提供激励信号，或者产生仿真信号，模拟电子设备所需与实际环境特性相同的信号，其性能指标与待测对象密切相关。随着各种待测系统工作频率、复杂程度越来越高，测试信号激励源也面临着新的挑战。一方面，不仅需要信号激励源具备复杂波形的输出能力；另一方面，还对输出频率、波形质量、输出通道数目以及输出信号之间的同步能力等功能指标提出了更高的要求。

任意波形发生器（Arbitrary Waveform Generator，AWG）是近年来飞速发展起来的一类通用信号源。与传统信号源相比，任意波形发生器的最大优势在于其产生信号的方式灵活。它不仅能产生正弦波、方波等标准波形，还具有输出频率稳定度和分辨率高、频率切换速率快，并且切换时输出波形相位连续等优点。它还可以通过波形编辑软件，根据用户的测试需求仿真被测产品在实际条件下运行时所遇到的“真实世界”信号，生成任意波形激励信号，重演由数字示波器捕获的波形，模拟甚至替代来自某个尚未安装元件的信号或测试过程中难以重复或很难通过元件和传感器生成的信号。例如：在飞机的可行性和稳定性测试中，模拟试机时螺旋桨的运行情况；在军用通信接收机测试中，仿真接收到的信道衰减信号；在低截获概率雷达的应用中，产生复杂且捷变的波形等。目前，任意波形发生器已经取代传统信号源，广泛应用于磁盘驱动器测试、串行数据通信、基带/IF 调制测试、汽车防抱死、发动机控制、变频器和生物医学模拟等领域，具有广阔的市场前景。

图 1-5 是任意波形发生器的主体结构，主要由控制接口模块、任意波形合成模块和信号调理模块三部分组成。其中，控制接口模块提供相应的总线接口和用户接口，管理并调度各功能模块协同工作；任意波形合成模块是任意波形发生器的核心，其实质是如何根据用户的需要产生波形信号，以及在波形确定的情况下如何通过参考频率源产生频率可变的波形；信号调理模块对输出波形进行滤波、幅度控制、偏移控制等处理，一方面保证输出波形的质量，另一方面根据用户的需要调节波形的幅度、偏移等输出参数。

由于传统信号合成方式难以涵盖测试所需的各种复杂波形，数字取样技术成为任意波形合成方法不可替代的选择，其核心是直接数字合成（Direct Digital Synthesis，DDS）技术，原理如图 1-6 所示。以正弦波信号合成为例，波形查找表中存放一个周期正弦波形的样本数据，N 位的频率控制字 K 在采样时钟的每一个上升沿累加一次，其累加结果截取高 M 位后作为地址对波形查找表进行查

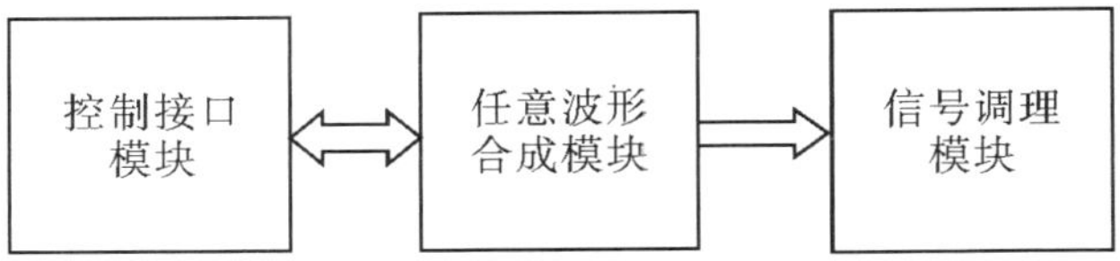

图 1-5 任意波形发生器主体结构

表操作，完成输出信号相位值到幅度值的转换，波形查找表的输出经过数模变换后传送至低通滤波器滤除杂散信号，产生纯净的正弦波。在合成所需的任意波形时，只需要将波形查找表中的正弦信号数据替换为一个周期的任意波形信号的幅度量化值，其余工作原理与产生正弦信号一致。

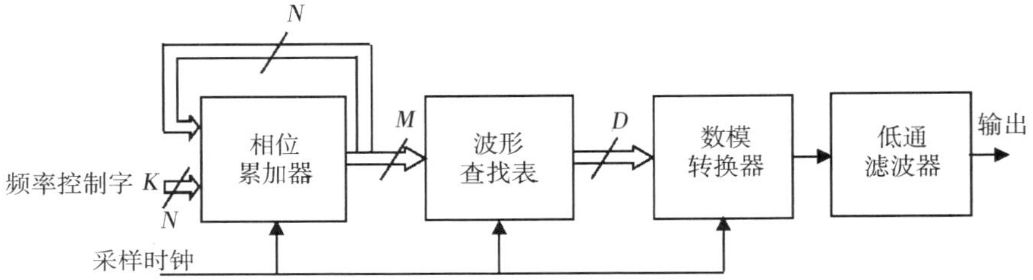

图 1-6 DDS 原理

从 DDS 的工作原理来看，任意波形的合成是信号捕获的一个逆过程；从应用的角度来看，任意波形合成技术的发展和指标需求也和信号采样与存储技术的发展密不可分。任意波形合成中的一些关键技术有下面几种。

1）提高采样频率——根据奈奎斯特采样定理，任意波形合成技术所能重构信号的最高频率应小于采样时钟频率的一半。工程应用中，由于受杂散位置和低通滤波器非理想特性的限制，通常输出信号的最高频率取参考时钟频率（采样频率）的 40%左右。采样率越高，所能模拟的信号带宽就越宽。根据 DDS 的原理，任意波形合成的最高取样率取决于相位累加器、波形查找表和数模转换器（Digital to Analog Converter，DAC）中的最低者。为了信号合成的灵活性，相位累加器一般采用可编程逻辑器件进行设计，而波形查找表选择可在线编程的存储器，如 SRAM、SDRAM、Flash 等。但是受集成电路工艺限制，各种器件的工作速率成为制约任意波形合成采样率提高的主要瓶颈。为了获得较高输出频率的激励信号，现代射频和微波系统应用中，通常要在输出级采用多级复杂的倍频或混频变换。这一方面增加了硬件的复杂性，另一方面混频带来的附加频率也容易引起信号失真。而提高采样频率、扩大信号直接输出的频率范围或带宽，不仅可以直接在时域内产生所需的激励信号，同时也可以提高测试系统的实时性。因此，提高任意波形合成的采样率长期以来就是国内外任意波形合成研究中的热点。

2）改善输出波形质量——作为一种基于数字技术的波形合成方法，任意波形合成过程中都具有较多的误差来源。主要的误差来源是DDS各功能模块的数字化误差，包括相位截断误差、幅度量化误差、DAC保持特性误差以及时钟相位噪声误差等。其典型的表现为降低输出信号的信噪比或恶化输出信号的幅频特性。目前，针对单DDS的误差分析已有一些研究，并取得了一些有意义的结论。随着采样率的提高以及多DDS并行合成方法的采用将引入更多的误差来源，同时这些误差分量对信号频谱及幅频特性的影响将更为复杂。进一步研究误差来源对输出波形的影响情况，以及在提高采样频率的同时改善输出波形的质量，是高速任意波形合成的关键技术及难点。

3）增加存储深度——信号的样本经过幅度量化后存放在波形查找表中，查找表所能存储的样本的最大个数定义为存储深度。存储深度越深，表示用来描述信号一个周期的样本数目越多，这样就能描述复杂度更高的波形，所描述波形细节的效果也就越好。另外，随着持续采样技术与海量存储技术的发展，在一些测试验证过程中常常对现场信息进行长时间捕获与记录，用于后续分析以及回放，这对任意波形合成技术的存储深度以及持续信号合成能力提出了较高的要求。如图1-7所示的一种数据采集与复现系统中，数据采集存储系统将野外现场获取的实验数据经数据处理单元处理后送到任意波形合成系统，以复现野外现场的真实环境，验证待测系统的性能指标。这就要求任意波形合成系统与数据采集存储系统的采样频率一致，且存储容量应大于或等于数据采集存储系统的存储容量。随着海量存储技术的发展，采集系统的存储容量已可高达数百吉字节，但目前高速任意波形合成系统的存储容量仅有数百兆字节，差距较为明显。此外，单纯地依靠提高任意波形合成系统的板载存储容量将带来设备体积的增加、布局布线难度的升高，实现上较为困难；而依靠传统总线技术进行数据的实时传送一方面无法满足数据吞吐量的要求，另一方面也无法满足数据之间的定时需要。因此，大容量/“可持续”任意波形合成技术是研究高速任意波形实时重现系统的关键。

4）相位控制与多通道精密同步——应用任意波形合成技术进行信号模拟时，常需要模拟多个具有一定相位关系的激励信号。图1-8是用任意波形发生器模拟电力线三相交流电信号。其中，在相位1交流电的某一个时刻，模拟了波形的瞬变情况。由于三相交流电各相之间相差为120°，因此，要求任意波形合成技术不仅能正确地产生波形信号，还能对输出信号的相位进行控制。在混

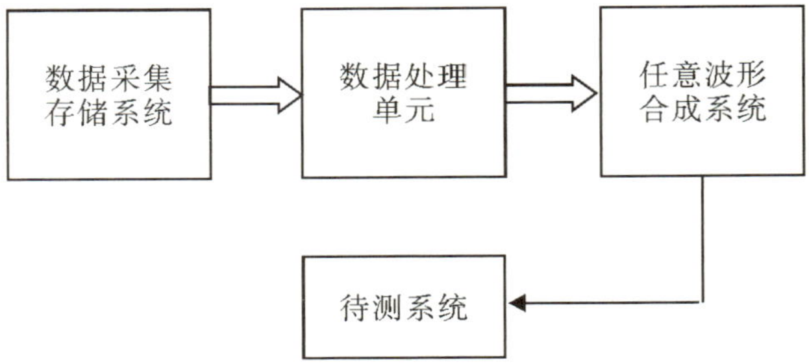

图 1-7　数据采集与复现系统

合测试系统中，为了降低参数获取设备的硬件开销、缩短测试时间、保障测试精度，一方面希望所需的多种激励信号同时输出，另一方面希望在启动激励信号输出的同时才进行参数的获取。这要求激励信号源具有能够接收外部信号进行同步的能力。从任意波形合成的原理可知，相位控制的精度一方面由相位控制的分辨率保证，另一方面由各输出信号的同步精度保证。但在一些要求严格的场合，例如利用任意波形发生器模拟 I/Q 调制信号时，两通道之间的相位偏差甚至小于 0.01°。由于布局布线及传输延迟等因素的影响，单纯从物理上保证通道间信号的同步精度非常困难。因此，精密同步是多通道任意波形合成的关键技术之一。

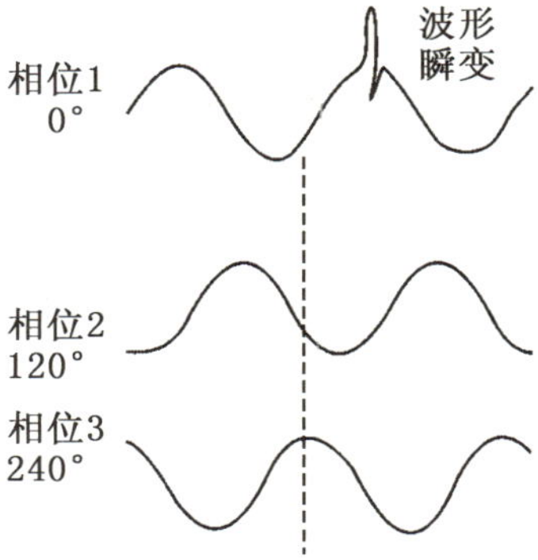

图 1-8　利用任意波形发生器模拟三相交流电信号

1.3　信号捕获与合成关键技术

现代信息处理要求以及波形任意化等特征使以数字化为基础实现信号实时捕获与合成成为必然。如图 1-9 所示，无论是捕获还是合成，本质上都是基于采样定理，其组成核心都是同步、采样和处理，只不过捕获的基础是模数转换（A/D），而合成的基础是数模转换（D/A）。

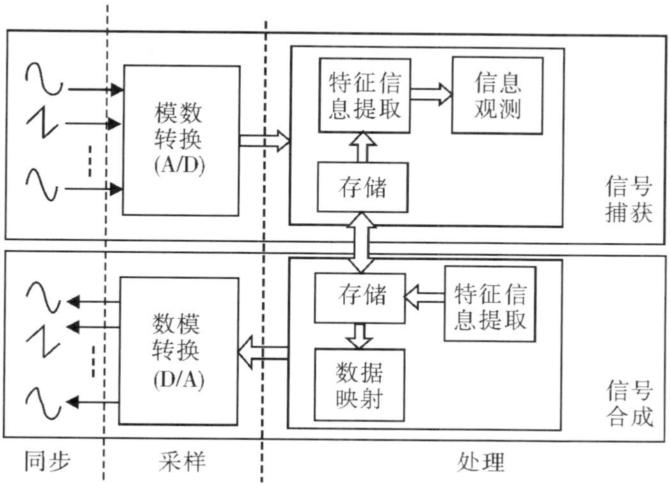

图 1-9 信号捕获与信号合成

采样率直接决定系统带宽，高采样率是实现宽带信号捕获与合成的基础；捕获率是单位时间内采集和处理的波形量，反映相邻捕获之间的死区时间大小，表征系统实时性，高捕获率是实现无缝捕获的核心；对于普遍存在的多通道信号应用，高精度同步是保证信息完整性和系统协同的关键。下面简要介绍一下信号捕获和合成的几个主要关键技术。

1.3.1 基于伪插值和自适应综合校正的大规模并行采样技术

大规模并行是提高采样率的有效途径。但是，①DAC 由于受自身幅频特性的限制，无法实现两路以上并行；②ADC 尽管理论上不受并行路数限制，但由于并行所引起的非均匀问题难以解决，实际并行规模有限。本节提出基于频谱扩展的并行伪插值方法，使 DAC 并行规模理论上不受限制；同时采用自适应综合校正技术，解决了非均匀实时校正难题。

在 ADC、DAC 等关键器件的工作速率受限的情况下，并行方式是提高采样率的几乎唯一途径。美国安捷伦、泰克等公司通过真插值技术突破 DAC 速率的瓶颈，但受制于 DAC 输出幅频特性过零点和开关抖动，仅能实现 2 路并行合成。尽管 ADC 并行路数理论上不受限制，但并行引起的非均匀导致指标劣化，而现有的非均匀校正算法实时性和重复性差，制约了并行规模的提高。

为提高并行规模，进而实现采样率的大幅提升，本节提出如下主要创新方法。

（1）基于频谱扩展的伪插值技术。DAC 的幅频特性曲线在采样频率的整数倍处出现过零点，当并行超过 2 路时导致输出幅频特性曲线也产生过零点，频率扩展受限。该技术采用频谱扩展方法，将幅频特性曲线过零点后移，结合时钟相位精密调整等技术，突破了这一限制，基本思路如图 1-10 所示。

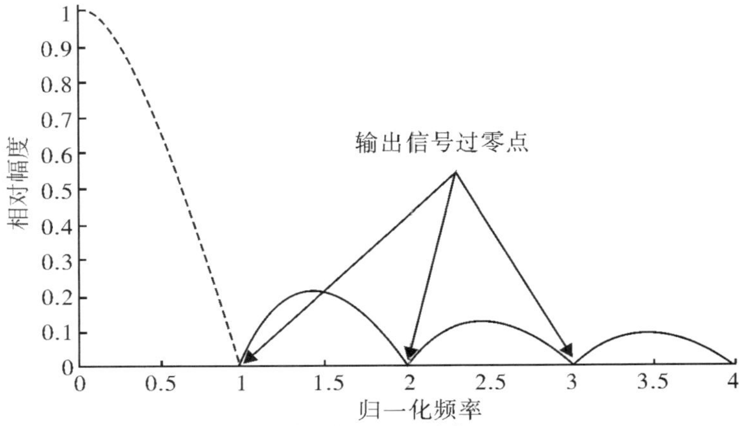

(a) 传统方法（过零点近）

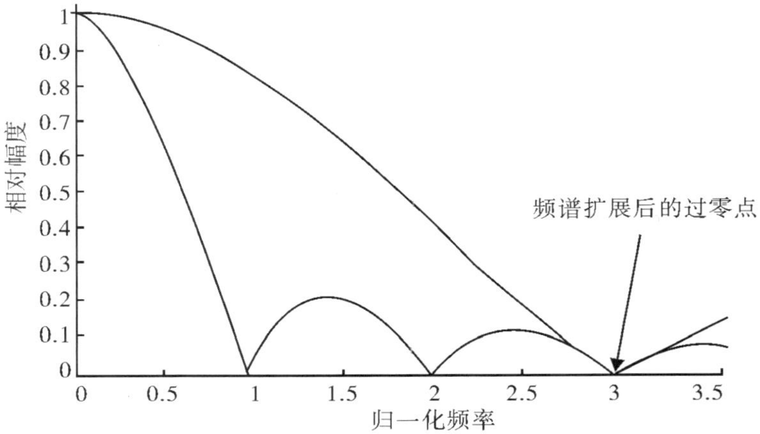

(b) 大规模并行采样技术成果（过零点远）

图 1-10　伪插值频谱扩展示意图

设 N 为并行路数，k 为频率控制字，M 为相位累加器的位数，N 路并行伪插值合成后输出波形频谱特性为

$$Y(\mathrm{j}\omega)=\frac{N\pi}{\mathrm{j}T}\sum_{n=-\infty}^{+\infty}\left\{\begin{aligned}&\delta(\mathrm{j}(\omega-(nN\omega_{\mathrm{s}}+N\omega_{\mathrm{o}})))-\\&\delta(\mathrm{j}(\omega-(nN\omega_{\mathrm{s}}-N\omega_{\mathrm{o}})))\end{aligned}\right\}H(\mathrm{j}\omega) \tag{1-1}$$

（2）自适应综合校正技术。该方法建立了通道失配误差综合估计模型，通过自适应算法降低对系统存储资源的要求，并采用松弛算法进行解耦，一次性实现三种失配误差性能函数的梯度搜索，减小失配误差依次估计所导致的累积时间。图 1-11 中虚线为四路 DAC 并行采样校正前的幅频特性，实线为采用本方法校正后的效果。对比可见，该技术有效提高了系统带宽。

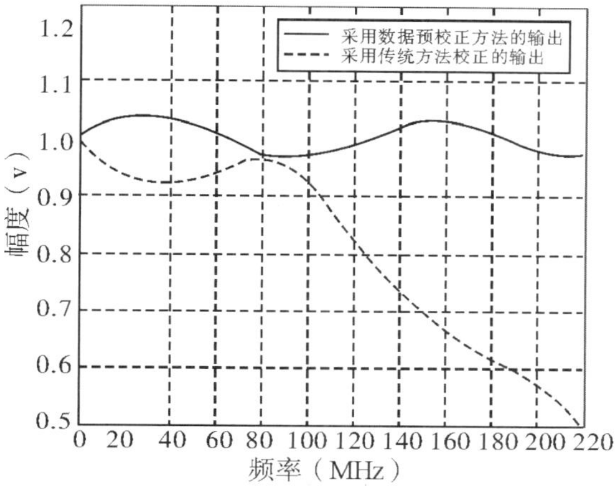

图 1-11 校正效果比较

1.3.2 极高波形捕获率技术

采样率提高对数据实时处理能力提出了挑战。以美国泰克高端示波器 DPO70000 为例，其 25Gsps 采样数据流远高于存储器、CPU 等处理器件速率等级（(1～2) GHz)，采用传统串行或简单并行方法处理，捕获中的死区时间高达观测总时间的 90%以上，将漏失偶发信号（如图 1-12 所示）。

泰克的 DPX 专利技术利用专用 ASIC 提高波形处理能力，安捷伦的 Mega Zoom 专利技术利用深存储结合多核 CPU 提高波形处理能力，但它们实现复杂，实时性仍有不足。本节采用一种多体交叉的阵列映射构架，通过硬件将采集数据直接映射为三维波形，实现极高的波形捕获率。

本节提出信号样点多体交叉阵列映射方法，将高速采样数据流交由多个波形映射阵列并行处理，结合大规模并行采样、多路信号精密同步技术，将 20Gsps 采样数据流的处理速率降低到 1GHz 以下。该架构下各波形映射阵列并行工作、互不干扰，仅在显示刷新时交替有序地吐出三维波形图像，实现多路映射单元时间轮转成像，从而解决了高采样率下波形数据实时处理与观测难题，大幅降低了死区时间，系统结构如图 1-13 所示。

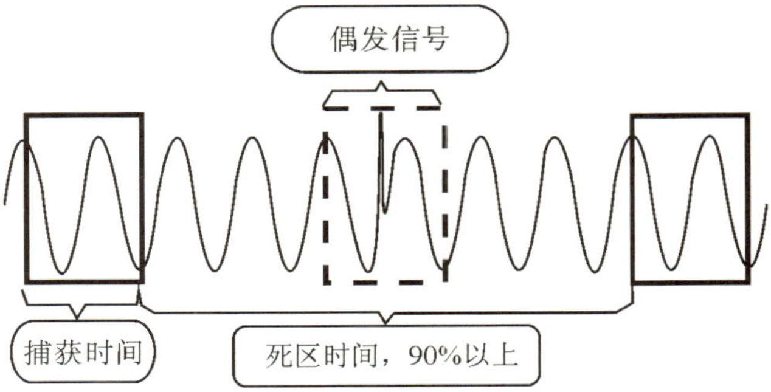

图 1-12　长死区时间导致偶发信号遗失

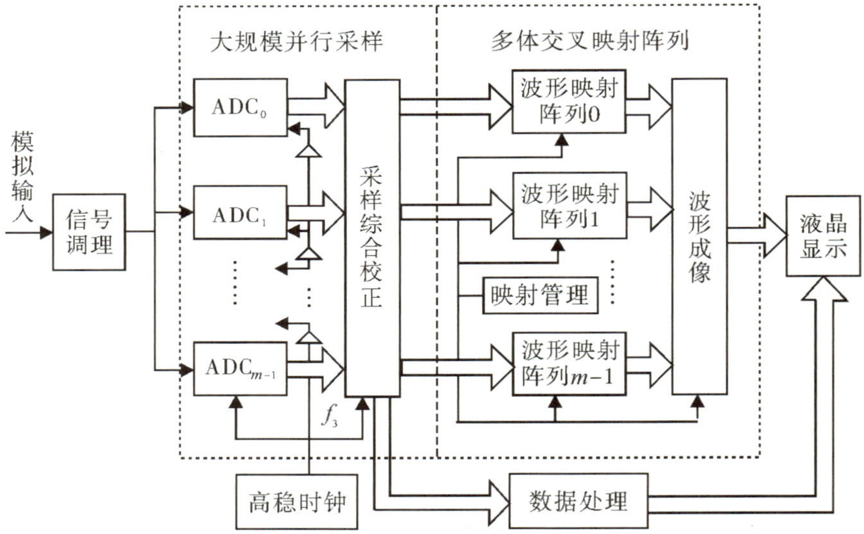

图 1-13　多体交叉阵列映射系统结构框图

波形映射原理如图 1-14 所示。波形映射单元由基于实时更新且与波形图像点阵一一对应的三维波形数据库实现。将被测信号的幅度、时间以及幅度随时间的分布，以三维数组的形式进行采集和存储，并通过不同辉度等级或颜色层次的显示方式进行实时成像。数据库各元素数值大小代表波形图像点的辉度等级，反映了波形点出现的概率。

经计算和实测：在 20Gsps 采样率下，多体交叉映射和单路映射相比，死区时间占总观测时间的比例由 91.25％减小到 30％，波形捕获率提高了 8 倍。

1.3.3　高速大容量数据存储与硬件协处理技术

随着 A/D 转换器（ADC）的发展以及时间交替并行采样技术的成熟，数

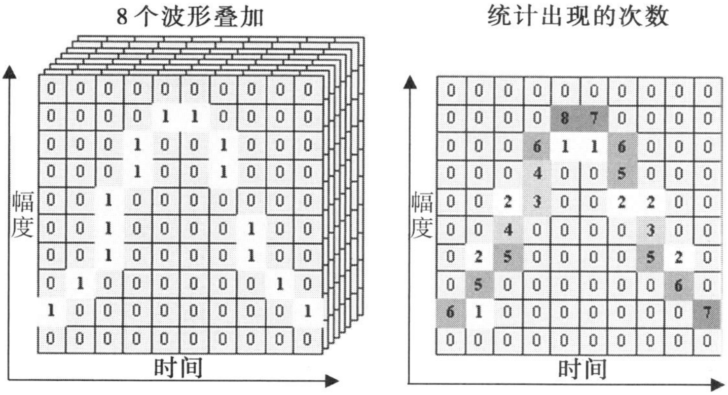

图 1-14　三维波形映射示意图

字系统采样率越来越高，而超高速数据采集系统的实现无疑对系统采集到的海量数据的存储和处理能力提出了新的要求；同时，随着存储深度的增加，数字波形记录的处理时间加长，极大降低了系统的波形捕获率，可见在提高存储深度的同时解决响应速率慢、波形捕获率低等问题是数字示波器发展所面临的关键技术问题之一。

高速大容量存储部分一般采用双速率存储器规模化并行组结构，在当前芯片技术条件下，以降采样、位宽拓展的方式解决高速大容量数据存储瓶颈，并辅以一种错位位宽转换和有效样值抽取新技术，实现在深存储条件下对信号特征的快速提取和有效运算，保证系统的高速采样与实时分析能力。

高速的采样率和海量的存储深度有助于提高系统分析波形细节的能力，但同时也会导致系统响应速度下降。基于此，本节提出了深度存储条件下波形快速定位与缩放的硬件后处理技术，解决加大深度存储所带来的响应速度慢、波形捕获率低和海量存储数据处理效率低等问题。

硬件协处理波形缩放技术是指 ADC 采样后的数据经 FPGA 均匀抽点后，从连续的 N 个数值中筛选出特征值数据，并送入特征值 FIFO 进行存储，从而实现协助处理器处理数据的过程，同时完成深度存储条件下的快速响应和波形缩放。

如图 1-15 所示，在进行特征值检测时，提出两级特征值筛选的方案。在第一级固定倍数筛选时，提出了错位位宽转换和有效样值抽取两种新技术。

所谓错位位宽转换技术，是将 n 路流向动态储存器的数据流 A 在 FPGA 内部先打 p 拍（p 值计算将在后文介绍），再将每打一拍的数据流与其被打拍

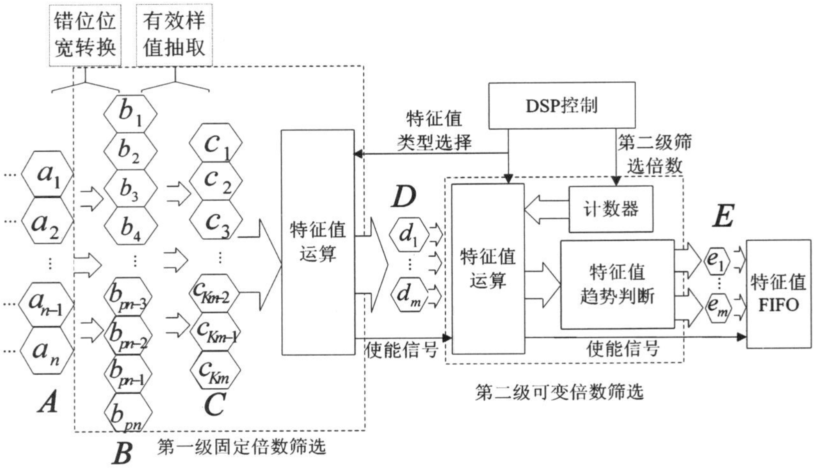

图 1-15 硬件协处理波形缩放框图

的数据流错位组合，从而以数据流错位叠加的方式扩大位宽的技术。

所谓有效样值抽取技术，是将经过错位位宽转换后的数据流 B 中的有效数据进行抽取，从而得到有效数据的技术。共包含位宽变换和使能信号控制两方面。位宽变换是将数据流 B 中有效数据进行抽取，抽取后的数据流 C 的路数是 $K\times m$ 路（m 为特征值路数）。使能控制是指对经过位宽变换后的数据流 C 的每一时钟节拍中的数据进行有效控制的方法。

波形快速定位是通过用户定位特征值 FIFO 中所关心波形的地址，再根据特征值存储 FIFO 和动态存储器中数据存放的地址的对应关系，快速定位动态存储器中的详细波形地址的一种提高系统效率的方法。

动态存储器的详细波形数据读取和寻址是由处理器控制计数器实现的。当想要对所显示波形的某一点或者某一段仔细观察的时候，就可以快速根据该小段波形在特征值存储 FIFO 中的位置，映射出详细波形数据存储相应的地址空间，经过数据流的切换，再将动态存储器中存储的波形详细数据送往液晶屏显示。

在高速大容量存储技术方面，我们有着长期跟踪和研究的基础，发表了多篇研究论文。在研制 20Gsps 采样率宽带数字存储示波器项目中运用了该方法，最高存储容量达到了 4GB。

1.3.4 多通道精密信号同步技术

依靠传统的布局布线和延迟电路仅能保证纳秒级同步，无法实现皮秒量级的同步精度。安捷伦公司的ASBUS专利、泰克公司的高速时钟传输分配延迟模型及专用精密相位测量专利实现了更高精度的同步，但校正复杂、重复性差。本节采用一种内嵌式相位校准和主动自动补偿技术，实时进行相位的精密测量和补偿，进而实现主从设备间的精密同步控制。

本节提出多通道精密信号同步技术，核心是引入反馈结构，通过内嵌高精度相位校准模块及改进的相关算法，精确测量通道间的同步误差。通过自定义互连接口"ESBUS"在主从通道间传送参考时钟、触发信号和相位控制信号，从通道以一种实时的反馈式相位校准环，产生超前或滞后的校正补偿措施，由硬件实时完成主从通道间的同步控制，进而实时调节波形初始相位进行补偿，实现通道间精确同步。

式（1-2）为高精度相位校准的计算方法：

$$R_{xy}(0)=\frac{1}{T}\int_{T}x(t)y(t)\mathrm{d}t=\frac{V_1V_2}{2}\cos(\varphi_2-\varphi_1) \tag{1-2}$$

不考虑噪声时的相位补偿精度如图1-16（a）所示，噪声为高斯白噪声（SNR=40dB）时相位补偿精度如图1-16（b）所示。

通过上述核心创新，突破了宽带复杂信号实时捕获与合成中的高采样率、高捕获率、高精度同步等诸多难题。笔者所在项目组在国际上首次完成4路以上波形并行合成，实现了国际领先的2 M wfms/s捕获率和100ps的同步精度；形成示波器、任意波形发生器、数字化仪等多种高性能测试仪器以及二次雷达测试系统、机载防撞测试系统等专用测试设备。应用在中国工程物理研究院爆轰实验中，解决了飞片轨迹等瞬态信息获取；在中国科学院上海技术物理

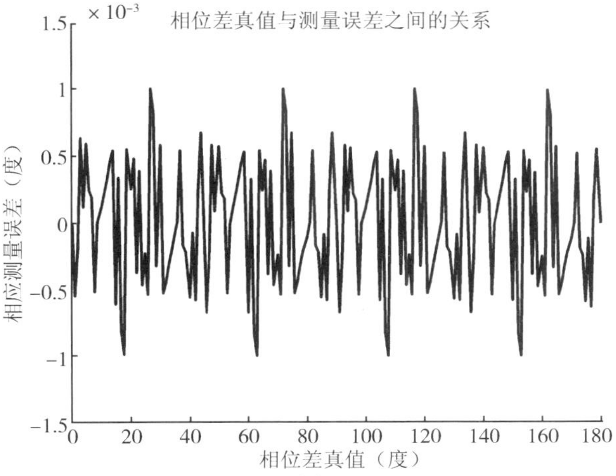

（a）

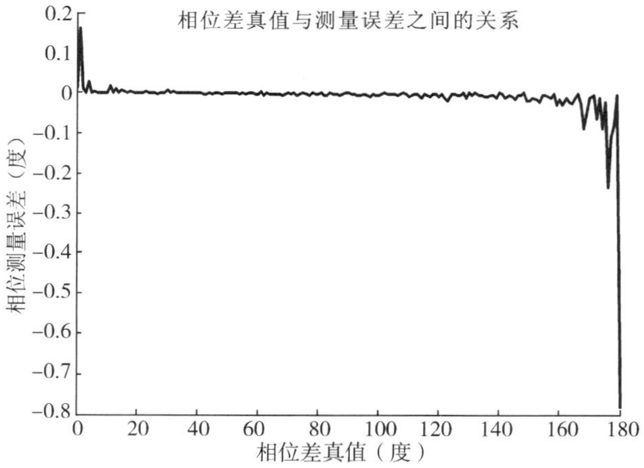

(b)

图 1-16　相位补偿精度测试结果与计算方法

研究所深空探测研究中，提升了复杂目标成像精度；在国产大飞机、大型运输机和新型战斗机中，有效解决了其重大机载装备的研制和测试保障难题。这项成果改变了我国宽带复杂信号捕获与合成技术长期受制于人的局面，推动了我国仪器行业的技术进步，为尖端科学研究和国家重大工程提供了有力支撑。

项目组形成的通用测试仪器成果属电子测量仪器中用量最大、应用最为广泛的基础仪器。同时，信号捕获与合成技术作为电子领域的共性技术，其应用领域与电子信息技术相生相随，具有广阔的推广前景。

1.4　国内外研究现状

1.4.1　信号捕获技术研究现状

1.4.1.1　并行采样技术

波形数字化的最高采样率主要取决于模数转换技术（ADC），但材料、工艺等因素限制了高速高精度 ADC 技术指标的快速提升。目前，国内 ADC 研究仅仅达到 2Gsps，国外允许提供国内市场的 ADC 最高采样率也仅为 5Gsps。而一般的超宽带测试，例如，针对 PCI Express（2.5Gps）链路传输的信号完整性测试，需要到 3～5 次谐波，采样率至少要求 20Gsps 以上。在现有器件条件下，并行交替采样仍是迅速提高系统实时采样率的主要途径。

多片 ADC 并行采集技术主要分为两大类：一类是时域的时间交替并行采集技术（TIADC），另一类是频域的基于频分滤波器组的并行采集技术。基于滤波器组的 ADC 并行采集技术使用频带分割技术，分割滤波器通常采用模拟低通、带通和高通滤波器，其过渡带对系统性能有很大的影响，由于实现困难，目前还处于研究实验阶段。而TIADC并行采集技术由于硬件实现方式简单，已成为ADC并行采集技术的主流，是提高采样率的最主要手段，并已有商业产品出现。

TIADC并行采集的概念由Black和Hodges在1980年首次提出。后续便不断涌现出很多实验室产品，如：Shiller等人于1991年研制成一种4Gsps、8bit的并行采集系统；1993年，惠普公司试制出8Gsps的8bit的采集芯片，输入信号带宽可达2GHz；2003年，加拿大GaGe公司也推出了5Gsps的8bit的采集板卡；安捷伦公司报道了20Gsps的8bit的实验产品。

然而，无论是高速ADC器件还是高速时域测试仪器等应用了TIADC并行采样技术的场合，都无法在高采样率的同时做到高精度，有效位数还是偏低，这是由TIADC采样技术的固有误差所限制的。TIADC并行采样结构在提高采样率的同时引入了通道失配（channel mismatch），产生了偏置误差（offset error）、增益误差（gain error）和时间误差（timing error）。这些误差的引入，导致了采样的非均匀，严重降低了TIADC系统的性能。

为了降低这些误差对采样的影响，有必要对通道失配产生的误差进行估计和补偿。TIADC并行采样已经成为国内外的一个研究热点，国内外学者对通道失配对系统性能的影响做了分析。Jenq等人采用正弦信号为测试信号，通过时域序列变换法，基于信号频谱分析，分析了非均匀采样序列离散Fourier变换所得数字频谱，给出了被测信号模拟频谱与非均匀采样后的数字频谱之间的关系。

通道之间的时间误差是非均匀误差的主要来源。文献［1-2］利用正弦测试信号，基于频谱分析给出了时基误差的估计方法。文献［3］利用锯齿波作为测试输入信号，实现了对时基误差的估计。文献［4-5］利用最小二乘的正弦参数拟合算法给出了时基误差的估计，但参数估计的方法对系统噪声较敏感。并且，以上方法都利用已知的测试输入信号进行估计，算法虽简单，但对测试输入信号要求高，算法的精度也依赖于测试输入信号的精度；同时误差测试需要独立于设备日常采样进行，无法后台实现。文献［6］给出了一种盲估计算法，不需要已知激励信号，直接利用待测信号的采样数据进行时基误差估计，可在日常采集的同时实现误差估计环节，但这种方法运算非常复杂，不利于工程实现。基于误差查找表的方法，虽可以实现时基误差的实时估计，但随着测试系统有效位数的提高，误差表迅速增大，增大了存储的要求。文献［7］利用通道冗余技术，通过M个ADC与一个参考ADC依次组合，使用快速插值算法实现时基误差的估计，虽然算法实现简单，但参考通道的使用造成硬件开销大、成本高。文献［8-9］给出了使用互相关函数对信号间时间延迟进行估计的相关法（Generalized Cross Correlation，GCC），以及为改善互相关函数的峰值形状，使用窗函数进行滤波的 ROCH，SCOT，PHAT 等方法，虽原理简单，但只能估计采样周期整数倍的时延，无法适用于 TIADC 并行采集系统中采样周期非整数倍的时基误差估计。文献［10-11］讨论了非均匀采样的参数辨识和过程控制，同样算法复杂，不利于工程实现。利用匹配滤波器可以实现对时基误差的估计，方法简单，但算法估计精度取决于测试激励信号带宽的倒数。期望最大化算法（Expectation Maximization，EM）也可实现更有效的时间误差估计，但其收敛性高度依赖于算法的初始化参数。

在幅度估计方面，文献［12］给出了一种基于频域 FFT 分析的并行采集系统中增益和偏置误差估计算法，需要输入正弦信号进行相关采样。时域序列变换法基于幅度非均匀信号的频谱分析给出了增益误差获取的方法。上述两种频域分析方法使用的前提是系统不存在时基误差，同时需要额外的正弦信号做测试激励信号，信号的纯净度限制了算法的估计精度。文献［13］给出了多路并行采集情况下，采样同时进行增益和偏置失配误差的模拟后台估计的方法，避免了中断的发生，虽然模拟技术对系统的动态范围影响很小，但硬件设计较为复杂。文献［14］利用斩波技术，实现了对通道偏置误差的有效估计，虽无须特殊的测试激励信号，但需增加额外的硬件设计，用于分析的序列长度较大。

上述通道失配误差估计算法大都针对单一误差进行估计。而在实际应用中，通常系统中三种误差都同时存在，我们面对的是三种误差所带来的综合影响；且上述非均匀误差估计算法大都假设系统的失配误差是固定的，也就意味着算法无法跟踪由于仪器老化、温度等环境参数所造成的失配误差的变化。这些都为我们在实际系统设计中的误差估计带来了难度，如何进行更为有效的非均匀误差估计成为并行采样所要解决的首要问题；运算量过大、实时性差等未很好解决的问题，也需要在研究中重点考虑。

在 TIADC 并行采集系统中，时基误差的校正是最复杂的部分。时基非均匀的校正，通常需要补偿的时间量很小（ps 级），若直接使用电路设计产生微小的时间量修正采样时钟，实际硬件上很难实现或实现过于复杂，通常使用数字后处理技术实现非均匀信号补偿。Jin H. 等人利用并行 ADC 随机选择的方式进行采集，使时基非均匀误差在频带内得到平均，达到了减小时基误差的目的，但未从根本上消除误差对系统性能的影响，同时也只适用于双通道以上的系统。文献［15］使用混合滤波器组基于信号重构准则，实现了信号的校正，但是由于模拟分析滤波器的实现需要高性能的无源器件，重构滤波器与分析滤波器的复杂性，导致算法校正性能难于控制。文献［16］给出了一种时间非均匀校正算法，使用检测电路实现时基误差的估计和校正，但检测和校正子系统没有形成负反馈回路，存在潜在不稳定因素。文献［17］给出了一种系统时基非均匀信号频谱重构算法，随着分析样点的增多，并行通道数的增大，重构矩阵随之扩大，算法的运算量较大。文献［18］给出了一种基于数字后台技术的双通道时间非均匀校正方法，却无法适用于多通道的扩展。文献［19-20］提出使用数字 FD 滤波器进行时基误差的校正，但滤波器阶数较大，如时基误差发生变化，还需重新设计滤波器。文献［21-22］给出了基于 Farrow 结构的改进型 FIR 结构 FD 滤波器，利用多项拟合，将时基误差作为滤波器输入之一，更新滤波器参数，并利用较少的乘法器实现补偿功能，但该滤波器的使用又额外引入了增益误差。而基于全通 IIR 结构的 FD 滤波器可以在整个带宽内都保证增益幅度为 1，但滤波器阶数较高，资源消耗较大，截断噪声高，当输入信号较大时容易导致滤波器的不稳定。

幅度误差校正方面，在采集通道前端额外使用采样保持器（Sample and Hold Amplifier，SHA）可以实现幅度误差的模拟校正，但 SHA 限制了系统的整体速率以及通道数。文献［13］所给出的偏置和增益误差模拟校正的方法避免了中断的发生，虽然模拟校正技术对系统的动态范围影响很小，但模拟校正电路的展宽控制却不是一件容易的事情，同时硬件设计较为复杂，开销大。利用过采样技术可以实现并行系统中的幅度误差补偿，却不适用于欠采样的情况。增益误差校正方法同样也应用于过采样情况，但只减小了误差的基频部分，对系统总体性能改善不大。文献［23-24］所给出的数字前端校正系统可以校正增益和偏置误差，进而改善采样精度，但使用额外的校正信号，需要中断对输入信号的取样。Lewis S. H. 等人给出了一种数字后端处理偏置和增益校正的方法，但由于使用额外校正信号叠加在输入信号上，限制了 ADC 的动态范围。

通过修改硬件设计校正通道失配误差的传统方法不仅设计难度大，而且将导致成本急剧升高。因此，我们开始探询软硬件结合的方式来实现 TIADC 并行采样技术，利用数字信号处理技术最终消除失配误差对系统性能的影响。数字信号处理理论与技术的成熟，以及 FPGA、DSP 芯片等后端信号处理电子器件的发展，在很大程度上便利了非均匀信号重构技术的设计与实现。

1.4.1.2 高捕获率技术

在提高波形捕获率方面，1999 年 Tektronix 公司采用自有专利技术 DPX™（数字荧光体），推出了第一款称为数字荧光示波器（DPO）的高捕获率的数字存储示波器产品，可以用辉度或颜色区分事件出现概率。通过分析 DPO 波形处理技术，可以看出数字存储示波器中波形捕获率的重要性，实时波形捕获率反映了原始信号波形被连续不断采样捕获的比率，可通过实时波形显示、波形亮度等技术对信号信息充分有效地加以利用，配合高速率采样实现对复杂信号、瞬变信号等偶发事件的捕获和观察。

典型的高速信号捕获类仪器是数字化仪和数字存储示波器。

数字化仪产品大都基于标准总线的模块化仪器，目前在技术上领先的主流仪器厂商主要有 Signatec，Aquiris 和 NI 等公司。Signatec 公司是面向高性能数据采集、信号处理、信号合成和数据存储等应用的 PC 机板卡设计制造商，它推出的基于 PCI 总线 8bit A/D 模块 PDA 500 采样率高达 500Msps，带宽为 DC～500MHz；可通过 SAB2 总线（Signatec Auxiliary Bus 2）以500MB/s的速率向其他处理、回放或存储器件传输数据，还能通过 PCI 总线以 100MB/s 速率传输数据；具有 1MB 和 4MB 两种可选的存储容量，采用主从模式可配置 4 块 PDA 500 互联工作，用于多通道的高速同步采集。

Aquiris 公司的 DC440 数字化仪可实现双通道并行采样，垂直分辨率为 12bit，每通道的最高采样率达 400Msps，PCI 总线的数据持续传输速率达 100MB/s，存储容量有 64KB 和 4MB 两种选择，单次和连续两种采集模式实现完全的前触发和后触发，触发死区时间小于 1μs。专用的“ASBus”连接用于多模块互联工作，以实现多通道的同步采集。

NI 公司推出的 NI 5112 数字化仪垂直分辨率为 8bit，带宽为 100MHz，双通道并行采样，最高实时采样率为 100Msps，最大等效采样率 2.5Gsps，每通道具有 16M 和 32M 两种可选的存储深度，多次记录采集模式可以在无须软件干涉的情况下记录多达 65 536 个触发事件。

在数字存储示波器方面，目前居领先地位的是美国的 Tektronix、Keysight（原安捷伦）和 Lecroy 等公司。Tektronix 公司的高性能数字荧光示波器 DPO70000SX 系列最高带宽达到 70GHz，最高实时采样率为 200Gsps，最大存储深度为 1Gpts，波形捕获速率高达 400 000wfms/s，是目前世界上性能最高的时域观测仪器。Keysight 公司的 Infiniium 系列数字存储示波器覆盖（1～63）GHz的带宽，单通道最高采样率达到 160Gsps。Lecroy 公司的 Wave-Master8000A 系列及 SDA18000 系列最高带宽为 6GHz，采样率高达 60Gsps。

国内DSO的研制和生产单位主要有电子科技大学、普源精电、成都优利德、江苏绿扬、中电集团41所等，目前推向市场的产品最高实时采样率为5Gsps，信号带宽为1GHz，最高存储深度为256Mpts，波形捕获率达到250 K wfms/s。

1.4.2 信号合成技术研究现状

1.4.2.1 波形合成技术

1918年Wiliam Henry Eccles和Frank Wilfred Jordan共同发明了双稳态电路，利用尖脉冲触发形成矩形脉冲波形，从而开创了脉冲波形合成技术（采用有源型脉冲产生电路）。而在此之前，通常是采用无源型脉冲产生电路即脉冲整形方法来获取矩形脉冲波形。双稳态电路被广泛地应用到雷达、电视、通信等领域，各个国家也相继展开触发电路的研究，使得对新双稳态结构、单稳态结构、多谐振荡器、各类触发器等各种研究的成果不断涌现。如1938年Otto H. Schmitt发明了Schmitt双稳态触发电路后，Schmitt触发器随着应用的扩展和要求提高而不断改进和丰富。而基于触发振荡原理的以晶体管电路为基础的脉冲波形合成技术也不断丰富和改进，从而奠定了低频矩形脉冲波形的合成技术基础，直到现在各国学者和研究人员仍然在不断改进触发电路结构。在接下来的20年间，触发振荡技术与整形技术不断融合，进一步促进了脉冲合成技术的发展。

20世纪60年代，高速数字通信技术、高精度脉冲雷达、微波网络和数字系统等应用技术的发展，使得对冲信号需求呈现极窄脉宽、快速沿、大功率、高度可编程、多样化等趋势。大功率窄脉冲的产生技术，最初应用于材料响应实验、闪光X射线照相及模拟核武器效应。1962年英国核武器研究中心的J. C. Martin成功地结合Marx发生器与传输线技术，产生了持续时间短达纳秒级的高功率脉冲，从而开辟了这一崭新的技术领域。受控热核聚变研究、高功率粒子束、大功率激光、高功率相干辐射源技术的发展以及定向束能武器、电磁轨道炮等技术领域的发展都对高功率脉冲技术提出了新的要求。所以，80年代大功率脉冲技术成为极为活跃的研究领域之一。

与此同时，以超宽带通信（UWB）应用为核心需求的极窄脉冲产生技术也得到了快速发展。现代意义上的超宽带技术来源于冲激无线电（Pulse Radio）技术，产生于20世纪60年代，起初主要应用于军事雷达定位和测距等。目前，UWB极窄脉冲产生技术已经发展成为一支独立的热门技术，各国学者与技术人员正致力于研究适合通信的超短、超快沿、理想高斯型波形合成方法和波形传输的低损耗与高效性等新技术与新型系统的研究。高功率的高速脉冲合成技术以高速器件为核心，包括雪崩晶体三极管、阶跃恢复二极管、俘越二极管、体效应管以及脉冲放电管与光导开关等，许多研究机构与设备生产商都投入了大量的财力物力，致力于特殊半导体器件和高速器件的开发，取得了较多成果。

而广泛应用于半导体、集成电路、数字电路测试以及通信、雷达、探测等领域的中小功率的通用型脉冲信号的产生与合成技术的发展则不断凸显高速化（高重复频率、极窄脉冲、快速沿）、波形复杂化（群脉冲、序列脉冲及各种定制波形）、参数高度可编程（连续可调的宽度、边沿、幅度、偏移、频率等）与高精度（低抖动、高稳频率、精确定时等）等需求特征。1971 年，美国学者 J. Tierncy，C. M. Rader 和 B. Gold 在总结和借鉴 J. Noordanus 与 A. W. Crooke 等人对数字波形产生技术与频率合成技术的研究成果后，结合对数字信号处理技术的研究提出了直接数字合成技术（DDS）。DDS 波形合成技术分为 DDFS（直接数字频率合成技术）和 DDWS（直接数字波形合成技术）两种结构，DDWS 采用波形数据取样存储后，数字时钟逐点读取，经 ADC 转换得到所需特征的波形。由于波形可编程能力突出，DDWS 被广泛地应用于现代任意波形发生器中，并引领和促进了数字式波形合成技术的发展，现代高速脉冲波形的数字式合成方法也来源于此。

输出频谱纯度不高是 DDS 波形合成的主要缺点，其主要误差来源包括相位截断误差、幅值量化误差、DAC 的非理想特性以及时钟相位噪声等。其中，相位截断误差直接产生的杂散与频率控制字直接相关，很难完全控制。DAC 重构过程中的非线性过程引入的杂散大小很难估计，但杂散位置是确定的，可以通过低通滤波器滤除。实际 DAC 零阶保持的阶梯重构方式会带来孔径失真及镜像频率干扰，影响系统幅频特性，可以通过具有反 sin*c* 特性的滤波器进行补偿。上述研究的基本落脚点在于如何通过恰当的滤波处理技术尽可能提高 DDS 合成波形的质量。

为了在保证信号质量的前提下降低查找表的规模，针对正弦信号的产生，各国学者广泛研究了各种波形压缩算法，如 Nicholas 提出的基于数字优化的方法、CORDIC 算法、泰勒级数近似、双三角近似等。

在提高 DDS 采样率方面，主要研究新的系统体系结构，以突破因器件速率导致的相位累加器、波形 RAM 和 DAC 的速率瓶颈。通过高速 FPGA 和 RAM 分相存储技术，可以较好地解决相位累加器和波形 RAM 的工作速度限制。多路并行方案是解决 DAC 速率限制的基本思路，但如何实现高速波形的合成，以及如何保证合成精度是一个棘手的问题。文献［30］提出通过提取出数据点之间增量进行运算以进行多路波形合成，但没有进一步研究如何提取增量。文献［25］利用伪插值技术，从外部实现了两台高速任意波形发生器的拼接应用，对通过多路DAC实现高速波形合成具有很高的借鉴价值。目前尚未见文献研究多路DDS并行合成中的误差分析及处理问题，也未见从系统级采用并行DDS实现高速任意波形发生器产品的报道。

在大容量波形存储技术方面，由于SRAM速率和容量限制，SDRAM成为一种有效的选择，但对高速应用存储控制的复杂度将大幅提高。波形存储容量的扩大对某些特殊波形而言始终是有限的，而且要折中考虑实现代价。因此，如何在存储容量有限的情况下有效扩展波形深度（时间）成为任意波形发生器中一项重要的实现技术，这就是波形序列合成技术。Tektronix，Agilent和NI等公司都在波形序列合成技术方面争先展开了大量的技术研究工作，提出了自己的技术专利，并在其高性能任意波形发生器产品中实现。目前国内面市的任意波形发生器产品都不具有波形序列合成能力。

在任意波形调制方面，幅度和频率调制传统上都采用模拟方法实现，但数字调制具有调制精度高、控制灵活等优点，而且DDS技术本身就是一种基于数字化的技术，具有实现数字调制的先天优势，文献［26-27］分别提出了基于DDS波形合成的数字频率调制和幅度调制技术实现方案。

国外从事任意信号合成器研制和生产的厂商很多，目前居领先地位的当数美国的Tektronix，Agilent和Lecroy公司。Tektronix AWG7000系列采样率高达20Gsps，信号输出带宽可达5.8GHz，是目前业界性能最高的任意波形发生器；Tektronix AWG710采样率为4.2Gsps，最高输出带宽为2GHz。Agilent公司的CompactPCI任意波形发生模块N6030A最高采样率达到1250Msps，可产生500MHz的波形输出，存储深度为8M采样点，具备强大的任意信号合成与波形序列合成能力。

国内任意波形发生器的研制较晚，主要研制单位有电子科技大学、南京盛普、普源精电、西安红华等。目前产品最高采样率为300Msps，波形输出带宽为20MHz，采样率为500Msps和1250Msps的任意波形发生器目前已在由电子科技大学研制。

1.4.2.2 快沿脉冲技术

快沿脉冲技术是随着高速脉冲技术的应用发展起来的，它起源于19世纪60年代，主要为满足高速取样、系统响应测试和高精度雷达设计等需要。如在高分辨率雷达中利用上升沿陡峭的脉冲波形进行目标识别，目标分辨率与发射波带宽（上升沿陡峭程度）成正比。快沿脉冲技术从最初的离散硅射频管快沿技术，发展到特殊结构器件（阶跃恢复二极管、隧道二极管、雪崩管等）技术，再到目前最先进的非线性传输线技术与微波集成技术，经历了几个发展阶段。快沿水平从几个纳秒，到几百皮秒，再到几十皮秒，到目前最高的 2 皮秒（实验室水平）。其中，由于具有电路结构简单、快沿水平高、波形质量好等特点，阶跃恢复二极管快沿技术得到了长足的发展和广泛的应用。早在 1965 年，Kotzebue K. L. 等人就提出了阶跃恢复二极管的精确模型，为设计者提供仿真模型和参数计算依据。随后各国研究人员不断开发新型阶跃恢复二极管并推出其电路模型，展开其快沿应用技术的研究。在国内，周建明、费元春等研究人员也开展了基于阶跃恢复二极管的快沿脉冲产生技术，并在近 10 年取得了长足进步。

意大利发明家 Guglielmo Marchese Marconi 于 19 世纪末率先在他的“无线电”中使用了长/短脉冲来形成射频电能的调制包络，实现了长距离的无线通信，形成了脉冲技术的雏形。作为电子技术发展的一项重要基础技术，现代脉冲技术的快速发展始于 20 世纪 40 年代末。随着无线电技术和半导体工艺的发展，脉冲技术应用不断扩展，促进了数字技术与整个 IT 业的产生与发展。高速脉冲技术于 20 世纪 60 年代中期开始应用，最初用于对微波网络的特性测试，目前已广泛应用于雷达、通信、数字系统、射频与微波系统、半导体特性测试、调制、时间定标等。

1956～1960 年，Mayley，Rowe，Tien 和 Bell 等人提出并研究了信号波形在传输线中的能量损失、频谱散射及其他特征的变化，1960 年 Landanen 提出了利用非线性传输线进行波形传输的可能性，1965 年 Benson 和 Last 则首先在谐波发生器中采用了变容二极管构建的梯形结构的非线性传输线（Nonlinear Transmission Line，NLTL），1966 年 Fall Side 和 Bickley 提出了基于均匀传输线构建非线性传输线的方法，1973 年 Karbowiak 和 Freeman 提出了非线性传输线的数学模型，因此非线性传输线开始被广泛接受和应用。1991 年 Miles M. Turner，Greg Branch 和 Paul W. Smith 等人推导了非线性传输线脉冲沿压缩的计算方法，各发达国家开始将非线性传输线脉冲沿压缩技术应用于快沿信号的产生。其中，文献 [28-30] 研究了多种材料的传输线，分别设计了一种新型肖特基二极管和高速开关二极管作为非线性传输线变容器件，并深入分析了器件参数对波形特征的影响；文献 [31] 讨论了非线性传输线的集总参数元件构成方法的精度与大信号传输特性问题；文献 [32-33] 讨论了非线性传输线单片集成技术可行性，并给出设计理论与方法，非线性传输线开始进入实际应用阶段；文献［34-39］研究了Si，GaAs不同半导体材料上和采用CMOS等工艺集成非线性传输线，对波形传输的特征影响。目前，小于5ps的世界最高水平的快沿信号正是PSPL公司采用非线性传输线实现的。我国的非线性传输线研究还处于起步阶段，半导体集成工艺的落后也导致无法实现高集成度的肖特基二极管来构建非线性传输线，公开发表的研究结果较少且均以间接应用为主，公开发表的快沿研究成果最高为应用于示波器校准的80ps快沿脉冲。

第2章 高速数据采集与实时存储技术

2.1 高速模数转换器概述

高速高分辨率的时域测试系统广泛应用于雷达、通信、仪器设备等领域。随着数字化技术的推广，对模数转换器件 ADC 的采样率以及采样精度提出了越来越高的要求，不但要求数据采集系统有高的采样率，还要有较高的采样精度。ADC 的最高采样率直接影响系统的带宽，ADC 的分辨率对系统的动态范围起着决定性作用。在实际应用中，对实时采样率以及采样精度的极高依赖性已经成为现代时域测试仪器的瓶颈问题。具体而言，高速率高精度采样是时域测试仪器研究的主要技术问题之一。

然而 ADC 的最大采样率受限于它的分辨率：高采样率要求较短的转换时间，而高分辨率则要求较长的转换时间，故分辨率与采样率是一对矛盾体。两者的制约性成了 ADC 技术发展缓慢的最主要因素；同时材料、芯片工艺等因素的制约也限制了 ADC 技术指标的快速提升。

国际上，AD（Analog Devices）公司、MAXIM 公司、ATMEL 公司、TI（Texas Instruments）公司、NS（National Semiconductor）公司等模数转换器制造领域的重要厂商不断推出各类 ADC，以满足应用的需求。如 MAXIM 公司的 ADC 芯片 Max1337 提供 6Gsps 的采样能力，分辨率为 8bit；NS 公司的 ADC 芯片 ADC083000 提供 3Gsps 的采样能力，分辨率为 8bit；MAXIM 公司 14bit 的 Max1320 采样率为 2Gsps；AD 公司 14bit 的 AD6645 提供 105Msps 的采样率；AD 公司发布的 18bit 模数转换器 AD7643，采样率为 1.25Msps 以及 TI 公司的 24bit 模数转换器 ADS1217 采样率为 780Gsps 等。可见由于采样率和分辨率的相互制约，随 ADC 采样率的增加，其分辨率却呈下降趋势。同时，其中允许提供国内市场的 ADC 最高速率也仅为（1～3）Gsps，价格都非常昂贵，并且其中大部分产品的分辨率都低于 10bit。国内 ADC 研究水平仅仅达到 3Gsps 的采样率，有效位数仅有 8bit，与国际水平相差悬殊。高速 ADC 器件是限制我国高端仪器进步的主要因素。

为实时捕捉高速系统中宽度在纳秒（ns）甚至皮秒（ps）量级的脉冲，必须采用实时取样率在 Gsps 量级的超高速数字化系统。如针对 PCI Express（2.5Gbps）链路传输的信号完整性测试，需要 3～5 次谐波的测试，采样率至少要求约 20Gsps。这对单片 ADC 而言，是无法满足要求的。

2.2 高速数据采集系统基本原理

从采集系统的工作任务来看，包括两大类：第一，数据的采集、缓存、处理与显示；第二，波形参数的运算、用户界面的显示管理、人机接口的管理等。第一类任务涉及系统的采集性能，实时性要求较高，采集并显示的速率越高，信号漏失的概率就越低，因此这一类任务的处理速率是关键；而第二类任务实时性要求并不高，运算量也相对少得多。传统的串行采集方式成为采集性能提升的瓶颈，若将第一类任务从中剥离，让专门的采集显示协处理器来管理此部分工作，而原有处理器来完成第二类处理任务，必将提升采集系统的波形捕获率。

并行架构的数据采集方法是一种数据采集、映射与数据处理协同工作的体系结构，这种结构将波形图像的处理过程移植到 FPGA 中，使系统处理器从繁重的采集、处理、运算和显示的工作中脱离出来，在不增加硬件成本的条件下，达到提高数据采集系统波形捕获率的目的。

如图 2-1 所示，具有波形数据并行处理体系的时域数据采集系统，按照功能及信号流向划分可以分为三大部分：信号调理与触发、数据采集与波形数字图像处理器、微处理器及显示。

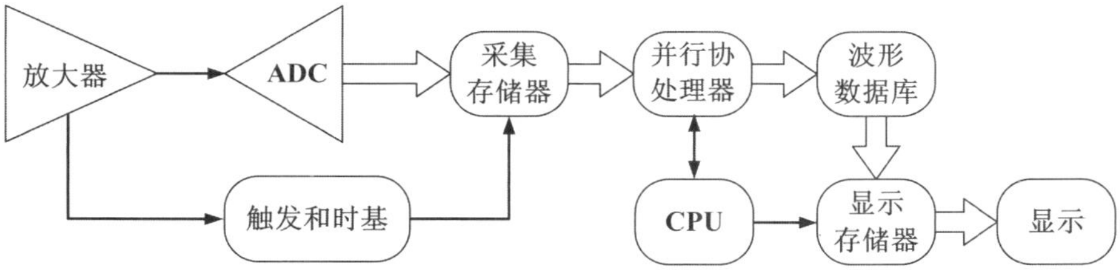

图 2-1 并行工作构架的数字化时域测试仪器结构示意图

经信号调理后的模拟信号送入 ADC 进行采样，在触发和时基电路的控制下，将采样数据送入采集存储器缓存。完成一次采集后，波形数字图像处理器启动，直接将采样数据映射成与显示屏点阵相对应的波形数据库。映射完成后又重新开始新一轮的采集与映射。与此同时，微处理器进行波形运算、菜单管理、人机接口管理等工作。当达到液晶屏定时刷新时间时，立刻启动显示刷新控制逻辑，自动将波形数据库和界面数据库的点阵数据组合后导入显示存储器，并更新显示。

在本系统中，采用波形采集处理与微处理器并行工作的构架，让微处理器从繁重的波形处理和显示中脱离出来，降低了系统的死区时间，增大了发现瞬态异常信号的概率。

WDGP（Waveform Digital Graphics Processor），即波形数字图像处理器，是并行架构数据采集系统中的核心部分。其作用在于替代串行系统中的微处理器，专职完成波形图像的绘制工作，使波形的采集和显示不再受限于微处理器对数据的低速、排队、串行处理过程。

WDGP 处理器结构如图 2-2 所示，波形数字图像处理器由四个部分组成：采集控制模块、波形特征处理模块、波形数据库和数据库读写控制模块。

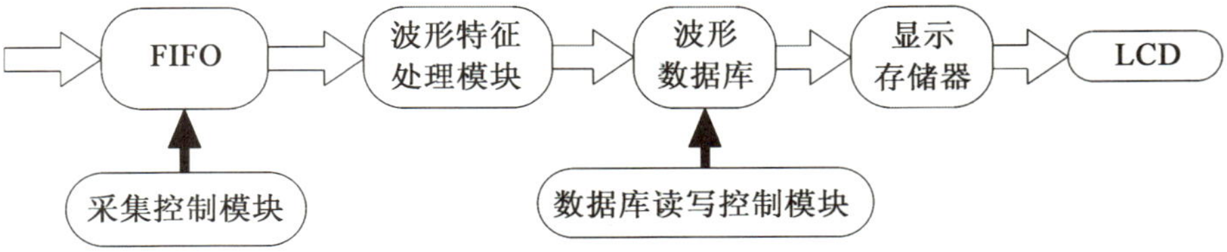

图 2-2　WDGP 波形数字图像处理器

采集控制模块用于缓存与触发事件相关的波形数据。完成一次采集事件后，高速数据缓存的控制权转交给波形特征处理模块，并对存储数据进行抽点或插值处理，波形特征处理模块将采样点逐个按时间关系转换成波形的幅度特征，存储在波形数据库中。波形数据库由一个快速的 SRAM 组成，其功能是对波形按照时间和幅度的关系进行二维特征数据存储。这样便完成了一次采集与处理过程。此后立即启动新一轮的采集和处理过程。当波形映射量（即重复采集次数）达到设定的等级后，再由数据库读写控制模块，将波形数据送往显示存储器，或直接进行显示。

2.3　实时采样与随机采样技术

2.3.1　实时采样技术

如果信号在实际经历的时间之内完成了信号波形数据的全部采集，则称为实时采样。实时采样是最明显和最直观的取样方式，这类取样只需简单地在时间上分布取样点。实时采样脉冲频率高于信号频率，在信号的一个周期内同时取出信号多点的瞬时值，用其包络反映原信号的波形，所有的取样点是响应示波器的一次触发而获取的。

实时采样的规则是所有的信号采样点都必须按一个固定的顺序来采集。波形采样的顺序和信号采样点在示波器的屏幕上显示出现的顺序是一样的。在一个触发时间内就能完成整个信号的采样过程，如图 2-3 所示。

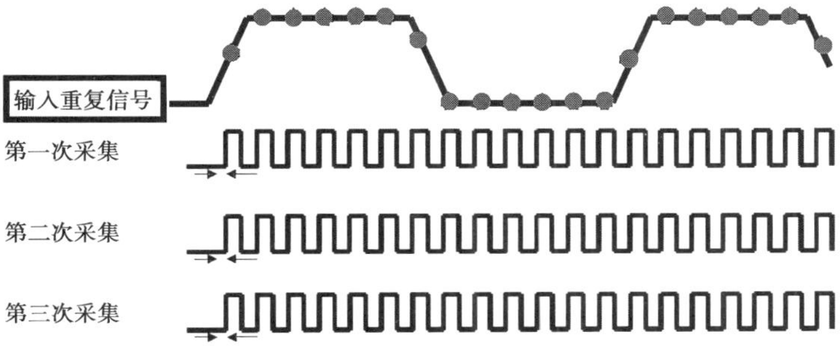

图 2-3　实时采样原理

采用实时采样的示波器不管测量重复信号还是测量单次信号都具有相同的带宽，也称为实时带宽。为提高信号带宽，就需要提高采样率。由采样定理知，采样的频率应至少高于被测的信号最高频率两倍。由于实际中被测信号的波形有可能存在着高频的分量，为了避免混淆的现象发生，在实际应用中实时采样的频率一般会规定为带宽的 5 倍左右，而且还要采用适当的内插算法，若不采用内插算法，则一般要规定采样率是实时带宽的 10 倍左右。实时采样的优点是适用于所有信号，不管是周期性重复的还是非周期性单次的信号；缺点是带宽直接与采样率相关，采样芯片采样率的高低，决定了实时带宽的大小，而且采样率和存储器的容量也限制了的时间间隔测量的分辨率和预触发的范围。

实时采样对波形逐点采集，可以实时显示输入信号的波形，因此适用于任何形式的信号波形，重复或者不重复的，单次或者连续的。由于所采集的样点是按时间顺序的，因而易于实现波形的显示功能；实时采样的主要缺点是时间分辨率较差。每个样点的采样、量化、存储必须在小于采样间隔的时间内完成。

2.3.2　随机采样

随着科技和工程应用的发展，应用系统的复杂度越来越大，同时待采集信号的频率也越来越高，这就要求数据采集系统的采样率越来越高。但受限于模数转换器的性能，数据采集系统的实时采样频率很难获得极大提高以获取足够多的待采集信号的波形信息，这将丢失部分待采集信号的信息而导致恢复出的信号波形与原信号相比存在失真现象。对此通常可以采用随机采样方法以多次取样的方式来获取超高采样频率周期性信号的波形信息。

随机采样是一种等效采样方法，属于非实时采样。它是利用采样时刻相对于待采集信号与触发事件的随机性对多次采样后的数据进行拼合处理以获得高采样率的方法。在实现方式上，随机采样是利用了触发时刻与其到来之后的第一个采样时刻之间时间间隔的随机性，通过高精度的时间间隔测量来获取各个触发时刻与其到来之后的第一个采样时刻之间的时间间隔，然后在终端屏幕上，根据各时间间隔来重建出更高采样率的原始信号波形，其具体波形采集、存储与重建过程的原理如图 2-4 所示。

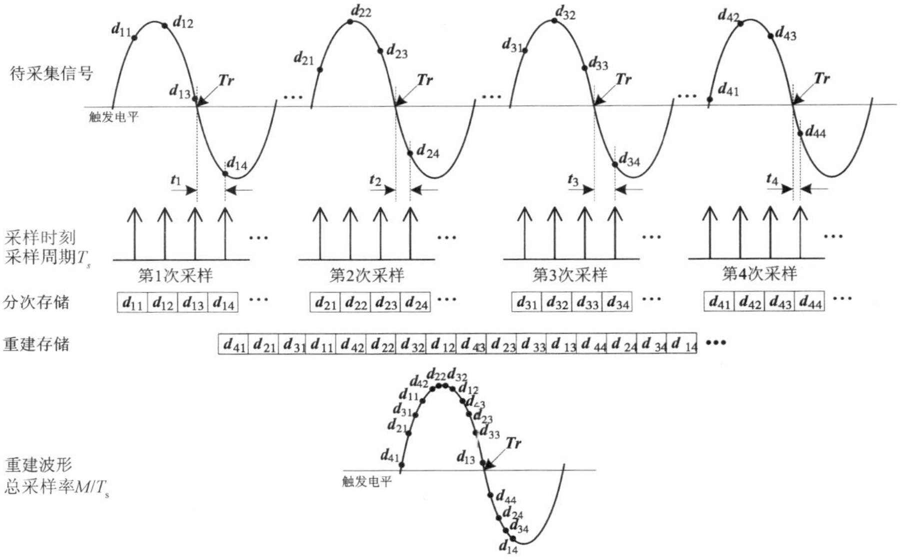

图 2-4　**波形采集、存储与重建过程**

随机采样方法通过多次（假定为 N 次）以 T_s 为周期的采样时钟（即模数转换器的取样周期）对待采集信号进行波形采样，获得多组采样数据 d_{ij}，其中，i 为采样次数标号，j 为每次采样数据的标号，并分次存储。同时根据第 i 次采样的触发时刻 Tr_i 与其到来之后的第一个采样时刻之间的时间间隔 t_i 的测量值来重建存储，然后重建波形，构建出原始的待采集信号波形。

若该测量值的分辨率为 T_s/M，则重建波形的等效采样率为原取样频率的 M 倍，即 M/T_s。这最终使得整个数据采集系统具有了比 ADC 采样率高得多的等效采样率，且该采样率与ADC器件本身的采样率无关，只与时间间隔 t_i 测量的精度有关，精度越高，等效采样率越高。

传统的随机采样方式是以模拟电路和逻辑器件为基础来实现的，传统随机采样系统的原理框图如图2-5所示，主要包括：信号调理电路、模拟触发通道、模数转换器（ADC）、现场可编程逻辑阵列（FPGA）、数字信号处理器（DSP）、采样时钟产生模块和时间间隔测量模块等。

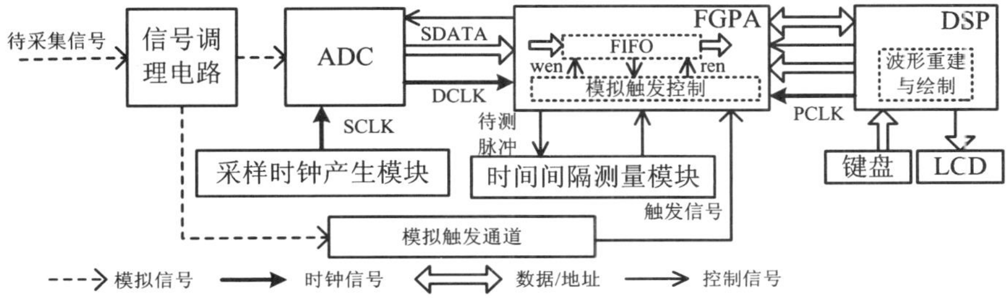

图2-5 传统随机采样系统的原理框图

待采集信号经过信号调理电路送给ADC进行采集量化，将采样数据SDATA及其同步时钟送给FPGA处理；同时模拟触发通道根据设定的触发条件向FPGA发送触发事件信号。FPGA在每次信号采集开始时接收并开启写使能wen来存储一段预触发深度的采样数据至FIFO（先进先出存储器）中，然后始终保持预触发深度的数据量（同时开启FIFO的写使能和读使能ren）且等待触发信号的到来。当模拟触发通道根据触发条件（如上升沿或下降沿）的设置发送有效触发信号至FPGA时，FPGA关闭FIFO的读使能ren直至FIFO存满存储深度要求的数据量，同时对触发时刻与其后第一个采样时刻之间的时间间隔 t_i 形成待测脉冲，并发送至时间间隔测量模块进行测量。在一次采集完成后关闭写使能，并根据时间间隔 t_i 测量值大小计算出这组数据存储到重建波形的存储空间中相应的位置以供显示时绘制波形使用。如此重复进行多次采集与时间间隔测量过程，然后把所有的采样数据根据时间间隔测量结果进行相应的排列就可以完成整个数据系统的波形重建。其中采样时钟与待采集信号在频率上是不相关的，所以时间间隔测量模块所得的测量值就具有随机性，于是存储器中的采样数据经过一定时间后可以覆盖全部位置，最后在显示时可以重建完整的原始待采集信号，如图2-4中下端波形。以上这些过程都是由DSP作为中心控制器来控制的。

上述等效采样方式能够解决采集较高频率信号时不满足奈奎斯特采样率的

问题，但是硬件电路过于复杂。

2.4 并行采样技术

根据采样定理，时域测试仪器的采样频率至少要在信号带宽两倍以上，也就意味着采样率越高，可以采集到的模拟信号的带宽越宽，系统对信号的还原能力越强。模拟/数字转换部分是时域测试仪器的关键组成部分。高速、高分辨率的时域测试系统广泛应用于雷达、通信、仪器设备等领域，随着数字化技术的推广，对模数转换器件 ADC 的采样率以及采样精度提出了越来越高的要求，不但要求数据采集系统有高的采样率，还要有较高的采样精度。ADC 的最高采样率直接影响系统的带宽，ADC 的分辨率对系统的动态范围起着决定性作用。在实际应用中，对实时采样率以及采样精度极高的依赖性已经成为现代时域测试仪器的瓶颈问题。

为实现更高速的采样率，有效突破单片 ADC 的速率和精度瓶颈，我们需要探索新结构和新方法。目前提高采样率主要有两种方法：基于光调制的时间扩展模数转换法（Time-Stretched ADC，TSADC）和基于多片 ADC 的并行采样技术。TSADC 使用光时间扩展预处理器对被采集信号进行预先扩展，再送入 ADC 中进行采样，通常应用于一些极端高速信号特别是窄脉冲信号的数据采集中，其硬件以及能耗开销很大。而多片 ADC 并行采样技术使用多个 ADC 并行采集同一信号，利用后端组合实现高速采集，其硬件开销相对较少，更容易实现，是数据采集技术的研究热点，为时域测试仪器中所需的高速、高精度数据采集提供了一种更为有效的解决方案。

多片 ADC 并行采集技术主要分为两大类：一类是时域的时间交替并行采集技术（TIADC)，另一类是频域的基于频分滤波器组（Hybrid Filter Bank，HFB）的并行采集技术。基于滤波器组的 ADC 并行采集技术使用频带分割技术，分割滤波器通常采用模拟低通、带通和高通滤波器，其过渡带对系统性能有很大的影响。而 TIADC 并行采集技术由于硬件实现方式简单，已成为 ADC 并行采集技术的主流。从 20 世纪 80 年代发展起来的 TIADC 并行采样技术为高速数据采集提供了一种有效的解决方案，即用多片低速高分辨率的 ADC 时间交替并行采样，从而实现高采样率、高分辨率的采集系统。

时间交替采样法是 Black 和 Hodge 在 1980 年第一次提出的。时间交替采样系统结构如图 2-6 所示。

它由 M 路并行的 ADC 组成，每路采样率为系统总采样率 f_s 的 $1/M$，ADC_0，ADC_1，…，ADC_{M-1} 依次对输入波形进行采样，两次相邻采样之间的时间间隔为 $T_s=1/f_s$，依次错开一个固定的相位 $2\pi/M$，后端数据重组后，

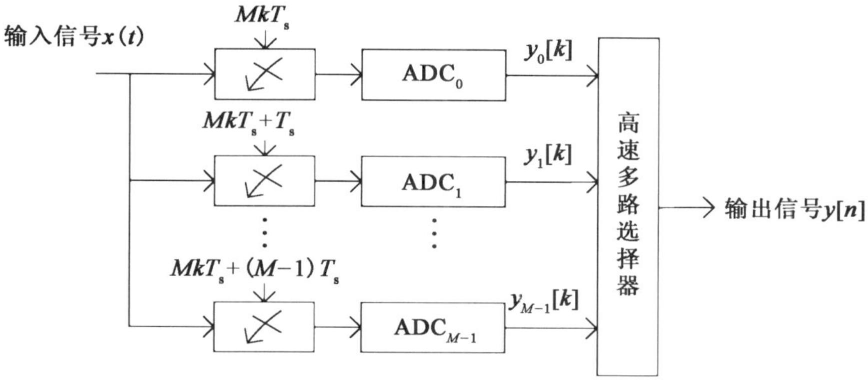

图 2-6 TIADC 并行采样系统结构

等效于将 ADC 的采样率提高了 M 倍，而分辨率保持了低速 ADC 芯片的数值。即用多片低速高分辨率的 ADC 并行采集，实现高速率、高分辨率采集系统，从而解决了单片 ADC 芯片中速率与分辨率之间的矛盾。

图 2-7 给出了一个四通道的时间交替采样系统的示意图。每个通道采样率为系统采样率的 1/4，时钟信号的相位间隔是 $\pi/2$，最后的系统输出信号是将每个通道的输出信号按采样顺序交替输出得到的。

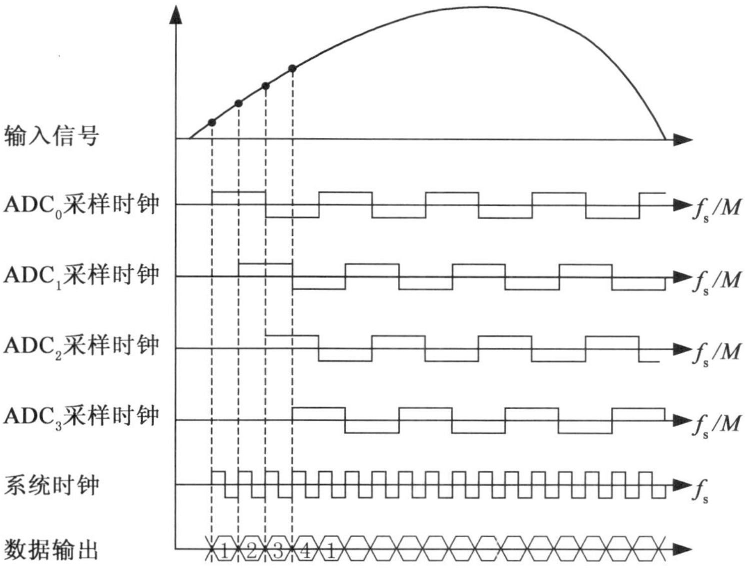

图 2-7 四通道 TIADC 并行采样示意图

设模拟输入信号为 $x(t)$，其 Fourier 变换记为 $x^a(\omega)$，经并行采样系统采集后，等效于通过周期冲激串 $q(t)$ 与 $x(t)$ 相乘来完成。此时周期冲激串为

$$q(t) = \sum_{m=0}^{M-1} \sum_{k=-\infty}^{\infty} \delta[t-(kM+m)T_s] \tag{2-1}$$

其 Fourier 变换为

$$Q(\omega) = \frac{1}{MT_s} \sum_{m=0}^{M-1} \left[\sum_{k=-\infty}^{\infty} \delta\left(\omega - k\frac{2\pi}{MT_s}\right) e^{j\left(\omega-k\frac{2\pi}{MT_s}\right)mT_s} \right] e^{-jm\omega T_s} \tag{2-2}$$

理想情况下输出序列的频谱 $Y(\omega)$ 可以表示为

$$\begin{aligned} Y(\omega) &= X^a(\omega) * Q(\omega) \\ &= \frac{1}{MT_s} \sum_{m=0}^{M-1} \left[\sum_{k=-\infty}^{\infty} X^a\left(\omega - k\frac{2\pi}{MT_s}\right) e^{j\left(\omega-k\frac{2\pi}{MT_s}\right)mT_s} \right] e^{-jm\omega T_s} \end{aligned} \tag{2-3}$$

其中，$*$ 表示卷积运算。

时间交替并行采样和基于 HFB 的 ADC 并行采样各有优缺点。时间交替并行采样技术的主要优点是实现起来相对比较简单；其主要缺点则是容易受到各个采样通道的失配误差影响，如果不进行失配误差校正，会大大降低采集系统的整体性能。

基于 HFB 的 ADC 并行采样技术可以有效抑制时间交替并行采样技术对于通道失配误差的敏感性。然而，基于 HFB 的 ADC 并行采样需要设计两组滤波器，一组为模拟滤波器或者分析滤波器，另一组为数字滤波器或者综合滤波器，这两组滤波器加大了基于 HFB 的 ADC 并行采样技术的设计与实现难度。本节主要讨论这一并行采样技术的完全重构条件，以及通道失配误差对采集输出信号的影响。

2.4.1 基于 HFB 的并行采样

TIADC 并行采样已被广泛采用，是目前唯一可集成的多通道并行采样技术。但是，TIADC 对各个通道之间存在的通道失配误差非常敏感，其采样输出性能极易受到这些失配误差的影响。

至少有两种办法可用来应对通道失配误差带来的影响。一种方法是对每一个 ADC 进行校正以实现误差最小化，但是对集成电路来说，这一方法成本很高，而且实现很困难。另一种方法则是添加额外的数字信号后校正算法以消除误差的影响。一种折中的方法是引入滤波器组以缓解通道失配误差的影响，这一结构的并行采样系统即是基于 HFB 的 ADC 并行采样系统，或者频率交替

ADC 并行采样系统。

基于混合滤波器组（Hybrid Filter Bank，HFB）的并行采样技术依然采用多片 ADC 并行工作，后端合成各通道采样数据的方式来提高整个采样系统的性能，是提高采样率与采样精度另一种有效的方法。基于 HFB 的并行采样技术克服了时间交替并行采样对通道失配误差敏感的缺点，其缺点是需要设计实现复杂的模拟分解滤波器组和数字综合滤波器组，成本比较高。

基于 HFB 的并行采样技术最早由 S. R. Velazquez 等于 1994 年提出，在这之前，这种混合滤波器组结构已经应用于通信与信号处理等领域。一个 M 通道基于 HFB 的 ADC 并行采样系统如图 2-8 所示。该并行采样系统利月一组模拟分析滤波器 $H_m(s)$（$m=0,1,\cdots,M-1$）将输入信号 $x(t)$ 从频域上划分为 M 个相同带宽的子带信号，因此每个通道的信号有效输入带宽变为整个系统的 $1/M$。同时，每个通道也以整个采样系统采样率 $1/M$ 的采样率，即 $1/MT_s$ 对滤波后的子带信号进行采样，而不会丢失任何信息。经过采样量化之后的各通道信号再经过 M 倍的插值，最后经过一组数字综合滤波器 $F_m(z)$（$m=0,1,\cdots,M-1$）滤除由插值带来的镜像频谱，并重构得到整个采样系统的采样输出信号 $x(n)$。

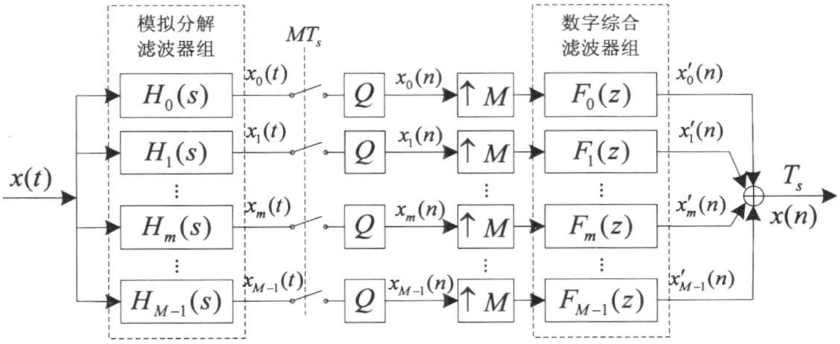

图 2-8 基于 HFB 的 ADC 并行采样系统

如图 2-8 所示 ADC 并行采样系统有两个主要的缺点。第一是通道失配误差，包含通道偏置、增益与时间误差。理想情况下，所有通道失配误差都为零，并且所有通道 ADC 都同时以相同采样率对输入信号采样。文献［17］指出，图 2-8 中的滤波器可以将各通道 ADC 相互隔离，降低增益和时间失配误差对整个系统性能的影响，因此，基于 HFB 的 ADC 并行采样系统相对于 TIADC 采样系统对通道失配误差具有较低敏感度。第二是模拟分析滤波器的不稳定性。构成模拟分析滤波器组的元器件，如运算放大器、电阻、电容及电感等，很容易受到制造工艺、周围环境以及时间老化等影响，造成滤波器频率响应的不稳定。

2.4.2 两种并行采样结构的关系

时间交替并行采样和基于 HFB 的并行采样都是采用多片低采样率 ADC 并行采样，通过后端数据合成的方式来提高整个系统的等效采样率，因此这两种结构之间存在着一定的关系。在基于 HFB 的并行采样中，如果模拟分析滤波器组只对输入信号起固定延迟作用，而数字综合滤波器组对各通道采样量化及插值后的信号作相反的时间延迟，即可等效实现时间交替并行采样。这样设计的两种滤波器组为 $H_m(s)=e^{-smT_s}$，$F_m(z)=z^{-(M-1-m)}$（$k=0,1,\cdots,M-1$），实现框图如图 2-9 所示。由此可见时间交替并行采样结构是基于 HFB 的并行采样结构的一种特殊形式。

$$
\begin{aligned}
T_k(e^{j\omega}) &= \frac{1}{MT_s}\sum_{m=0}^{M-1} e^{-j(\omega-2\pi k/M)m} e^{-j\omega(M-1-m)} \\
&= \frac{1}{MT_s} e^{-j\omega(M-1)} \sum_{m=0}^{M-1} e^{-j2\pi km/M} \\
&= \begin{cases} \dfrac{1}{T_s} e^{-j\omega(M-1)}, k=0 \\ 0, k=1,2,\cdots,M-1 \end{cases}
\end{aligned} \tag{2-4}
$$

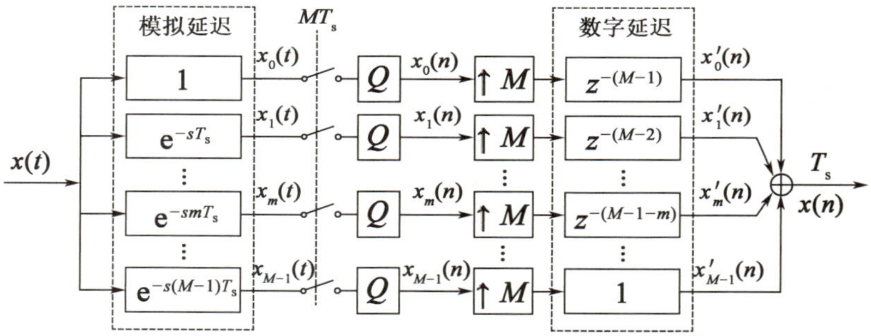

图 2-9 时间交替并行采样等效实现框图

因此式（2-4）满足完全重构条件。

2.5 触发技术

2.5.1 问题产生的原因

2.5.1.1 由复杂波形导致的触发晃动

为了能够稳定显示波形信息，数字存储示波器的水平扫速必须和输入信号的周期同步，即每次有效采集都必须开始于被测信号周期中相同的时刻。若示波器的触发类型设置为边沿触发，则该时刻由被测信号的电平幅度以特定斜率（上升或下降）越过特定触发电平的事件来决定。而对于其他的常用触发类型，如脉宽触发、斜率触发等，触发电平也是决定有效采集起始时刻的基本条件。当一次有效采集被使用后，系统将忽略后续的触发事件直到本次采集完成。当完成一次采集后，系统又开始等待下一次触发事件。如果信号的周期可以仅由信号电平幅度来确定，如正弦信号、方波信号等，则这种触发释抑技术可以很好地工作，示波器能够持续稳定地显示波形，但是当被测信号是调频信号、视频信号等复杂信号时，该技术将不能稳定地显示波形。其原因是当被测信号的电平幅度在一个周期内多次穿越设定的触发电平时，根据触发电平产生的触发事件不能正确地反映信号的基本周期。为此，数字存储示波器中专门提供了用户可调的触发释抑时间参数，用户可依据先验知识和通过观察当前波形的显示情况，调整该参数以达到稳定显示的目标。这种通过用户干预生成复杂波形的稳定触发信号的机制是很不方便的。

图 2-10 以一个简单的复合信号为例显示了这一情况。Signal 是基本周期为 T 的被测信号，Trigger 是根据设置的触发电平生成的触发信号，若系统采用上升沿触发方式，则在周期 T 中，Trigger 的 3 个上升沿都符合触发条件，此时捕获的波形可能是图 2-11 所示的三种形式。在引入释抑信号 Hold 后，通过调整释抑时间 Hold-off，可以生成周期为 T 的触发信号 Trigger′，通过此信号系统就显示稳定的波形。

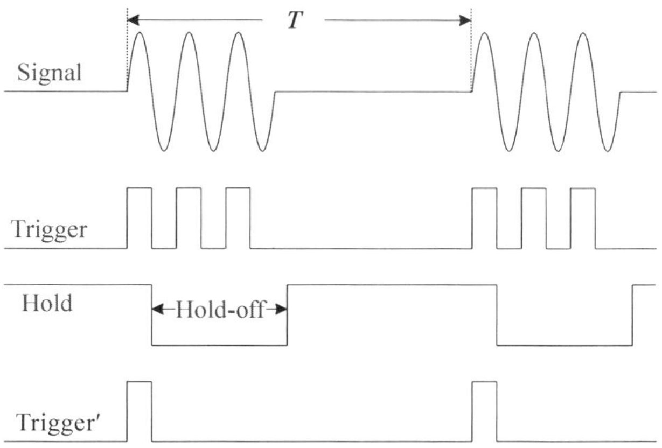

图 2-10　传统触发方式示意图

随着半导体技术和数字信号处理技术的发展，硬件性能越来越好，不少学

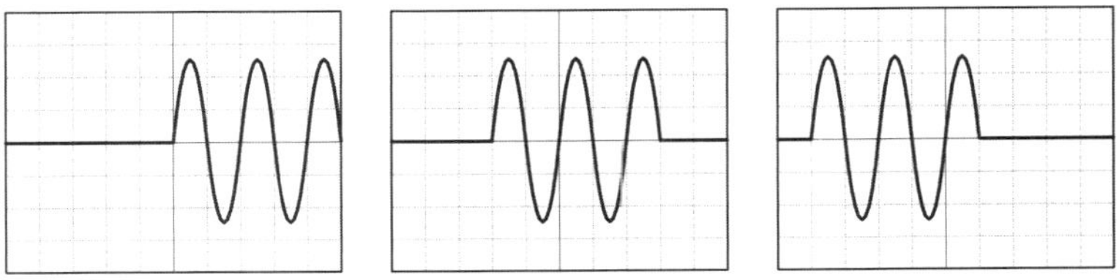

图 2-11　系统显示复合信号的示意图

者已经在研究更加健壮、快速、适应范围更广的触发技术。有文献提出使用加权汉明距离来实时地测量被测信号与预设信号模板之间的相似度，当输入的被测信号样本序列与预设样本序列的相似度为最小值（接近 0）时，输出触发信号可以表示一次匹配事件发生；有文献采用自相关的方法估计被测信号的周期，当两个序列的相关性为最大值 1 时，输出触发信号；还有文献提出采用欧拉距离模型来估计信号的相似性。这些方法的共同特点是需要有一个预设置的波形参考模板，这就要求用户充分了解被测信号的某些属性，如基本周期、最大幅度等，并根据这些参数创建参考模板并输入示波器中，这种方式对用户提出了更高的要求，复杂而且不方便。其次要生成稳定的触发信号，还要求预设置的波形参考模板必须略大于被测信号基本周期。再次，当参考模板确定后将不再改变，此时实时采样的数据流只能以固定的速率（特定的时基挡位）输入系统中，若采样率变化（用户改变时基挡位）则参考模板失效，系统将产生错误的触发信号。

3.5.1.2　由并行存储引起的触发晃动

数字存储示波器的发展对采样率的要求越来越高，存储深度越来越大。而目前 ADC 的采样率在 Gsps 范围内，要想进一步提高采样率，就要求采用多 ADC 并行交替采集技术。同时在高采样率下必然要求高的数据存储速率，而高速数据存储器价格高、容量有限，要满足大容量、低成本的要求就必须采用数据分相多路并行存储技术。在一个高速并行采集系统中，由于采用多个 ADC 或高速 ADC 数据分路器，采样数据采用分相存储的方法进行存储，而系统触发信号又与存储时钟不相关，从而导致系统无法准确定位触发点，产生波形显示的晃动，如图 2-12 所示。

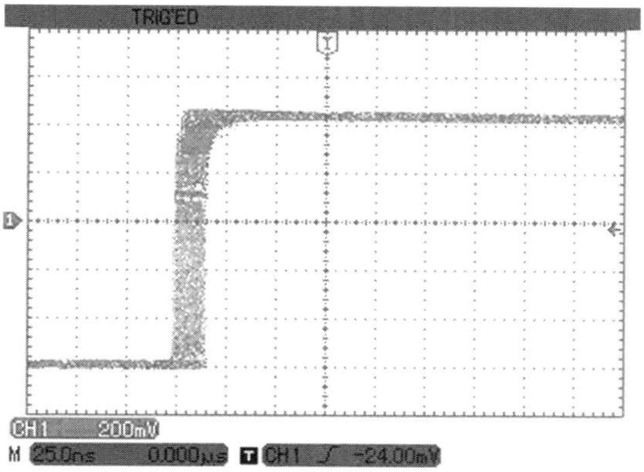

图 2-12　显示波形的晃动

从图 2-12 可以看出并行采集分相存储系统的总触发抖动 $T_{\rm jitter}$ 包含两个方面的因素：其一是固有延迟 $D_{\rm jitter}$ ，即触发点的水平理论图位置和实际波形边沿 50%处的时间差，它是触发系统与采集存储系统之间的固有延迟，一般由硬件电路决定；其二是随机抖动 $R_{\rm jitter}$ ，指波形上升沿占据的宽度，它主要是由数据的分相并行存储引起的。于是，触发总抖动为

$$T_{\rm jitter} = D_{\rm jitter} + R_{\rm jitter} \tag{2-5}$$

由于固有延迟时间 $D_{\rm jitter}$ 相对固定，很容易修正，以下主要分析随机抖动 $R_{\rm jitter}$ 产生的原因，如图 2-13 所示。

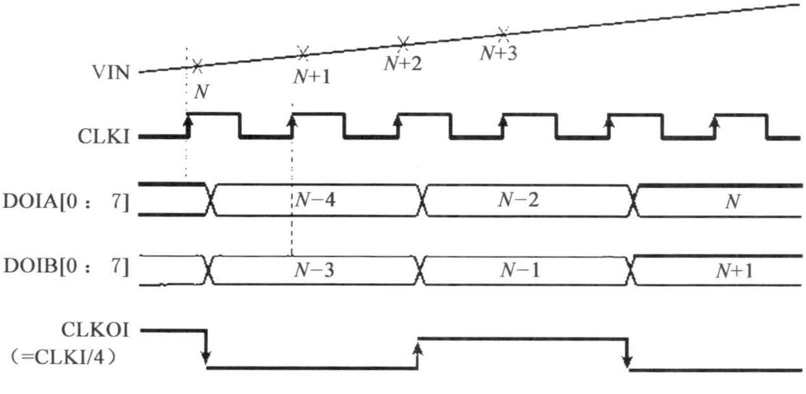

图 2-13　四路并行分相存储过程

由于采用并行采样，CLKI 是实际的 ADC 采样时钟，CLKOI 是数据同步存储时钟，等于 CLKI/4，每次都同步存储 4 个采样点。正是由于 CLKOI 与触

发脉冲完全不相关，所以当触发脉冲到达时，无法分辨 4 个采样数据中的哪个是触发脉冲到达时刻之后的第一个样点。

由于被测信号是任意的，那么与被测信号同步的触发脉冲也是任意的，它和采集系统的数据同步存储时钟完全不相关，因此可以假定该触发脉冲和触发后第一个样点的时间间隔 Δt 是服从均匀分布且有界的随机变量。R_{jitter} 主要是由 Δt 所引起，其中还包括采样时钟、触发信号本身的抖动，而该抖动主要由热噪声引起，是服从高斯分布并且无界的随机变量。

对于这种触发晃动，现有的办法有两种：其一是通过软件搜索触发点，其二是用双斜率随机展宽电路测量晃动大小，并据此判断触发水平位置。两者都存在一定的缺陷。

2.5.2 自适应智能触发技术及模型

针对这些问题，本节主要提出了自适应的智能触发技术。系统通过历史数据自动构造参考模板，再以此模板为依据实时地搜索采样数据流，当匹配样本序列出现时输出触发信号，并对参考模板进行修正。

如图 2-14 所示是自适应智能触发的简化结构模型，该模型采用了欧拉距离公式测量相似性，其主要任务是实时计算相关性，并根据计算结果提取匹配采样序列，生成触发信号。

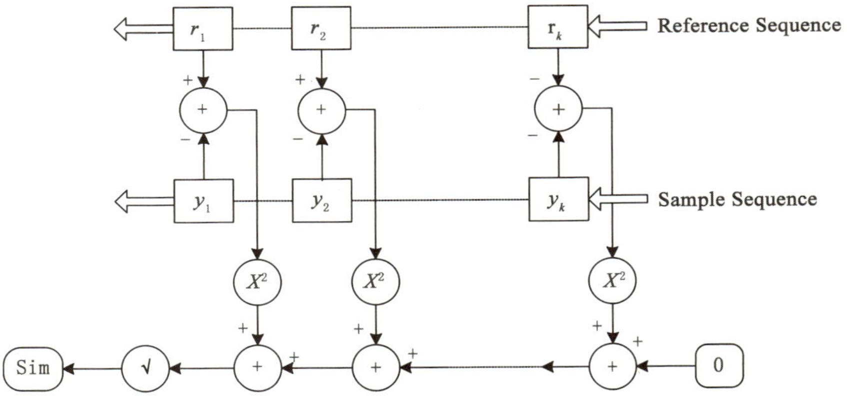

图 2-14　基于欧拉距离的计算简化原理图

假设系统已经捕获了一幅波形信号，这个条件很容易满足，用户可以通过选择传统的任一触发类型，不管是边沿、脉宽还是斜率等，对被测信号进行一次有效捕获即可。设该波形序列为 $X_1 = (x_{11}, x_{12}, \cdots, x_{1k})$，其长度为 k。令初始参考模板等于序列 X_1，则

$$R_1 = X_1$$
$$(r_{11}, r_{12}, \cdots, r_{1k}) = (x_{11}, x_{12}, \cdots, x_{1k}) \tag{2-6}$$

又设此时实时采集的样点序列为 $Y = (y_1, y_2, \cdots, y_k)$，此序列相对于 X_1 滞后一段时间，则当 Y 与 R_1 相似时，必须满足以下公式：

$$\mathrm{Sim} = \mathrm{dist}(R_1, Y) \leqslant \varepsilon \tag{2-7}$$

其中，Sim 表示相似度，ε 是相似性的阈值，dist 是任一距离函数，可以是 L_p—norms，Longest Common Subsequence（LCSS），Weighted Hamming Distance（WHD）等。当输入实时序列 Y 与 dist 满足公式（2-7）时，用序列 Y 修正 R_1，得到 R_2。

假设已经检测到有 i 个数据序列满足公式（2-7），此时的参考模板为 R_i，则当满足 dist $(R_1, Y) \leqslant \varepsilon$ 的第 $i+1$ 数据序列到达时，参考模板 R_{i+1} 修正为

$$R_{i+1} = (1-\alpha)R_1 + \alpha Y \tag{2-8}$$

其中，$0 \leqslant \alpha \leqslant 1$ 是加权因子，而 R_{i+1} 中每个元素为

$$r_{i+1,j} = (1-\alpha)r_{ij} + \alpha y_j, \quad 1 \leqslant j \leqslant k \tag{2-9}$$

可令 α 为

$$\alpha = \begin{cases} \dfrac{1}{N_{\mathrm{ave}}}, & i \geqslant N_{\mathrm{ave}} \\ \dfrac{1}{i}, & i < N_{\mathrm{ave}} \end{cases} \tag{2-10}$$

其中，N_{ave} 是加权平均的次数。

公式（2-9）所对应的指数平均简化设计结构如图 2-15 所示。对应的噪声功率降低的分贝数为

$$SNR = 10\lg\left(\frac{\alpha}{2-\alpha}\right) \tag{2-11}$$

可以看出：随着 N_{ave} 的增大，α 减小，噪声降低越多，但平均器对输入信号的变化响应越慢。

2.5.2.1 ε 的选择

一般情况下，用于控制相似程度的 ε 值的大小与所采用的 dist 函数和被测信号的信噪比有关。比如当 dist 函数是相关函数时，Sim 越接近 1，序列匹配程度越高；而当 dist 函数是欧拉距离函数时，Sim 越接近 0，序列匹配程度越高。另一方面，随着被测信号的信噪比降低，ε 值应适当增加以放宽匹配条件；

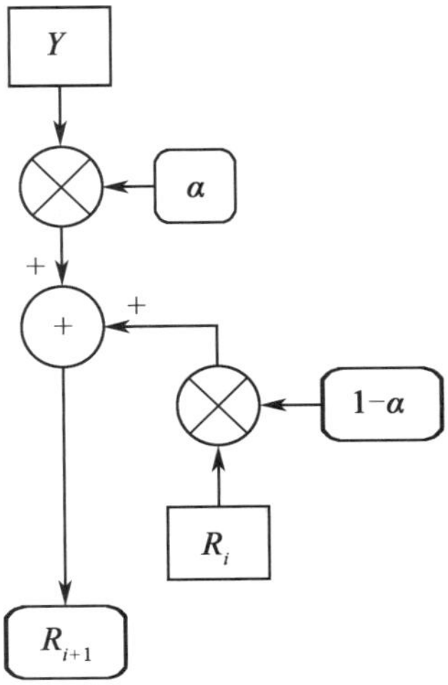

图 2-15　指数平均结构简化图

当信噪比增大时，ε 值应适当减小以提高匹配精度，从而避免错误的匹配。因此一个静态的ε 值是不合适的，它无法应对各种各样的测试环境。为了解决此问题，最简单的方法就是由用户来设定ε 参数，用户可根据波形的屏幕显示调整ε 值来获得想要的测试结构。另一个方法是由系统根据历史匹配序列的 Sim 值对用户设定的ε 初值进行动态调整。

设系统存储 s 个匹配序列的 Sim 值：Sim_1，Sim_2，…，Sim_s，令

$$\varepsilon' = \max\{\mathrm{Sim}_1, \mathrm{Sim}_2, \cdots, \mathrm{Sim}_s\}^x(1+\beta) \tag{2-12}$$

其中，并且 $\mathrm{Sim}_i < \varepsilon$，$1 \leqslant i \leqslant s$。每隔一段时间，系统根据公式（2-12）计算$\varepsilon'$。

2.5.2.2　序列长度相关问题

在系统平台设计完成后，序列长度 k 一般是不变的，设此时系统采样周期为 T_s，则长度为 k 的序列所对应的观察时间窗口是 kT_s。若被测复合信号的基本周期小于 kT_s，则系统可以完整捕获被测信号的全局信息，从而构造参考模板并产生正确的触发信号。反之，当被测信号的基本周期大于 kT_s 时，在 kT_s 内系统仅获得了被测信号的局部信息，此时自动构造的参考模板也是局部的，由此产生的触发信号周期可能并不与被测信号的基本周期相同。但是由于所有捕获的序列都满足匹配条件，是相似的波形，因此在显示屏幕上将观察到稳定的波形。

在被测信号不变的情况下，当用户调整数字存储示波器时基挡位，引起实

时采样率的变化时，长度 k 的序列所对应的观察时间窗口大小是不同的。此时将引起如上一段所叙述的情况，采样率越小，系统的有效捕获时间越大，能够观察到的全局信息越多。

很明显，不管采样率是多大，k 越大，则越有助于获得被测信号的全貌。但这必将导致需要更长的处理时间用以判断相似性，若该时间大于此时的采样周期，则违背了系统实时性的要求。因此 k 的大小是由所采用的芯片性能、设计结构和算法等因素决定的。

2.6 采集系统的数据同步

2.6.1 多 ADC 高速数据采集系统的数据同步识别装置

随着科技和工程应用的不断发展，现代信号系统的复杂度越来越高，对于采集系统的采样率的要求也越来越高。但在现有器件的条件下，时间交替并行采样技术（多 ADC）依然是实现更高采样率的数据采集系统的最佳有效技术途径。于是，时间交替并行采样技术在构架高速数据采集系统中得到了广泛应用，且产生了一些实用的应用技术，如采样孔径误差、信号增益误差和偏移误差校正等。这些技术的实现都是以采样数据为基础的数字后处理技术，都必须预先确切地知道高速数据采集系统内各 ADC 之间的采样数据的组合顺序。

在进行高速采样时，采样后的数据传输速率非常快。在对数据传输处理时，ADC 器件一般都对采样数据流进行适当的降速，然后再输出至下一级，并同时给出数据传输的同步时钟，以便后端正确接收处理数据。多 ADC 的交替并行数据采集系统的工作原理框图如图 2-16 所示。

高速数据采集系统中的 n 个 ADC 同时接收来自通道调理后的模拟输入信号，根据各自的采样时钟相位 $\Phi_1, \Phi_2, \cdots, \Phi_n$ 把模拟信号转换成数字信号 $sdata_1$，$sdata_2$，…，$sdata_n$，并进行预降速处理数据 ds_data_1，ds_data_2，…，ds_data_n，连同数据同步时钟 $dclk_1$，$dclk_2$，…，$dclk_n$ 一起传输至实时处理器做下一步处理。其中每个采样时钟相位相差 $360°/n$，总采样率为各 ADC 采样率 f_s 的 n 倍。通用的实时处理器一般选用 FPGA，可利用内部的输入双数据速率（IDDR）逻辑单元接收采样高速数据并做进一步降速处理，以符合对数据进行实时处理的速率要求。

在对采样数据进行后续的实时处理时，最重要的就是需要先确切地知道采样数据间的顺序关系。但在实际实现的过程中，复位信号产生的 ADC 复位信号 reset 是随机的，无法直接获得数据间的顺序关系。由于数据采集系统采样率的逐渐提高，其时钟抖动的影响也越来越大，使得数据采集系统的 ADC 复

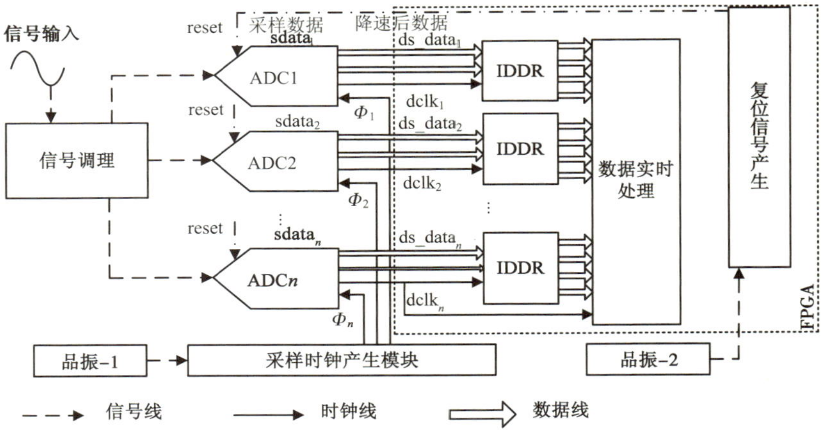

图 2-16　多 ADC 的交替并行数据采集系统的工作原理框图

位操作与采样时钟之间的随机现象越发明显，且使得采样数据的拼合顺序变得不确定，这严重影响了后端的数据处理功能，制约着高速数据采集系统的指标提升和性能实现。

为此，高速数据采集系统在数据传输与预处理时需作相应的必要操作，以确定采集数据间的顺序关系。

与数据传输及顺序关系相关的信号包括复位信号 reset、采样时钟 sclk、数据同步时钟 dclk、采样数据 sdata 及降速后的采样数据 ds _data 等，其中数据同步时钟 dclk 与采样时钟 sclk 相位之间的同步操作是由复位信号 reset 上升沿来触发 ADC 经过固定延迟时间完成的。各 ADC 的复位信号 reset 由复位信号产生器随机发出，其工作时钟频率相对于采样时钟频率一般要低得多，但它们是不同源的，相位不具有相关性，即复位信号的上升沿的时刻与采样时钟上升沿的时刻之间具有随机性。因此，各 ADC 之间的数据同步时钟相位关系也具有随机性，同时数据传输至 FPGA 的接收端经 IDDR 解串降速后，它们在某同一个时钟边沿时刻的组合关系也就具有随机性。

由于复位信号 reset 与采样时钟 sclk 的产生机制不同，于是复位信号 reset 的边沿时刻在整个采样时钟链上是随机出现的，在某一采样时钟周期 sclk 内的分布可看成是均匀分布的。在不考虑时钟边沿抖动的理想情况下，各 ADC 接收到复位信号 reset 后执行操作的时刻产生了不同的情况，以两个相差 180° 的 ADC 为例，产生了 t_1 和 t_2 两个不同的时间区间，其数据传输的具体时序关系如图 2-17 所示。此时，忽略了从采样时钟至采样数据输出的固定延迟时间和从采样时钟到采样数据的固定延迟时间。

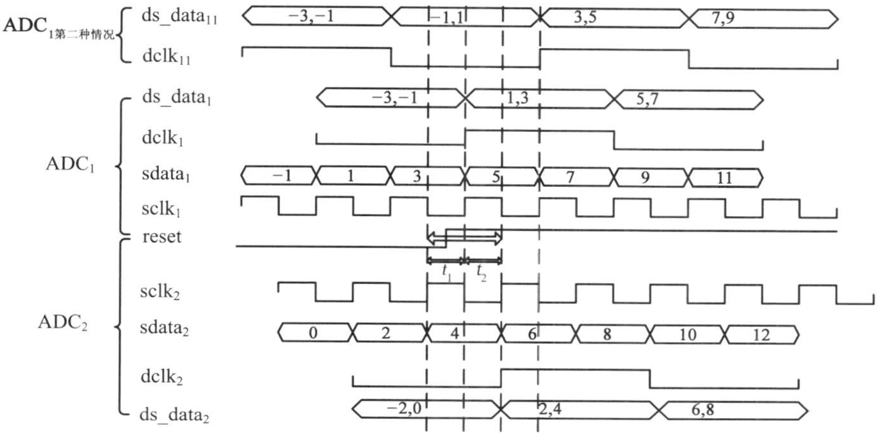

图 2-17 数据传输的具体时序关系

在图 2-17 中，$sclk_1$和$sclk_2$分别表示两个 ADC 的采样时钟，它们之间的相位相差为 180°，设采样周期为 T_s，$sdata_1$和$sdata_2$分别为 ADC 内部的与采样时钟对应的采样数据，ds_data_1，ds_data_2分别为 ADC 经降速后输出的采样数据，reset 是它们共同的复位信号。在时间区间 t_1 内，各 ADC 的数据传输相关信号包括：数据同步时钟 $dclk_1$，$dclk_2$和采样数据 ds_data_1，ds_data_2，此时 $dclk_1$的时钟沿比 $dclk_2$的时钟沿提前 $T_s/2$。而在时间区间 t_2内，ADC_1 的数据传输相关信号变换为 $dclk_{11}$和 ds_data_{11}；此时 $dclk_1$的时钟沿比 $dclk_2$的时钟沿滞后 $T_s/2$。于是在这两个时间区间里，当都采用同一种同步方法时，同一时钟沿上的数据顺序关系便产生了两种不同的顺序组合。

一般的做法是用 $dclk_2$来同步 $dclk_1$上的数据 ds_data_1与 ds_data_{11}。这时，当复位信号在 t_2时间区间时，在 $dclk_2$时钟沿上的采样数据 ds_data_1和 ds_data_2的顺序为−2，−1，0，1，设为种类 W_2；而当复位信号在 t_1时间区间时，在 $dclk_2$时钟沿上的采样数据 ds_data_1和 ds_data_2的顺序却为−2，0，1，3，设为种类 W_1，这时需对 ds_data_{11}前移一个时钟周期才能与 ds_data_2同步，这与前一种情况的区别较大。于是对采样数据进行信号重构恢复时，就必须对这两种情况分别进行不同的排列组合处理。而现有技术靠延迟调整的系统中无法实时识别采样数据之间的顺序关系。

为了克服现有技术无法实时识别采样数据之间顺序关系的不足，本书提出具有数据同步识别功能的多 ADC 高速数据采集系统，包括信号调理通道、n

个进行时间交替采样的 ADC、采样时钟产生模块和数据处理器。

输入的模拟信号经信号调理通道调理后，同时送至 n 个 $ADC_{1\sim n}$，同时各 ADC 接收到相应的满足时间交替采样的要求相位即依次相差 $360°/n$ 的采样时钟，即 ADC_{i+1} 比 ADC_i 的采样时钟相位延迟 $360°/n$（$i=1, 2, \cdots, n$），进行采样，输出采样数据及其同步时钟到数据处理器，各个 ADC 输出的同步时钟周期相同，采样数据的路数为 m。

在数据处理器中，还包括以下模块。

测试脉冲形成模块，n 个 $ADC_{1\sim n}$ 的数据同步时钟输入测试脉冲形成模块，依次以 ADC_{i+1} 输出的同步时钟 $dclk_{i+1}$ 的上升沿作为起始，以 ADC_i 输出的同步时钟 $dclk_{i+1}$ 的上升沿作为结束，产生 $n-1$ 个测试脉冲。

高精度时间间隔测量单元，用于对产生的 $n-1$ 个测试脉冲进行测试，得到各个测试脉冲的宽度。

数据反馈控制模块，产生数据顺序识别的控制信号。对于一个测试脉冲，如果测试脉冲宽度为 $0\sim T_s$，则属于类型 $pulse_1$，如果测试脉冲宽度为（$T_{dclk}-T_s$）$\sim T_{dclk}$，则属于类型 $pulse_2$，其中，T_s 为采样时钟周期，T_{dclk} 为同步时钟的周期；对 $n-1$ 个测试脉冲宽度进行判断，依次得到的脉冲类型构成数据顺序识别的控制信号。

数据顺序识别模块，根据数据顺序识别的控制信号控制数据顺序。

（1）对 ADC_1、ADC_2 输出的采样数据顺序识别，如果其对应的测试脉冲属于类型 $pulse_1$，则把 ADC_2 的采样数据进行延迟调整；若属于类型 $pulse_2$，则不进行延迟调整。

（2）对 ADC_2、ADC_3 输出的采样数据顺序识别，如果其对应的测试脉冲属于类型 $pulse_1$，则把 ADC_3 的采样数据进行延迟调整；若属于类型 $pulse_2$，则不进行延迟调整；若步骤（1）中已对 ADC_2 做了延迟调整，则需对 ADC_3 做一个附加延迟调整。

（3）对 ADC_i、ADC_{i+1} 输出的采样数据顺序识别，如果其对应的测试脉冲属于类型 $pulse_1$，则把 ADC_{i+1} 的采样数据进行延迟调整；若属于类型 $pulse_2$，则不进行延迟调整；若之前步骤已对 ADC_i 做了 k 个延迟调整，则需对 ADC_3 做 k 个附加延迟调整。

（4）以此类推，对所有 ADC 输出的采样数据进行延迟调整，得到同步的采样数据。

其中，所述的延时调整最大为将采样数据延迟（$n-1$）$\times 2T_s$，即每相邻两个 ADC 之间都进行了延迟调整，共进行了 $n-1$ 次延迟调整。

具有数据同步识别功能的多 ADC 高速数据采集系统，通过增加了测试脉冲形成模块、高精度时间间隔测量单元、数据反馈控制模块以及数据顺序识别模块来测量各个 ADC 数据同步时钟之间的相位关系，根据测量结果来反馈控制采样数据的顺序，实现了并行采样数据顺序的实时正确拼合，为后端采样数据的处理提供了可靠保障，有效地保证了系统的稳定运行，该技术为构架更高采样率的多 ADC 数据采集系统奠定了坚实的基础。

2.6.2 基于聚类分析时间交替采样系统数据同步辨识

1. 数据传输的随机现象分析

在超高速采样系统中，采样数据的速率非常快。在对数据做传输处理时，ADC 器件一般采用对其数据流进行预降速传输，同时给出数据传输的同步时钟，以便后端设备正确接收与处理数据。以双 ADC 的高速时间交替并行采样为例，其系统工作原理框图如图 2-18 所示。

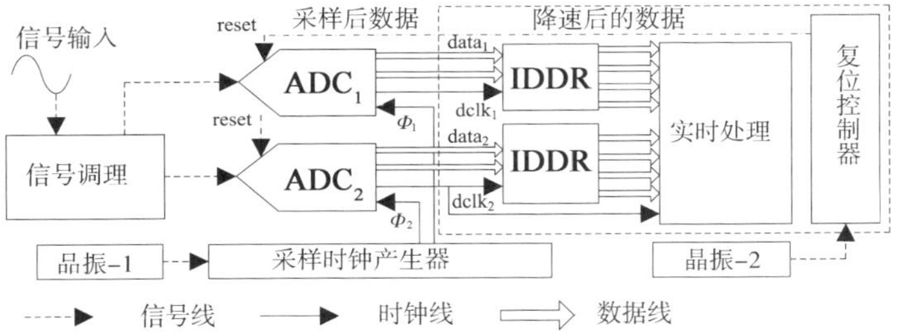

图 2-18 基于双 ADC 高速时间交替并行采样原理框图

两个 ADC 同时接收经通道调理后的模拟输入信号，根据各自的采样时钟相位把模拟信号转换成数字信号，并把采样数据经预降速处理，以双数据速率（DDR）传输方式、连同数据同步时钟一起传输至处理器做处理。其中两个采样时钟相位 Φ_1、Φ_2 相差 180°。通用的实时处理器一般选用 FPGA，以 XILINX 的 FPGA 为例，它可利用内部的输入双数据速率（IDDR）逻辑单元接收采样数据并作降速处理，以符合对数据进行实时处理的速率要求。

在对采样数据进行后续的实时处理时，最重要的就是需要先确切地知道数据间的采样顺序关系。但在实际实现的过程中，系统出现了操作信号的随机现象，无法直接获得数据间的顺序关系。

与数据传输及组合顺序相关的信号包括复位信号、采样时钟、数据同步时钟及采样数据等，其中复位信号是用于触发 ADC 经特定延迟来完成采样数据及其同步时钟与采样时钟之间的同步操作。各 ADC 的复位信号由控制器随机发出，其工作时钟频率相对于采样时钟频率一般要低一些，且它们是不同源的，相位不具有相关性，即复位信号的上升沿的时刻与采样时钟上升沿的时刻之间具有随机性。因此，各 ADC 之间的数据同步时钟相位关系也具有随机性，同时数据传输至 FPGA 的接收端经 IDDR 解串降速后，它们在某同一个时钟边沿时刻的组合顺序关系也就具有随机性。本节就实际工程设计中，对由 5Gsps 的 ADC 组成的系统进行测试分析（应用泰克 DP070404B 进行实测），如图 2-19、图 2-20 所示。

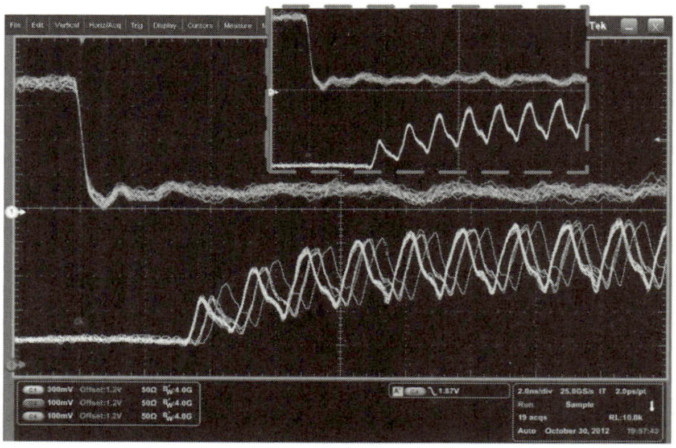

图 2-19　复位信号与数据同步时钟的实测图

（信号（上）：复位信号；信号（下）：数据同步时钟；虚线框内为正常同步复位的情况）

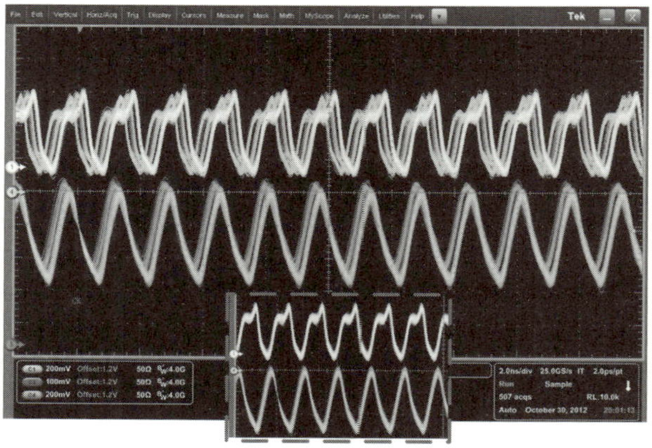

图 2-20　两个 ADC 的数据同步时钟之间的相位实测图

（信号（上）：CH1 数据同步时钟；信号（下）：CH2 数据同步时钟；虚线框内为正常同步复位的情况）

图 2-19 反映出了复位信号与 ADC 输出数据同步时钟之间的相位关系。正图中表示了数据同步时钟的相位在同一复位信号下发生了变化，虚线框中为它们正常的同步关系。如果它们不能稳定，就会导致如图 2-20 所示的两个 ADC

的数据同步时钟之间的相位不稳定，进而导致在接收端不能稳定地接收到正确顺序的采样数据，使得采样波形显示出现错误。

为此，本节对数据传输的具体时序关系进行深入分析，如图 2-21 所示。

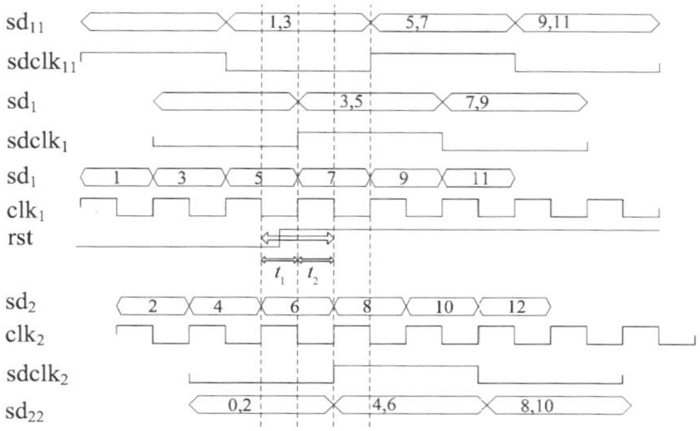

图 2-21　基于双 ADC 的高速时间交替并行采样数据传输模型

其中，clk_1、clk_2 分别表示两个 ADC 的采样时钟，相位相差 180°，设采样周期为 T_s；sd_1、sd_2 分别为其采样后的数据，rst 为其共同的复位信号。

对信号间的随机关系作进一步分析发现，复位信号的上升沿时刻在整个采样时钟链上是随机出现的，且其在各采样时钟周期中的出现概率是均等的，于是在某一采样时钟周期内的分布可看成是均匀分布的，概率密度分布设为 $U(0,T_s)$。在不考虑时钟边沿抖动的理想情况下，各 ADC 接收到的复位后执行操作的时刻产生了两种不同的情况，分别为 t_1 和 t_2 两个时间区间。图中忽略了从采样时钟至采样数据输出的固定延迟时间。

在时间区间 t_1 内，各 ADC 的数据传输相关信号包括：数据同步时钟 $sdclk_1$、$sdclk_2$ 和采样数据 sd_1、sd_2。而在时间区间 t_2 内，ADC_1 的数据传输相关信号变换为 $sdclk_{11}$ 和 sd_{11}；此时 $sdclk_1$ 的时钟沿比 $sdclk_2$ 的时钟沿滞后 $T_s/4$。于是在这两个时间区间里，当系统都采用同一种同步方法时，则同一时钟沿上的数据顺序关系便产生了两种不同的顺序组合。一般的做法是用 $sdclk_2$ 来同步 $sdclk_1$ 上的数据 sd_1 与 sd_{11}。当复位信号在 t_1 时间区间时，在 $sdclk_2$ 时钟沿上的采样数据 sd_1 和 sd_2 的顺序为常规的 0，1，2，3，…，设为种类 w_1；而当复位信号在 t_2 时间区间时，在 $sdclk_2$ 时钟沿上的采样数据 sd_1 和 sd_2 的顺序却为 1，3，4，6，…，设为种类 w_2，这时需对 sd_{11} 前移一个时钟周期才能与 sd_2 同步，这与前一种情况的区别较大。于是对采样数据进行信号重构恢复时，就必须对这两种情况分别进行不同的排列组合处理。

2. 模型建立与概率分布

经对数据传输过程分析知，在复位信号上升沿的两个不同时间区间中，数据的顺序关系在接收端同步后存在相应的两种不同组合顺序。现对该顺序关系的随机过程进行模型建立与概率分布分析。

首先，假定采样时钟边沿为无抖动的理想情况，这时数据传输的两类问题仅跟复位信号到来的时刻相关，且 $t_1=t_2=T_s/2$，则数据传输后的同步关系 w_1 的出现概率 $P(w_1)=\int_{t_1} f(r)\,\mathrm{d}r$，$w_2$ 的出现概率 $P(w_2)=\int_{t_2} f(r)\,\mathrm{d}r$，其中 $f(r)$ 为复位信号的概率密度函数。于是根据复位信号的均匀分布可以计算得出，基于双 ADC 的高速时间交替并行采样系统的数据传输中的两类情况概率为 $P(w_1)=P(w_2)=0.5$。

而在实际情况中，采样时钟并非为理想情况，它的上升沿抖动一般表现为高斯型抖动，其概率密度分布服从正态分布 $N(\mu,\sigma^2)$，均值 μ 为上升沿的标准频率中心，σ 为偏离频率中心的标准差。以采样时钟 clk_2 的其中一个上升沿中心作为 0 时刻分析点，经过 t_1 时间后的时间点为 clk_1 的上升沿中心，在时间点 T_s 为 clk_2 的下一个上升沿中心点。由于时钟沿的抖动范围一般小于周期的 5%，故采用 $\sigma=5\%\cdot T_s$ 来分析其对系统数据传输的影响，如图 2-22 所示。此时，各时钟沿的分布之间交叠区域的概率非常小，在实际系统中，可视为不可能事件。

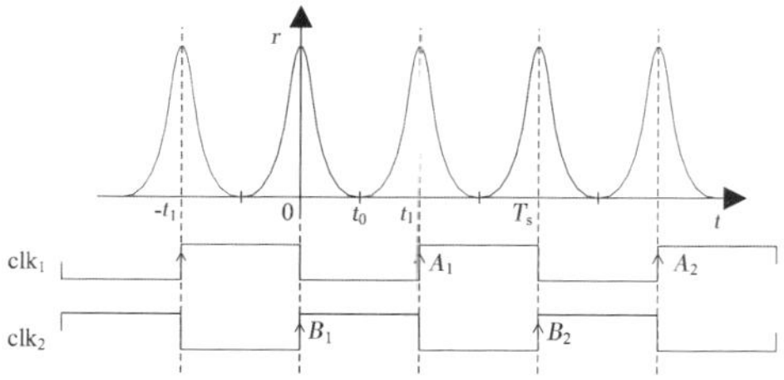

图 2-22 采样时钟上升沿抖动的概率分布

在计算 $P(w_1)$ 和 $P(w_2)$ 时仍以 $[0,T_s)$ 区间来分析，种类 w_1 要发生需 clk_1 的上升沿 A_1 和 clk_2 的上升沿 B_2 同时发生，种类 w_2 要发生需 clk_1 的上升沿 A_2 和 $sclk_2$ 的上升沿 B_2 同时发生，可得出 $P(w_1)=P(A_1\cap B_2)+P(\overline{A}_1\cap\overline{B}_2)$，$P(w_2)=P(A_1\cap\overline{B}_2)+P(\overline{A}_1\cap B_2)$。

在区间 $[0,T_s)$ 中，A_1 一定发生的概率为

$$
\begin{aligned}
P(A_1) &= P(R<X) = \iint_{r<x} f(r,x)\,\mathrm{d}r\,\mathrm{d}x \\
&= \int_0^{T_s}\left[\int_0^x f(r,x)\,\mathrm{d}r\right]\mathrm{d}x = \int_0^{T_s}\left[\int_0^x f(r)\,\mathrm{d}r\right]f(x)\,\mathrm{d}x \\
&= \int_0^{T_s}\frac{x}{T_s}f(x)\,\mathrm{d}x = \int_0^{T_s}\frac{x}{T_s}f(x)\,\mathrm{d}x \\
&= \int_0^{T_s}\frac{x}{T_s}\cdot\frac{1}{\sqrt{2\pi}\sigma}\mathrm{e}^{(x-t_1)^2/2\sigma^2}\,\mathrm{d}x = \frac{t_1}{T_s} = 0.5
\end{aligned} \tag{2-13}
$$

其中，R 表示复位信号在 $[0,T_s)$ 上的作用时刻，服从均匀分布 $U(0,T_s)$；X 为上升沿 A_1 时刻，在 $[0,T_s)$ 上服从 $N(t_1,\sigma^2)$ 分布，概率密度函数 $f(r)$。X 与 R 是相互独立的。

在区间 $[0,T_s)$ 中，B_2 一定发生的概率为

$$
\begin{aligned}
P(B_2)+P(\overline{B}_1) &= \int_0^{t_1}\left[\int_0^{x_1} f(r,x_1)\,\mathrm{d}r\right]\mathrm{d}x_1 + \int_{T_1}^{T_s} -\left[\int_{t_1}^{x_2} f(r,x_2)\,\mathrm{d}r\right]\mathrm{d}x_2 \\
&= \int_0^{t_1}\frac{x_1}{T_s}f(x_1)\,\mathrm{d}x_1 + \int_{t_1}^{T_s} -\frac{x_2-t_1}{T_s}\,\mathrm{d}x_2 \\
&= \int_0^{t_1}\frac{x_1}{T_s}\cdot\frac{1}{\sqrt{2\pi}\sigma}\mathrm{e}^{-\frac{x_1^2}{2\sigma^2}}\,\mathrm{d}x_1 + \int_{t_1}^{T_s}\frac{x_2-t_1}{T_s}\cdot\frac{1}{\sqrt{2\pi}\sigma}\cdot\mathrm{e}^{-\frac{(x_2-T_s)}{2\sigma^2}}\,\mathrm{d}x_2 \\
&\xlongequal{x_3=x_2-T_s} \int_0^{t_1}\frac{x_1}{T_s}\cdot\frac{1}{\sqrt{2\pi}\sigma}\mathrm{e}^{-\frac{x^2}{2\sigma^2}}\,\mathrm{d}x_1 \\
&\quad + \int_{-t_1}^{0}\frac{x_3+T_s-t_1}{T_s}\cdot\frac{1}{\sqrt{2\pi}\sigma}\mathrm{e}^{-\frac{x_3^2}{2\sigma^2}}\,\mathrm{d}x_3 \\
&= \frac{1}{2} + \int_{-t_1}^{t_1}\frac{x}{T_s}\cdot\frac{1}{\sqrt{2\pi}\sigma}\mathrm{e}^{-\frac{x^2}{2\sigma^2}}\,\mathrm{d}x = 0.5
\end{aligned} \tag{2-14}
$$

综上所述，可得 $P(w_1)=0.5$，$P(w_2)=0.5$，这与时钟理想情况下的发生概率具有一样的结果。

3. 聚类分析方案

基于双 ADC 的时间交替采样系统中，由于随机操作信号而引起采样数据接收时出现了两种等概率顺序组合现象，故需采用相应的测试信号来对这两类情况进行测量辨识，进而采取对应的采样数据聚类处理方法。其中一种常用的处理方法就是以两个数据同步时钟的相邻上升沿形成相应的测试脉冲，然后用高精度时间间隔测量方法进行测量，最后对测量结果进行聚类辨识，进而采取相应的数据处理方式。以 sdclk_2 的上升沿为起始，该脉冲形成的两种可能的理

想情况 $pulse_1$ 和 $pulse_2$，如图 2-23 所示。

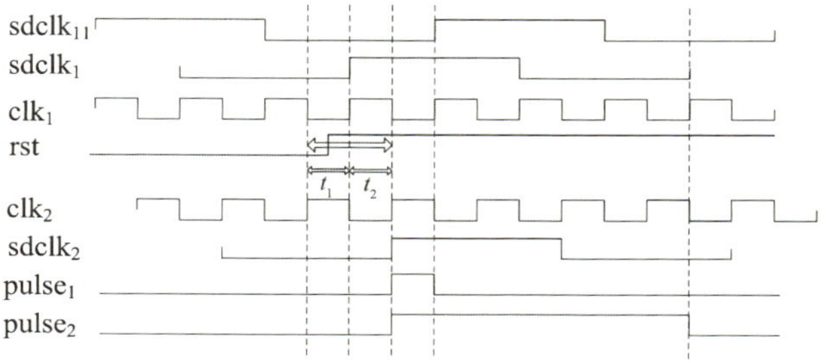

图 2-23　测试脉冲形成原理图

在实际系统中，两个数据同步时钟在传输过程中会存在不同的延迟，于是形成的测试脉冲的宽度也就不一样。设 t_d 为 $sdclk_1$ 相对于 $sdclk_2$ 的延迟，则测试脉冲的宽度可表示为

$$d_{p1} = \frac{T_{clk}}{2} + t_d - 4T_{clk}k_1,$$

$$4T_{clk}k_1 - \frac{T_{clk}}{2} < t_d \leqslant 4T_{clk}(k_1 + 1) - \frac{T_{clk}}{2},\quad k_1 \in \mathbf{Z};$$

$$d_{p2} = \frac{7T_{clk}}{2} + t_d - 4T_{clk}k_2,$$

$$4T_{clk}k_2 - \frac{7T_{clk}}{2} < t_d \leqslant 4T_{clk}k_2 + \frac{T_{clk}}{2},\quad k_2 \in \mathbf{Z} \tag{2-15}$$

当 $k_1 = -1, 0, 1, k_2 = -1, 0$ 时，宽度变化函数如图 2-24 所示。

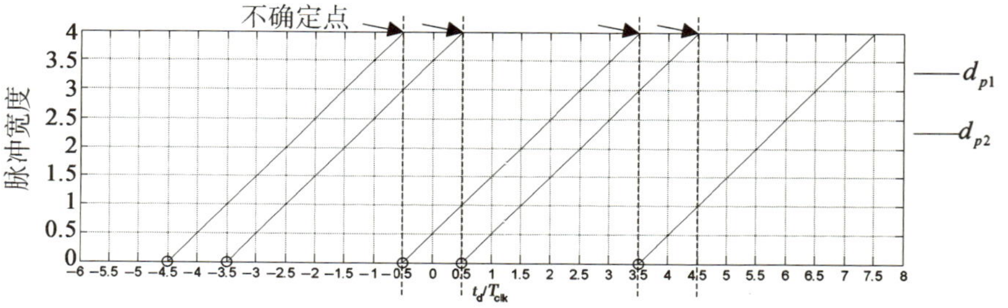

图 2-24　传输延迟引起测试脉冲宽度变化函数曲线图

从图中可以看出，不同的 t_d 取值产生了两种在 $[0, 4T_{clk}]$ 内变化的脉冲取值，二者之差绝对值为 T_{clk} 或者是 $3T_{clk}$。当 $t_d = -0.5T_{clk}$ 或 $0.5T_{clk}$ 时，系统脉冲的形成处于临界状态，即当有抖动发生时，脉冲形成的宽度会相差一个 $4T_{clk}$

的时间长度，这将给后端的观测数据处理带来困难。为了防止数据辨识过程中的不稳定，此时 t_d 在实际系统实现中应避免处于临界状态。当 t_d 不处于临界状态时，脉冲观测值的两种分布情况 w_1 、w_2 ，服从高斯分布，如图 2-25 所示。

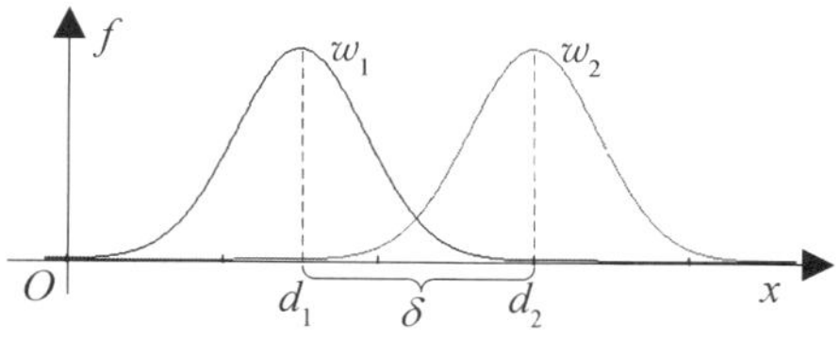

图 2-25 测试脉冲宽度观测值的分布情况

其中，d_1、d_2 分别为两种分布的均值，$\delta = |d_1 - d_2|$ ，其可能取值为 T_{clk} 或者是 3 T_{clk} 。$p(w_1)$ 、$p(w_2)$ 是已知的，但其观测数据的分布参数均值 μ_1、μ_2 和方差 σ_1^2、σ_2^2 是未知的。其均值可根据理想情况来估计，方差由采样时钟抖动 σ_s^2 、数据同步时钟传输抖动 σ_{sd}^2 和脉冲测量方差 σ_{pm}^2 共同确定，可表示为 $\sigma_1^2 = \sigma_2^2 = \sigma_s^2 + \sigma_{sd}^2 + \sigma_{pm}^2$ 。这些均值和方差参数在某次设计中是无法预先确切知道的，故需先通过观测样本来估计得到。

根据测量模型的特点，系统的数据种类识别过程可分为以下几个步骤。

a. 系统设计完成后，先进行多次复位测量得到观测数据样本，然后用聚类分析算法（K 均值算法）进行相应的数据分类。

b. 根据分类的结果估计各个种类数据分布的均值与方差，建立系统分类参数模型。

c. 单次复位的观测数据根据已知参数模型以贝叶斯最小错误概率准则进行相应的分类，然后采取相应的采样数据处理方式。

4. 分类误差与测试结果分析

根据基于最小错误率的贝叶斯判别法则，测试脉冲观测值分类产生的错误率为

$$
\begin{aligned}
p(e) &= \int_{-\infty}^{+\infty} p(e \mid x) p(x) \mathrm{d}x \\
&= \int_{d_0}^{+\infty} p(x \mid w_1) p(w_1) \mathrm{d}x + \int_{-\infty}^{d_0} p(x \mid w_2) p(w_2) \mathrm{d}x
\end{aligned}
\tag{2-16}
$$

其中，d_0 为 d_1 与 d_2 的中点。为提高分类的置信概率，需使 $p(e)$ 最小，就是使得两类分布 $p(x \mid w_1)$ 和 $p(x \mid w_2)$ 重叠的区域最小，则需减小 σ_1^2 与 σ_2^2 ，或者是增大 d_1 和 d_2 之间的距离 δ 。

为保证信号采集中测试脉冲观测值尽量严格可分，使得信号重构的错误概

率最小，在实际工程设计过程中则应遵循以下几个原则。

a. 设计中应减小采样时钟的抖动 σ_s^2 和数据同步时钟传输引入的方差 σ_{sd}^2 。

b. 在对测试脉冲进行测量时，应采用高精度的时间间隔测量模块，以减小时间间隔测量引入的方差 σ_{pm}^2 。

c. 数据同步时钟之间在传输过程中的延迟 t_d 应避免处于临界区间，使得脉冲观测值严格可分，以免处于不稳定状态。

根据以上原则，本书对基于 4 个 5Gsps 的 ADC 构架而成的 20Gsps 时间交替采集系统进行测试分析。系统采样时钟频率为 2.5GHz，两个数据同步时钟频率为 312.5MHz，它们之间的延迟 t_d 尽量为 0，也就是使得它们传输同步。系统进行 1000 次随机复位操作，然后对测试脉冲的宽度进行高精度时间间隔测量（采用时间展宽计数法），观测值统计分布如图 2-26 所示。

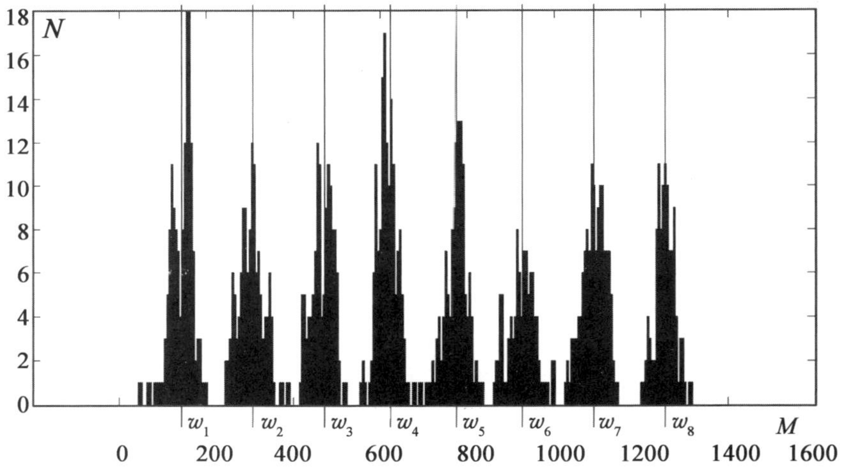

图 2-26 测试脉冲宽度测量值分布直方图

其中，N 表示统计的次数，M 表示观测值。经分析，该数据对应被测脉冲的宽度存在 8 种情况，分别为 w_1，…，w_8，并且每种情况出现的概率约为 1/8，自身的概率分布近似于高斯分布。这恰好验证了前面的分析结果。

以此数据为出发点，根据聚类分析的数据处理步骤，得到 8 种情况的均值和方差，并采取数据拼合的方法。之后对每次复位后得到的观测值进行归类，对应数据拼合的过程。于是，系统对输入的正弦波信号进行 20Gsps 采集量化，以测试脉冲观测值的同步分类结果为依据，对采样数据拼合处理后的显示波形如图 2-27 所示。

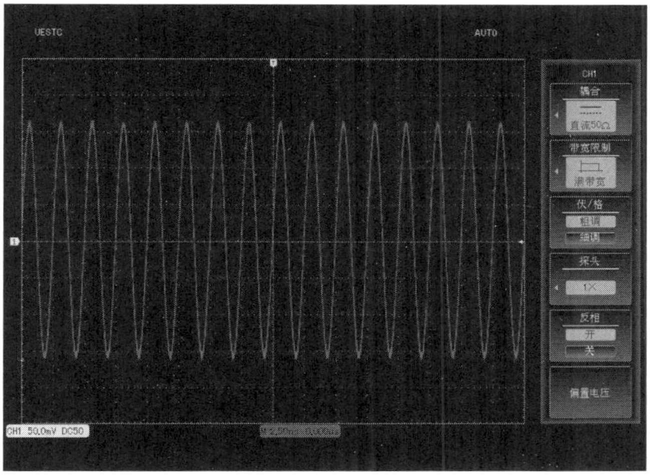

图 2-27 对 400MHz 正弦波进行采集拼合后显示结果
（时基挡：2.5ns；采样率：20Gsps）

结果表明，数据拼合处理的错误率为 0，也就是说，对测试脉冲观测值的同步分类错误率为 0。这表明本节提出的设计指导原则对数据同步校正是正确有效的，能很好地稳定系统的数据同步功能。

综上所述，本节以两个单核的高速 ADC 构建更高速的时间交替采样系统为例，详细分析了系统在 ADC 复位过程中出现随机现象及其对采样数据拼合的影响，进而对该现象进行精确模型和概率分布分析，得出采样数据的两种组合种类概率都为 0.5。然后提出了利用数据同步时钟形成测试脉冲并通过其高精度时间间隔测量值进行聚类辨识的数据同步校正方案。同时，对实际的工程设计提出了指导性设计原则。最后对 20Gsps 数据采集系统进行数据同步测试，结果分析表明该数据同步校正方法能有效地解决高速时间交替采样系统的数据同步问题，为构建更高采样率、更复杂的 TIADC 系统提供强有力的支撑。

2.7 高速海量波形存储技术

2.7.1 传统深存储技术的缺陷

采样率、存储深度和波形捕获率，是数字存储示波器的三大主要性能指标。采样率是指每秒从连续信号中提取并组成离散信号的采样个数；存储深度表示在最高实时采样率下连续采集并存储采样点的能力，通常用采样点数（pts）表示；波形捕获率表示单位时间内示波器所能捕获并显示的波形幅数，通常以波形幅数/秒（wfms/s）表示。采样率直接与存储深度有密切关系，因为数字存储示波器必须根据使用者关于捕捉时间长度的指令来管理存储器。如果使用者把数字存储示波器的时基控制设置为 100μs/div，若波形显示区有 10×8 格，这就意味着整个屏幕代表 1ms 的时间，那么数字存储示波器必须确定在不耗尽其存储器资源的前提下，至少捕捉长达 1ms 的信号时可以采用的最高采样率。在这种情况下，如果数字存储示波器标称的最大采样率为 5Gsps，而存储深度为 10Kpts，那么实际的采样率将不能高于 10Msps。这一采样率大大低于实际的最高采样率，用户的测量将容易受到欠采样的不利影响——混叠、信号细节丢失和测量结果错误等。对于浅存储示波器来说，这些都是严重的问题。

对瞬时复杂波形分析而言，高速实时采样系统的信号捕获与定时分辨能力是时域测试应用的关键评价指标。前者体现采样系统对短时突发事件、低概率偶发事件的捕捉记录能力或观测效率；后者则反映了对复杂波形细节的精细分析能力。定时分辨率越高，被捕获的频率成分就越多，重构失真也就越小。采样系统的这两项指标在技术侦察领域的应用需求尤其突出，如在战场信号的侦察截获中，目标信号的多域参数获取、目标辐射源快速采样以及信号脉内细节与信号指纹的分析等。提高波形捕获与定时分辨能力的关键在于先进的采样存储机制，除要求具有高速率、大容量特点之外，还应具备灵活、完备的触发机制。

高速的波形存储主要面临三个问题：一是存储深度（或容量）问题，二是存储速率问题，三是海量数据的高效查找和快速缩放问题。

目前，高性能数字存储示波器的采样率最高可达几十 Gsps，采用高速 FIFO 器件，可以实现波形高速存储，但是由于 FIFO 价格以及板极设计等限制，很难实现大容量的存储深度；采用 SRAM 等存储器件，可以保证足够的存储深度，但由于制作工艺等因素，存储速率的提高缓慢。因此，高速波形存储首先面临存储深度与存储速率之间的矛盾，基于 DDR_2 的存储技术可以较好地解决这一问题。

将大容量存储器，例如 DDR、DDR_2、DDR_3、LPDDR 等内存应用于数字存储示波器中，可以大大提高数字存储示波器的存储深度，同时 ADC 的采样率会要求相应的提高。DSO 的存储深度越高，那么更多、更细致的波形就可以被记录下来。

在深度存储工作模式下，数据的采集和存储是由触发控制完成的。以触发信号为基准，在整个存储空间记录下触发信号到来前后的大量波形数据。大的存储深度保证了在高采样率下的波形数据采集时间，为波形的分析提供了充分的数据信息，可以保证对细节信号的采集记录。但是，与模拟示波器相比，DSO本身就存在响应性不好的缺陷。随着存储深度的增加，数字波形记录的处理时间问题势必会带来响应慢的问题。有些存储深度极大的数字存储示波器，每次屏幕波形刷新长达8～10s。比如说，1Gsps的采样率和128Mpts的存储深度，存一个样点数据的时间是1ns，那么存满需要128ms，微处理器读一个样点数据需要100ns，读完存储里面的数据需要128Mpts×100ns＝12.8s，响应速率显然很慢。存储深度越高，波形连续捕获时间越长，系统处理数据的时间越长，响应速率越慢，死区时间越大，波形捕获率越低，毛刺等有害信号越难被发现。

2.7.2 高速海量波形存储技术

本技术的目的在于实现深度存储的同时又解决系统响应速度慢、波形捕获率低和毛刺等有害信号不易发现的问题，提供一种具有波形快速定位与缩放功能的数字存储示波器。

总体方案如图2-28所示，包括信号调理通道、模数转换器、详细波形存储器控制模块、大容量的详细波形存储器、微处理器以及显示器，为了实现快速定位和缩放功能，在现有深存储数字存储示波器的基础上，增加了一特征值检测模块和特征值存储FIFO，特征值检测模块与模数转换器连接，检测模数转换器输出的采样数据流从连续的C个采样数据中筛选出特征值数据，并存入特征值存储FIFO中。特征值存储FIFO与特征值检测模块连接，用于存储特征值检测模块筛选出的特征值数据；信号调理通道输出的调理后的模拟信号送入模数转换器中进行采样，得到的为离散信号的采样数据流，同时流入详细波形存储器控制模块和特征值检测模块；详细波形存储器控制模块控制采样数据流的全部采样数据，存入大容量的详细波形存储器中进行深度缓存；大容量的详细波形存储器的采样数据和特征值存储FIFO的特征值数据对应存储。

首先，用大容量的详细波形存储器缓存全部的采样数据，同时特征值检测模块对采样数据进行筛选，从连续的C个采样数据中筛选出特征值数据，送入特征值存储FIFO中进行存储。检测的特征值数据可以包括最大值、最小值、拐点、平均值、特征值统计等。其次，在观察波形时，先读取特征值存储FIFO中的特征值数据进行处理，并送显示器进行显示，由于特征值存储FIFO中的特征值数据是全部采集数据的$1/C$，因此，显示时，响应速度非常快，波形捕获率高。当发现某段特征值数据有异常，比如在检测的特征值为最大值时，毛刺等有害信号可以使特征值数据突然变大或减小，这时，通过详细波形

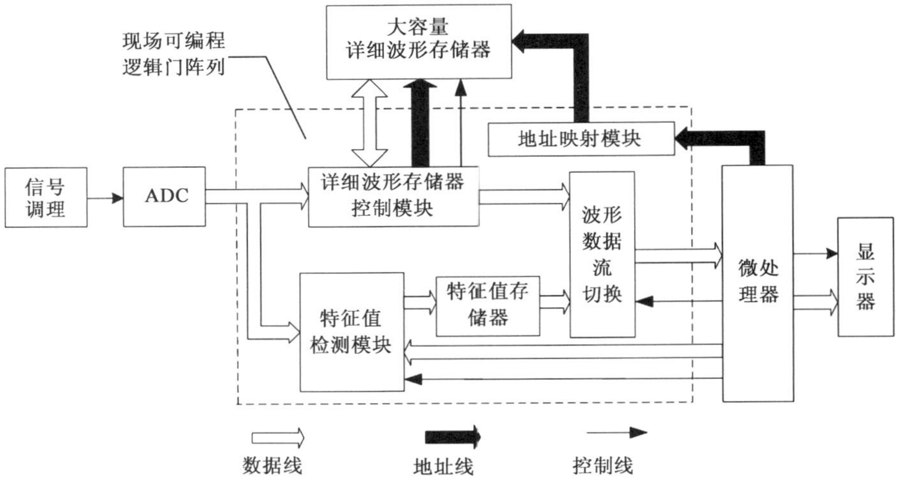

图 2-28　海量波形存储与快速定位方案

存储器的采样数据和特征值存储 FIFO 的特征值数据的对应存储关系，快速找到大容量的详细波形存储器中该段特征值数据对应的地址，微处理器读入大容量的详细波形存储器对应的采集数据进行处理，并送到显示器进行显示，详细观察该段特征值数据对应的波形，比如有毛刺的一段波形，从而完成波形的快速定位与缩放，解决了深度存储下响应速度慢、波形捕获率低和毛刺等有害信号不易发现的问题。

在观察波形时，微处理器首先读取特征值存储 FIFO 中的特征值数据进行处理，并送显示器进行显示，当某段特征值数据需要详细观察时，通过详细波形存储器的采样数据和特征值存储 FIFO 的特征值数据的对应存储关系，快速找到大容量的详细波形存储器中该段特征值数据对应的地址，而不需要全地址访问详细波形存储器中的数据来进行特征值甄别，微处理器读入大容量的详细波形存储器对应的采集数据进行处理，并送到显示器中进行显示，详细观察该段特征值数据对应的波形，这就实现了波形的快速定位与缩放。

2.7.2.1　基于动态存储器的高速大容量数据存储的设计

图 2-29 中提到的详细波形控制与存储器，其实质是基于动态存储器的高速大容量数据存储技术，为了方便读者的理解，本节以 DDR_2 为例来阐述基于动态存储器的高速大容量数据存储技术，其总体构架如图 2-29 所示，这个存储系统由嵌入在 Virtex 5 FPGA 内的 DDR_2 SDRAM 内存控制器、DDR_2 SDRAM 内存和 DSP 组成。内存控制器的设计中采用了层次化、模块化的设计方法。在设计下级子模块时继续采用这种设计方法，这样有利于尽早发现系统

设计中存在的问题，同时在组建系统和调试时，不仅具有很强的灵活性，而且具有方便的移植性，从而可以大大缩短开发周期。

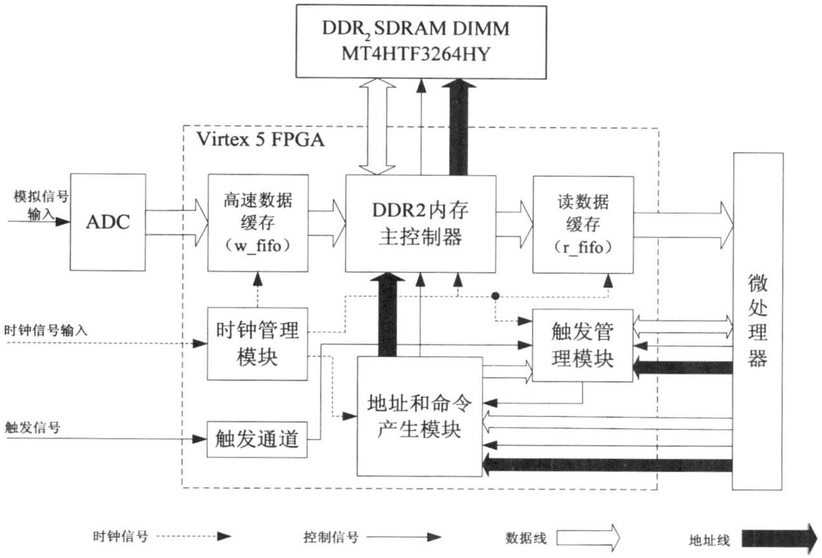

图 2-29 高速大容量数据存储系统的总体设计框图

DDR_2 SDRAM 存储控制器主要包括以下几个模块：DDR_2 内存主控制器、时钟产生模块、地址命令产生模块、触发管理模块、高速采样数据缓存(w_fifo)以及读数据缓存（r_fifo）。

时钟管理模块将外部送入 FPGA 的时钟信号进行倍频和相移处理，主要用来产生存储系统中所需要的时钟信号和复位信号；地址和命令产生模块用来响应来自 DSP 的控制命令，产生相应的地址和读写命令传送给 DDR_2 内存主控制器；高速数据缓存模块（w_fifo）由异步 FIFO 构成，缓存来自 ADC 的高速采样数据，对数据做跨时钟域处理；DDR_2 内存主控制器响应来自地址命令产生模块的地址和命令，控制 DDR_2 内存条，完成对 DDR_2 内存的初始化和读写等操作的控制。写数据时，将经过缓存的采样数据正确传送给 DDR_2 内存器件，读数据时，将 DDR_2 内的数据正确读回；读数据缓存（r_fifo）也是为了解决跨时钟域的问题，因为从 DDR_2 SDRAM 内存条读出来的数据是要传输到后端的 DSP 进行处理和显示的，而存储芯片的读写速率和 DSP 的时钟频率也是不一致的。触发管理模块响应触发信号，记录触发点在 DDR_2 内存中的对应地址，提高 DDR_2 内存对有效数据即用户所关心的信号数据的存储容量。

2.7.2.2 特征值存储模块的设计

特征值检测的作用，是在保持较高采样率的前提下，对高速数据流中的数据按照设定的规则进行筛选，筛选出来的数据直接存储在特征值存储器中由系统处理器提取、分析并显示。可见特征值存储器的容量比详细波形存储器的容量小很多，通常为数字示波器液晶显示器显示一幅波形所需要的最小点数，因此，该功能可以直接设计在 FPGA 中，采用 FPGA 中的 BLOCK RAM 来实现特征值存储器的设计和特征值的检测，特征值存储器可以选用 FIFO 来实现。

特征值存储 FIFO 和大容量的详细波形存储器中的采样数据按照某种比例关系和指定的筛选规则对应存储，这种对应关系放在地址映射模块中。特征值数据在特征值存储 FIFO 中存放的地址和大容量的详细波形存储器中采样数据存放的地址有一定的对应关系。

如图 2-30 所示为特征值存储器与详细波形存储器的关系图，在单个 ADC 采集的情况下，采样数据流的位宽与详细波形存储器、特征值存储器的位宽相等时，设大容量的详细波形存储器存储使用的容量为 D（单位：bit），特征值存储 FIFO 的容量为 d（单位：bit），ADC 的分辨率为 N（单位：bit），则特征值检测模块按照式（2-17）所示比例关系进行特征值数据的筛选：

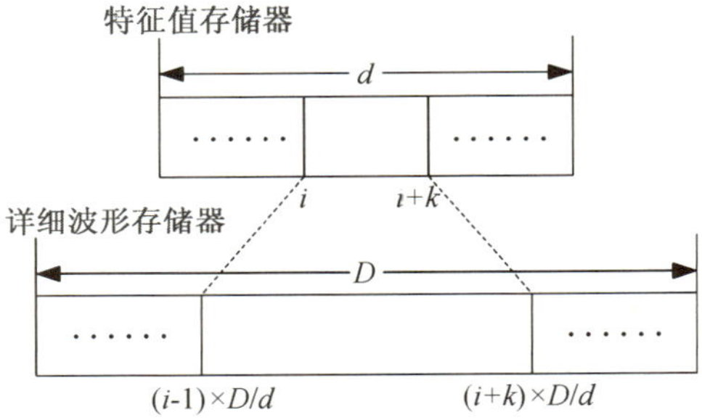

图 2-30　特征值存储器与详细波形存储器关系图

$$\left(C=\frac{D}{d}\right):1 \tag{2-17}$$

也即完成筛选后总共有 d 个数据，每个数据是由详细波形中的 C 个数据中提取出来的。特征值存储 FIFO 中任意一个数据存储空间存储的波形数据与详细波形存储器中波形数据的对应关系是

$$[i:(i+k)] \Longleftrightarrow \left[(i-1)\cdot\frac{D}{d}:(i+k)\cdot\frac{D}{d}\right] \tag{2-18}$$

其中，i 表示特征值存储器中的第 i 个特征值，其取值范围是 $i=1,2,3,\cdots,d$，

因此 k 的取值范围满足

$$i \leqslant k \leqslant d \tag{2-19}$$

该式表明，特征值存储器中 $i \sim i+k$ 之间的特征值与详细波形存储器中 $(i-1) \cdot D/d \sim (i+k) \cdot D/d$ 之间的波形数据有相互对应的关系。

由于特征值筛选与存储模块和大容量详细波形存储模块是并行工作的，相当于在一个较高的采样率下，详细波形存储器在不断地将采集得到的每一个数据都存储下来，而与此同时，特征值检测模块也在不断地检测详细波形存储器存储的每一个数据，并有选择地将特征数据存储下来，因此在实时采集波形时，首先选择特征值存储 FIFO 中的特征值数据进行观察，即数据流切换模块切换到特征值存储 FIFO，特征值存储 FIFO 的特征值数据流进入微处理器中进行处理，并送到显示器中进行显示；此时若测试人员要停止采集，并观察某段特征值数据，微处理器按照其对应关系计算出该段特征值数据的地址所对应的详细波形存储器的地址，然后微处理器的控制数据流切换模块切换到大容量的详细波形存储器数据流，并读入相应地址段的大容量详细波形存储器中的波形数据，随后送到显示器中进行显示，这样便实现了波形的快速定位与缩放。

一般情况下，高速数据采集系统都采用了并行采样技术与数据流分相存储技术来实现信号的实时捕获，这就意味着详细波形存储的位宽与特征值模块检测的位宽不相等的情况，因此在特征值检测方面也应有相应的对策。

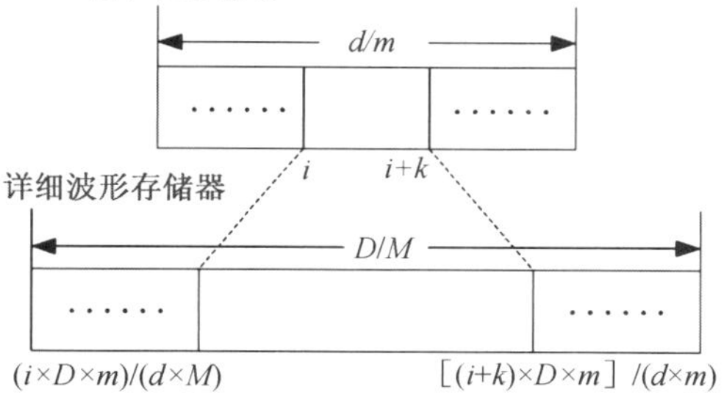

图 2-31 位宽不相等时特征值存储器与详细波形存储器的关系

如图 2-31 所示，在数据位宽不相等的条件下时，设大容量的详细波形存储器存储的容量为 D（单位：bit）、数据位宽为 M（单位：bit），特征值存储 FIFO 的容量为 d（单位：bit）、数据位宽为 m（单位：bit），那么特征值存储 FIFO 存储的地址数为 d/m，大容量的详细波形存储器存储的地址数为 D/M，则特征值存储 FIFO 按照 $(D/M):(d/m)$ 的比例筛选特征值数据，即

$$C=(D/M):(d/m)=\frac{D\cdot m}{d\cdot M} \tag{2-20}$$

那么特征值存储 FIFO 中第 $i\sim i+k$ 的存储空间与大容量的详细波形存储器中存储数据的对应关系是

$$[i:(i+k)]\Longleftrightarrow\left[(i-1)\cdot\frac{D\cdot m}{d\cdot M}:(i+k)\cdot\frac{D\cdot m}{d\cdot M}\right] \tag{2-21}$$

式中，i 表示特征值存储器中的第 i 个特征值，其取值范围是 $i=1,2,3,\cdots,d/m$，因此 k 的取值范围满足

$$i\leqslant k\leqslant d/m \tag{2-22}$$

2.7.2.3 并行采样模式下的特征值检测方案

如图 2-32 所示为并行采样模式下的特征值检测方案，本方案中共有 p 路 ADC 并行采样，每路 ADC 的分辨率为 Nbit，p 路 ADC 的输出的 p 路数据流，送入数据流切换机同步模块中经同步后被分为两组输出，其中一组将 p 路数据流被合并为 $p\cdot N$bit 的数据流送至详细波形存储器进行存储，另一组 p 路数据流被同时送入 p 个特征值检测模块进行特征值的分组检测，待 p 个特征值都被检测出来后，再将这些特征值送入特征值综合检测模块进行二次检测，之后再存入特征值存储器。

大容量的详细波形存储器的详细波形数据的存储寻址是由现场可编程逻辑门阵列来实现的，在现场可编程逻辑门阵列内部配置了一个存储数据寻址计数器，实现详细波形存储数据的正确存储。大容量的详细波形存储器的详细波形数据读取寻址由微处理器控制计数器实现，当需要显示详细波形存储器的某部分详细波形数据时，由微处理器发出需要读取数据的首地址信号和读取数据数，从大容量的详细波形存储器中快速读出想要的波形详细数据，再将这些波形详细数据送往显示器进行显示。

综上所述，特征值检测模块，在两个方面提升了高速数据流的海量处理效率：第一，在波形实时显示与处理上，详细波形存储器的存储满后，特征值存储器也完成了采集，此时微处理器只需提取特征值存储器中的少量数据来显示，便可以完整地体现详细波形存储器的数据特点，这样系统又可以很快投入下一次新的采集过程；第二，在波形的快速定位或缩放方面，测试人员先通过观察特征值数据，然后再从特征值数据中选取自己感兴趣的那一段信号，微处理器会根据这一段特征值波形所对应的详细波形的地址空间，对详细波形存储器进行局部访问，便可实现提取感兴趣信号的功能，而不必全地址访问详细波

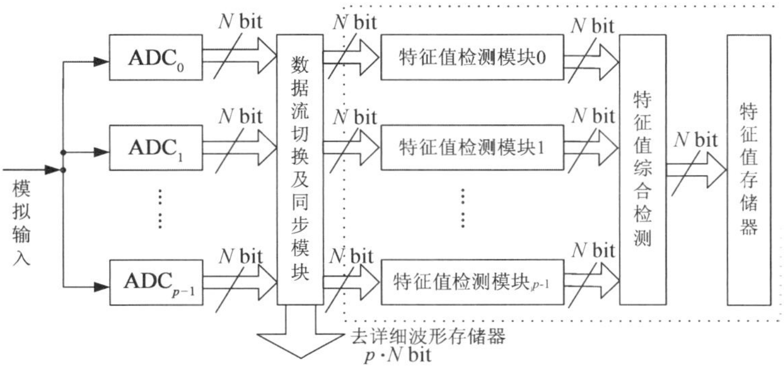

图 2-32　并行采样模式下的特征值检测方案

形存储器，从而达到了节省访问时间的目的。

检测的特征值数据可以包括最大值、最小值、拐点、平均值、特征值统计等。

第3章 宽带信号实时处理与显示技术

3.1 信号处理与显示概述

随着系统时钟频率的不断提高，信号的时序裕度急剧减少了，抖动、异步故障和瞬态问题变得突出并难以发现。例如：高速串行总线系统速率已达数Gbps以上，信号完整性问题引发的低概率偶发事件日益突出；在军事领域，电子对抗技术的发展加剧了信号复杂化，长时间内信号瞬态特征的快速捕获已经成为信息对抗能力的重要标志。因此，波形捕获率已成为评价时域测试性能的关键指标之一。波形捕获率定义为“单位时间内时域数据采集系统所能捕获并显示的波形幅数（wfms/s）”（注：所谓“一幅波形”，是指采集系统经过一次触发并完成采集同时显示在屏幕上的所有采样点统称，通常用wfms表示）。它表达了单位时间内采集系统所获取并显示的信息量的大小。波形捕获率越高，表示时域数据采集系统对偶发事件的捕获能力越强。波形捕获率不足将使时域测试中多数瞬时事件无法发现，信号抖动分析、眼图分析更无从谈起。

因此，为了获得较高的波形捕获率，测试系统不仅应具备强大的捕获能力，而且需要具有快速的波形呈现能力。快速的波形呈现能力隐含两层含义，即测试系统能够对捕获到的数据进行实时处理并高效显示的能力。数字荧光示波器正好具备了较高的波形捕获率并能直观地显示波形出现的概率，这种快速波形捕获速率结合高超的显示效果，使数字荧光示波器成为时域测量仪器新的发展方向。

三维图像处理模块是数字荧光示波器的核心，包括三维图像处理器、三维数据存储和显示处理模块。此部分电路完成的功能就是将模数转换器输出的数据转换为三维数据信息，并存储在显示存储器中，再由显示处理模块将采集图像送到屏幕显示。

实现数字荧光显示技术的核心部件是波形的三维图像处理器，它的功能是将ADC采样的数据直接映射为TFT液晶显示屏中波形显示区内相应的像素状态信息，此过程也统称为波形映射。它的实质是基于不断更新的三维数据库。针对示波器显示屏上的每一个点，数据库中都有独立的“单元（cell)”。一旦采集到波形（即示波器一触发），波形就映射到数字荧光数据库的单元组内。每一个单元代表着屏幕中的某个位置。当波形涉及该单元，单元内部就加入色彩信息，没有涉及则不加入。因此，波形经常扫过的地方，色彩信息在单元内会逐步累积。然后当数字荧光数据库存储内容传送到显示屏后，根据各点发生的信号频率的比例，显示屏展示加入色彩形式的波形区域。

波形映射的基本流程是：三维图像处理器通过采样值计算并寻址到样值在三维数据库中对应的存储单元，读取并改写该存储单元内的幅度概率值信息。假设数据存储深度为 L（由显示整幅波形的总样值数确定，可看作图像的长），ADC 的分辨率为 N（ 2^N 可看作图像的宽），数据出现的概率为 C，则三维数据存储 RAM 所需的容量为 $L\times2^N\times C/8$ 个字节。例如，存储深度为 500，ADC 的分辨率为 8 位，数据出现的概率用 16 位宽的数值表示，则所占用的存储容量是 $500\times2^8\times16/8=250$KB；该三维图像可看作是在时间轴上有 500 个时间点；每个时间点上有 256 个存储单元，它代表的是在这个时间点上的幅度值信息；每个存储单元占 16 位，用来表示多幅波形叠加在一起后显示的同一个幅度值出现的概率。

在实际实现时，三维数据存储区中的相邻存储位置对应于三维图像的长 L，且绘制工作按从左到右、从上到下的方式进行。设一次采集到的 2^N 个数据对应的值为 X_i ($i=0$，1，…，2^N-1)，那么 2^N 个采样数据按时间顺序依次进入三维波形处理器时，则第 i 行恰好对应于 X_i，处理器将根据 X_i 的值绘制第 i 行、第 t 列存储单元。

既然 SRAM 中的相邻存储位置对应于三维图像的长，则每行的起始地址是 L 的整数倍，即第 i 行的起始地址为 $L\times i$，那么当 X_i 到达三维图像处理器时，对应的存储位置是

$$P_i=L\times i+t,(i=0,1,\cdots,2^N-1) \tag{3-1}$$

在绘制三维波形图的过程中，特别在刷新屏幕后又重新采集数据并绘制时，应该首先清除三维数据存储阵列的内容，以后每次绘制时，它将读取位图的原有内容，加 1，并将结果写回同样的存储单元，直到下一次刷新屏幕。这样在屏幕刷新一次的时间 S 内，整个采集系统可能已经采集了 M 屏数据，这 M 屏数据都叠加到了三维数据存储阵列中，存储单元中保存了在屏幕一次刷新的时间内该波形数据点出现的次数。若实际实现时采用的是单口 RAM 作三

维数据存储阵列，则采集系统会在每次屏幕刷新时间 T 内关闭，等待波形显示处理模块以每秒 $L\times 2^N\times C/8/T$ 的数据传输率读取图像，更新屏幕波形，同时要对读取的数据进行转换，即将单纯的概率转换为对应的色彩。数据值大的对应波形数据点出现的概率高，相应的波形颜色要深；而数据值小的对应波形数据点出现的概率低，相应的波形颜色要浅。三维图像处理模块实现时采用了双口 RAM 作三维数据存储阵列，因此即使是在波形显示处理模块读取图像、更新屏幕波形的时间内，采集系统也可继续工作。

对应于数字存储示波器的矢量和点显示模式，在波形绘制时，对点模式就只需要绘制对应信号某一点的时间和幅度上的存储单元，而在矢量显示模式下，三维图像处理器将绘制每一列中对应的信号的最大和最小值之间的所有存储单元。

一般来说，数字存储示波器识别触发事件的速率比捕获波形的速率要高得多。传统的数字存储示波器在每次数据采集完成时，需要花费很长的时间来绘制更新屏幕波形，然后刷新屏幕，而在这段时间内数据采集系统只进行了一次数据采集，甚至没有进行数据采集，这样在这段时间内的所有触发事件都被丢掉了。在采用了本技术后，采用双口 RAM 作为三维数据存储器时，数据采集系统将一直保持工作状态（即使采用的是单口 RAM，也只在屏幕更新期间暂停采集），因此在实时采集时将可能达到最大的波形捕获速率，且没有漏掉任何一次触发事件。

三维图像处理器中波形映射模块包括地址映射和存储控制两部分电路。本设计中用于显示波形图像部分的液晶屏分辨率为 500×256，对应三维数据存储阵列中 500×256 个地址单元，设计中采用双口 RAM 作为三维数据存储器。

三维图像处理器的波形地址映射和存储控制电路如图 3-1 所示。系统 4 个 FIFO 缓存的 4 路 8 位采样信号 FIFO1［7..0］～FIFO4［7..0］被顺次读入 dataa［7..0］，lpm mult0 乘法器完成 $L\times$ dataa 操作（$L=500$ 为图像的长，dataa＝FIFO 为采样值的大小），其结果值 TMPDATA［16..0］送 74273 锁存同步后得到 DATA［16..0］，然后再将 DATA 值送入 ADDR _ MAP 模块计算产生波形映射地址 ADDR［16..0］，最后将 ADDR 值送往 SRAM 地址线。这里 ADDR _ MAP 模块实现的操作是 ADDR＝500×256－DATA＋t（t 为记数值，且 $t<500$，对应于 dataa 在一幅波形的采样点序列中排第 t 位）；DOT _ GEN 模块完成两大功能：一是产生记数值 TDATA［7..0］（表征同一点出现的概率）送入 SRAM 数据线；二是产生 SRAM 的读、写控制信号 SRAM _RD 和 SRAM _WR。如图 3-2 所示为三维图像处理器的波形映射电路时序仿真结

果。这里我们仅验证对四路 FIFO 中的一路所缓存的数据进行地址映射和存储控制的时序仿真。实际实现时还需要考虑四路 FIFO 顺次交替进行波形映射时的控制和时序。

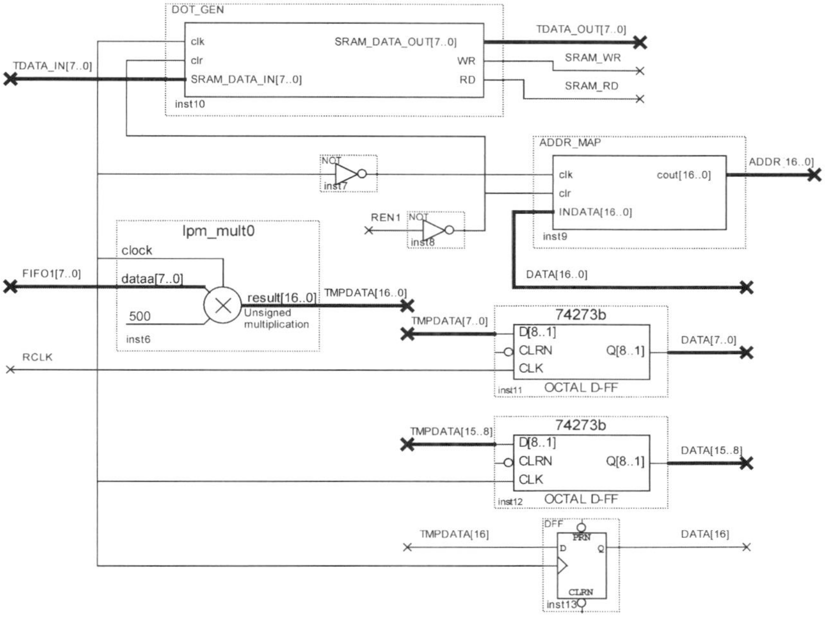

图 3-1　地址映射和存储控制电路

假设 T 时刻 FIFO1 的读使能信号 REN1 为有效，对 FIFO1 进行读操作，当 FIFO 读时钟 RCLK 的上升沿来到，读出一个数值为 3C（H），对采样值 3C（H)进行地址映射，DATA＝3C（H）×500＝7530（H），DATA 送入 ADDR_MAP 完成地址映射，ADDR＝500×256－DATA＋t ＝17F0C（H），(t 为记数值 3C)。

DOT_GEN 模块随即产生有效读控制信号 SRAM_RD，对 SRAM 进行读操作，读出 ADDR 对应地址单元的值 3F（H），作为 TDATA_IN 信号送入 DOT_GEN 进行记数（加 1）操作，其值 40（H）再作为 TDATA_OUT 信号，在产生的 SRAM_WR 写信号的控制下重新写回 SRAM 中 ADDR 对应的存储单元，完成记数和产生 SRAM 读、写控制信号两个功能。

此外，从图 3-2 的时序仿真中可以看出，完成 FIFO 中缓存的一个采样点的地址映射和记数值改变所需的总时间约为 56ns，加上读、写 SRAM 所需的时间，可知完成一个点的波形映射总时间约为：满足前章节讨论的为实现

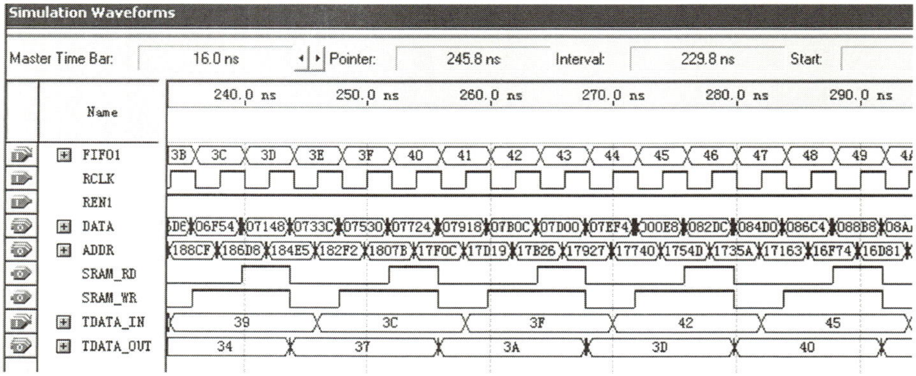

图 3-2　波形映射电路时序仿真

10 000wfms/s 的最高波形捕获速率和使用 500×256 分辨率液晶屏时，完成每个像素点映射时间不超过 200ns 的系统要求。

3.2　大规模并行采样的非均匀校正方法

无论是高速 ADC 器件还是高速时域测试仪器等应用了 TIADC 并行采样技术的场合，都无法在高采样率的同时做到高精度，有效位数还是偏低，这是由 TIADC 采样技术的固有误差所限制的。TIADC 并行采样结构在提高采样率的同时引入了通道失配（channel mismatch），产生了偏置误差（offset error）、增益误差（gain error）和时间误差（timing error）。这些误差的引入导致了采样的非均匀，严重降低了 TIADC 系统的性能。为了降低这些误差对采样的影响，有必要对通道失配产生的误差进行估计和补偿。

3.2.1　非均匀误差频谱分析

TIADC 并行采样的非均匀误差主要包括以下三种。

1. 时钟失配误差

各通道之间采样时钟相位控制偏差导致采样的时间非均匀，这是并行交替采样中最重要的误差来源。

时钟失配误差可分为以下两部分。

确定性部分称为时基误差（time-skew error），指实际采样时钟信号与理想采样时钟信号的时间偏差，主要是由器件的不匹配和时钟电路的布线造成的，也可能由电源信号干扰中的确定分量造成。时域上，时基误差会造成信号采样数据的幅值畸变；在频域方面，时基误差的影响相当于对被采样信号进行不需要的相位调制，造成信号频谱增宽，或是寄生谱峰，导致采样波形的非线性失真。

随机性部分称为时基抖动或孔径不确定（time-jitter error or aperture uncertainty）。时基抖动主要影响系统的本底噪声，并不单纯存在于并行采集系统中，本节将不对其进行重点研究。

2. 通道增益失配误差（gain error）

增益误差是指在把偏置失调误差校正到0后，传输特性曲线上理想增益点和实际增益点之间的模拟电压差值。增益点是指数字输出达到满刻度的台阶中点。通道增益失配误差主要有两个来源：一是各ADC之前的信号调理电路增益不完全一致；二是ADC本身增益不完全一致。增益失配误差在时域表现为乘性噪声。

3. 通道偏置失配误差（offset error）

偏置失配误差是指ADC传输特性曲线上理想的偏置点和实际偏置点之间的模拟电压差值。偏置点是指当数字输出为0时台阶的中央点。它对所有输出码产生同样大小的偏置误差，可以认为是零刻度误差。与通道增益失配误差类似，主要是由信号调理通道和ADC本身导致的各采样通道对地偏置电压的失配引入。偏置失配误差在时域表现为加性噪声。

这些误差使得获取的信号杂散较高，产生寄生谱峰；导致采样波形非线性失真，严重降低了系统性能。因此非均匀估计和校准技术是TIADC并行采样技术的核心，如图3-3所示。

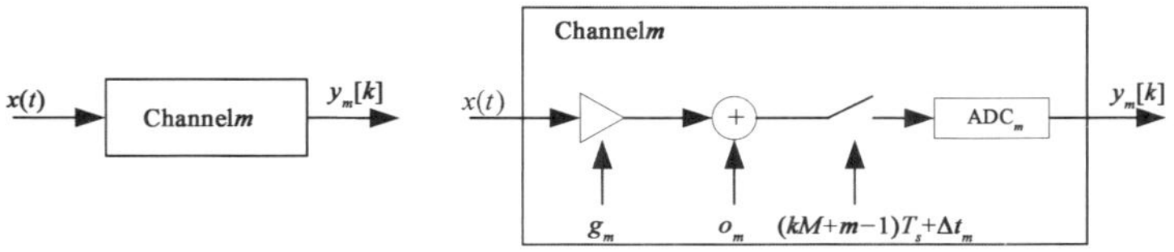

图3-3　TIADC并行采样系统的 m 通道原理图

图3-3给出了并行交替采样系统的第 m 通道的误差模型。假设第 m 个通道相对参考通道存在时基误差 Δt_m ，增益失配 g_m ，偏置失配误差 O_m ，本节将给出非均匀误差的频谱分析。

3.2.1.1　存在采样时基失配误差的情况

当第 m 个通道存在时基误差 Δt_m ，则第 m 路采样通道的相对通道0的实际起始采样时刻为

$$t_m = mT_s + d_m T_s \tag{3-2}$$

其中，d_m 被称为非均匀度，是通道 m 的时基误差 t_m 与系统采样周期 T_s 的比值：

$$d_m = \Delta t_m / T_s \tag{3-3}$$

则系统实际输出频谱为

$$\begin{aligned} Y(\omega) &= \sum_{n=-\infty}^{\infty} x(t_n) \mathrm{e}^{-\mathrm{j}\omega t_n} \\ &= \sum_{k=-\infty}^{\infty} \sum_{m=0}^{M-1} x(kMT_s + mT_s + d_m T_s) \mathrm{e}^{-\mathrm{j}\omega(kMT_s + mT_s + d_m T_s)}) \\ &= \frac{1}{MT_s} \sum_{m=0}^{M-1} \mathrm{e}^{-\mathrm{j}m\omega T_s} \sum_{k=-\infty}^{\infty} X^{\alpha}(\omega - k\frac{2\pi}{MT_s}) \mathrm{e}^{-\mathrm{j}(\omega - k\frac{2\pi}{MT_s})mT_s} \end{aligned} \tag{3-4}$$

单频信号输入情况下，由于时基非均匀存在，添加了 $M-1$ 条附加谱线，谱线之间的间隔为 $\frac{2\pi}{MT_s}$。除了 $k=0, k=nMT_s$ 处的谱线是原单频信号的离散谱外，其他位于 $\pm f_0 \pm k\frac{f_s}{M}$ 的谱线都是时基非均匀采样所带来的。

3.2.1.2 存在通道增益失配的情况

当第 m 个通道存在增益失配 g_m，系统实际输出频谱为

$$Y(\omega) = \sum_{n=-\infty}^{\infty} g(t_n) x(t_n) \mathrm{e}^{-\mathrm{j}\omega t_n} \tag{3-5}$$

根据增益失配的周期性，$g[m+kM] = g[m] = g_m$，根据式（3-5）有

$$\begin{aligned} Y(\omega) &= \sum_{m=0}^{M-1} g_m \mathrm{e}^{-\mathrm{j}\omega kMT_s} \sum_{k=-\infty}^{\infty} x(kM+m) \mathrm{e}^{-\mathrm{j}\omega kMT_s} \\ &= \frac{1}{MT_s} \sum_{m=0}^{M-1} g_m \mathrm{e}^{-\mathrm{j}m\omega T_s} \sum_{k=-\infty}^{\infty} X^{\alpha}(\omega - k\frac{2\pi}{MT_s}) \mathrm{e}^{-\mathrm{j}(\omega - k\frac{2\pi}{MT_s})mT_s} \end{aligned} \tag{3-6}$$

与时基误差类似，单频信号输入情况下，由于增益误差的存在，同样增加了 $M-1$ 条附加谱线，位于 $\pm f_0 \pm k\frac{f_s}{M}$。

3.2.1.3 存在通道偏置失配误差的情况

当第 m 通道存在偏置失配误差 o_m 时，假设每个 ADC 的偏置误差是固定的，因此偏置失配误差谱为

$$O(\omega) = \sum_{n=-\infty}^{+\infty} o(t_n) \mathrm{e}^{-\mathrm{j}\omega t_n} \tag{3-7}$$

根据偏置误差的周期性，$o[kM+m]=o[m]=o_m$，根据式（3-7）有

$$O(\omega)=\sum_{m=0}^{M-1}\sum_{k=-\infty}^{+\infty}o_m\mathrm{e}^{-\mathrm{j}\omega mT_s-\mathrm{j}\omega kMT_s}$$
$$=\sum_{m=0}^{M-1}o_m\mathrm{e}^{-\mathrm{j}\omega mT_s}\sum_{k=-\infty}^{\infty}\mathrm{e}^{-\mathrm{j}\omega kMT_s} \tag{3-8}$$

式中，$\sum_{k=-\infty}^{\infty}\mathrm{e}^{-\mathrm{j}\omega kMT_s}$ 是直流信号经过抽样间隔为 MT_s 等间隔抽样得到的信号频谱。根据采样定理式（3-8）可以写成

$$O(\omega)=\sum_{m=0}^{M-1}o_m\mathrm{e}^{-\mathrm{j}\omega mT_s}\frac{1}{MT_s}\sum_{k=-\infty}^{\infty}2\pi\delta(\omega-k\frac{2\pi}{MT_s})$$
$$=\frac{1}{T_s}\sum_{k=-\infty}^{\infty}\frac{1}{M}\sum_{m=0}^{M-1}o_m\mathrm{e}^{-\mathrm{j}k\frac{2\pi}{M}m}2\pi\delta(\omega-k\frac{2\pi}{MT_s}) \tag{3-9}$$

记

$$O(k,m)=\frac{1}{M}o_m\mathrm{e}^{-\mathrm{j}k\frac{2\pi}{M}m} \tag{3-10}$$

则式（3-9）可以写成

$$O(\omega)=\frac{1}{T_s}\sum_{k=-\infty}^{\infty}\sum_{m=0}^{M-1}O(k,m)2\pi\delta(\omega-k\frac{2\pi}{MT_s}) \tag{3-11}$$

可以看出与时基失配和增益失配所不同的是，单频信号输入情况下，偏置失配误差是与输入信号无关的量，误差谱线位于 $\pm kf_s/M, k=1,\cdots,M-1$。

3.2.1.4 通道失配综合影响

综合式（3-4）、式（3-6）、式（3-11），则包含三项失配误差后的输出频谱为

$$Y(\omega)=\frac{1}{T_s}\sum_{k=-\infty}^{\infty}A(k,m)X^{a}(\omega-k\frac{2\pi}{MT_s})+\frac{1}{T_s}\sum_{k=-\infty}^{\infty}O(k,m)2\pi\delta(\omega-k\frac{2\pi}{MT_s}) \tag{3-12}$$

其中，

$$A(k,m)=\frac{1}{M}\sum_{m=0}^{M-1}g_m\mathrm{e}^{-\mathrm{j}(\omega-k\frac{2\pi}{M})d_m}\mathrm{e}^{-\mathrm{j}k\frac{2\pi}{M}m} \tag{3-13}$$

式（3-12）就是综合了三种通道失配误差的 TIADC 并行采集序列的频谱

公式。当系统不存在通道失配误差，即 $g_m=1, d_m=0, o_m=0$ 时，并行交替采样退化为均匀采样。

图 3-4 给出了四路 8bit 250Msps ADC 构建的 TIADC 并行采样系统，输入频率为 $f_0=30$MHz 的正弦信号，经过时基非均匀为［0，0.1，0.15，0.17］，增益失配为［1，1.07，1.05，1.02］，偏置失配误差为［0，0.02，0.03，0.035］的非均匀系统并行采样所得到的输出信号频谱。

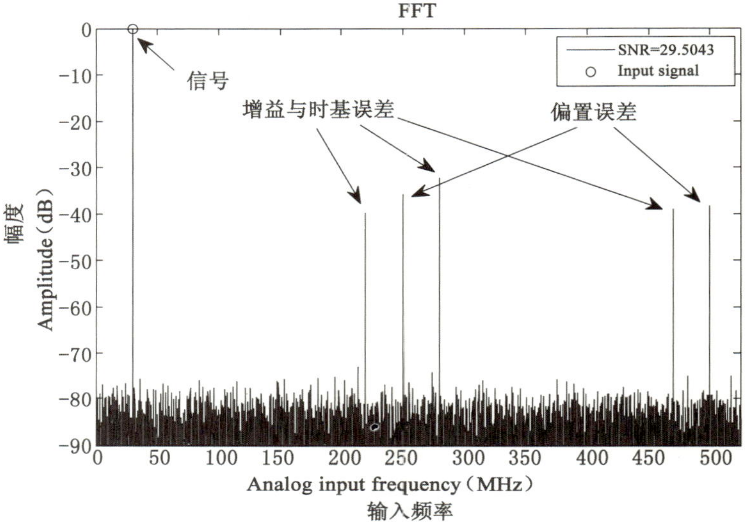

图 3-4　四通道并行采样系统通道失配误差频谱图

由图 3-4 可以清楚地看到，当存在通道失配误差的情况下，非均匀采样得到的信号频谱在原信号频谱上附加了高次谐波分量。其中，时间非均匀误差和增益非线性误差对于频谱的贡献都位于相同的频点上，$f_{spur}=(250\pm30)$ MHz，$f_{spur}=(500-30)$ MHz；而偏置误差对于频谱的贡献位于 $f_{spur}=250$MHz，$f_{spur}=500$MHz 处，与输入信号频率无关。

3.2.2　通道失配误差自适应估计及重构

通常，在时域测试仪器中，模拟前端的增益和时基误差随输入信号的频率而变化，这使得整个 TIADC 并行系统的通道失配随输入信号的频率而变化，这就意味着针对不同的输入信号频率都需要对失配误差进行估计。同时在不同的环境中以及随着器件的老化和温度的变化，通道失配误差也是在变化的，这就意味着这些失配误差需要进行重新估计。

无论是时基误差迭代盲估计法还是极大似然估计方法，虽然能在后台有效地实现时基误差估计，但是却未考虑另外两种通道失配误差同时存在的情况。上两种方法都需要在系统采集到一定数量的样点后才可进行误差的估计，对数据的存储、处理都有很高的要求，算法的实时性较弱。为此，我们期望设计可以实时跟踪三种通道失配误差参数变化，更高效地进行失配误差估计的算法。

因此，我们将自适应算法应用于 TIADC 并行采集系统的通道失配误差估计中。自适应算法在实际应用中更加灵活，既可单独应用于通道失配误差的估算，也可与误差校正算法相结合，进行盲自适应的通道间失配误差综合校正。同时，自适应算法降低了一次性估计误差所占用的资源和系统复杂性，有利于提高系统实时性。

3.2.2.1 基于线性插值的通道失配误差自适应综合校正算法

在 TIADC 并行采集系统通道失配误差的获取中，通常三种失配误差是同时存在的，我们需要在系统同时存在三种失配误差情况下，由误差的综合影响出发，采用综合策略进行有效估计。

自适应估计是一种当输入过程的统计特性未知或统计特性变化时，能够自动调节自身参数，逐步估计出满足某种最佳准则要求的统计特性的方法。将自适应估计方法用于非均匀误差的获取，不仅可以在三种误差同时存在的情况下从误差的综合影响出发，采用综合策略进行有效估计，并且可以降低一次性获取误差的复杂度，自动跟踪误差的变化，同时也减小算法对系统存储资源的占用。

1. 通道失配误差自适应估计的性能函数

在实际的 TIADC 并行采样系统中，我们可以将通道 0 作为参考通道，即时基误差 $\Delta t_0=0$，增益 $g_0=1$，偏置失配误差 $o_0=0$，利用通道 m 实际采样信号 $y_m[k]$ 作为期望信号，选择通道 0 采样信号作为自适应控制系统的输入，利用性能函数控制优化算法，使自适应控制系统的输出 $\hat{y}_m[k]$ 慢慢与期望输出 $y_m[k]$ 接近，达到对通道 m 的时基误差 Δt_m、通道增益 g_m、偏置失配误差 o_m 估计的目的。

由于 Δt_m，g_m，o_m 的存在，通道 m 的实际采样序列为

$$y_m[k]=g_m x((kM+m)T_s+\Delta t_m)+o_m, k=0,\cdots,N-1 \tag{3-14}$$

利用通道采样数据的统计特性，构造误差函数 $e[m,\boldsymbol{\theta}]$

$$e[m,\boldsymbol{\theta}]=y_m[k]-\hat{y}_m[k] \tag{3-15}$$

其中，$\boldsymbol{\theta}$ 为估计参数矢量，$\hat{y}_m[k]$ 表示对 $y_m[k]$ 的估计。

LMS 估计的目标就是利用自适应系统的输出值 $\hat{y}_m[k]$ 逼近通道间 m 的实际采样信号 $y_m[k]$，使其均方误差最小，即可实现对通道失配的估计，其性能

函数如下：

$$J_{\mathrm{LMS}}=\min J=\min E\{[m,\boldsymbol{\theta}][m,\boldsymbol{\theta}]^{\mathrm{T}}\} \tag{3-16}$$

T 表示矩阵的转置。

2. 线性插值

为获取式（3-16）中所给出的性能函数，我们需要构造 $\hat{y}_m[k]$。根据式（3-14），在 $y_m[k]$ 的构造中，我们首先需要实现 $x((kM+m)T_s+\Delta t_m)$ 的获取。

选择参考通道的采样序列 $y_0[k]$ 进行移位插值，形成估计值

$$y_0[k,m+d_m]\rightarrow y_m[k,d_m]=x((kM+m)T_s+\Delta t_m) \tag{3-17}$$

其中，$y_i[k,d]$ 表示原始模拟输入信号 $x(t)$ 在指定时间点 $(kM+i+d)T_s$ 处的采样值。

在信号插值的方法中最常用的一类就是线性插值（Linear Interpolation，LI）法。LI 算法主要基于信号的 Taylor 展开。信号的一阶 LI 可以表示为

$$\begin{aligned}y_0[k,m+d_m]&=x(kMT_s+mT_s+d_mT_s)\\&=x(kMT_s)+(mT_s+d_mT_s)x'(kMT_s)+\xi(mT_s+d_mT_s)\end{aligned} \tag{3-18}$$

其中，$x'(\cdot)$ 为信号的一阶导数，$\xi(\cdot)$ 为信号 Taylor 展式的高阶导数余项。因此，$\hat{y}_m[k]$ 可以表示为

$$\begin{aligned}\hat{y}_m[k]&=\hat{g}_m x((kM+m)T_s+\hat{d}_mT_s)+\hat{o}_m\\&\approx\hat{g}_m x(kMT_s)+\hat{g}_m(mT_s+\hat{d}_mT_s)x'(kMT_s)+\hat{o}_m\\&=\hat{g}_m y[k]+\hat{g}_m(mT_s+\hat{d}_mT_s)x'(kMT_s)+\hat{o}_m\end{aligned} \tag{3-19}$$

式中，$\hat{d}_m,\hat{g}_m,\hat{o}_m$ 表示对 d_m,g_m,o_m 的估计。假设信号的一阶导函数存在，为实现式（3-19）中对信号导函数的估计，通常高速采集系统中采样间隔 T_s 为很小的时间量，因此输入信号的一阶导函数 $x'(kMT_s)$ 可由通道 0 相邻时刻采样数据差 $e_{0,0}[k]$ 获得

$$x'(kMT_s)\approx\frac{y_0[k]-y_0[k-1]}{MT_s}=\frac{e_{0,0}[k]}{MT_s} \tag{3-20}$$

综上所述，可以得到自适应非均匀信号基于 LI 综合误差估计系统的组成结构，如图 3-5 所示。

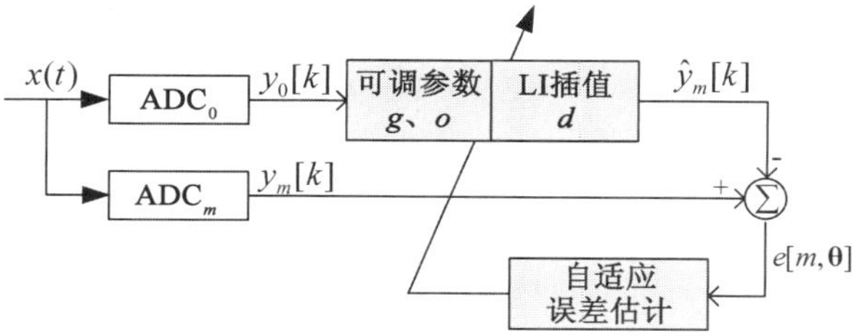

图 3-5 自适应非均匀信号 LI 综合误差估计基本原理

3. 基于LI的非均匀误差自适应综合估计

由 LMS 自适应估计算法，式（3-16）可以写为

$$\begin{aligned}J_{\mathrm{LMS}} &= \min E\{e[m,\boldsymbol{\theta}]e[m,\boldsymbol{\theta}]^{\mathrm{T}}\} \\ &= \min E\{(y_m[k]-\hat{y}_m[k])^2\}\end{aligned} \tag{3-21}$$

在实际应用中，我们取有限长的采样序列进行运算，可以将式（3-21）写为

$$J_{\mathrm{LMS}} = \min\left\{\frac{1}{N}\sum_{n=1}^{N}(y_m[k]-\hat{y}_m[k])^2\right\} \tag{3-22}$$

式（3-22）所给出的是一个三维非线性最小均方估计法（Nonlinear Least Mean Squares，NLMS）

$$J_{\mathrm{LMS}} = f(g_m, d_m, o_m) \tag{3-23}$$

其求解过程是一个三维非线性优化问题，可以运用松弛法，根据 LMS 准则，将其解耦转换成三个一维优化问题，分别对 d_m, g_m, o_m 进行迭代，产生适当的调节信号，控制参数慢慢与实际通道失配参数值接近，即可达到系统误差估计的目的。

采用最速下降法，利用梯度技术对自适应估计单元进行更新。可以得到偏置误差的更新方程为

$$o_m(k+1) = o_m^{(k)} - \mu_0 \nabla J_{o_m}{}^{(k)} \tag{3-24}$$

$$\begin{aligned}\nabla J_{o_m}{}^{(k)} &= \frac{\partial^2 e[m,\boldsymbol{\theta}]}{\partial o_m} \\ &= 2e[m,\boldsymbol{\theta}]\frac{\partial\ e[m,\boldsymbol{\theta}]}{\partial\ o_m} \\ &= 2e[m,\boldsymbol{\theta}]\frac{\partial}{\partial\ o_m} \\ &\quad \left\{y_m[k]-\hat{g}_m{}^{[k]}y_0[k]-\hat{g}_m(mT_s+\Delta\hat{t}_m)\frac{e_{0,0}[k]}{MT_s}-\hat{o}_m{}^{(k)}\right\} \\ &= -2e[m,\boldsymbol{\theta}]\end{aligned} \tag{3-25}$$

其中，μ_0 是更新步长。

增益误差更新方程如式（3-26），其中，μ_g 为收敛因子。

$$g_m^{(k+1)} = g_m^{(k)} - \mu_g \nabla J_{g_m}^{(k)} \tag{3-26}$$

$$\begin{aligned}\nabla J_{g_m}^{(k)} &= \frac{\partial^2 e[m,\boldsymbol{\theta}]}{\partial g_m} \\ &= 2e[m,\boldsymbol{\theta}]\frac{\partial}{\partial g_m}\left\{y_m[k] - \hat{g}_m^{(k)} y_0[k] - \hat{g}_m(mT_s + \hat{d}_m T_s)\frac{e_{0,0}[k]}{MT_s} - \hat{o}_m^{(k)}\right\} \\ &= -2e[m,\boldsymbol{\theta}]\left\{y_0[k] + (mT_s + \hat{d}_m T_s)\frac{e_{0,0}[k]}{MT_s}\right\}\end{aligned} \tag{3-27}$$

同样，可以得到时基非均匀的更新方程为

$$d_m^{(k+1)} = d_m^{(k)} - \mu_d \nabla J_{d_m}^{(k)} \tag{3-28}$$

$$\begin{aligned}\nabla J_{d_m}^{(k)} &= \frac{\partial^2 e[m,\boldsymbol{\theta}]}{\partial d_m} \\ &= 2e[m,\boldsymbol{\theta}]\frac{\partial}{\partial d_m}\left\{y_m[k] - \hat{g}_m^{(k)} y_0[k] - \hat{g}_m(mT_s + \hat{d}_m T_s)\frac{e_{0,0}[k]}{MT_s} - \hat{o}_m^{(k)}\right\} \\ &= -2e[m,\boldsymbol{\theta}]\hat{g}_m^{(k)}\frac{e_{0,0}[k]}{M}\end{aligned} \tag{3-29}$$

其中，μ_d 是时基误差收敛因子。

综上所述，基于 LI 的 TIADC 通道失配误差自适应综合估计的步骤可以归纳如下：

a）初始化参数 $d_m^{(0)}, g_m^{(0)}, o_m^{(0)}$，合理选择步长 μ_d, μ_g, μ_o；

b）对输入信号进行并行采样，获取 $y_m[k], m = 0, \cdots, M-1$；

c）根据式（3-20）、式（3-15）计算 $x'(nMT_s), e[m,\boldsymbol{\theta}]$；

d）根据式（3-28）、式（3-26）、式（3-24）计算更新参数 $d_m^{(k+1)}$，$g_m^{(k+1)}, o_m^{(k+1)}$；如果 $J^{(k)} - J^{(k-1)}$ 趋近于 0，则停止更新相应参数方程，否则重复 b）。

4. 实验验证

为了验证本算法对通道失配误差估计的有效性，我们使用双通道 TIADC 并行采样系统，8bit ADC 模型（Ideal _ 8 _ bit. adc），用蒙特卡罗仿真方法在通道 1 初始时基非均匀 $d_1 = 0.16$、增益 $g_1 = 1.1$、偏置误差 $o_1 = 0.035$ 的情况下对采样数据进行自适应仿真分析，验证算法的估计性能。

失配误差估计过程如图 3-6 所示。在估计算法中步长选择为 $\mu_d=0.05$，$\mu_g=0.0004$，$\mu_0=0.0003$，初值 $d_1^{(0)}=o_1^{(0)}=0$，$g_1^{(0)}=0.9$。

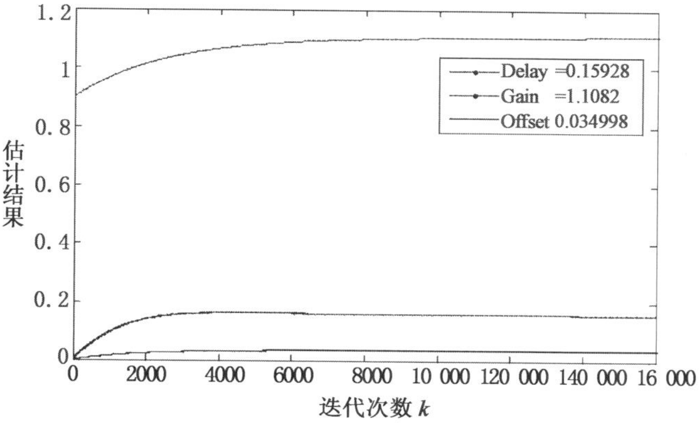

图 3-6 基于 LI 的通道失配误差估计过程

如图 3-6 所示的结果表明：经过自适应迭代得到 $\hat{d}_1=0.1593$，$\hat{g}_1=1.1082$，$\hat{o}_1=0.035$，估计精度高；只需在总体采集约 6000 个采样点，迭代运算就可实现对三种失配误差的估计，其中时基误差估计只需要约 3000 个采样点，算法估计速率快、精度高。

在实际应用中，由于非均匀误差具有基本不变或变化缓慢的特征，通过第一次校准可获得失配误差的先验值，随后误差参数估计所需的迭代过程将大幅度缩减，完全可以满足应用中的实时性要求。

这样，对通道失配误差综合盲估计算法而言，虽然系统失配参数未知，但通过上述方法不断调整，经过一段时间后，系统最终将实现对通道失配误差的估计。上述方法不需要特殊的校准信号，只需采集未知的被测信号即可估算出通道失配误差；算法硬件设计难度低，计算量小，适用于工程应用；降低了一次性估计获取误差所占用的资源和系统复杂性，有利于提高系统实时性。

5. 基于 LI 的信号重构

利用 LI 法分析系统通道失配误差，我们可以看出，一旦在获取了系统失配参数 $\hat{d}_m$，$\hat{g}_m$，$\hat{o}_m$ 后，可以利用失配参数与采样值构成非均匀误差分量，提供给校正模块，进行补偿。利用 LI 重构算法校正 TIADC 失配误差的基本原理如图 3-7 所示。校正系统使用了 $M-1$ 个信号滤波器以实现对非均匀信号的重构。

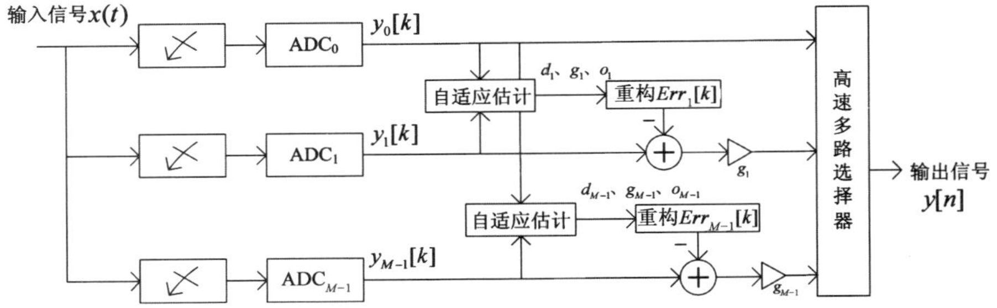

图 3-7　基于 LI 多通道非均匀信号重构的基本原理

由通道 m 的原始采样值：

$$\begin{aligned} y_m[k] &= g_m x((kM+m+d_m)T_s)+o_m \\ &\approx g_m y_m[k]+g_m d_m T_s x'(kMT_s)+o_m \end{aligned} \tag{3-30}$$

根据系统失配参数 $\hat{d}_m$，$\hat{g}_m$，$\hat{o}_m$，可以构成非均匀误差分量：

$$Err_m[k]=\hat{g}_m\hat{d}_m T_s x'(kMT_s)+\hat{o}_m \tag{3-31}$$

通道 m 采样值的重构如下：

$$y_{m\_\mathrm{recon}}[n]=(y_m[n]-Err_m[k])/\hat{g}_m \tag{3-32}$$

估计到系统失配参数 $\hat{d}_m$，$\hat{g}_m$，$\hat{o}_m$ 后，提供给校正模块，进行补偿：先将各通道的采样数据减去非均匀误差分量 $Err_m[k]$，再利用乘法器进行增益校正，即可达到信号校正的目的。

$x'(kMT_s)$ 的获取可以使用式（3-20）的计算方法。则基于 LI 多通道非均匀信号重构系统的组成结构如图 3-8 所示。

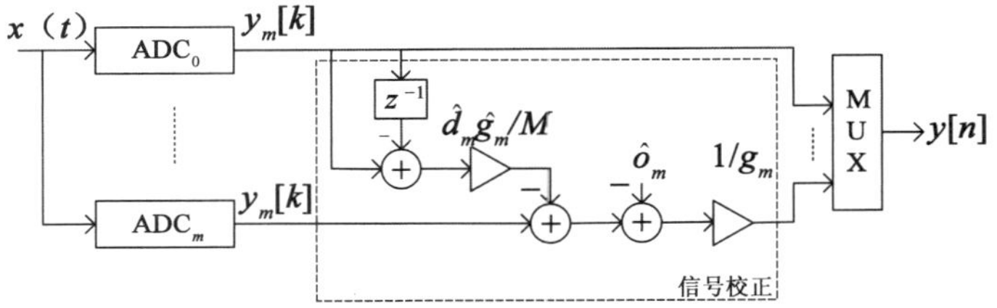

图 3-8　非均匀信号 LI 重构原理

6. 实验验证与分析

为了验证本算法对通道失配误差校正的有效性，我们仍使用双通道 TIADC 并行采样系统，并使用 8bit ADC 模型（Ideal _ 8 _ bit. adc），用蒙特卡罗仿真方法对采样数据进行重构实验分析，验证算法的校正性能。

通道 1 初始时基非均匀 $d_1=0.16$，$g_1=1.1$，$o_1=0.035$。输入频率为

$f_0 = 10\text{MHz}$ 的正弦信号，利用整体采样率为 $f_s = 500\text{Msps}$ 的系统对其进行采样。采集序列校正前的时域及频谱图分别如图 3-9 和图 3-10 所示。

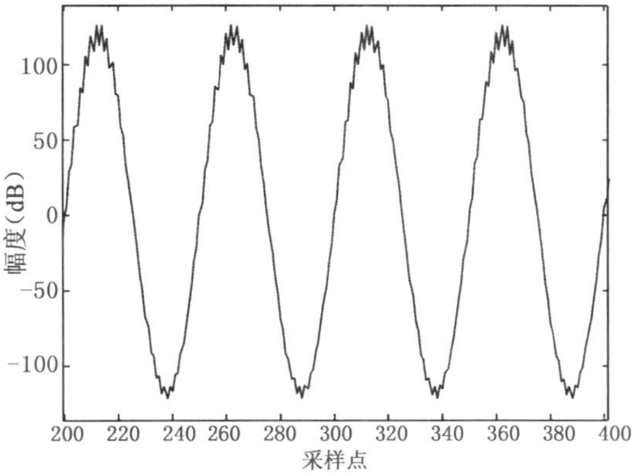

图 3-9 信号校正前时域图

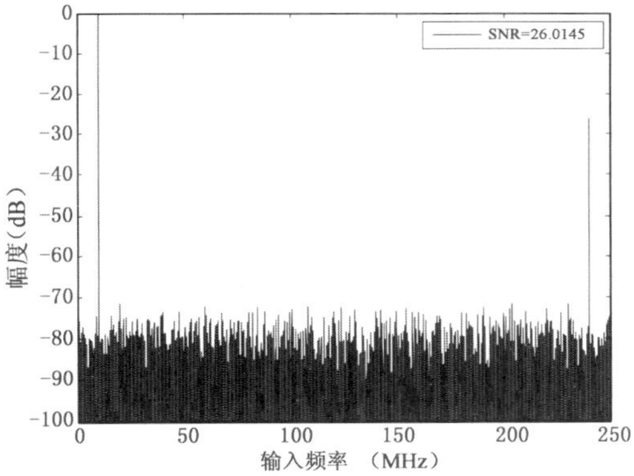

图 3-10 信号校正前频谱图

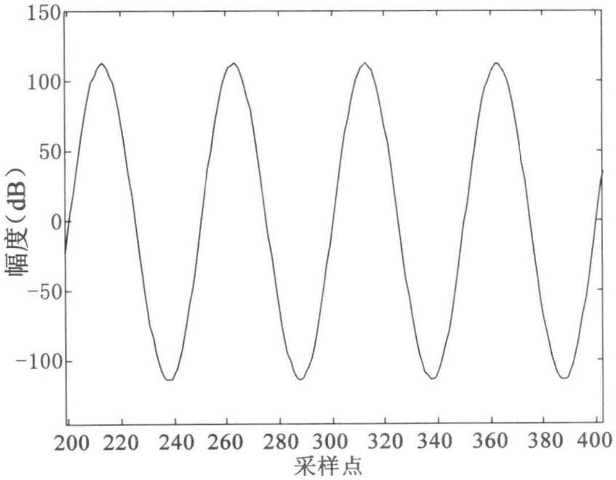

图 3-11 利用 LI 估计及校正后信号时域图

将基于 LI 的通道失配误差估计算法应用于采样序列，得到失配参数 $\hat{d}_1 = 0.152, \hat{g}_1 = 1.083, \hat{o}_1 = 0.03485$。校正后采集序列时域及频谱图分别如图 3-11 和图 3-12 所示。

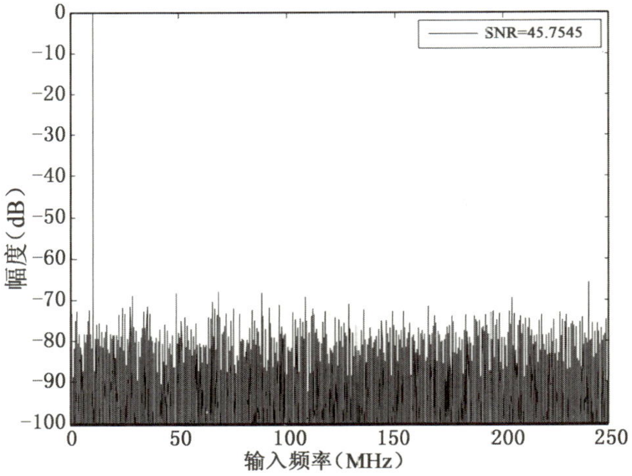

图 3-12　利用 LI 估计及校正后信号频谱图

从对比图 3-10、图 3-12 可以看出，信号的频谱中由时基误差、增益误差所引入的误差谱线（$f_{spur} = f_s/M - f_0 = 240\text{MHz}$）以及偏置误差所引入的误差谱线（$f_{spur} = f_s/M = 250\text{MHz}$）基本消除，系统 SNR 由原来的 26dB 提高到 45dB，系统 ENOB 由 4.03bit 提高到 7.18bit，系统有效位数提高了 3bit，SFDR 由原来的 26.5dB 提高到 63.7dB。校正后系统的性能得到了大幅提高。

3.2.2.2　基于分数延时的通道失配误差自适应综合校正算法

由于 LI 算法约束条件较多，并不是一个适用性广的分析方法。我们希望插值系统可以对数字信号实现任意时延的移位；同时滤波器的时间延迟参数是可调节的，在使用过程中可以更改滤波器的延时参数而不需要重新设计滤波器。

这类滤波器我们称之为数字分数延时（Fractional Delay，FD）滤波器，其广泛应用于多种场合，包括回波抵消系统、相位阵列天线系统、时间延迟估计系统、数字接收机、语音编解码系统。

为实现对信号的分数延时，理想 FD 滤波器的传输函数 $H_{des}(e^{j\omega})$ 为

$$H_{des}(e^{j\omega}) = e^{j(D+d)\omega}, \omega \in \Omega_p \tag{3-33}$$

其中，D 为 FD 滤波器的整数延时部分，d 为分数延时部分。

1. FD滤波器

使用FD滤波器，减少了参数变化时，在线设计滤波器或存储大量滤波器系数表的代价。FD滤波器结构是固定的，用户只需根据延时参数的变化更新FD的输入即可。

FD滤波器主要分为两大类：一类是FIR（Finite Impulse-Response）滤波器，另一类是IIR（Infinite Impulse-Response）滤波器。基于FIR设计的FD滤波器通常使用Farrow结构（Farrow structure），该FD滤波器使用多个并行的固定子滤波器与可变时间延迟分数因子乘积来逼近理想响应。Farrow结构可以由其理想频率响应的Taylor展开得到。基于IIR设计的FD滤波器通常为使用Gathering结构（Gathering structure）的全通（all-pass）滤波器。该结构中，滤波器的系数为理想分数延时参数的多项式。

· Farrow结构

基于Farrow结构的FD滤波器将原有FIR滤波器系数用样条拟合或多项式逼近的方法，进一步分解为多个子滤波器组，实现信号 $e^{-j\omega d}$ 的延时，达到理想频率响应。即，对于一个 P_2 阶FIR滤波器的传输函数，如式（3-34）所示：

$$H_{\text{des}}(z,d)=\sum_{n=0}^{P_2-1}h(n,d)z^{-n} \tag{3-34}$$

可利用多项式逼近进一步将滤波器继续分解为 P_2 个 P_3 阶子滤波器组，便形成了Farrow结构。例如，我们将滤波器系数 $h(n,d)$ 关于 d 做多项式展开：

$$\begin{aligned}H_{\text{des}}(z,d)&=\sum_{n=0}^{P_2-1}h(n,d)z^{-n}\\&\approx\sum_{n=0}^{P_2-1}\left[\sum_{l=0}^{P_3-1}c_l(n)d^l\right]z^{-n}\\&=\sum_{l=0}^{P_3-1}\left[\sum_{n=0}^{P_2-1}c_l(n)z^{-n}\right]d^l\\&=\sum_{l=0}^{P_3-1}C_l(z)d^l\end{aligned} \tag{3-35}$$

式（3-35）相当于按泰勒级数展开取的前 P_3 项，将需要设计FD滤波器各子滤波器的系数定义为 C：

$$\begin{aligned}C=[&c_0(0),c_0(1),\cdots,c_0(P_2-1),\\&c_1(0),c_1(1),\cdots,c_1(P_2-1),\cdots\\&c_{P_{3-1}}(0),c_{P_{3-1}}(1),\cdots,c_{P_{3-1}}(P_2-1)]\end{aligned} \tag{3-36}$$

可以得到如图 3-13 所示结构。

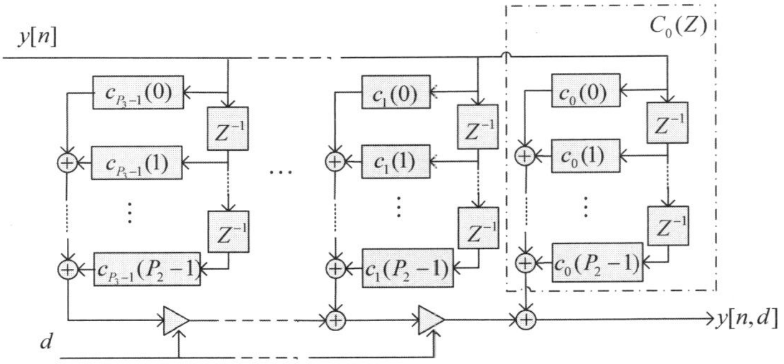

图 3-13 基于 Farrow 结构的 FD 滤波器结构图

其中，$C_l(Z)$，$l=0,\cdots,P_3-1$ 为 FD 滤波器中的子滤波器。则相应的 Farrow 结构的 FD 滤波器简化为如图 3-14 所示。

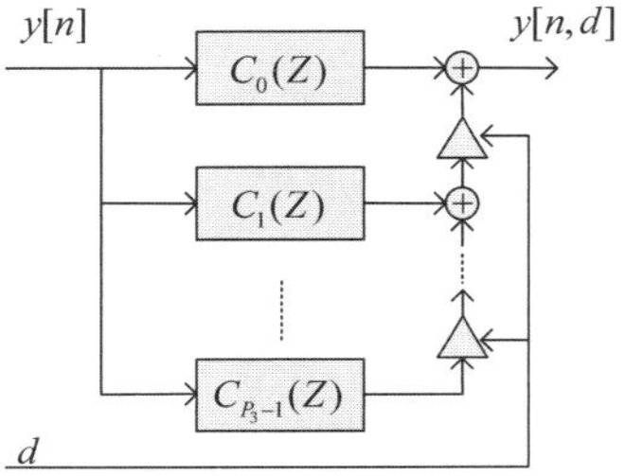

图 3-14 基于 Farrow 结构的 FD 滤波器简化结构图

· Gathering 结构

基于 Gathering 结构的 FD 滤波器传输函数 $H_{\text{des}}(z,d)$ 为

$$H_{\text{des}}(z,d)=\frac{z^{-r}A(z^{-1},d)}{A(z,d)} \tag{3-37}$$

其中，

$$A(z,d)=1+\sum_{n=0}^{P_2-1}a(n,d)z^{-n} \tag{3-38}$$

类似地，我们可以将系数 $a(n,d)$ 关于 d 做多项式展开，则式（3-38）可以写为

$$
\begin{aligned}
A(z,d) &= 1+\sum_{n=0}^{P_2-1}\left[\sum_{l=0}^{P_3-1}c_l(n)d^l\right]z^{-n} \\
&= 1+\sum_{l=0}^{P_3-1}\left[\sum_{n=0}^{P_2-1}c_l(n)z^{-n}\right]d^l \\
&= 1+\sum_{l=0}^{P_3-1}C_l(z)d^l
\end{aligned}
\tag{3-39}
$$

则相应的 Gathering 结构的 FD 滤波器结构如图 3-15 所示。

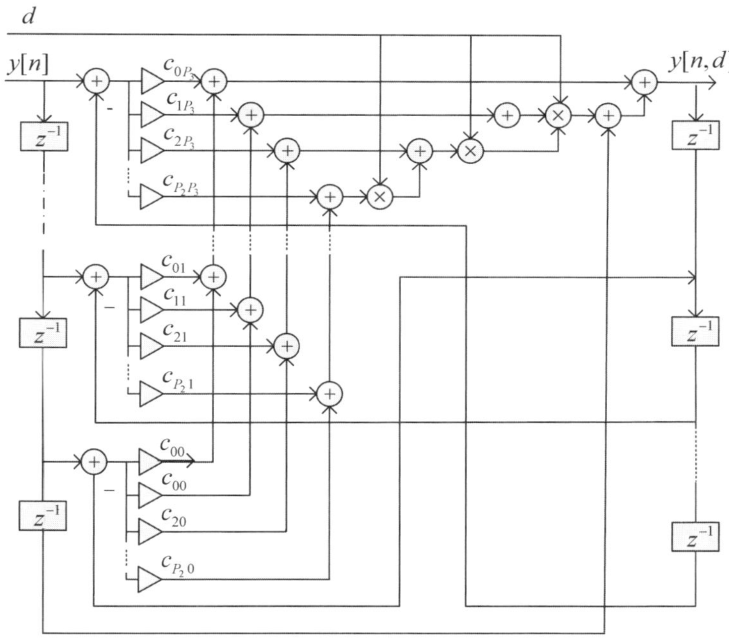

图 3-15 FD 滤波器 Gathering 结构

Gathering 结构的 FD 滤波器最大的优点就是该滤波器能在整个带宽内都保证增益幅度为 1，Farrow 结构的滤波器却不一定有此保证。因此设计 FIR 滤波器时，其对幅频响应的设计要求要高于 IIR 滤波器，但是 Gathering 结构的 FD 滤波器的资源消耗，如乘法器、加法器个数以及子滤波器阶数却大于 Farrow 结构的 FD 滤波器的要求。相对于 Farrow 结构的 FD 滤波器，Gathering 结构的 FD 滤波器的截断噪声高，相位响应的精度取决于系数的量化等级，其 IIR 结构的递归性也容易在输入信号较大时导致滤波器输出的不稳定。同时，任意基于多项式的滤波器都可以使用 Farrow 结构来实现。

综合考虑，我们将选择 Farrow 结构的 FD 滤波器用于实现信号的分数延时，并加入新的设计约束准则，使 Farrow 结构的 FD 滤波器能更有效地与 TIADC 并行系统相结合，保证滤波器较小的幅度和相移频响误差，实现时基误差的估计与校正。

尽管目前已出现很多很好的 FD 滤波器，但是如何将任意一种 FD 滤波器更好地与 TIADC 系统中时基误差估计算法有效地结合却成为目前所要解决的问题；同时，如何进一步减小 FD 滤波器所占用的资源、提高运算速率也是我们所要面对的问题。

· FD 滤波器设计准则

标准的滤波器设计方法，如 Remez 交换法、Chybeshev 法、特征值滤波器设计法、最小方差设计法、二次规范设计法等，都无法应用于 FD 滤波器的设计，因为 FD 滤波器既不是简单的对称结构（symmetric），也不是反对称结构（anti-symmetric）。

由式（3-33）可以得到 FD 滤波器理想的相位响应 $\varphi_{\text{des}}(\omega)$ 为

$$\varphi_{\text{des}}(\omega)=(D+d)\omega T,\omega\in\Omega_p \tag{3-40}$$

其中，
$$D=\begin{cases}\dfrac{P_3}{2}, & P_3\text{ 为偶数}\\[2ex]\dfrac{P_3-1}{2}, & P_3\text{ 为奇数}\end{cases}$$

和 $d\in[-\frac{1}{2},\frac{1}{2}]$ 分别为 FD 滤波器时间延迟的固定与可变部分。

理想 FD 滤波器的幅频响应为

$$|H_{\text{des}}(e^{j\omega T})|=1,\quad \omega\in\Omega_p \tag{3-41}$$

因此，FD 滤波器的设计准则可以表示如下。

· 准则 1. 相移准则

$$\Delta_p=\max_{-0.5<d<0.5}\left[\max_{\omega\in\Omega_p}\left|-\frac{1}{\omega}\varphi_p(C,\omega,d)-(D-d)\right|\right]\leqslant\delta_p \tag{3-42}$$

· 准则 2. 幅度准则

$$\Delta_a=\max_{-0.5<d<0.5}\left[\max_{\omega\in\Omega_p}||H(C,\omega,d)|-1|\right]\leqslant\delta_a \tag{3-43}$$

其中，δ_p 为相位延迟误差限，δ_a 为幅度误差限。在上述准则同时满足的情况下，FD 可以在带宽 Ω_p 内实现对信号任意分数延时 $d(d\in[-\frac{1}{2},\frac{1}{2}])$ 的移位，并保证幅度变化不大于 $1\pm\delta_a$，位移变化不大于 $D-d\pm\delta_a$。

根据式（3-36）可以将式（3-34）表示为

$$H(C,e^{j\omega},d)=\sum_{n=0}^{P_2-1}h(C,n,d)e^{-j\omega n} \tag{3-44}$$

其中，

$$h(C,n,d)=\sum_{l=0}^{P_3-1}c_l(n)d^l \tag{3-45}$$

则 Farrow 结构的 FD 滤波器幅度响应和相移响应分别如下：

$$|H(C,e^{j\omega},d)=\left|\sum_{n=0}^{P_2-1}h(C,n,d)e^{j\omega n}\right| \tag{3-46}$$

$$\begin{aligned}\tau_p(C,e^{j\omega},d)&=-\frac{1}{\omega}\arg\{H(C,e^{j\omega},d)\}=-\frac{\varphi_p}{\omega}\\&=-\frac{1}{\omega}\arctan\left(\frac{\sum_{n=0}^{P_2-1}h(C,n,d)\sin m\omega}{\sum_{n=0}^{P_2-1}h(C,n,d)\cos m\omega}\right)\end{aligned} \tag{3-47}$$

为减小滤波运算中所使用的乘法器资源，我们利用系数对称的特点来约束各子滤波器，即所有的子滤波器都是线性相位滤波器。

$$c_1(n)=c_1(P_3-1-n) \tag{3-48}$$

或

$$c_1(n)=-c_1(P_3-1-n) \tag{3-49}$$

这样不但可以使子滤波器所使用的乘法器更少，结构简单，也更容易实现。

• Farrow 结构 FD 滤波器的优化设计

基于现有计算机的计算能力，本节利用优化设计的方式求解 FD 滤波器各子滤波器系数。其目的是在滤波器资源消耗尽可能少的情况下，使设计偏差最小，保证后续时基误差估计和校正的精度。

（1）在优化设计中，我们首先需要寻找一个滤波器作为优化算法中使用的初值滤波器。由式（3-45）可以看出，当时间延迟参数 $d=0$，FD 滤波系统只有第 0 个子滤波器在起作用，即

$$h(C,n,d)\mid_{d=0}=c_0(n) \tag{3-50}$$

因此，在 $d=0$ 的情况下，根据 FD 滤波器设计的幅度和相移准则，首先设计满足要求的滤波器 $c_0(n)$，确定满足约束条件式（3-42）、式（3-43）的最小的子滤波器阶数 P_3，并将其作为优化设计中的初值滤波器。

对于子滤波器 $c_0(n)$ 的设计，已知其幅频响应及相移响应，我们选择使用频率抽样滤波器设计法与 Parks-McClellan 优化算法相结合的方式进行设计。

a）子滤波器在给定通带内幅度响应为 1，相移响应为 $D+d$，阻带内幅度响应为 0。可以利用频率抽样设计方法，根据幅度以及相位确定滤波器的 N_0 个频响样值，再利用 IFFT 变化即可很快地获得子滤波器的系数 $c_0(n)^{(0)},n=0,\cdots,N_0-1$。

b）计算子滤波器 $c_0(n)^{(0)}$ 的实际频响，根据 Parks-McClellan 优化算法：如该 N_0 阶滤波器未满足约束条件式（3-42）、式（3-43）的要求，则更新子滤波器阶数 $N_1=N_0+1$，重复步骤 a）设计 N_1 阶滤波器 $c_0(n)^{(1)}$，直至获取到满足约束条件式（3-42）、式（3-43）的子滤波器 $c_0(n)$，则此时 $c_0(n)$ 的阶数为 FD 滤波器的 P_3 值。

（2）将子滤波器的个数加 1，根据式（3-35）写出 $h(C,n,d)$ 的表达式。

为更加方便使用 FD 滤波器的设计准则，可以将通带分成 I 等份，即 $\omega_i\in[0,\omega_{\mathrm{p}}],i=1,2,\cdots,I$；将时间延迟范围 $-0.5<d<0.5$ 分成 J 等份，即 $d_j\in(-0.5,0.5),j=1,2,\cdots,J$。因此，约束条件式（3-42）、式（3-43）可以写为

$$\varepsilon_p=\max_{\substack{0\leqslant i\leqslant I-1\\0\leqslant j\leqslant J-1}}\left|\tau_{\mathrm{p}}(C,\omega_i,d_j)-\left(\frac{N}{2}-1-d_j\right)\right|-\delta_p \tag{3-51}$$

$$\max_{\substack{0\leqslant i\leqslant I-1\\0\leqslant j\leqslant J-1}}\left|\,|H(C,\omega_i,d_j)|-1\right|-\delta_a+|\Delta_p'+\Delta_a'|-\delta_c\leqslant 0 \tag{3-52}$$

使用 Minimax 非线性优化算法，在非线性约束条件式（3-52）控制下，利用序列二次规划算法（Sequential Quadratic Programming，SQP）法，寻找使得式（3-51）ε_p 最小的解 C。

如果最优解 C 存在，且 $h(C,n,d)$ 满足约束条件式（3-42）或式（3-43），则实现 FD 滤波器的设计，否则子滤波器个数加 1，重复进行步骤（2）。

至此便实现了 Frrow 结构的 FD 滤波器设计。

图 3-17、图 3-18 给出了该 4 相 12 阶的 Farrow 结构的 FD 滤波器在 u 分别

为 0，0.1，0.2，0.3，0.4，0.5 时的幅频响应、相移频响图。

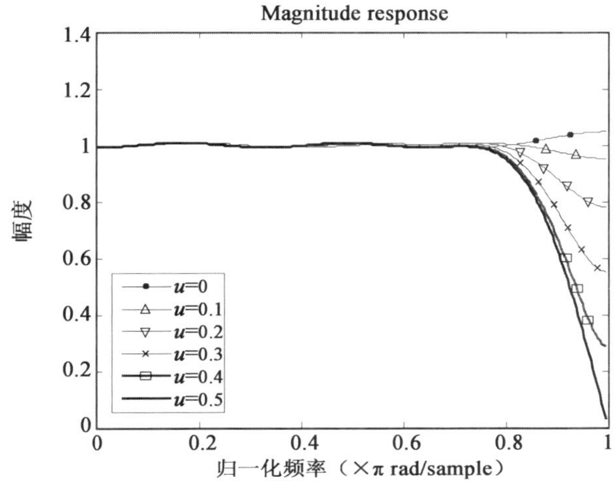

图 3-16 滤波器的幅度响应

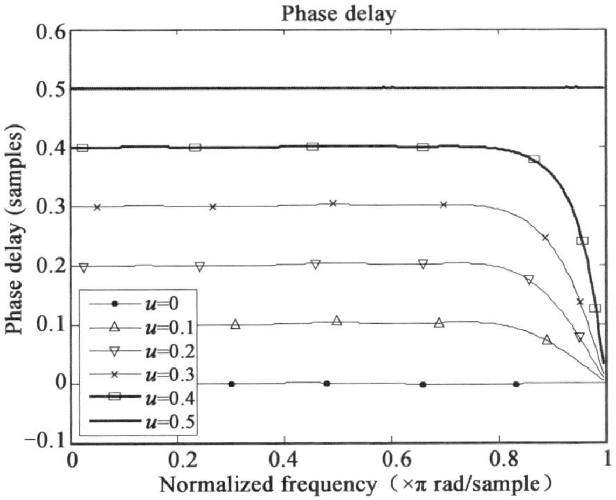

图 3-17 FD 滤波器的相移响应

由图 3-16、图 3-17 可以看出，在带宽 ω_p ＋0.75π内，该 FD 滤波器的增益为 1，相位延迟稳定。

图 3-18、图 3-19 给出了该 FD 滤波器在 d_j 分别为 0，0.1，0.2，0.3，0.4，0.5 时的幅频响应误差、相移响应误差图。

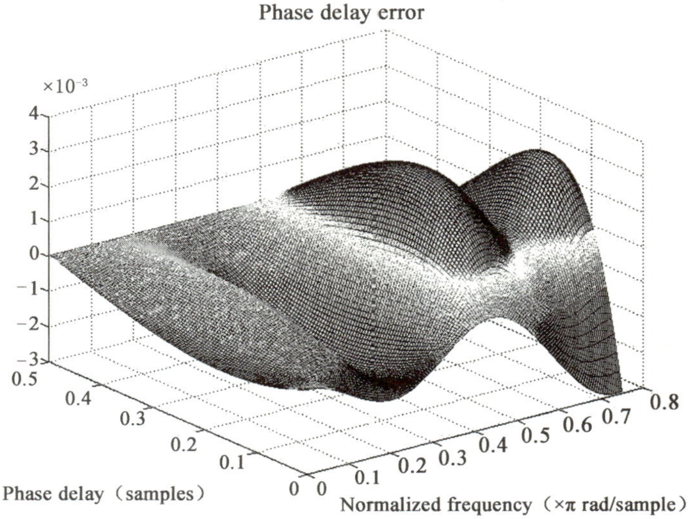

图 3-18　FD 滤波器的相移误差

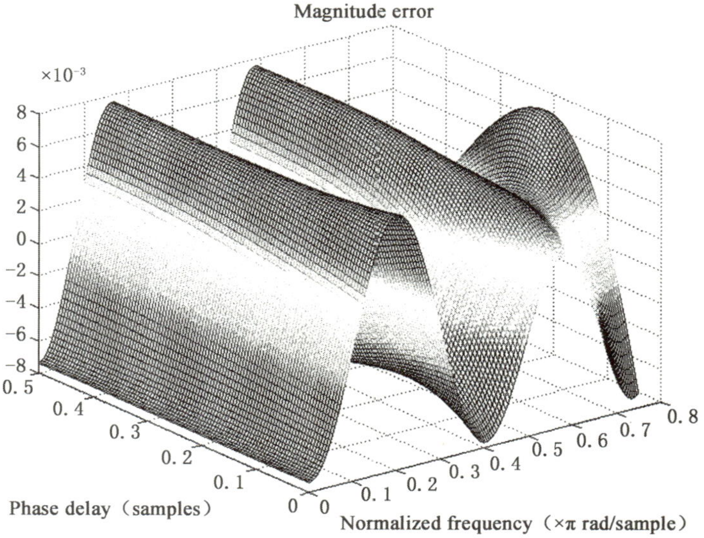

图 3-19　FD 滤波器的幅度响应误差

由图 3-18、图 3-19 可以看出，在带宽 $\omega_p + 0.75\pi$ 内，该 FD 滤波器的幅频响应误差、相移响应误差都能保持在 d_j 的量级上，满足设计要求。

2. 基于 FD 的通道失配估计算法

3.2.2.1 小节所给出的自适应 LI 综合估计算法中，我们选择的移位因子是（$m+d$），LI 系统的误差在移位因子较小时所给出的插值误差较小，而随着移位因子的增大，误差逐渐增加。因此，在基于 FD 的通道失配估计系统中，我们将选用额外的插值函数，实现对系统采样周期整数倍的移位延时。

类似地，我们可以给出 FD 自适应综合估计系统的基本原理如图 3-20 所示。估计系统使用了 $M-1$ 个自适应滤波器以实现对非均匀误差的估计。

所不同的是，对信号的插值移位我们使用 FD 滤波器来实现，可以提高对信号的移位性能；同时，在基于 FD 的自适应综合估计中，我们选择通道 0 的信号 $y_0[k]$ 作为自适应系统的期望信号，并将通道 m 的采样信号 $y_m[k]$ 作为自适应可调节模块的输入信号，进行插值移位，响应输出信号为 $\hat{y}_0[k]$，再利用偏差信号 $e[m,\theta]=y_0[k]-\hat{y}_0[k]$ 来控制失配误差的估计；同时引入 sinc 插值滤波器实现对系统采样周期整数倍的 mT_s 移位延时，这样后续过程中，我们只需断开该滤波器即可将图 3-20 所给出的自适应误差估计系统更新为误差综合校正系统。

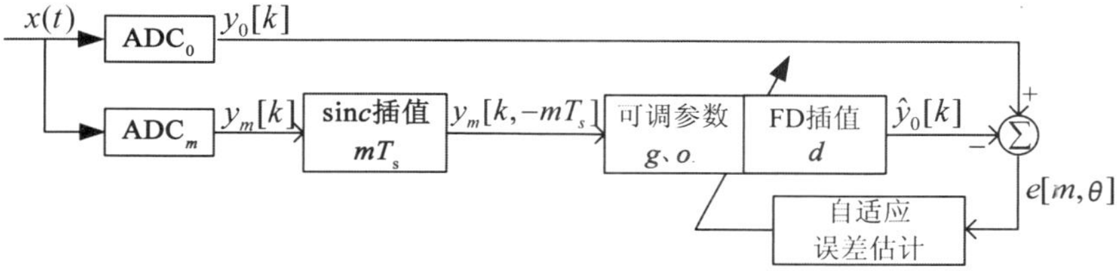

图 3-20 *FD* 自适应综合估计系统基本原理

由于时基非均匀 d_m 、通道增益 g_m 、偏置失配误差 o_m 的存在，通道 m 的实际采样序列如式（3-14）所示，对比通道 0 的采样信号 $y_0[k]$：

$$y_0[k]=x(kMT_s) \tag{3-53}$$

我们可以给出 $\hat{y}_0[k]$：

$$\hat{y}_0[k]=\frac{1}{\hat{g}_m}y_m[k,-(m+\hat{d}_m)]-\hat{o}_m \tag{3-54}$$

式中，$\hat{d}_m$ ，$\hat{g}_m$ ，$\hat{o}_m$ 表示对 d_m ，g_m ，o_m 的估计。

由 LMS 自适应估计算法，可以得到基于 FD 的自适应综合估计性能函数为

$$\begin{aligned}J_{\text{LMS}}&=\min E\{e[m,\theta]e[m,\theta]^{\mathrm{T}}\}\\&=\min E\{(y_0[k]-\hat{y}_0[k])^2\}\end{aligned}$$

$$\approx \min\{\frac{1}{N}\sum_{n=1}^{N}(y_0[k]-\hat{y}_0[k])^2\} \tag{3-55}$$

获取自适应系统误差函数 $e[m,\theta]$ 后，通过使误差函数的均方误差最小，求解式（3-55），实现对系统失配误差综合估计的目的。

同样，我们运用松弛法将三维非线性性能函数 J 的优化问题，解耦转换为三个一维优化问题，分别对 g_m，o_m，d_m 进行迭代，使系统的输出慢慢与参考值接近，偏差信号趋于 0，实现系统通道失配误差的综合估计，同时也达到降低计算量和存储量的目的。

信号 $y_m[k]$ 相对于参考通道信号 $y_0[k]$ 存在 mT_s 的延时，是一个固定已知的常量，可以使用一个系数为 sinc 函数的 FIR 滤波器进行拟合。

$$h_{\text{sinc}}[n]=\sum_{n=-P_1}^{P_1-1}\text{sinc}(n-mT_s) \tag{3-56}$$

其中，$h_{\text{sinc}}[n]$ 为 $2P_1$ 阶的滤波器。则

$$\begin{aligned} y_m[k,-m] &= y_m[k]*h_{\text{sinc}}[n] \\ &= \sum_{j=-P_1}^{P_1-1}\text{sinc}(j-mT_s)y_m[k-j] \end{aligned} \tag{3-57}$$

FD 滤波器 $h_{\text{FD}}(C,n,d)$ 由式（3-36）给出，则

$$\begin{aligned} y_m[k,-m-d] &= y_m[k,-mT_s]*h_{\text{FD}}(n,d) \\ &= \sum_{j=0}^{P_2-1}h_{\text{FD}}(C,j,d)y_m[k-j,-m] \\ &= \sum_{j=0}^{P_2-1}h_{\text{FD}}(C,j,d)\sum_{i=-P_1}^{P_1-1}\text{sinc}(i-mT_s)y_m[k-j-i] \end{aligned} \tag{3-58}$$

类似地，基于最速下降的性能函数搜索方法，利用梯度技术，我们可以给出自适应系统各控制参数的更新方程：

$$\theta_m^{(k+1)}=\theta_m^{(k)}-\mu\nabla J_\theta^{(k)} \tag{3-59}$$

其中，$\theta_m^{(k)}=[d_m^{(k)},g_m^{(k)},o_m^{(k)}]^{\text{T}}$ 为第 k 次迭代的估计参数，μ 是更新步长。

$$\nabla J_\theta^{(k)}=E\{2e[m,\theta]^{(k)}\nabla e[m,\theta]^{(k)}\} \tag{3-60}$$

$$\nabla e[m,\theta]^{(k)}=[\frac{\partial e[m,\theta]^{(k)}}{\partial d_m},\frac{\partial e[m,\theta]^{(k)}}{\partial g_m},\frac{\partial e[m,\theta]^{(k)}}{\partial o_m}]^{\text{T}} \tag{3-61}$$

其中，

$$\begin{aligned}\frac{\partial e[m,\theta]^{(k)}}{\partial d_m} &= \frac{\partial}{\partial d_m}\{y_0[k]-\frac{1}{\hat{g}_m{}^{(k)}}y_m[k,-(m+\hat{d}_m{}^{(k)})]-\hat{o}_m{}^{(k)}\} \\ &= \frac{\partial}{\partial d_m}\{[\hat{g}_m{}^{(k)}]^{-1}\sum_{j=0}^{P_2-1}\sum_{i=-P_1}^{P_1-1}h_{\mathrm{FD}}(C,j,d_m{}^{(k)})\mathrm{sinc} \\ &\quad z\cdot(i-mT_s)y_m[k-j-i]\} \\ &= [\hat{g}_m{}^{(k)}]^{-1}\sum_{j=0}^{P_2-1}\sum_{i=-P_1}^{P_1-1}\mathrm{sinc}(i-mT_s)y_m[k-j-i] \\ &\quad \frac{\partial\, h_{\mathrm{FD}}(C,j,d_m{}^{(k)})}{\partial\, d_m}\}\end{aligned} \tag{3-62}$$

$$\begin{aligned}\frac{\partial e[m,\theta]^{(k)}}{\partial g_m} &= \frac{\partial}{\partial g_m}\{y_0[k]-\frac{1}{\hat{g}_m{}^{(k)}}y_m[k,-(m+\hat{d}_m{}^{(k)})]-\hat{o}_m{}^{(k)}\} \\ &= [\hat{g}_m{}^{(k)}]^{-2}y_{\mathrm{m}}[k,-(m+\hat{d}_m{}^{(k)})] \\ &= [\hat{g}_m{}^{(k)}]^{-2}\sum_{j=0}^{P_2-1}\sum_{i=-P_1}^{P_1-1}h_{\mathrm{FD}}(C,j,d_m{}^{(k)})\cdot \\ &\quad \mathrm{sinc}(i-mT_s)y_m[k-j-i]\end{aligned} \tag{3-63}$$

$$\begin{aligned}\frac{\partial e[m,\theta]^{(k)}}{\partial o_m} &= \frac{\partial}{\partial\, o_m}\{y_0[k]-\frac{1}{\hat{g}_m{}^{(k)}}y_m[k,-(m+\hat{d}_m{}^{(k)})]-\hat{o}_m{}^{(k)}\} \\ &= -1\end{aligned} \tag{3-64}$$

3. 实验验证

为了验证本节算法对通道失配误差估计的有效性，我们仍使用双通道TIADC并行采样系统，8bit ADC模型（Ideal _8 _bit. adc），用蒙特卡罗仿真方法在通道1初始时基误差为 $d_1=0.2$ 、增益 $g_1=1.1$ 、偏置误差 $o_1=0.035$ 的情况下对采样数据进行自适应仿真分析，验证本节算法的估计性能。

在估计算法中，初始步长选择为 $\mu(0)=0.0001$ ，$p=0.99$ ，初值 $d_1{}^{(0)}=o_1{}^{(0)}=0$ ，$g_1{}^{(0)}=0.9$ 。基于FD滤波器的通道失配误差估计过程如图3-21所示。图中最顶端的曲线给出了增益误差过程，图中央的曲线给出了系统时基误差的估计过程，图底端的曲线给出了偏置误差的估计过程。结果表明：经过自适应迭代得到通道1的时基失配误差 $\hat{d}_1=0.1942$ ，增益 $\hat{g}_1=1.1101$ ，偏置失配误差 $\hat{o}_1=0.034963$ 。可见，基于FD滤波器的通道失配误差估计算法精度高。其中，时基误差和偏置误差的收敛速率要优于增益误差的收敛速率，在迭代约 1000 次时可以实现对两种失配参数的估计；自适应综合估计，总体在采样达到 2500～ 3000 点时，算法收敛，估计系统对误差收敛于系统的设定值。同时，对比图 3-6 所给出的基于 LI 的误差综合估计算法，采用了变步长的基于 FD 滤波器的收敛速率更快。

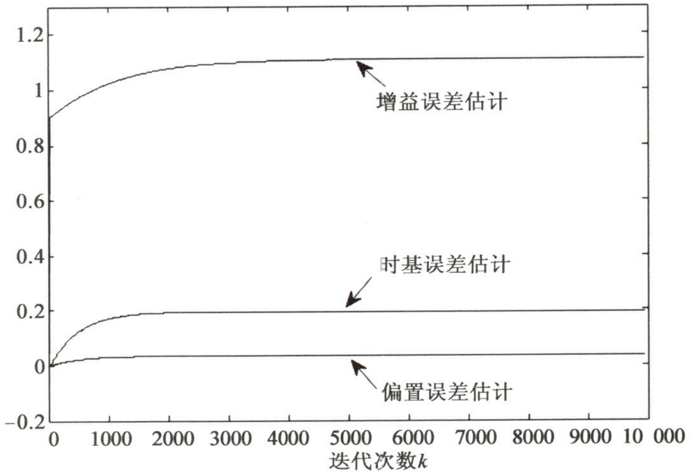

图 3-21　基于 FD 滤波器的通道失配误差的估计过程

在实际应用中，通过第一次校准可获得失配误差的先验值，随后通道失配参数估计所需的迭代过程将大幅度缩减，完全可以满足应用中的实时性要求。

4. 基于 FD 的信号重构

FD 滤波器不但可以用于信号时基误差的估计，而且也可用以校正采样时钟非均匀所引入的误差。其优势在于，当时基非均匀 d_m 改变时，无须改变滤波器的结构和参数，只需更新输入参数，便可实现对信号的分数移位校准。

3.2.2.1 小节中所给出的基于 LI 通道失配估计和校正过程是分开的，完成校正涉及的所有误差的估计、校正等环节都需要一定时间作代价，累积产生的实时性问题对工程应用而言往往无法忍受。

在基于 FD 的通道失配自适应估计算法中，我们可以看出，由于在自适应估计过程中，使用了固定延时的滤波器 $h\mathrm{sinc}[n]$ 与 FD 滤波器相组合分别对采样信号的固定延时部分和可变延时部分进行移位，这样在后续过程中，我们只需断开滤波器 $h\mathrm{sinc}[n]$ 即可将自适应误差估计系统更新为误差综合校正系统；同时算法时基非均匀 d_m 、增益 g_m 、偏置误差 o_m 的更新都对应的是通道 m 的采样信号 $y_m[k]$ ，这就意味着，该系统能进行时基、增益和偏置误差的估计，并在估计过程的同时完成信号的综合校准。图 3-22 给出了基于 FD 的 TIADC

非均匀信号重构系统的组成结构。

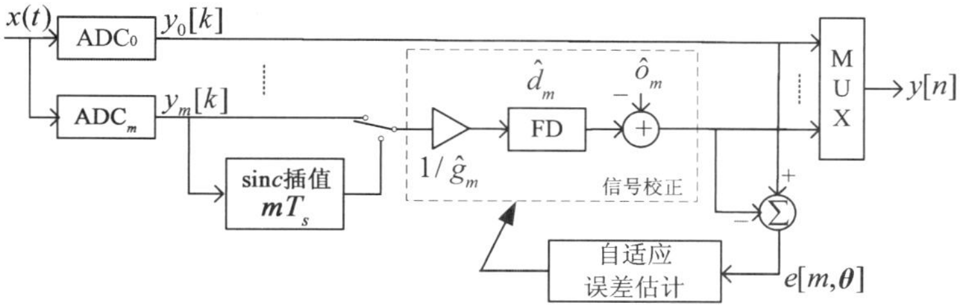

图 3-22　基于 FD 的多通道非均匀信号重构系统组成

偏置误差对于系统相当于产生的加性噪声，可使用累加单元进行补偿。增益误差对于系统相当于产生的乘性噪声，可使用乘法单元进行补偿。时基误差使用 FD 滤波器进行补偿。相对于图 3-8 所给出的基于 LI 的非均匀信号重构系统，基于 FD 滤波器实现综合校正系统的结构更为简单、清晰，实现了估计的同时进行误差的校正。

5. 实验验证与分析

实验：为了验证本文算法对通道失配误差校正的有效性，我们使用双通道 TIADC 并行采样系统，8bit ADC 模型（Ideal _ 8 _ bit. adc)，用蒙特卡罗仿真方法在通道 1 初始时基误差为 $d_1=0.16$，$g_1=1.1$，$o_1=0.035$ 的情况下对采样数据进行重构实验分析，验证算法的校正性能。

输入时钟频率为 $f_0=10\text{MHz}$ 的正弦信号，利用整体采样率为 $f_s=500\text{Msps}$ 的系统对其进行采样。采集序列校正前的时域波形及频谱图同图 3-9、图 3-10 所示。

利用 FD 估计算法，得到失配参数 $d_1=0.1576$，$g_1=1.095$，$o_1=0.03497$。采集序列使用 FD 校正后时域波形及频谱图分别如图 3-23、图 3-24 所示。

由图 3-24 可以看出，因 FD 算法的估计以及重构精度都高于 LI 算法的精度，非均匀信号重构后，系统 SNR 比实验图 3-12 又提高了近 3dB。系统 SNR 由原来的 26dB 提高到 47.2dB，系统 ENOB 由 4.0bit 提高到 7.5bit，SFDR 由原来的 26.5dB 提高到 65.1dB。校正后系统的性能得到了大幅提高。信号的频谱中由时基误差、增益误差所引入误差谱线以及偏置误差所引入的误差谱线基本消除。

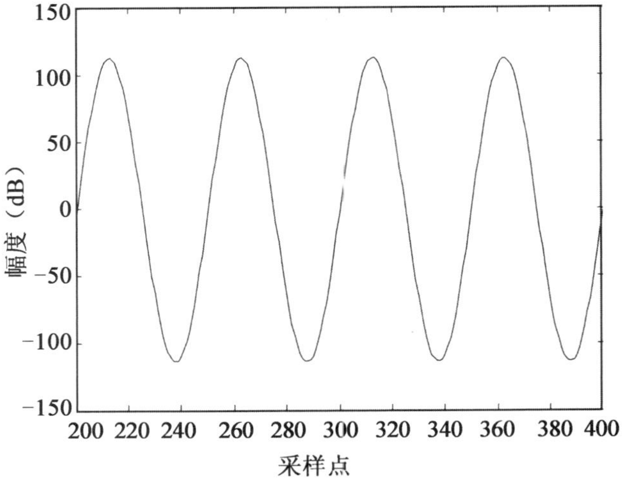

图 3-23 利用 FD 估计及校正后信号时域图

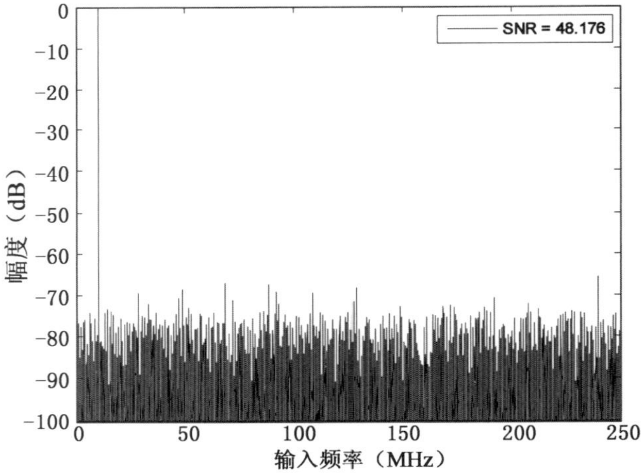

图 3-24 利用 FD 估计及校正后信号频谱图

3.2.3 通道失配误差的正弦拟合与基于统计的估计算法

为了消除 TIADC 中误差对系统性能的影响，必须对各个误差进行校准。校准系统均被分为两个子系统：误差估计系统和误差校正系统，如图 3-25 所示。这样的校准系统先对误差进行估计，再根据计算得到的误差对系统进行校正，因此，误差估计是误差校正的前提。误差估计算法决定了误差估计精度、校正效率，进一步直接影响 TIADC 系统误差校准的精度及校准时间。本节将分别介绍两种简单且易于实现的误差估计算法。

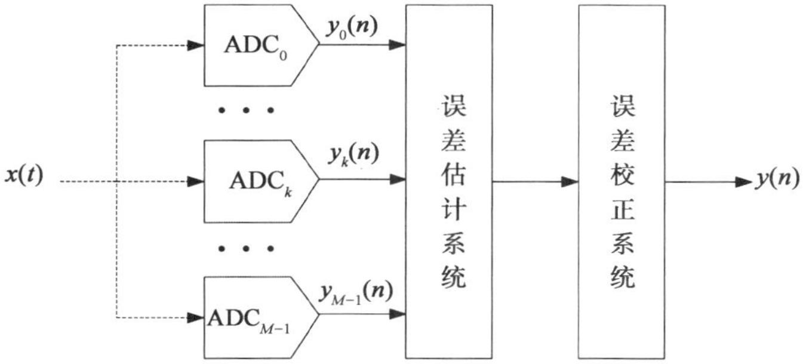

图 3-25 典型的 TIADC 校准系统示意图

3.2.3.1 基于正弦拟合的误差估计算法

正弦拟合是一种基于最小二乘法的曲线拟合算法。其基本原理是利用最小二乘法求取增益、偏置、初始相位及频率这 4 个能够表示正弦曲线的参数，使得实际的采样点和理论正弦曲线之差平方和最小。正弦拟合被大量应用于通道延迟估计、数据采集系统中有效位数的计算及幅度相位等参数的估计。

如果同时估计以上所述的 4 个参数，我们称之为四参数正弦拟合。如只估计除频率之外的其余 3 个参数，则称之为三参数正弦拟合。由于四参数正弦拟合需要估计频率，因此在拟合过程中往往需要多次迭代才能够获得最终的 4 个参数，拟合过程中的计算量就比三参数正弦拟合大，耗费的时间也更长。故选用三参数正弦拟合算法来估计 TIADC 系统的增益、偏置及时间误差。

1. 三参数正弦拟合算法

设正弦信号为

$$y = A_1\cos(\Omega_0 t) + B_1\sin(\Omega_0 t) + C_1 \tag{3-65}$$

式（3-65）中，Ω_0为正弦信号的角频率，且是一个已知量。将式（3-65）所示的正弦信号变换成标准正弦信号表达方式

$$y = \alpha\cos(\Omega_0 t + \varphi) + C_1 \tag{3-66}$$

式（3-66）中：

$$\alpha = \sqrt{A_1^2 + B_1^2} \tag{3-67}$$

$$\varphi = \begin{cases} \arctan\left[\dfrac{-B_1}{A_1}\right], \text{如果 } A_1 \geqslant 0 \\ \arctan\left[\dfrac{-B_1}{A_1}\right] + \pi, \text{如果 } A_1 < 0 \end{cases} \tag{3-68}$$

设 $y_1, y_2, \cdots, y_N$ 为输入正弦信号时分别在 $t_1, t_2, \cdots, t_N$ 时刻获取的 N 个实际采样点，将该正弦信号输出序列表示为矩阵形式：

$$Y = \begin{bmatrix} y_1 \\ y_2 \\ \vdots \\ y_N \end{bmatrix} \tag{3-69}$$

输出序列 Y 为采集系统实际输出。我们希望利用 $y_1, y_2, \cdots, y_N$ 这 N 个采样点，通过最小二乘法得到正弦信号的最佳拟合，即使式（3-70）最小，

$$\sum_{n=1}^{N} [y_n - A_1\cos(\Omega_0 t_n) - B_1\cos(\Omega_0 t_n) - C_1]^2 \tag{3-70}$$

创建系数矩阵 $\boldsymbol{D}_0$ 与参数向量 $\boldsymbol{\delta}$ 如下：

$$\boldsymbol{D}_0 = \begin{bmatrix} \cos(\Omega_0 t_1) & \sin(\Omega_0 t_1) & 1 \\ \cos(\Omega_0 t_2) & \sin(\Omega_0 t_2) & 1 \\ \vdots & \vdots & \vdots \\ \cos(\Omega_0 t_N) & \sin(\Omega_0 t_N) & 1 \end{bmatrix} \tag{3-71}$$

$$\boldsymbol{\delta} = \begin{bmatrix} A_1 \\ B_1 \\ C_1 \end{bmatrix} \tag{3-72}$$

则可以将式（3-70）写成矩阵形式：

$$(Y - \boldsymbol{D}_0\boldsymbol{\delta})^{\mathrm{T}}(Y - \boldsymbol{D}_0\boldsymbol{\delta}) \tag{3-73}$$

求取使得式（3-73）最小的向量 $\boldsymbol{\delta}$，则可以得到参数的正弦拟合结果的矩阵形式为

$$\boldsymbol{\delta} = (\boldsymbol{D}_0^{\mathrm{T}}\boldsymbol{D}_0)^{-1}(\boldsymbol{D}_0^{\mathrm{T}}Y) \tag{3-74}$$

2. 基于正弦拟合的 TIADC 误差估计算法

利用上述的三参数正弦拟合算法可以分别获得每个子通道的幅度 G_k、偏置 o_k 及时钟误差 ΔT_k。

以通道 0 为参考通道，对通道 0 进行正弦拟合可得通道 0 的输出为

$$\begin{aligned} y_0[n] &= A_0\cos(\omega t_n) - B_0\sin(\omega t_n) + C_0 \\ &= G_0\cos(\omega t_n + \varphi_0) + o_0 \end{aligned} \tag{3-75}$$

通过正弦拟合可得到 A_0，B_0，C_0，从而得到参考通道的增益和偏置为

$$\begin{cases} G_0 = \sqrt{{A_0}^2 + {B_0}^2} \\ o_0 = C_0 \end{cases} \tag{3-76}$$

同上，对通道 k 的输出进行正弦拟合可得

$$\begin{aligned} y_k[n] &= A_k\cos(\omega t_n) + B_k\sin(\omega t_n) + C_k \\ &= G_k\cos(\omega t_n + \varphi_k) + o_k \end{aligned} \tag{3-77}$$

从而可得通道 k 的增益和偏置为

$$\begin{cases} G_k = \sqrt{A_k^2 + B_k^2} \\ o_k = C_k \end{cases} \tag{3-78}$$

因为理论上通道 k 的增益和偏置应与通道 0 相等，实际计算出来的不相等，这个差别就是误差，从而可得到通道 k 的幅度误差 Δg_k 和偏置误差 Δo_k 为

$$\begin{cases} \Delta g_k = \dfrac{G_k}{G_0} = \dfrac{\sqrt{A_k^2 + B_k^2}}{\sqrt{A_0^2 + B_0^2}} \\ \Delta o_k = o_k - o_0 = C_k - C_0 \end{cases} \tag{3-79}$$

为了能更准确地估计时间误差，需要先根据得到的幅度误差和偏置误差值、校准幅度和偏置误差后，再计算时间误差。幅度误差和偏置误差校准之后，满足 $\Delta g_k = 1$，$\Delta o_k = 0$。没有时钟延迟误差时 TIADC 系统第 k 通道的理论输出为

$$y_k[n] = A\cos[\omega(nMT_s + kT_s) + \varphi] + C_k, k = 0,1,\cdots,M-1 \tag{3-80}$$

由式（3-80）可得通道 k 相位的理论值为

$$\varphi_k = w_R T_s + \varphi = k * \frac{2\pi f_{in}}{f_s} + \varphi \tag{3-81}$$

其中，f_{in} 为输入正弦信号频率，f_s 为 TIADC 系统采样率。存在时钟延迟误差时并行采集系统第 k 通道的输出为

$$y_k[n] = A\cos[\omega(nMT_s + kT_s + \Delta T_k) + \varphi] + C_k,\quad k = 0,1,\cdots,M-1 \tag{3-82}$$

由式（3-82）可得通道 k 相位差的实际值为

$$\varphi_k{}' = \omega(kT_s + \Delta T_k) + \varphi = k\frac{2\pi f_{in}}{f_s} + 2\pi f_{in}\Delta T_k + \varphi \tag{3-83}$$

由式（3-81）和式（3-83）可得通道 k 的时间误差为

$$\Delta T_k = \frac{\varphi_k{}' - \varphi_k}{2\pi f_{\text{in}}} \tag{3-84}$$

对于通道 0 而言，k 等于 0，由式（3-81）可知，$\varphi_0 = \varphi$，故式（3-84）可改写为

$$\Delta T_k = \frac{\varphi_k{}' - (k\dfrac{2\pi f_{\text{in}}}{f_s} + \varphi_0)}{2\pi f_{\text{in}}} \tag{3-85}$$

因此，分别对通道 0 和通道 k 进行正弦拟合，得到 φ_0 和 $\varphi_k{}'$ 之后即可根据式（3-85）计算出时间误差 ΔT_k，φ_0 和 $\varphi_k{}'$ 的计算公式如式（3-68）。

3.2.3.2 基于数据统计的误差估计算法

TIADC 误差最终会在各通道 ADC 的采样数据中体现，本节将介绍一种简单的根据采样数据统计结果来计算 TIADC 误差的方法。

1. 偏置误差

设 TIADC 的输入为正弦信号：

$$x(t) = \sin(2\pi f_0 t + \varphi) \tag{3-86}$$

式中，f_0 代表输入信号频率。根据 TIADC 系统模型可得第 k 个通道的输出为

$$\begin{aligned} y_k[n] &= G_k \sin(2\pi f_0 (nM + k + \Delta t_k) T_s + \varphi) + o_k \\ &= G_k \sin(\omega_0 (nM + k + \Delta t_k) + \varphi) + o_k \end{aligned} \tag{3-87}$$

如果采样点数为无穷多个，很显然此时式（3-87）的平均值为

$$M[x_k[n]] = o_k \tag{3-88}$$

当只有 N 个采样点时，式（3-87）的平均值为

$$M_N[x_k[n]] = \frac{1}{N}\sum_{n=0}^{N-1}(G_k \sin(\omega_0 (nM + k + \Delta t_k) + \varphi) + o_k) \tag{3-89}$$

如果 N 足够大，$M_N[x_k[n]]$ 将趋近于 $M[x_k[n]]$，所以此时会有

$$M_N[x_k[n]] = o_k \tag{3-90}$$

由式（3-90）可知，每个通道的偏置可以通过计算采样点的平均值来获得。不失一般性，选择通道 0 为参考通道，则偏置误差计算公式为

$$\Delta o_k = M_N[x_k[n]] - M_N[x_0[n]] = \frac{1}{N}\sum_{n=0}^{N-1} y_k[n] - \frac{1}{N}\sum_{n=0}^{N-1} y_0[n] \tag{3-91}$$

2. 增益误差

为了推导方便，下面的推导将使用一个简单的正弦信号 $A\sin(t)$。设模拟信号 $A\sin(t)$ 以采样周期 T_s 被采样，则得到的采样点为 $A\sin(nT_s)(n=0, 1, 2, \cdots)$。如果在该正弦信号的半周期内的采样点数为 N_h，则有

$$N_h = \frac{\pi}{T_s} \tag{3-92}$$

这 N_h 个采样点之和为

$$\sum_{n=0}^{N_h-1} A\sin[nT_s] = A\frac{N_h}{\pi}\sum_{n=0}^{N_h-1}\sin[nT_s]\frac{\pi}{N_h} \tag{3-93}$$

当 N_h 足够大时，π/N_h 趋近于 0。此时，根据积分的定义，求和变成了积分，从而可得

$$\sum_{n=0}^{N_h-1}\sin[nT_s]\frac{\pi}{N_h} = \int_0^{\pi}\sin(x)\mathrm{d}x = 2 \tag{3-94}$$

因此，由式（3-92）～式（3-94）可得

$$\sum_{n=0}^{N_h-1} A\sin[nT_s] = \frac{2A}{T_s} \tag{3-95}$$

进一步可知，如果 N_t 个采样点包含正弦信号一个整周期，则这 N_t 个采样点的绝对值之和为

$$S_t = \sum_{n=0}^{N_t-1}|A\sin[nT_s]| = 2\sum_{n=0}^{N_h-1}A\sin[nT_s] = \frac{4A}{T_s} \tag{3-96}$$

因为初始相位不会影响 S_t，所以由式（3-87）和式（3-96）可得

$$S_k = \sum_{n=0}^{N-1}|y_k[n]-o_k| = \frac{4G_k}{M\omega_0}\frac{N}{N_t} \tag{3-97}$$

式（3-97）中的 o_k 由式（3-90）计算得到。由式（3-97）可以看出，增益 G_k 与 S_k 相关。同样选取通道 0 为参考通道，则增益误差为

$$\Delta g_k = \frac{S_k}{S_0} = \frac{\sum_{n=0}^{N-1}|y_k[n]-o_k|}{\sum_{n=0}^{N-1}|y_0[n]-o_0|} \tag{3-98}$$

需要注意的是，式（3-94）成立的前提是 N_h 足够大。当输入信号频率为

f_0 时，对于一个 M 通道、采样率为 f_s 的 TIADC 系统有

$$N_h = \frac{f_s}{2Mf_0} \tag{3-99}$$

为了使得 N_h 足够大，则系统采样率必须远远大于输入信号频率，这对于实际系统来说是一个太严苛的条件。然而，如果 N/N_h 足够大时，采样点会包含有很多个信号周期。如果满足

$$f_0 \neq \frac{f_s}{M_n}, n = 1,2,3,\cdots \tag{3-100}$$

则在不同周期内获得的采样点将完全不一样。此时，如同等效采样一样，可以将多个周期内获得的采样点看作在一个周期内获得的采样点，同样可以使得式（3-94）成立。因此，只要 N/N_h 足够大并且满足式（3-100），增益误差均可以由式（3-98）准确计算得到。

3. 时间误差

当选择通道 0 为参考通道时，可以认为通道 0 的时间误差 $\Delta T_0 = 0$ 。为了分析方便，令式中的偏置 o_k 也为 0（这并不影响下面的推导结果，要使输出偏置为 0，可以通过计算得到的 o_k 来实现）。在上述条件成立时，由式可得通道 0 和通道 k 的输出分别为

$$y_0[n] = G_0 \sin(2\pi f_0 (nM) T_s + \varphi) \tag{3-101}$$

$$y_k[n] = G_k \sin(2\pi f_0 (nM + k + \Delta t_k) T_s + \varphi) \tag{3-102}$$

因此，通道 0 和通道 k 输出的乘积为

$$\begin{aligned} C_{0k}(n) &= y_0[n] \times y_k[n] \\ &= \frac{1}{2} G_0 G_k \cos(2\pi f_0 T_s (k + \Delta t_k)) - \frac{1}{2} G_0 G_k \cdot \\ &\quad \cos(2\pi f_0 T_s (2nM + k + \Delta t_k) + 2\varphi) \end{aligned} \tag{3-103}$$

对于 N 个采样点，$C_{0k}(n)$ 的平均值为

$$\begin{aligned} M[C_{0k}] &= \frac{1}{N} \sum_{n=0}^{N-1} y_0[n] \times y_k[n] \\ &= K\cos(2\pi f_0 T_s (k + \Delta t_k)) - R_{0k} \end{aligned} \tag{3-104}$$

其中，

$$K = \frac{1}{2} G_0 G_k \tag{3-105}$$

$$R_{\alpha k}=\frac{1}{N}\sum_{n=0}^{N-1}K\cos(2\pi f_0 T_s(2nM+k+\Delta t_k)+2\varphi) \tag{3-106}$$

如果 $R_{\alpha k}$ 为 0，则式（3-104）可以被重写为

$$M[C_{0k}]=K\cos(2\pi f_0 T_s(k+\Delta t_k)) \tag{3-107}$$

为了使 $R_{\alpha k}$ 趋近于0，需要选择合适的 N 和 f_0 。首先，N 必须足够大，因为 K 和余弦函数均为有界函数，N 越大，则 $R_{\alpha k}$ 越趋近于零。其次，当 $R_{\alpha k}$ 的角频率为 $2n\pi(n=1,2,3,\cdots)$ 时，$R_{\alpha k}$ 不会趋近于零。因此有

$$f_0\neq\frac{nf_s}{2M},n=0,1,2\cdots \tag{3-108}$$

由式（3-107）可以看出，$M[C_{0k}]$ 是相对时间误差 Δt_k 的函数，故 Δt_k 可以由下式计算：

$$\Delta t_k=\frac{\arccos\left(\frac{M[C_{0k}]}{K}\right)}{2\pi f_0 T_s}-k \tag{3-109}$$

如式（3-109）所示，为了获得相对时间误差 Δt_k ，需要先计算 $M[C_{\alpha k}]$ 及 K。然而，K 与通道 0 和通道 k 的增益相关，而要准确获得增益值并不容易。为了抵消 K，需要利用 $y_0[n]$ 与 $y_k[n-1]$ 的乘积。

因为 $y_k[n-1]$ 的表达式为

$$y_k[n-1]=G_k\sin(2\pi f_0(nM+k+\Delta t_k-M)T_s+\varphi) \tag{3-110}$$

故 $y_0[n]$ 与 $y_k[n-1]$ 的乘积为

$$\begin{aligned}C_{0k}^{D}[\mathrm{n}]&=\mathrm{y}_0[\mathrm{n}]\times\mathrm{y}_k[n-1]\\&=K\cos(2\pi f_0 T_s(k+\Delta t_k-M))-\\&\quad K\cos(2\pi f_0 T_s(2nM+k+\Delta t_k-M)+2\varphi)\end{aligned} \tag{3-111}$$

因此，如同式（3-107）的推导一样可得 $C_{0k}^{D}[n]$ 的平均值为

$$\begin{aligned}M[C_{0k}^{D}]&=\frac{1}{N}\sum_{n=0}^{N-1}y_0[n]\times y_k[n-1]\\&=K\cos(2\pi f_0 T_s(k+\Delta t_k-M))\end{aligned} \tag{3-112}$$

进一步可以由式（3-107）和式（3-112）得到

$$\frac{M[C_{0k}^D]}{M[C_{0k}]} = \frac{K\cos(2\pi f_{in} T_s(k+\Delta t_k - M))}{K\cos(2\pi f_{in} T_s(k+\Delta t_k))}$$
$$= \cos(2\pi f_0 T_s M) + \tan(2\pi f_0 T_s(k+\Delta t_k)) \sin(2\pi f_0 T_s M) \tag{3-113}$$

令 $\omega_0 = 2\pi f_0 T_s$，由式（3-113）可得

$$\tan(\omega_0(k+\Delta t_k)) = m_k \tag{3-114}$$

其中，

$$m_k = \frac{M[C_{0k}^D]}{M[C_{0k}] \times \sin(M\omega_0)} - \cot(M\omega_0) \tag{3-115}$$

对于已知的 TIADC 系统，如输入信号频率已知，则式中的 $\sin(M\omega_0)$ 和 $\cot(M\omega_0)$ 均为已知量。此时，由式（3-114）可得时间误差的计算公式为

$$\Delta t_k = \frac{\arctan(m_k) + p_k \times \pi}{\omega_0} - k \tag{3-116}$$

式（3-116）中的 p_k 是一个由 m_k 决定的整数。因为反正切函数是一个单调递增函数，所以当 m_k 小于 m_{k-1} 时，$\arctan(m_k)$ 会小于 $\arctan(m_{k-1})$。此时，为了保证从反正切函数中获得的结果能满足

$$\omega_0(k+\Delta t_k) > \omega_0(k-1+\Delta t_{k-1}) \tag{3-117}$$

需要在 $\arctan(m_k)$ 前加上 $p_k \times \pi$。假设 TIADC 系统输入信号频率满足 $f_0 \in (0, 2.5\text{GHz})$，采样率 $f_s = 20\text{GHz}$，相对时间误差满足 $\Delta t_k \in [-0.5, 0.5]$，则 $\omega_0 \in [0, \pi/4]$。当 $k=1$ 时，$\omega_0(1+\Delta t)\in(0, 3\pi/8)$。这个范围在反正切函数的值域内，所以 $p_1 = 0$，其余的 p_k 可以通过下式确定：

$$p_k = \begin{cases} p_{k-1}, m_k > m_{k-1}, k = 2,3,\cdots,M-1 \\ p_{k-1}+1, m_k < m_{k-1}, k = 2,3,\cdots,M-1 \end{cases} \tag{3-118}$$

式（3-116）中所示的除法和反正切等运算在 DSP（Digital Signal Processor，数字信号处理器）中均很容易实现。图 3-26 为上述时间误差估计算法原理框图。

3.2.4 TIADC 系统中的误差校准

3.2.4.1 增益误差和偏置误差的校准

前面介绍了两种 TIADC 误差估计算法。当利用上述算法获得 TIADC 误差之后，需要对误差进行校准。常见的校准方式有两种：一种是模拟校准方式，另一种为数字后校准。

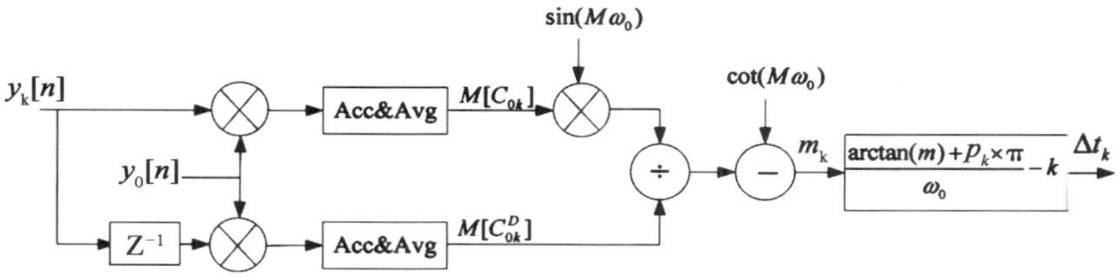

图 3-26　时间误差估计算法原理框图

模拟校准方式即通过调节电路的增益、偏置，采样时钟相位或输入信号延迟的方式来校准 TIADC 的增益、偏置及时间误差。这种校准方式要求实际电路中有能够调节输入信号增益和偏置的电路。对于时间误差，则要求采样时钟的相位可以调节。高速 TIADC 系统的采样时钟往往用锁相环（PLL，Phase Lock Loop）来产生，此时就要求 PLL 输出时钟相位可调。

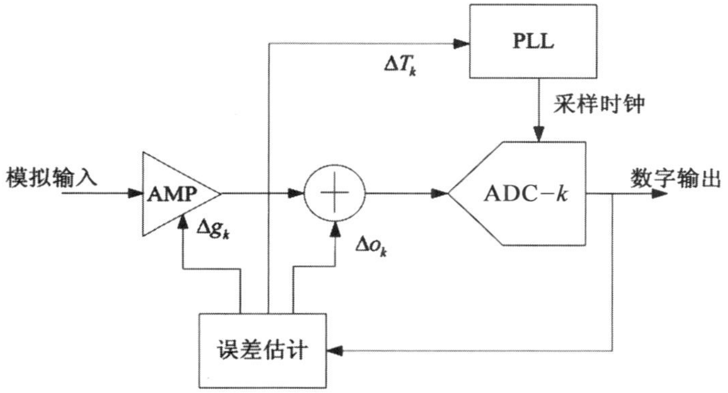

图 3-27　TIADC 系统模拟校准原理框图

上述模拟校准方式实现原理框图如图 3-27 所示，模拟信号进入 ADC 前，先经过一个放大电路和一个偏置调节电路，放大电路用于校准增益误差，偏置调节电路用于校准偏置误差。时间误差通过调节锁相环输出的采样时钟相位来实现。增益误差 Δg_k，偏置误差 Δo_k 及时间误差 ΔT_k 通过 ADC-k 输出的采样数据来获得。图 3-27 中所示的放大电路及偏置调节电路需要满足一定的调节步进才能达到理想的校准效果，如果采用分离元件来实现的话，调节步过难以满足要求，且分离元件电路受温度影响明显。PLL 输出时钟相位的调节步进同样需要满足校准精度要求。对于高速 TIADC 系统，采样时钟频率很高，要在输出高频时钟的同时实现很小的相位调节步进有一定困难。

目前，有些商用 ADC 芯片内置了增益、偏置及相位调节等误差校准电路，例如E2V公司的EV8AQ160这款ADC芯片。图3-28所示为这款芯片的结构框图，由图3-28可见，该ADC内部集成了增益、偏置及采样时钟相位调节电路，增益、偏置及采样时钟相位分别由对应的寄存器来控制，向相应的寄存器发送控制字可以实现增益、偏置及采样时钟相位的调节。控制字由外部的控制器（例如，FPGA或DSP）通过SPI（Serial Peripheral Interface，串行外围接口）来发送。这种内置了增益、偏置及采样时钟相位调节单元的ADC为搭建TIADC的误差校准提供了很大的便利。

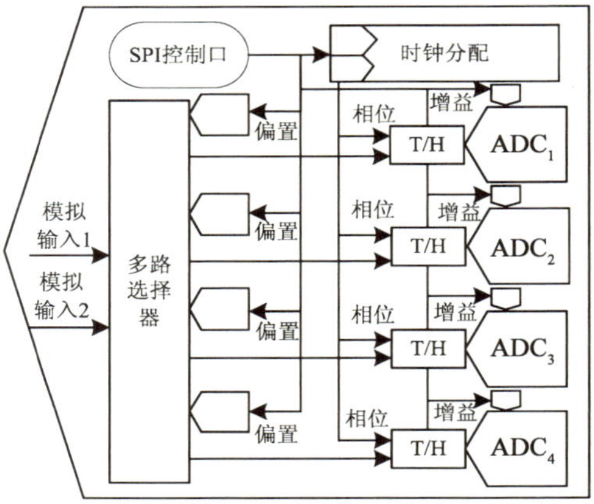

图 3-28　EV8AQ160 **结构框图**

如果上述的模拟校准方式在TIADC系统中不方便实现，则需要采样数字后校准的方式。所谓数字后校准，即在获得ADC的采样数据之后，对采样数据进行相应处理，以消除TIADC的误差。典型的TIADC系统数字后校准原理框图如图3-29所示。与模拟校准一样，通过ADC-k输出的采样数据来获得增益误差Δg_k，偏置误差Δo_k及时间误差ΔT_k。获得TIADC误差之后，将输出乘以增益误差Δg_k的倒数，再减去偏置误差即可消除增益误差和偏置误差。最后，将校准了增益误差和偏置误差的数据再通过时间误差补偿滤波器，以消除时间误差。值得注意的是，在将输出乘以增益误差Δg_k的倒数之前，需要先将ADC的输出减去平均值ave，以消除量化输出的直流偏置。因为信号输入为零时，ADC的输出并不为零。一般而言，在忽略ADC驱动等引入的直流偏置的前提下，对于一个Nbit的ADC，无信号输入时的量化输出等于$2^N/2$。故在校准增益误差前需减去平均值ave。校准增益误差之后，在校准偏置误差的同时再加上这个平均值ave。

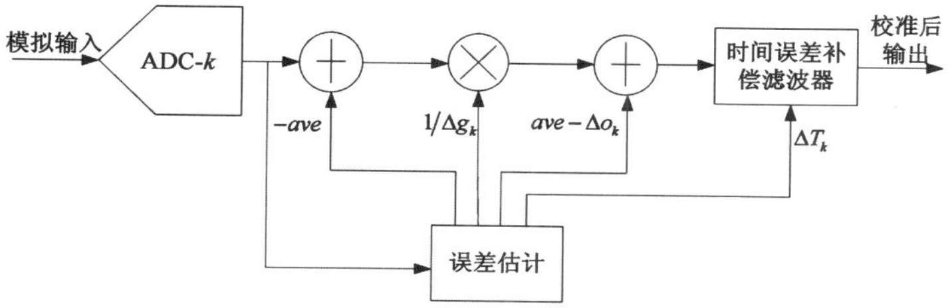

图 3-29 TIADC 系统数字校准原理框图

数字后校准中的增益误差和偏置误差校准相对较为简单，只用设计乘法器和加法器即可完成校准。而时间误差校准则需要通过数字滤波器实现，故本节后续部分将重点介绍拉格朗日插值滤波器用于时间误差补偿。

3.2.4.2 拉格朗日内插法

分数延时滤波器利用将原有信号延时的方式来校准时间误差，其实现的是非整数延迟。我们可以认为其是在两个采样点之间内插了一个新的点来实现分数延迟。这就为我们提供了另一种校准时间误差的途径，即可以根据已获得的有时间误差的采样点，通过插值的方式计算得出理论采样点，从而实现时间误差的校准。下面将介绍利用拉格朗日内插法来校准时间误差。

1. 拉格朗日插值

对于某一函数 $y=f(x)$，如果已知该函数通过三个点 (x_{k-1},y_{k-1})，(x_k,y_k)，(x_{k+1},y_{k+1})，将该函数表达式用下述的多项式来拟合：

$$f(x)=\varphi_{k-1}(x)y_{k-1}+\varphi_k(x)y_k+\varphi_{k+1}(x)y_{k+1} \tag{3-119}$$

由式（3-119）可知，只要求得多项式 $\varphi_{k-1}(x)$，$\varphi_k(x)$ 及 $\varphi_{k+1}(x)$，则可以求得函数 $y=f(x)$ 上的任意 x 的取值。下面以求 $\varphi_k(x)$ 为例说明这三个多项式的求解。

由已知条件及式（3-119）可知，当 x 等于 x_{k-1} 及 x_{k+1} 时，$\varphi_k(x)$ 应等于 0，所以 x_{k-1} 及 x_{k+1} 是 $\varphi_k(x)$ 的两个零点，于是，可以将 $\varphi_k(x)$ 表达式写成

$$\varphi_k(x)=L(x-x_{k-1})(x-x_{k+1}) \tag{3-120}$$

式（3-120）中，L 是一个待定系数。又因为 $f(x_k)=y_k$，故由式（3-119）可知，要使得 $f(x_k)=y_k$，则有

$$\varphi_k(x_k)=1 \tag{3-121}$$

联立式（3-120）及式（3-121）可得

$$L=\frac{1}{(x_k-x_{k-1})(x_k-x_{k+1})} \tag{3-122}$$

从而可知

$$\varphi_k(x)=\frac{(x-x_{k-1})(x-x_{k+1})}{(x_k-x_{k-1})(x_k-x_{k+1})} \tag{3-123}$$

同理可得

$$\varphi_{k-1}(x)=\frac{(x-x_k)(x-x_{k+1})}{(x_{k-1}-x_k)(x_{k-1}-x_{k+1})} \tag{3-124}$$

$$\varphi_{k+1}(x)=\frac{(x-x_{k-1})(x-x_k)}{(x_{k+1}-x_k-1)(x_{k+1}-x_k)} \tag{3-125}$$

如果已知函数 $y=f(x)$ 通过点 (x_0,y_0)，(x_1,y_1)，…，(x_n,y_n)，则可以将该函数表示成

$$f(x)=\varphi_0(x)y_0+\varphi_1(x)y_1+\cdots+\varphi_n(x)y_n \tag{3-126}$$

与以上推导类似，可得

$$\varphi_k(x)=\frac{(x-x_0)\cdots(x-x_{k-1})(x-x_{k+1})\cdots(x-x_n)}{(x_k-x_0)\cdots(x_k-x_{k-1})(x_k-x_{k+1})\cdots(x_k-x_n)},k=0,1,\cdots,n \tag{3-127}$$

利用式（3-127）可以求得任意 x 处的函数值，相当于已知 $n+1$ 个点，可以内插出函数的任意点，该方法即为拉格朗日插值法。

2. 拉格朗日插值滤波器

为了描述方便，先以四通道 TIADC 系统中，构建补偿时间误差的拉格朗日插值滤波器为例进行说明。

设 TIADC 系统的理论采样时刻表示为 $m_0,m_1,\cdots,m_n$，实际采样时刻表示为 $t_0,t_1,\cdots,t_n$，这些采样时刻对应的采样点依次为 $y_0,y_1,\cdots,y_n$。如已知采样点 (t_{k-1},y_{k-1})，(t_k,y_k)，(t_{k+1},y_{k+1})，则根据上述的拉格朗日插值法，理论采样时刻 m_k 对应的采样点 $\hat{y}_k$ 可以由下式计算获得

$$\hat{y}_k=\frac{(m_k-t_k)(m_k-t_{k+1})}{(t_{k-1}-t_k)(t_{k-1}-t_{k+1})}y_{k-1}+\frac{(m_k-t_{k-1})(m_k-t_{k+1})}{(t_k-t_{k-1})(t_k-t_{k+1})}y_k+\frac{(m_k-t_k)(m_k-t_{k-1})}{(t_{k+1}-t_k)(t_{k+1}-t_{k-1})}y_{k+1} \tag{3-128}$$

同理，如果已知采样点（t_{k-1+M}, y_{k-1+M}），（t_{k+M}, y_{k+M}），（t_{k+1+M}, y_{k+1+M}），则理论采样时刻 m_{k+M} 对应的采样点 $\hat{y}_{k+M}$ 可以由下式计算获得：

$$\begin{aligned}\hat{y}_{k+M} = &\frac{(m_{k+M} - t_{k+M})(m_{k+M} - t_{k+M+1})}{(t_{k+M-1} - t_{k+M})(t_{k+M-1} - t_{k+M+1})} y_{k+M-1} + \\ &\frac{(m_{k+M} - t_{k+M-1})(m_{k+M} - t_{k+M+1})}{(t_{k+M} - t_{k+M-1})(t_{k+M} - t_{k+M+1})} y_{k+M} + \\ &\frac{(m_{k+M} - t_{k+M})(m_{k+M} - t_{k+M-1})}{(t_{k+M+1} - t_{k+M})(t_{k+M+1} - t_{k+M-1})} y_{k+M+1}\end{aligned} \tag{3-129}$$

定义 h_{ij} 如下式，其中 $i=k\%$M（%为求余运算符），$j=0$，1，2：

$$\begin{aligned} h_{i0} &= \frac{(m_k - t_k)(m_k - t_{k+1})}{(t_{k-1} - t_k)(t_{k-1} - t_{k+1})} \\ h_{i1} &= \frac{(m_k - t_{k-1})(m_k - t_{k+1})}{(t_k - t_{k-1})(t_k - t_{k+1})} \\ h_{i2} &= \frac{(m_k - t_k)(m_k - t_{k-1})}{(t_{k+1} - t_k)(t_{k+1} - t_{k-1})} \end{aligned} \tag{3-130}$$

则可以将式（3-129）重写为

$$\hat{y}_k = h_{i0} y_{k-1} + h_{i1} y_k + h_{i2} y_{k+1} \tag{3-131}$$

因为 M 通道 TIADC 系统中的采样时刻满足下式：

$$\begin{cases} m_{k+M} = m_k + MT_s \\ t_{k+M} = t_k + MT_s \end{cases} \tag{3-132}$$

将式（3-130）和式（3-132）代入式（3-129）可得

$$\hat{y}_{k+M} = h_{i0} y_{k+M-1} + h_{i1} y_{k+M} + h_{i2} y_{k+M+1} \tag{3-133}$$

由式（3-131）和式（3-133）可知，用于计算采样点 $\hat{y}_k$ 和 $\hat{y}_{k+M}$ 的插值系数完全相同，且计算公式是一个典型的乘累加形式，因此可以将插值系数视为滤波器系数。$\hat{y}_k$ 和 $\hat{y}_{k+M}$ 的插值系数之所以完全相同，是因为采样时刻 t_k 和 t_{k+M} 属于同一个通道。于是，通道 i 的所有输出都可以由插值系数 h_{i0}，h_{i1} 及 h_{i2} 确定。将 h_{ij} 表示成向量形式可得

$$\begin{aligned} \boldsymbol{H}_0 &= (h_{00} \quad h_{01} \quad h_{02})^{\mathrm{T}} \\ \boldsymbol{H}_1 &= (h_{10} \quad h_{11} \quad h_{12})^{\mathrm{T}} \\ \boldsymbol{H}_2 &= (h_{20} \quad h_{21} \quad h_{22})^{\mathrm{T}} \\ \boldsymbol{H}_3 &= (h_{30} \quad h_{31} \quad h_{32})^{\mathrm{T}} \end{aligned} \tag{3-134}$$

式（3-134）中，h_{ij} 可以用下式计算得出：

$$h_{ij} = \prod_{1} \frac{m_{nM+i} - t_{nM+i+p}}{t_{nM+i-1+j} - t_{nM+i+p}}, i = 0,1,\cdots,3, j = 0,1,2 \tag{3-135}$$

式（3-135）中，n 为任意大于 0 的整数，即插值系数可以由 i 通道任意理论采样时刻 m_{nM+i} ，实际采样时刻 t_{nM+i} ，t_{nM+i-1} 和 t_{nM+i+1} 共同确定。h_{ij} 为用于计算通道 i 的第 j 个滤波器系数。当确定滤波器系数后，则可以基于拉格朗日内插，利用实际采样点内插计算出理论采样时刻的采样点。上述方法的实现原理如图 3-30 所示。

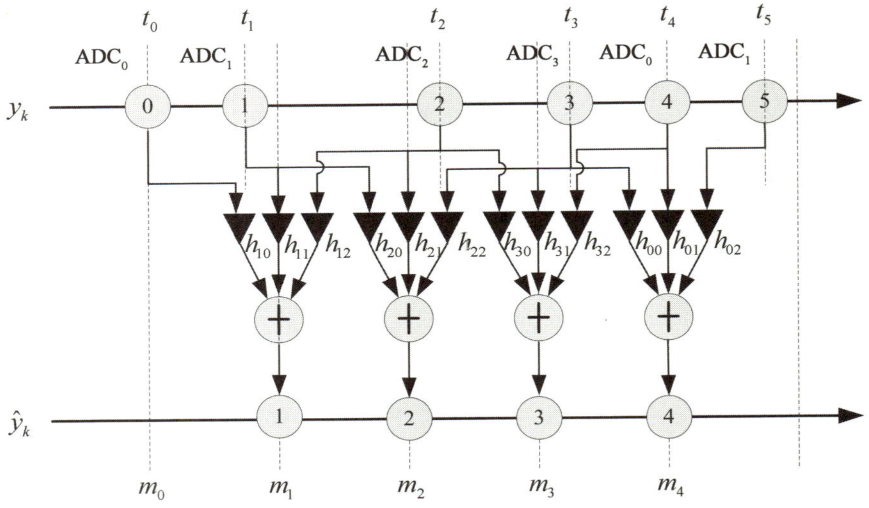

图 3-30　四通道 TIADC 中二阶拉格朗日插值示意图

对于任意的 M 通道 TIADC 系统，如采用 N 阶（假设 N 为偶数）拉格朗日插值滤波器用于补偿时间误差，则校准时间误差之后的输出可以用下式表示：

$$\hat{y}_{nM+i} = y_k \boldsymbol{H}_i$$

其中，k 为输出序列索引号，i 为通道索引号，n 为大于等于 0 的整数，且 k，n，i 间满足下列关系：

$$k = nM + i \tag{3-136}$$

向量 y_k 由采样点 y_k 及其前后个 $N/2$ 个采样点构成，即

$$y_k = [y_{k-N/2}, y_{k-N/2+1}, \cdots, y_k, \cdots, y_{k+N/2-1}, y_{k+N/2}] \tag{3-137}$$

向量 $\boldsymbol{H}_i$ 为第 i 个拉格朗日插值向量，且

$$\boldsymbol{H}_i = [h_{i0}, h_{i1}, \cdots, h_{iN}]^{\mathrm{T}} \tag{3-138}$$

式（3-138）中“T”为转置运算符。向量 $\boldsymbol{H}_i$ 的第 j 个元素的计算公式为

$$h_{ij} = \prod_{N/2} \frac{m_{nM+i} - t_{nM+i+p}}{t_{nM+i-N/2+j} - t_{nM+i+p}}, i = 0,1,\cdots,M-1, j = 0,1,\cdots,N \tag{3-139}$$

将式（3-139）中的各理论采样时刻和实际采样时刻用采样周期 T_s 和相对时间误差 Δt_k 表示可得

$$\begin{cases} m_{nM+i} = (nM+i)T_s \\ t_{nM+i} = (nM+i+p)T_s + \Delta t_{(i+p)\%M} T_s \\ t_{nM+i-N/2+j} = (nM+i-N/2+p)T_s + \Delta t_{(i-N/2+j)\%M} T_s \end{cases} \tag{3-140}$$

式（3-140）中，“%”为求余运算符。将式（3-140）代入式（3-139）可得

$$h_{ij} = \prod_{N/2} \frac{-p - \Delta t_{(nM+i+p)\%M}}{-N/2 + j - p + \Delta t_{(nM+i-N/2+j)\%M} - \Delta t_{(nM+i+p)\%M}}, \tag{3-141}$$
$$(i = 0,1,\cdots,M-1, j = 0,1,\cdots,N)$$

由式（3-141）可以看出，插值滤波器系数完全由时间误差决定。特别的是，如果不失一般性地选择通道 0 为参考通道，即认为 $\Delta t_0 = 0$，则

$$\boldsymbol{H}_0 = [0,0,\cdots,1,\cdots,0,0]^{\mathrm{T}} \tag{3-142}$$

由式（3-142）可知，通道 0 的输出无须做任何修正，这就进一步减少了校正时间误差的计算量。

上述利用拉格朗日插值滤波器校准时间误差的方法实现框图如图 3-31 所示。

3.2.4.3 基于采样数据乘积的自适应校准算法

当偏置误差和增益误差被校准之后，各个通道的偏置误差均为 0，增益相等。设此时各通道的增益为 G。于是根据前面的 TIADC 系统模型可以得出，两个相邻通道的乘积为

$$\begin{aligned} &C_{k,k+1}(n) = y_k[n] \cdot y_{k+1}[n] \\ &G\sin(\omega_0(nM + k + \Delta t_k) + \varphi) \cdot G\sin(\omega_0(nM + k + 1 + \Delta t_{k+1}) + \varphi) \end{aligned} \tag{3-143}$$

利用积化和差公式，式（3-143）可以重写为

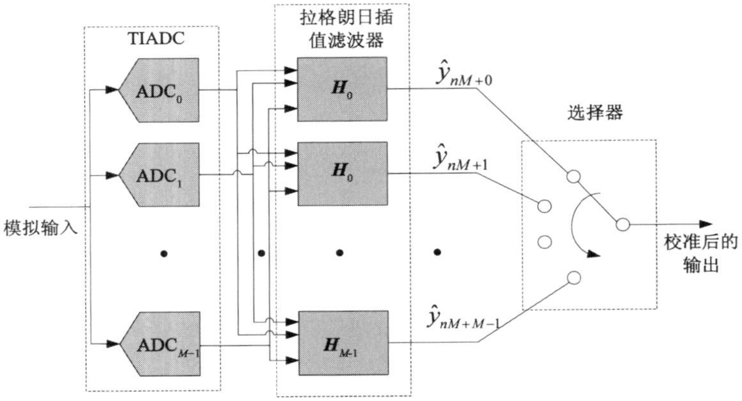

图 3-31　拉格朗日插值滤波器校准时间误差结构框图

$$
\begin{aligned}
C_{k,k+1}(n) &= \frac{1}{2}G^2\cos[\omega_0(1+\Delta t_{k+1}-\Delta t_k)]-\frac{1}{2} \\
&= G^2\cos[\omega_0(2nM+2k+1+\Delta t_k+\Delta t_{k+1})+2\varphi]
\end{aligned}
\tag{3-144}
$$

如果采样点数接近无穷大，式（3-144）第二部分的平均值为 0，因此，$C_{k,k+1}$（n）的平均值是

$$
M[C_{k,k+1}(n)] = \frac{1}{2}G^2\cos[\omega_0(1+\Delta t_{k+1}-\Delta t_k)] \tag{3-145}
$$

如果所有通道均不存在时间误差，则对于任意 k（$0\leqslant k\leqslant M-1$），$E$［$C_{k,k+1}$（$n$）］都会等于 $0.5G^2\cos\omega_0$。根据奈奎斯特准则可知，ω_0 的范围是［0，π］。在这个范围内，余弦函数是一个单调递减函数。因此，如果 E［$C_{k,k+1}$（n）］大于 $0.5G^2\cos\omega_0$，则通道 k 和通道 $k+1$ 之间的采样间隔小于标准采样周期 T_s；相反，则意味着通道 k 和通道 $k+1$ 之间的采样间隔应该被减小。可见，E［$C_{k,k+1}$（n）］可以作为校准时间误差的一个标准。

设 N 个采样点用于计算 M［$C_{k,k+1}$（n）］，那么 M［$C_{k,k+1}$（n）］的估计值可以表示为

$$
M_N[C_{k,k+1}(n)] = \frac{1}{2}G^2\cos[\omega_0(1+\Delta t_{k+1}-\Delta t_k)]+R_{k,k+1} \tag{3-146}
$$

其中，

$$
R_{k,k+1} = \frac{G^2}{2N}\sum_{n=0}^{N-1}\cos[\omega_0(2nM+2k+1+\Delta t_k+\Delta t_{k+1})+2\varphi] \tag{3-147}
$$

为了更准确地校准时间误差，$M[C_{k,k+1}(n)]$ 的估计值需要尽量准确，需要选择合适的 N 和 ω_0 使得 $R_{k,k+1}$ 趋近于零。首先，N 应该足够大；其次，当 $\cos[\omega_0(2nM+2k+1+\Delta t_k+\Delta t_{k+1})+2\varphi]$ 的角频率为 $2n\pi$ 时，$R_{k,k+1}$ 不会趋近于零。所以有

$$\omega_0 \neq \frac{n\pi}{M} \quad (n=1,2,3,\cdots) \tag{3-148}$$

如前所述，$M[C_{k,k+1}(n)]$ 被用来校准时间误差。如果没有时间误差，$M[C_{k,k+1}(n)]$ 等于 $0.5G^2\cos\omega_0$。然而，要准确地获取增益 G 并不容易，所以我们不能简单地通过调节 Δt_k 和 Δt_{k+1} 使得 $M[C_{k,k+1}(n)]$ 等于 $0.5G^2\cos\omega_0$ 来校准时间误差。在此，提出一种迭代方法。

首先，计算每两个相邻通道的 $M_N[C_{k,k+1}(n)]$，即计算任意 k 的 $M_N[C_{k,k+1}(n)]$：

$$M_N[C_{k,k+1}(n)] = \frac{1}{N}\sum_{k=0}^{N-1} x_k[n]x_{k+1}[n] \tag{3-149}$$

然后，调节 Δt_k 使 $k=1,2,\cdots,M-1$ 时的 $M_N[C_{k,k+1}(n)]$ 等于 $M_N[C_{0,1}(n)]$。时间误差调节公式为

$$\Delta t_k^{(m+1)} = \Delta t_k^{(m)} + d\times\Delta u \tag{3-150}$$

式（3-150）中的 $\Delta t_k^{(m)}$ 代表通道 k 经过 m 次迭代之后的残余相对时间误差，Δu 代表调节步进，d 指调节方向。如果 $M_N[C_{k,k+1}(n)]$ 大于 $M_N[C_{0,1}(n)]$，d 等于 $+1$；否则，d 等于 -1。Δu 由时间误差的调节方法决定。通常来说，有以下两种方法可以调节时间误差：一种是直接调节通道 k 的采样时钟，这种方式需要在 ADC 或者时间产生电路中有可以调节的延时单元；另一种是采用分数延时滤波器。经过这一步调节之后，除 T_{M-1} 外的所有的 T_k 已经全部相等，即除了最终通道 $M-1$ 与通道 0 之间采样时间间隔外，其余相邻通道的时间间隔全部相等。此外，由式（3-150）可知，当 $M_N[C_{k,k+1}(n)]$ 等于 $M_N[C_{0,1}(n)]$ 时有

$$\Delta t_{k+1} - \Delta t_k = \Delta t_1 - \Delta t_0 \tag{3-151}$$

将 $\Delta t_0=0$ 代入式（3-151）并经过递归推导，可得

$$\Delta t_k = k\times\Delta t_1 \tag{3-152}$$

最后，调节 Δt_k 以使得 T_{M-1} 与其他的 T_k 相等。很显然需要调节 Δt_{M-1} 来

达到这一目的。然而，一旦 Δt_{M-1} 被调节，T_{M-1} 和 T_{M-2} 均会被改变。因此，考虑到残余的时间误差如表达式（3-152）所示，为了在校正过程中保持除 T_{M-1} 之外的其他所有 T_k 始终相等，此时，每一个 Δt_k 的调节公式为

$$\Delta t_k^{(m+1)} = \Delta t_k^{(m)} + k \times d \times \Delta u \tag{3-153}$$

如果 M_N［$C_{M-1,0}$（n）］大于其他的 M_N［$C_{k,k+1}$（n）］，则意味着 T_{M-1} 小于其余的 T_k，故 Δt_{M-1} 需要被减小以增加 T_{M-1}，即 d 等于-1；反之，Δt_{M-1} 需要被增大，d 等于$+1$。当所有的 M_N［$C_{k,k+1}$（n）］相等时，校准完成。

图 3-32 所示为四通道 TIADC 系统的时间误差校准过程示意图。校准开始时，假设时间误差为［0，−0.02，−0.01，0.01］。因为 M［$C_{1,2}$（n）］小于 M［$C_{0,1}$（n）］，所以减小 Δt_2。经过 M_1次迭代之后，M［$C_{0,1}$（n）］与 M［$C_{1,2}$（n）］相等。此时的时间误差为［0，−0.01，−0.02，0.01］。然后，由于 M［$C_{2,3}$（n）］小于 M［$C_{0,1}$（n）］，Δt_3 也被减小。经过 M_2次迭代之后，M［$C_{2,3}$（n）］与 M［$C_{0,1}$（n）］相等，时间误差变为［0，−0.01，−0.02，−0.03］。最后比较 M［$C_{3,0}$（n）］和 M［$C_{0,1}$（n）］，因为 M［$C_{0,1}$（n）］大于 M［$C_{3,0}$（n）］，所以在 Δt_1 上加上 Δu。为了保证 M［$C_{1,2}$（n）］和 M［$C_{2,3}$（n）］等于 M［$C_{0,1}$（n）］，需要将 Δt_2 和 Δt_3 分别加上 $2\times\Delta u$ 和 $3\times\Delta u$。当 M［$C_{3,0}$（n）］和 M［$C_{0,1}$（n）］相等时，校准结束。

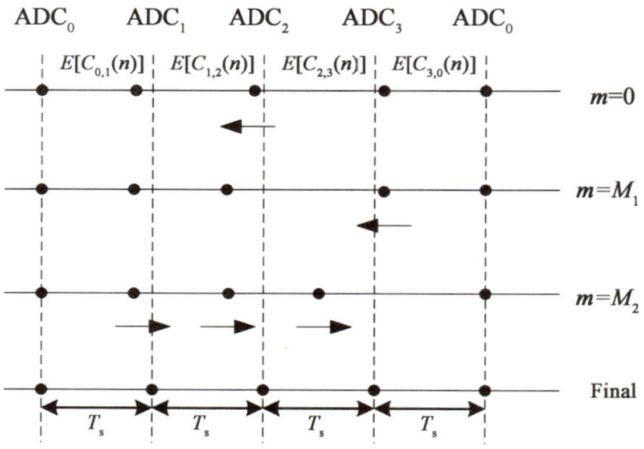

图 3-32 四通道 TIADC 系统时间误差校准过程示意图

3.2.4.4 基于 FFT 的时间误差自适应校准算法

1. 时间误差导致的误差谱幅度

输入为正弦信号时的 TIADC 系统输出频谱如式（3-154）所示：

$$Y(\mathrm{j}\Omega)=\frac{1}{MT_{\mathrm{s}}}\sum_{k=0}^{M-1}\sum_{n=-\infty}^{\infty}[\Delta g_k\frac{A\pi}{\mathrm{j}}(\delta(\Omega-\Omega_0-n\frac{\Omega_{\mathrm{s}}}{M})$$
$$\delta(\Omega+\Omega_0-n\frac{\Omega_{\mathrm{s}}}{M}))\mathrm{e}^{-\mathrm{j}\omega_0\Delta t_k}+\Delta o_k 2\pi\delta(\Omega-n\frac{\Omega_{\mathrm{s}}}{M})]\mathrm{e}^{-\mathrm{j}nk\frac{2\pi}{M}} \tag{3-154}$$

由于本节关注的是时间误差的校准，因此，假设增益误差和偏置误差为零，即对于任意 k 有 $\Delta g_k=1$，$\Delta O_k=0$。由此（3-154）可得

$$Y(\mathrm{j}\Omega)=\frac{A\pi}{\mathrm{j}MT_{\mathrm{s}}}\sum_{k=0}^{M-1}\sum_{n=-\infty}^{\infty}[\delta(\Omega-\Omega_0-n\frac{\Omega_{\mathrm{s}}}{M})\mathrm{e}^{-\mathrm{j}\omega_0\Delta t_k}$$
$$-\delta(\Omega+\Omega_0-n\frac{\Omega_{\mathrm{s}}}{M})\mathrm{e}^{\mathrm{j}\omega_0\Delta t_k}]\mathrm{e}^{-\mathrm{j}nk\frac{2\pi}{M}} \tag{3-155}$$

由式（3-155）可以得到输入为正弦信号时 TIADC 输出的数字谱为

$$Y(\mathrm{e}^{\mathrm{j}\omega})=\frac{A\pi}{\mathrm{j}MT_{\mathrm{s}}}\sum_{k=0}^{M-1}\sum_{n=-\infty}^{\infty}[\delta(\omega-\omega_0-n\frac{2\pi}{M})\mathrm{e}^{-\mathrm{j}\omega_0\Delta t_k}$$
$$-\delta(\omega+\omega_0-n\frac{2\pi}{M})\mathrm{e}^{\mathrm{j}\omega_0\Delta t_k}]\mathrm{e}^{-\mathrm{j}nk\frac{2\pi}{M}} \tag{3-156}$$

式（3-156）可以被改写成

$$Y(\mathrm{e}^{\mathrm{j}\omega})=\frac{2\pi}{T_{\mathrm{s}}}\sum_{n=-\infty}^{\infty}[\alpha[n]\delta(\omega-\omega_0-n\frac{2\pi}{M})$$
$$-\alpha^{*}[M-n]\delta(\omega+\omega_0-n\frac{2\pi}{M})] \tag{3-157}$$

其中，

$$\alpha[n]=\frac{A}{\mathrm{j}2M}\sum_{k=0}^{M-1}\mathrm{e}^{-\mathrm{j}\omega_0\Delta t_k}\mathrm{e}^{-\mathrm{j}kn\frac{2\pi}{M}} \tag{3-158}$$

由式（3-157）可以看出，如果存在时间误差，则在

$$\omega=n\frac{2\pi}{M}\pm\omega_0 \tag{3-159}$$

处产生误差谱，下面推导该误差谱的幅度。

假定通道数 M 为 2。因为 $Y(\mathrm{e}^{\mathrm{j}\omega})$ 是一个以 2π 为周期的周期函数，故可以只需分析 n 等于 1 时 $\omega=\pi\pm\omega_0$ 两个误差谱幅度。$n=1$，$M=2$ 时，有

$$\begin{aligned}\alpha[1] &= \frac{A}{j4}\sum_{k=0}^{1} e^{-j\omega_0 \Delta t_k} e^{-jk\pi} \\ &= \frac{A}{j4}[1-\cos(\omega_0 \Delta t_1)+j\sin(\omega_0 \Delta t_1)]\end{aligned} \tag{3-160}$$

因此，$\pi+\omega_0$ 处的误差谱幅度为

$$A_{\pi+\omega_0}=\frac{2\pi}{T_s}|\alpha[1]|=\frac{2\pi}{T_s}\times\frac{A}{4}\times\sqrt{2-2\cos(\omega_0 \Delta t_1)} \tag{3-161}$$

同理可得 $\pi-\omega_0$ 处的误差谱幅度为

$$A_{\pi-\omega_0}=\frac{2\pi}{T_s}|\alpha^*[1]|=\frac{2\pi}{T_s}\times\frac{A}{4}\times\sqrt{2-2\cos(\omega_0 \Delta t_1)} \tag{3-162}$$

2. 时间误差自适应校准原理

由式（3—161）和式（3—162）可以看出，$M=2$ 时，$\omega=\pi\pm\omega_0$ 两个误差谱幅度相等，将之记为 A_{error} 。根据奈奎斯特准则可知，$\omega_0\in[0,\pi)$，又因为 $M=2$ 时，相对时间误差 $\Delta t_1\in[-0.5,0.5]$，所以可知

$$-\frac{\pi}{2}<\omega_0 \Delta t_1<\frac{\pi}{2} \tag{3-163}$$

在式（3—163）所示的区间范围内，A_{error} 是一个偶函数，且在 $\Delta t_1=0$ 时取最小值 0。A_{error} 幅度随着 $|\omega_0 \Delta t_1|$ 增大而变大。当 ω_0 为一定值时，$|\Delta t_1|$ 越大，A_{error} 越大。也就是说，当输入为一个固定正弦信号时，误差谱的幅度 A_{error} 由 $|\Delta t_1|$ 决定。因此，A_{error} 可以作为校准时间误差的标准。

图 3-33 所示为 $M=2$ 时的时间误差自适应校准原理框图。不失一般性，选择 ADC_0 为参考通道，则只有 ADC_1 存在时间误差。对 $y(t)$ 进行 FFT 变换并获取 A_{error} 。通过采样时钟调节电路，调节 ADC_1 采样时钟的相位，使得 A_{error} 最小。根据式（3-161）和式（3-162）可知，当 A_{error} 最小时，Δt_1 等于 0，校准完成。

M 不等于 2 时，由式可知，$\omega=2\pi/M\pm\omega_0$ 处的误差谱幅度由所有 ADC 的时间误差共同决定。由于此时我们无法确定误差谱是由哪个 ADC 的时间误差导致的，因此也就无法确定需要调整哪个 ADC 的采样时钟来校准时间误差。

在实际系统中，$M=2^n$ 是一种普遍情况。首先，这种情况的时钟设计方案相对容易。此外，设计高速 TIADC 系统时，大部分转换速率为 GHz 以上的高速 ADC 芯片都是由 2 个或 4 个子 ADC 构成的 TIADC。当使用多片这样的 TIADC 构建 TIADC 系统时，通道数 M 就会是 2^n。因此，下面讨论 $M=2^n$ 时

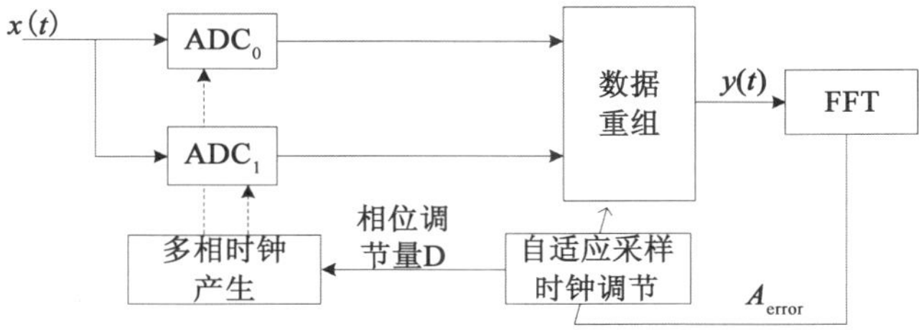

图 3-33 $M=2$ 时的时间误差自适应校准原理框图

基于 FFT 的自适应校准办法。为了论述方便，先以 $M=4$ 为例说明校准过程。

步骤 1 用 $x_k[n]$ 表示 ADC_k 输出的采样数据，则 $M=4$ 时，可以对各子 ADC 进行如下重组：

$$\begin{aligned} x_{0,2}[n] &= \{x_0[0], x_2[0], x_0[1], x_2[1]\cdots\} \\ x_{1,3}[n] &= \{x_1[0], x_3[0], x_1[1], x_3[1]\cdots\} \end{aligned} \tag{3-164}$$

此时，$x_{0,2}[n]$ 和 $x_{1,3}[n]$ 就是两通道 TIADC 的输出采样数据。利用图 3-33 所示两通道 TIADC 校准方法，调节 ADC_2 及 ADC_3 的采样时钟使得误差谱的幅度最小。

步骤 2 用 $ADC_{0,2}$ 表示由 ADC_0 和 ADC_2 构成的两通道 TIADC 系统，$ADC_{1,3}$ 表示由 ADC_1 和 ADC_3 构成的两通道 TIADC 系统。因为此时 $ADC_{0,2}$ 和 $ADC_{1,3}$ 已经不存在时间误差，所以可以将之分别看成是一个 ADC。将 $ADC_{0,2}$ 及 $ADC_{1,3}$ 的输出数据进行组合，则 $x_{0,2}[n]$ 和 $x_{1,3}[n]$ 可以被认为是两通道 TIADC 的子 ADC 输出，可以再次利用图 3-33 所示方法进行校准。校准时，需要调节的是 $ADC_{1,3}$ 的采样时间延迟。由于 $ADC_{1,3}$ 实际上由 ADC_1 和 ADC_3 构成，为了保证 $ADC_{1,3}$ 内部不再出现时间误差，需同时调节 ADC_1 和 ADC_3 的采样时钟，且保证这两个 ADC 的时间延迟调整量完全一致。当误差谱幅度最小时，校准完成。

图 3-34 为上述校准过程的示意图。图中的 ADC_3 的采样时钟在步骤 1 和步骤 2 中均需要被调整，步骤 1 的调整是为了使 $ADC_{1,3}$ 输出频谱的 A_{error} 最小，步骤 2 中的调整是为了使由 $ADC_{0,2}$ 和 $ADC_{1,3}$ 组成的 $ADC_{0,1,2,3}$ 输出频谱的 A_{error} 最小。而 ADC_2 和 ADC_1 的采样时钟则分别只在步骤 1 和步骤 2 调整。

根据前面所述方法，该方法关键在于组合出两通道 TIADC，然后多次计算 FFT 调节采样时钟延迟，使得由时间误差产生的幅度谱最小。$M=4$ 时，共需组合两次形成三个两通道 TIADC。当通道数 M 大于 4，且 $M=2^n$ 时，组合

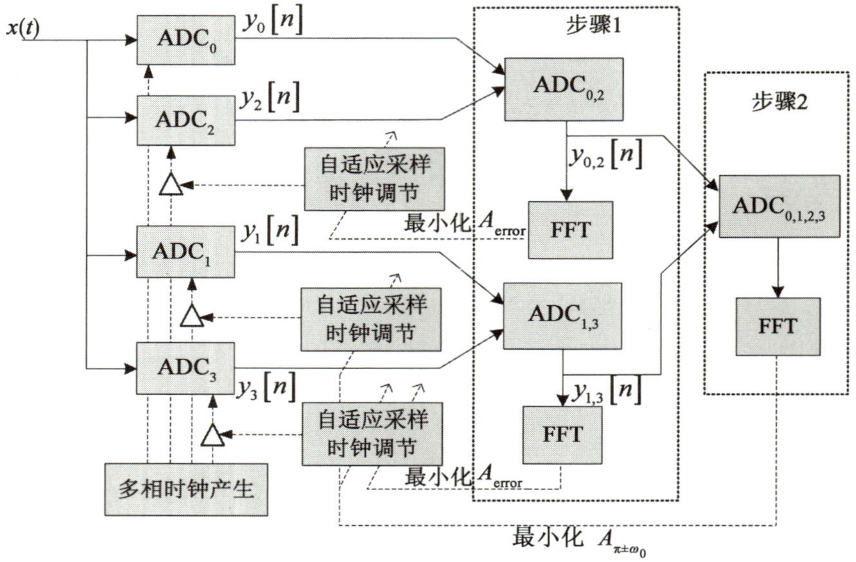

图 3-34　M=4 时的时间误差自适应校准示意图

过程如下。

首先，将 M 个通道首先组合成 $M/2$ 个两通道 TIADC，分别对这 $M/2$ 个两通道 TIADC 进行校准。组合规则为

$$
\begin{aligned}
&\text{第 1 组：} \mathrm{ADC}_1,\ \mathrm{ADC}_{1+\frac{M}{2}} \\
&\text{第 2 组：} \mathrm{ADC}_2,\ \mathrm{ADC}_{2+\frac{M}{2}} \\
&\quad\vdots \\
&\text{第} \frac{M}{2} \text{组：} \mathrm{ADC}_{\frac{M}{2}},\ \mathrm{ADC}_M
\end{aligned}
\tag{3-165}
$$

为了方便理解，式中的 ADC 索引号从 1 开始。

然后，将 $M/2$ 个已经没有时间误差的两通道 TIADC 再次组合成 $M/4$ 个两通道 TIADC，再次校准。组合规则为

$$
\begin{aligned}
&\text{第 1 组：} \mathrm{ADC}_1, \mathrm{ADC}_{1+\frac{M}{4}}, \mathrm{ADC}_{1+\frac{M}{2}}, \mathrm{ADC}_{1+\frac{3M}{4}} \\
&\text{第 2 组：} \mathrm{ADC}_2, \mathrm{ADC}_{2+\frac{M}{4}}, \mathrm{ADC}_{2+\frac{M}{2}}, \mathrm{ADC}_{2+\frac{3M}{4}} \\
&\quad\vdots \\
&\text{第} \frac{M}{4} \text{组：} \mathrm{ADC}_{\frac{M}{4}}, \mathrm{ADC}_{\frac{M}{2}}, \mathrm{ADC}_{\frac{3M}{4}}, \mathrm{ADC}_M
\end{aligned}
\tag{3-165}
$$

依次类推，不断地组合成两通道 TIADC 再校准，直到组合时只剩下一个两通道 TIADC 时为止。图 3-35 为上述的组合规则示意图。

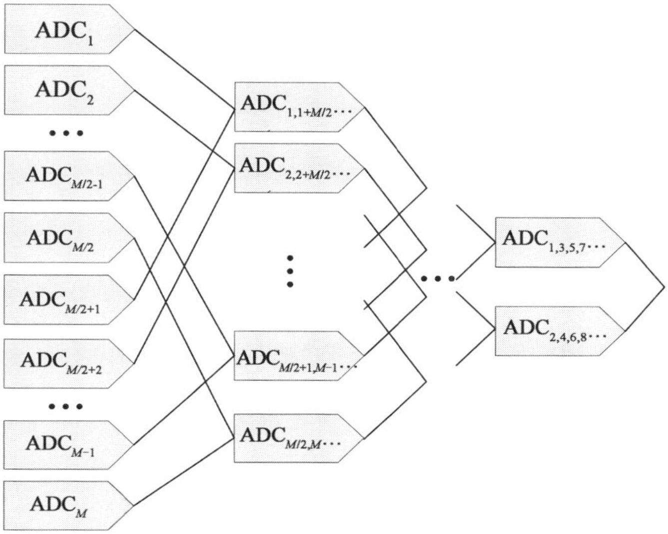

图 3-35　组合成两通道 TIADC 规则示意图

3. 时间误差调节算法

由上面可知，上述自适应算法关键在于调节采样时钟延迟以调节时间误差，使得由时间误差导致的误差谱幅度最小。因此，如何调节时钟延迟成为问题的关键。然而，由于校准过程中并不确定时间误差的确切值，所以我们首先采用“成功-失败法”确定时间误差的调节范围，然后在该调节范围内使用“二次插值法”寻找能使误差谱幅度最小的时钟延迟量。

成功-失败法

对于一个 x 的函数 $y(x)$，为了求取 $y(x)$ 最小值所在的区间 $[a,b]$，可以通过下述方法实现。

(1) 在 $y(x)$ 的定义域内任意选取一起始点 x_0，令 $a=b=x_0$，初始调节步进设为 u_0，误差容限设为ε，计算 $y_0=y(x_0)$。

(2) 计算 $y_1=y(x_0+u_0)$。

(3) 如果 $y_1<y_0$，说明搜索方向正确，此时将调节步进加倍，即 $u_1=2u_0$，令 $x_1=x_0+u_0$，然后计算 $y_2=y(x_1+u_1)$。如果 $y_2\geqslant y_1$，说明此时已经越过了最小值，如图 3-36 (a) 所示，区间 $[a, b]$ 由下式确定：

$$\begin{cases} a = x_0 \\ b = x_0 + 3\Delta u_0 \end{cases} \tag{3-166}$$

如 $y_2 < y_1$，则继续将调节步进加倍，重复上面的运算，直到某一次运算之后，$y_n \geqslant y_{n-1}$。此时，区间 [a，b] 由下式确定：

$$\begin{cases} a = x_0 \\ b = x_0 + \Delta u_0 + \Delta u_1 + \cdots + \Delta u_{n-1} \end{cases} \tag{3-167}$$

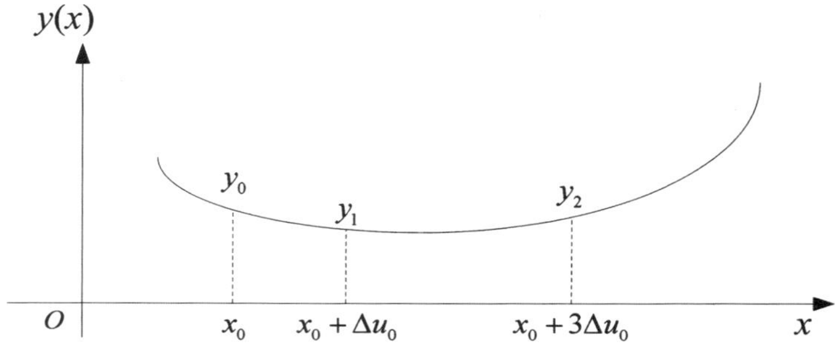

(a)

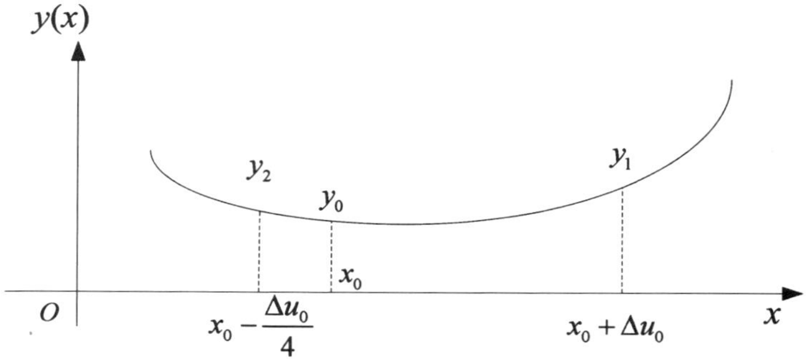

(b)

图 3-36　成功-失败法示意图

如果 $y_1 > y_0$，说明搜索方向错误或者是调节步进太大已经跨过了最小值，因此，此时将调节步进设为原来的 1/4，并改变调节方向，即 $\Delta u_1 = -\Delta u_0/4$，令 $x_1 = x_0 + u_0$，然后计算 $y_2 = y\ (x_1 - \Delta u_0/4)$。如果 $y_2 \geqslant y_0$，说明在 x_0 处往左右两边调节均会变大，所以如图 3-36（b）所示，区间 [a,b] 由下式确定：

$$\begin{cases} a = x_0 - \dfrac{\Delta u_0}{4} \\ b = x_0 + \Delta u_0 \end{cases} \tag{3-168}$$

如果 $y_2 < y_0$，则说明还未跨越最小值点，需要将步进加倍，即 $\Delta u_2 = \Delta u_1 / 2$，重复上述运算，直到某一次运算之后，$y_n \geqslant y_{n-1}$。此时，区间 $[a,b]$ 由下式确定：

$$\begin{cases} a = x_0 - \dfrac{\Delta u_0}{4} + \Delta u_1 + \cdots + \Delta u_{n-1} \\ b = x_0 + \Delta u_0 \end{cases} \tag{3-169}$$

二次插值法

当用成功-失败法获得时间误差可能区间时，利用二次插值法来逼近可以使误差谱幅度最小的采样时钟延迟量。二次插值的基本原理如下。

对于函数 $y = y(x)$，如已知该函数上 3 个函数值为 $y_0 = y(x_0)$，$y_1 = y(x_1)$，$y_2 = y(x_2)$，且满足

$$\begin{cases} x_0 < x_1 < x_2 \\ y_0 > y_1 \\ y_1 < y_2 \end{cases} \tag{3-170}$$

即中间点函数值最小。此时，如果经过 (x_0, y_0)，(x_1, y_1)，(x_2, y_2) 3 个点，用一条二次函数曲线 $\hat{y}(x)$ 来逼近函数 $y = y(x)$，$\hat{y}(x)$ 的表达式为

$$\hat{y}(x) = a_2 x^2 + a_1 x + a_0 \quad (a_2 \neq 0) \tag{3-171}$$

由于 $\hat{y}(x)$ 经过 (x_0, y_0)，(x_1, y_1)，(x_2, y_2) 3 个点，故有

$$\begin{cases} y_0 = a_2 x_0^2 + a_1 x_0 + a_0 \\ y_1 = a_2 x_1^2 + a_1 x_1 + a_0 \\ y_2 = a_2 x_2^2 + a_1 x_2 + a_0 \end{cases} \tag{3-172}$$

令 $\hat{y}(x)$ 的导数 $\hat{y}'(x) = 0$ 可得 $\hat{y}(x)$ 的最小值点为

$$\hat{x}_{\min} = -\frac{a_1}{2a_2} \tag{3-173}$$

由式（3-172）、式（3-173）及克拉姆法则可得

$$\hat{x}_{\min} = -\frac{1}{2}\frac{\begin{vmatrix} 1 & y_0 & x_0{}^2 \\ 1 & y_1 & x_1{}^2 \\ 1 & y_2 & x_2{}^2 \end{vmatrix}}{\begin{vmatrix} 1 & x_0 & y_0 \\ 1 & x_1 & y_1 \\ 1 & x_2 & y_2 \end{vmatrix}} \tag{3-174}$$

将式（3-174）所示的行列式展开可得

$$\hat{x}_{\min} = \frac{1}{2}\frac{(x_1^2 - x_2^2)y_0 + (x_2^2 - x_0^2)y_1 + (x_0^2 - x_1^2)y_2}{(x_1 - x_2)y_0 + (x_2 - x_0)y_1 + (x_0 - x_1)y_2} \tag{3-175}$$

如果 x_0，x_1，x_2 三个点之间等间距，即 $x_2 - x_1 = x_1 - x_0 = \Delta x$，式(3-175)变为

$$\hat{x}_{\min} = x_1 + \frac{(y_0 - y_2)\Delta x}{2(y_0 - 2y_1 + y_2)} \tag{3-176}$$

由式（3-176）得到的 $\hat{x}_{\min}$ 只是极小值的第一次估计，而一次估计往往不能达到精度要求。因此，可以在 x_0，x_1，x_2 及 $\hat{x}_{\min}$ 中选择一个使得函数 $y = y(x)$最小的点作为新的 x_1，然后在 x_1 的左右等间距各选取一个点作为新的 x_0 和 x_2，得到新的 y_0，y_1，y_2 后，再次利用式（3-176）得到一个新的极小值点估计值。重复以上步骤，可以得到极小值点的估计点列，可证，在一定条件下，该点列收敛于问题的解。

上述的“成功-失败法”和“二次插值法”用于 TIADC 系统时间误差校准时，x 即为采样时钟相位调节量，y 即为误差谱幅度。首先利用“成功-失败法”确定幅度谱最小值点所在区间，并将该区间表示为［t_0，t_1］。然后利用“二次插值法”在［t_0，t_1］区间内寻找最小值点。第一次利用式（3-176）估计最小值点时，取 $x_0 = t_0$，$x_2 = t_1$，$x_1 = (t_0 + t_1)/2$。得到 $\hat{x}_{\min}$ 后，在 x_0，x_1，x_2 及 $\hat{x}_{\min}$ 中选取一个使误差谱幅度最小的点作为新的 x_1，然后令新的 x_0 和 x_2 分别为

$$\begin{cases} x_0 = x_1 - \dfrac{t_0 + t_1}{4} \\ x_2 = x_1 + \dfrac{t_0 + t_1}{4} \end{cases} \tag{3-177}$$

即此时间距 $\Delta x = (t_0 + t_1)/4$，再次利用式（3-176）估计最小值点。如此往复，每次获得新的最小值点估计值后，得到一个新的 x_1，然后在 x_1 的左右等

间距各选取一个点作为新的 x_0 和 x_2，而间距 Δx 为前一次 Δx 的一半。当 Δx 小于系统采样时钟最小调节步进 $\Delta u_{\min}$ 时，校准结束。

3.3 模拟带宽的频域补偿技术

随着通信、数据存储领域中高速、复杂信号的变化，对示波器的分析能力提出了更高的要求，而示波器对高速信号的分析能力依赖于高带宽、高采样率。

测量带宽是评价数字示波器性能的主要指标之一。带宽越高意味着能更加深入地了解信号特性，能更好地在更短的上升时间内测量信号、噪声、串扰等。然而示波器的带宽越做越高，由于受到器件、工艺的限制，在硬件部分保持良好的幅频响应和相频响应越来越困难，这将导致系统测量带宽的下降，本节将研究在保持硬件不变的前提下，运用数字后处理技术增强系统测量带宽的方法。

示波器的采样率以每 2～2.5 年的速率成倍增长，而带宽却因模拟器件的限制，平均每 4 年才实现成倍增长。虽然峰值网络能有效提高示波器带宽，但信号还原代价高，尤其是在脉冲响应（过冲与阻尼）以及频响的平坦度的测试中。然而系统噪声、频域响应、时域响应三者是相互制约的，提高系统带宽，会对输入信号引入噪声；过度的频域补偿也会对时域信号引入过冲或阻尼。从模拟角度修正示波器带宽，会导致三者的关系进一步恶化。例如，调节电阻网络、增大示波器的带宽极限时，由于硬件网络自身的特性，会导致信号在某些频点上衰减，某些频点上则出现幅值放大，频率响应的平坦度趋于恶化，以至于影响信号的精确度和瞬变的平滑度。

同时，信号保真度是评价数字示波器性能最主要的衡量标准，而脉冲响应方式则是示波器高保真还原信号真实面目的非常重要的环节。信号保真度定义为显示在示波器屏幕上的波形与被测波形间的拟合程度，而脉冲响应方式表征示波器系统对输入激励不同频率成分的幅度和相位的表现。信号的还原度依赖于示波器的实际通道频率响应。

本节将从数字信号处理角度分析研究数字存储示波器的带宽特性，并实现对通道频响的数字补偿。

3.3.1 频率响应补偿方法

影响数字示波器带宽的因素有很多，主要包括探头带宽、示波器带宽和采样率等。在理想情况下，除去这些因素的影响，示波器可以拥有无限高的采样率、完美的平坦频响、线性相位响应和较低的本底噪声。但是在现实环境中，由于硬件的限制，特别是前置放大器频响的影响，便会导致系统带宽降低，从而使采样波形和实际输入信号之间产生偏差。

虽然带宽是指示波器增益衰减－3dB时所对应的频点，但是这并不意味着在带宽以内的信号就没有衰减，只不过衰减小于－3dB；也不意味着带宽以外的信号就测量不到，只不过幅度衰减相对于带宽内的信号衰减比较大，超过了－3dB。因此，我们可以利用带宽外信号的能量，通过数字信号处理的方法把对应带宽外信号的能量增强，从而使得－3dB频点右移，从而达到增加带宽的目的，如图 3-37 所示。

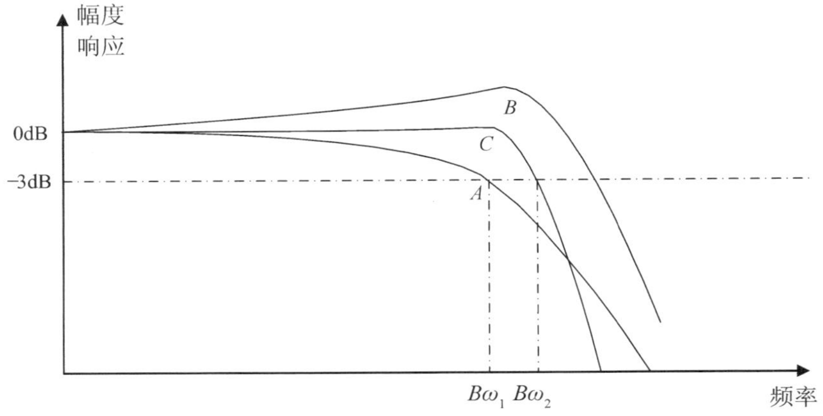

图 3-37　带宽增强滤波技术原理

图 3-37 中曲线 A 代表数字示波器补偿前的实际频响，曲线 B 代表频域补偿滤波器的频响，曲线 C 代表示波器补偿后的频响。由图中可以看出，经过频域补偿后的数字示波器的带宽已经从 $B\omega_1$ 增加到 $B\omega_2$。被测信号进入通道，经采集后送入带宽增强滤波器进行带宽校正处理，时域表征为相卷，频域为相乘，系统带宽响应 C 在频域中表现为 A、B 两者乘积，对数坐标下为两者相加。

数字滤波器可以理解为是一个计算或算法，将输入数字时间序列信号转换为输出数字时间序列信号，并在转换过程中，使信号按预定的形式变化。即利用信号处理单元对示波器采集后的数字信号进行信号处理操作，对通道进行补偿，实现对频域响应的修正，如图 3-38 所示。

通道数字补偿滤波器是根据实际的系统通道频域响应进行补偿，保证对信号的无失真还原。因此我们首先需要测定示波器的通道响应函数。

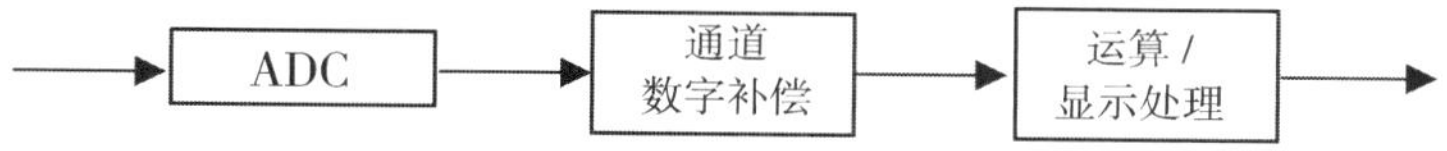

图 3-38 频率补偿系统

3.3.1.1 频率响应特性的获取

通道频率响应特性的获取通常使用以下两种方法。

正弦扫描：对系统进行正弦激振，保持激振力的幅值恒定不变，按一定规律不断改变激振频率，并拾取系统的振动响应，从而得到系统的频率响应曲线。

脉冲激振：用脉冲信号对系统进行激振，将系统的输入/输出进行傅里叶变换，即可计算出其频率响应函数。即

$$H_c = \frac{H_m}{H_s} \tag{3-178}$$

其中，H_c 为系统实际通道响应，H_m 为被测通道输出频率响应，H_s 为输入频率响应。为减小系统噪声对测试的影响，系统通道频率响应测试取多次测试结果的平均。

3.3.1.2 频率响应补偿基本原理

1. 示波器的频域特性

由于示波器前端模拟部件呈现出低通滤波特性，对输入信号的不同频率成分的通过能力不一致，高频分量的幅度衰减率要大于低频分量衰减率，因此幅频响应曲线不是线性变换，而是呈滚降（roll off）趋势，尤其对高于示波器－3dB带宽的频谱成分更是表现出急剧滚降特征。根据幅度响应曲线的不同滚降方式，目前业内主流高性能示波器主要有两种响应类型，分别是平坦化响应（flat response）和贝塞尔响应（bessel response）。

平坦化响应有两大优点：第一是信号在－3dB带宽之前的幅频响应较为平坦，衰减较小，可进行非常精确的测量；第二是超过－3dB带宽后，频响曲线急剧下降，高频成分被有效截止，通过的低频成分都能被后端ADC高保真采样，因而可大大减小数字示波器中的采样混叠机会，降低了波形失真度。平坦化响应示波器尽管有这些突出的优点，但也有非常显著的缺点：由于平坦响应截止了大量的高频谐波，因而表现出比较大的过冲和振铃现象，尤其是在信号上升时间很快，远远超过示波器可精确测量范围时，这种负面效应更为突出。

贝塞尔幅频响应对超过－3dB带宽的高频成分衰减速率相对较慢，因而表

现出较小过冲和振铃的较好脉冲效应。但由于在−3dB带宽内对信号幅度响应相对不是很平坦，而且在−3dB带宽外会拖出一条较长的尾巴，这样使得后面的ADC需要更高的采样率才能确保不发生频率混叠现象。

除了幅度响应外，另外一个紧密相连的概念是相位频响。输入信号从数字示波器前端输入传递到屏幕显示之间，有很多模拟放大器构成一个放大器链，信号通过这些模拟器件需要一定的时间，或称为相位延迟（delay）。不同频谱的信号在通过示波器内部通道时会产生不同的延迟，因而方波脉冲的不同谐波频谱的不同传播延迟会导致脉冲相位发生畸变，这种负面效应称为群延迟（group delay）。对于较低频率信号，群延迟的破坏性效应可以忽略不计，随着频率越高，这种负面效应是不可逃避的问题。群延迟会使示波器的实际上升时间比标称值更慢，而且会带来更大的抖动噪底。因此在进行通道响应补偿滤波器的设计中，我们需要保障所设计的滤波器是线性相位（linear phase）的，以保证对高频信号的相位频响。

2. 频率响应补偿基本原理

在数字示波器系统中，如果我们根据系统通道响应的逆来设计补偿滤波器，将通道响应综合成增益为常数的直通滤波器后，再根据所需通道响应的指标要求设计一个低通滤波器进行二次滤波，则可以实现数字频域响应补偿的数字信号处理系统。

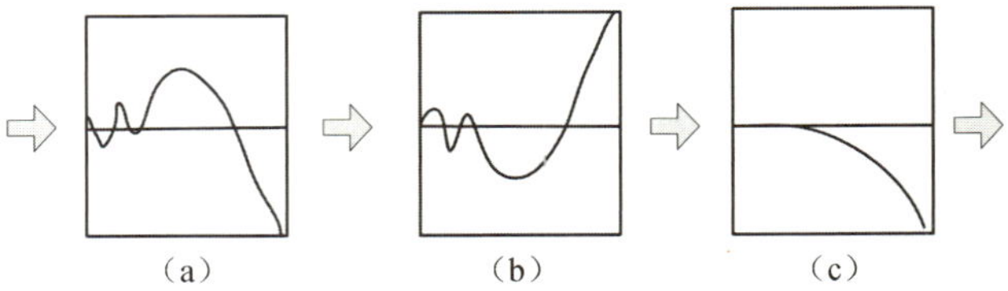

图 3-39　频率补偿基本原理

其基本原理如下：

(1) 首先，我们利用3.3.1.1节所提供的通道响应测试方法获取系统实际通道响应，如图3-39 (a) 所示；

(2) 经过根据系统实际通道响应的逆来设计通道响应补偿滤波器，如图3-39 (b) 所示，则步骤 (1) 与步骤 (2) 的综合响应以幅值增益为常数的直通器；

(3) 根据所需通道响应的指标要求设计一个低通滤波器，如图3-39 (c) 中所示，则实现系统的理想通道响应，实现对频域响应的修正。

其中，补偿滤波器图3-39 (b) 是系统通道响应图3-39 (a) 的反变化，在设计中根据平坦化响应的条件进行约束设计；而低通滤波器图 3-39（c）则根据实际应用需要进行设计，保障系统幅度响应。

补偿滤波器的设计是最复杂的部分，它不但与实际通道参数有关，同时还与通道衰减挡位的设置有关，变化性强。因此在补偿滤波器的设计过程中，我们采用自适应滤波器的设计方法。

3.3.1.3 通道补偿滤波器设计

首先，我们使用实际通道频响作为参考，用实际滤波器特性与之相逼近，设计满足频响要求的最优滤波器。所谓最优滤波器是指能够根据某一最佳准则进行滤波的滤波器，可以构造误差函数为

$$e(k)=H(k)-h_{\mathrm{d}}(k) \tag{3-179}$$

其中，H 为所设计滤波器，h_{d} 为输入参考。特性设计目标是使得误差函数的均方误差最小，即滤波器的性能函数最优，达到逼近的目的，即代价函数最小：

$$J=E\{e^2(k)\}=\min \tag{3-180}$$

则式（3-180）可以写为如下形式：

$$\begin{aligned}J&=E\{e^2(k)\}\\&=\frac{1}{k}\sum_k(H(k)-h_{\mathrm{d}}(k))^2=\min\end{aligned} \tag{3-181}$$

通常，数字滤波器具有如下形式：

$$H(z)=\frac{\sum_{n=0}^{N}a_n z^{-n}}{\sum_{m=0}^{M}b_m z^{-m}} \tag{3-182}$$

其中，N 为滤波器长度。滤波器长度 N 的选择根据系统频响的平坦度、所需的逼近精度、所占用的系统资源折中选择。

对式（3-181）我们可以采用最小二乘法（least squares）来实现滤波器的设计。即通过均方误差最小的约束条件，利用 LMS 算法进行迭代求解，直至获取满足式（3-181）的滤波器系数 a_n，b_n，达到设计目标。

应用 LMS 算法对式（3-181）进行求解，即代价函数 J 满足对 a_n，b_m 的偏导为 0：

$$\frac{\partial J}{\partial a_n}=0$$

$$\frac{\partial J}{\partial a_m}=0 \tag{3-183}$$

其中，

$$\frac{\partial J}{\partial a_n}=\frac{2}{k}\sum_k (H(k)-h_d(k))\frac{\partial}{\partial a_n}\mid H(k)\mid \tag{3-184}$$

$$\frac{\partial J}{\partial b_m}=\frac{2}{k}\sum_k (H(k)-h_d(k))\frac{\partial}{\partial b_m}\mid H(k)\mid \tag{3-185}$$

$H(k)$ 的模可以使用下式进行求解

$$\mid H(k)\mid=\sqrt{\frac{\alpha^2(\omega)+\beta^2(\omega)}{\gamma^2(\omega)+\delta^2(\omega)}} \tag{3-186}$$

其中，

$$\alpha(\omega)=\sum_{i=0}^{\mathrm{floor}(\frac{N-1}{2})} a_{2i}\omega^{2i}(-1)^i \tag{3-187}$$

$$\beta(\omega)=\sum_{i=0}^{\mathrm{floor}(\frac{N}{2})-1} a_{2i+1}\omega^{2i+1}(-1)^i \tag{3-188}$$

$$\gamma(\omega)=\sum_{i=0}^{\mathrm{floor}(\frac{N-1}{2})} b_{2i}\omega^{2i}(-1)^i \tag{3-189}$$

$$\delta(\omega)=\sum_{i=0}^{\mathrm{floor}(\frac{N}{2})-1} b_{2i-1}\omega^{2i+1}(-1)^i \tag{3-190}$$

则代价函数 J 满足对 a_n，b_n 的偏导为

$$\frac{\partial}{\partial a_n}\mid H(k)\mid=\frac{1}{\mid H(\omega)\mid(\gamma^2(\omega)+\delta^2(\omega))}\cdot\left|\begin{array}{l}\alpha(\omega)\omega^n(-1)^{\frac{n}{2}},n\text{ 为偶数}\\ \beta(\omega)\omega^n(-1)^{\frac{n-1}{2}},n\text{ 为奇数}\end{array}\right. \tag{3-191}$$

$$\frac{\partial}{\partial a_n}\mid H(k)\mid=\frac{-(\alpha^2(\omega)+\beta^2(\omega))}{\mid H(\omega)\mid(\gamma^2(\omega)+\delta^2(\omega))}\cdot\left|\begin{array}{l}\gamma(\omega)\omega^n(-1)^{\frac{n}{2}},n\text{ 为偶数}\\ \delta(\omega)\omega^n(-1)^{\frac{n-1}{2}},n\text{ 为奇数}\end{array}\right. \tag{3-192}$$

式（3-184）、式（3-185）的求解可以使用迭代求解，最常用的迭代求解法为最速下降算法。最速下降法使用梯度控制迭代步长，其步长较小，能保证

收敛于最小偏差。

使用最速下降法对式（3-184）、式（3-185）进行求解后可以获得滤波器的传递函数系数，再将分子、分母的位置对调，则可以实现通道响应补偿滤波器。

3.3.1.4 低通滤波器设计

因不同的示波器响应方式会产生不同特征的被测阶跃脉冲波形，因此在后续低通滤波器的设计中，应该根据实际测试系统的需要进行合理设计。

数字示波器常见的频率响应类型有两种：高斯响应和平坦响应（又称砖墙响应）。这两种响应曲线如图 3-40 所示。传统的模拟示波器的频率响应是高斯型的，这是因为为了驱动 CRT 显示，模拟示波器必须将 BNC 输入的微小信号进行不断放大，而信号通路上的这些放大器的频率响应类型是高斯型的。而现代数字示波器的频率响应类型却几乎都是平坦型的，这是因为数字示波器的信号通路上只有有限个模拟放大器，波形幅度的变换可以通过 DSP 的相关算法实现。另外，在进行采样时，数字示波器还必须避免由于频带过宽而产生频率混叠，所以频率响应类型一般也设计为平坦型，而模拟示波器则不会产生这种问题。

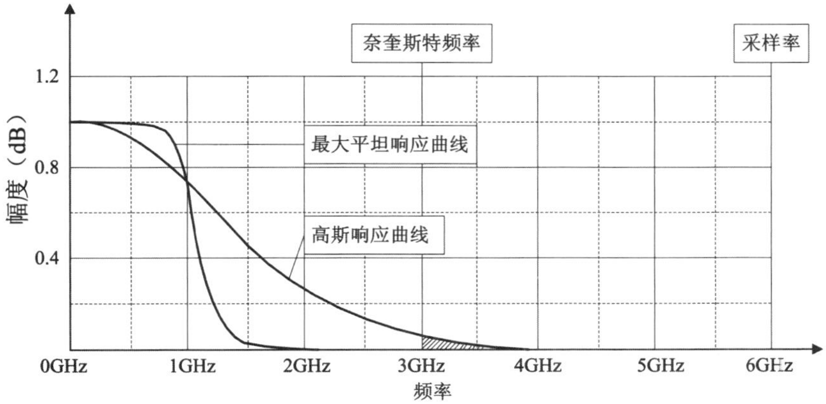

图 3-40 数字示波器频率响应示意图

由图 3-40 可知，高斯响应的特点是频带较宽，幅度在－3dB 带宽之前已经逐渐开始衰减，并随着频率的增加缓慢衰减到 0。这种响应的优点是可以有效降低快沿阶跃信号的预冲、过冲以及阻尼，缺点是－3dB 带宽之前的信号幅度衰减明显，导致测量结果的不准确。而且由于频带过宽，增加了产生频率混叠的可能性，产生频率混叠的范围如图 3-40 中阴影部分所示，而这对数字示波器尤为不利。对于高斯响应示波器，其带宽和上升时间的常用关系为

$$带宽=0.35/上升时间 \tag{3-193}$$

在理想高斯响应中，其关系为带宽=0.338/上升时间。

而平坦响应的特点是：在−3dB带宽内响应极为平坦，超过−3dB带宽后，幅度在很窄的范围内迅速衰减到0。这种响应的优点是：首先，−3dB带宽内的频率响应很平坦，即衰减程度较小，增加了带宽内幅度测量的精度；其次，由于平坦响应的频带较窄，可以有效避免频率混叠的产生。不足之处是：当输入阶跃信号的上升时间大大超过数字示波器的测量范围时，会产生比较严重的过冲甚至震荡。这种情况下就必须改用带宽更高的示波器，否则会导致测量结果出现偏差。另外，平坦型频率响应示波器由于对高频信号衰减过大，会导致实际测得的上升时间偏大。所以，与高斯型示波器略有不同，平坦型数字示波器的上升时间和带宽的关系如式（3-194）所示：

$$带宽 = N/上升时间 \tag{3-194}$$

N的取值范围为0.4～0.5，一般取为0.45。N值越大，代表频率响应的砖墙效应越明显；N值越小，则表示频率响应越接近于高斯响应。

两种响应类型的示波器对阶跃输入信号的脉冲响应如图3-41所示。

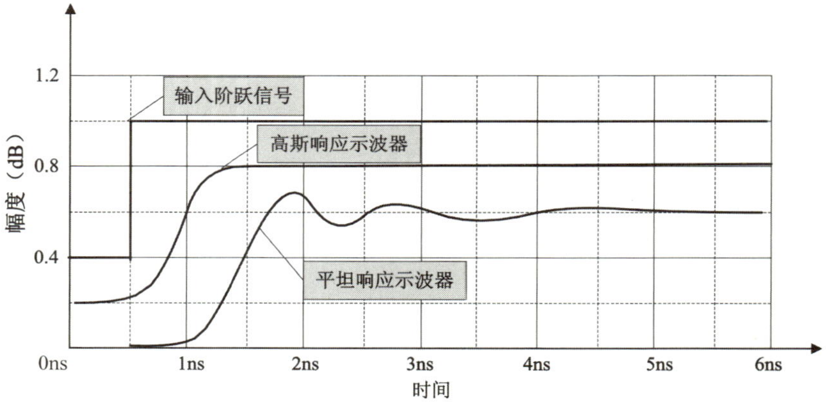

图3-41　两种频率响应示波器对阶跃信号的脉冲响应

根据对上述两种频率响应类型的分析，本设计的系统实际频率响应类型和理想频率响应类型分别如图3-42所示。

由图3-42可知，系统设计实际的频率响应为高斯响应，带宽小于1GHz，实际频率响应类型为高斯响应，主要基于以下两点的考虑。

第一，增加−3dB带宽外的频率成分，减少其衰减速率和幅度，特别是

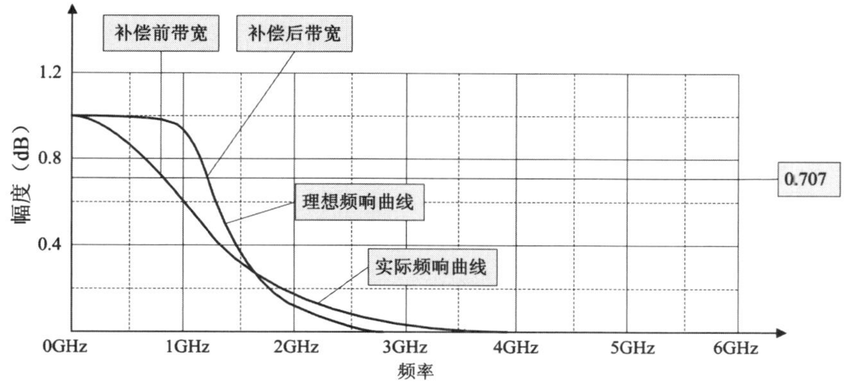

图 3-42　系统实际频响和理想频响对比

1GHz 以外的频率成分，更有利于实际带宽外补偿的实现。

第二，减少过冲。在特定应用中，过冲指标要求低于 5%，所以需要采用过冲比较小的频率响应类型，以降低补偿后过冲超标的概率，增加补偿滤波器设计的过冲裕量。

设计的理想频率响应类型综合了高斯响应和平坦响应的特点。一方面，相对于平坦型，增加了－3dB 设计带宽内的衰减，在满足带宽指标的前提下，避免补偿后过冲超出设计指标甚至出现震荡；另一方面，相对于高斯响应曲线，降低了频带的宽度，避免补偿后出现频率混叠的现象。除此之外，对－3dB带宽外频率的补偿，可以有效增加补偿后高频分量，进一步减小上升时间。

需要特别指出的是，虽然上升时间是衡量数字示波器带宽的一个重要参数，但是，上升时间的测量还和输入阶跃信号的频率的成分有关，特别是与信号的最高频率成分相关。信号的最高频率计算如下：

$$最高频率=0.5/上升时间 \tag{3-195}$$

如图 3-42 所示，当输入信号的最大频率小于示波器的－3dB 带宽时，由于在此频率范围内，平坦响应拥有比高斯响应更小的衰减，所以测量精度相对也更大；当输入信号的最大频率远远大于－3dB 带宽时，由于此频率范围内高斯响应的衰减小于平坦响应的衰减，所以反而会导致高斯型示波器的测量精度高于平坦型示波器，但两者都存在比较大的测量误差，此时需要更换更高带宽的示波器进行测量。总之，在带宽相同且测量误差可接受的范围内，平坦型示波器的测量精度要优于高斯型示波器。

3.3.2 通道响应补偿验证

图 3-43 和图 3-44 分别为同一采集状态下，对于 FLUKE5820A 输入的 10MHz 方波信号，补偿前和补偿后的采集波形上升时间和过冲指标的对比。

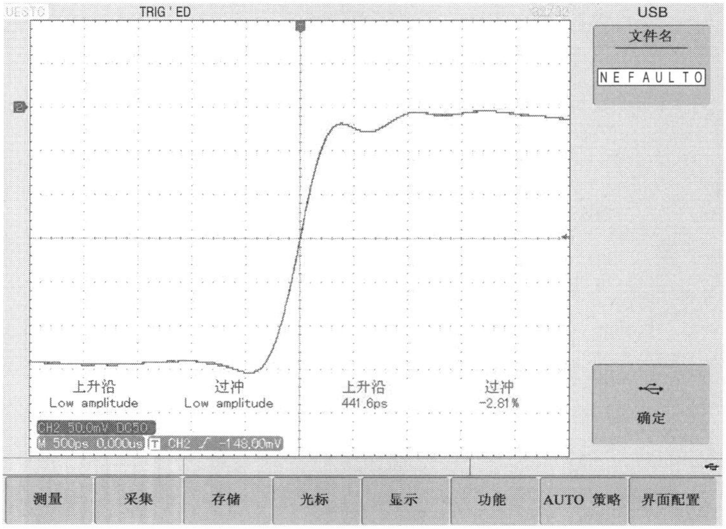

图 3-43 频域补偿前采集信号

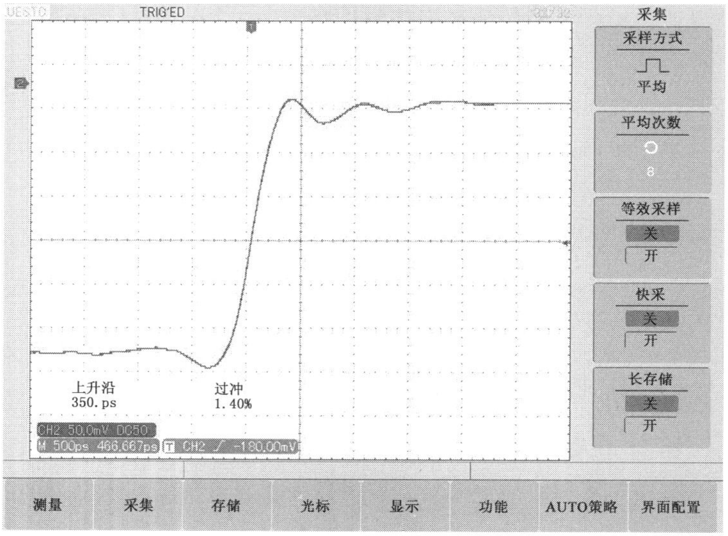

图 3-44 频域补偿后采集信号

由图 3-43 可以看出，未进行频域补偿时，上升时间为 441.6ps，过冲为 −2.81%，带宽约为 790MHz，未达到 1GHz 的带宽设计要求。进行频域补偿之后的采集波形如图 3-44 所示，上升时间达到了 350ps，过冲为 1.4%，带宽约为 1GHz，提升约 26.6%，带宽和过冲均达到了设计要求，且留有足够的裕量。这充分证明了频域补偿功能设计的准确性和有效性。

而设计带宽同为 1GHz 的安捷伦 MSO6102A 数字示波器对相同输入阶跃信号的测量结果如图 3-45 所示。

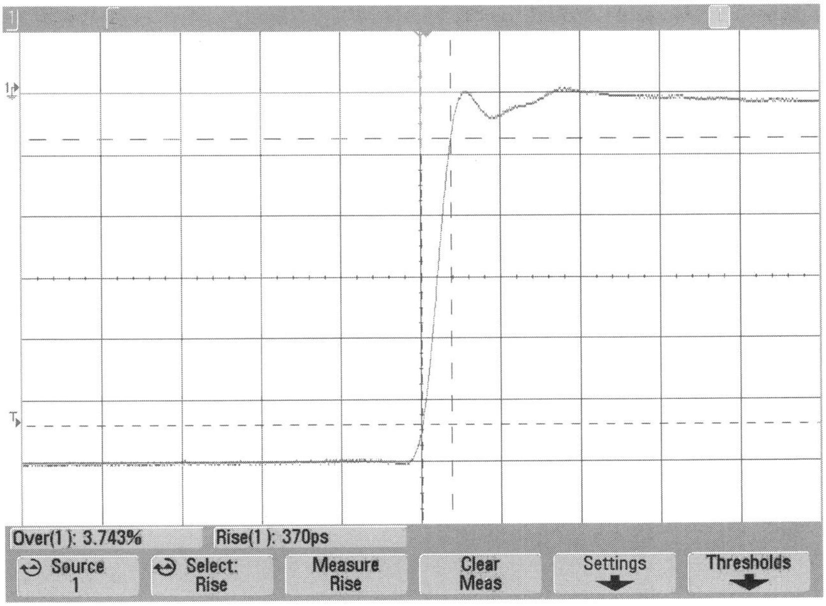

图 3-45 MSO6102A 阶跃信号测量结果

在图 3-45 中，对同一种阶跃输入信号，MSO6102A 测得的上升时间和过冲两种指标均低于本课题补偿后的测量结果。这也表明，经过频域补偿处理，本项目研究指标达到或超过了进口同等性能指标示波器的标准。

值得一提的是，由于器件差异、布局布线和焊接工艺水平的差异，容易导致带内频响的不平坦。频域补偿可以对相应的频点进行补偿，从而降低频响的不平坦度。需要注意的是，带宽的增强也意味着引入了高频噪声，使得信噪比恶化。所以，频域补偿只能在一定程度上增强系统带宽。

3.4 无缝捕获与波形三维显示技术

3.4.1 基于信息熵的无缝捕获技术

3.4.1.1 波形捕获率的概述

在时域测试领域中，波形捕获率是衡量数据采集系统数据采集性能的一个重要指标。波形捕获率定义为“单位时间内时域数据采集系统所能捕获并显示的波形幅数（wfms/s）”（注：所谓“一幅波形”，是指采集系统经过一次触发并完成采集同时显示在屏幕上的所有采样点的统称，通常用 wfms 表示）。它表达了单位时间内采集系统所获取并显示的信息量的大小。波形捕获率越高，表示时域数据采集系统对偶发事件的捕获能力越强。当被测信号具有完美的周期性时，系统在相同的触发条件下采集到的每一屏幕数据都代表了相同的信息，这时对采集系统的波形捕获能力的要求是不重要的。而在实际应用中，并不存在完美的周期性被测信号，或者测试的是有故障的信号，这就需要我们的测试系统具有较高的捕获能力，能够完成对异常信号的完整捕捉。

通常在测试一个可能有故障的电路板时，设置了多个测试点，却不知道问题信号点，或者知道某个信号有问题，但不知道问题点对应什么样的信号特征。因此，往往用测试系统的探头分别停留在每个测试点一段时间，再转向下一个测试点，直到发现问题。若采集系统的波形捕获能力较低，那么漏掉问题信号的概率就很高，排除故障就需要很长的时间。如果遇到间歇性毛刺或间歇性信号丢失，那么系统的测试效率就更低。反之，如果系统具有一个较高的波形捕获能力，则在单位时间内能够采集的信息就更多，捕获问题的概率就更高。

3.4.1.2 波形捕获率的信息熵分析

1. 信息熵简介

熵（entropy）是物理学范畴的一个基本概念，最早是由德国物理学家克劳修斯（Clausius R）于 1854 年在热力学中提出，用以描述热力学系统的无序状态。假定有两种气体 a、b，当两种气体完全混合时，可以达到热物理学中的稳定状态，此时熵最高。如果要实现反向过程，即将 a、b 完全分离，在封闭的系统中是没有可能的。只有外部干预（信息），也即系统外部加入某种有序化的东西（能量），使得 a、b 分离。这时，系统进入另一种稳定状态，此时，熵最低。

热物理学证明，在一个封闭的系统中，熵总是增大，直至最大。若使系统的熵减少（使系统更加有序化），必须有外部能量的干预。具体说来，凡是导致随机事件集合的肯定性、组织性、法则性或有序性等增加或减少的活动过程，都可以用熵的改变量这个统一的标尺来度量。熵体现了系统的统计性质。熵后来被引入多个研究领域，产生了玻尔兹曼（Boltzmalm）熵、信息熵、概率测度墒等。1948年，美国科学家香农（C. E. Shannon）发表了一篇著名的论文《通信的数学理论》，将热力学熵引入信息论而提出信息熵，其为不确定方法的一个重要概念，常被用于较粗略地给出不确定性的量度。他从研究通信系统传输的实质出发，对信息做了科学的定义，并进行了定性和定量的描述。所谓信息熵，是一个数学上颇为抽象的概念，可以理解成某种特定信息的出现概率。把信息熵定义为离散随机事件的出现概率。

信息熵描述的是信源的不确定性，是信源中所有目标的平均信息量。信息量是信息论的中心概念，把熵作为一个随机事件的不确定性或信息量的量度，它奠定了现代信息论的科学理论基础，大大地促进了信息论的发展。

1948年C. E. Shannon运用概率论和数理统计学方法，将熵的概念推广到信息理论，提出了信息熵的概念，把信息定义为“熵的减少”，即“系统或事物不确定性的减少”，因而首次提出了对信息进行定量描述的方法。其定义如下。

设由一个离散随机变量 $X=\{x_1,x_2,\cdots,x_n\}$ 所给定的信源，其出现的概率为

$$P_i=P(x_i)\text{，且}\sum_{i=1}^{n}P_i=1$$

其中 $i=\{1,2,\cdots,n\}$，则信源 X 的信息熵表示为

$$H(X)=\sum_{i=1}^{n}P_i\log_2\frac{1}{P_i}=-k\sum_{i=1}^{n}P_i\ln P_i \tag{3-196}$$

式（3-196）中 $H(X)$ 是表征信源总体特征的一个量，为使信息熵和物理熵具有相同的量纲，信息熵可用自然对数表示，其中 $k=\log_2 e$ 为Boltzmann常数。

可见，信息熵是从平均意义上表征信源总体信息测度的一个量。信息熵具有以下三种物理含义：

第一，信息熵 $H(X)$ 是表示信源输出后，每个消息（或符号）所提供的平均信息量；

第二，信息熵 $H(X)$ 是表示信源输出前，信源的平均不确定性；

第三，用信息熵 $H(X)$ 来表征变量 X 的随机性，是事件发生的随机性的量度。

故信息熵越大，信息量越多，X 越不确定。时域数据采集系统对信号的捕获过程其实质就是一个随机事件，完全可以从信息熵的角度对波形捕获率进行

分析和量度。

2. 时域采集系统的死区时间

采集系统完成一次完整采集过程后，将对采集到的数据进行处理，这就造成了在两次采集过程之间存在较大的间隙，这一间隙称为该系统的“死区时间”。如图 3-46 所示，在“死区时间”段内，示波器停止采集操作，信号在该时间段内发生的一切变化都不能被采集系统捕捉到。

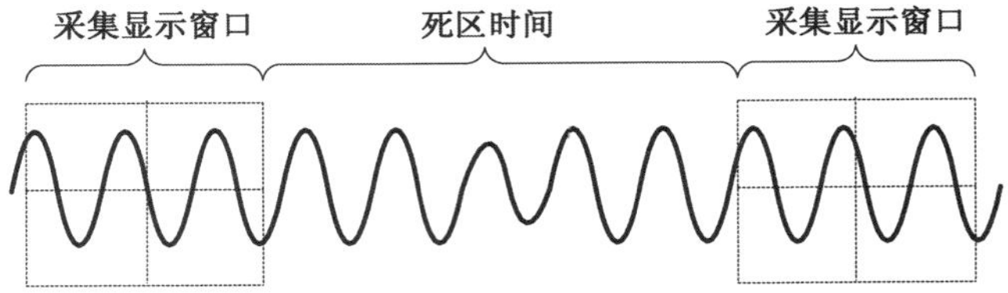

图 3-46 采集系统“死区时间”与采集过程关系图

设某采集系统的波形捕获率为 V_{cap}（wfms/s），则该系统采集并处理一次波形所需要的时间为

$$T_{cap} = 1/V_{cap} \tag{3-197}$$

从图 3-46 所示的关系，不难确定采集系统的死区时间 DT 与波形捕获率的比例关系如下式所示：

$$\begin{aligned} DT &= \frac{T_{cap} - T_s}{T_{cap}} \times 100\% = \frac{1/V_{cap} - T_s}{1/V_{cap}} \times 100\% \\ &= (1 - V_{cap} \cdot T_s) \times 100\% \end{aligned} \tag{3-198}$$

其中，T_s 是采集系统的有效采集时间，即采集一次波形所需的时间，它与采集系统的时基挡位、存储深度、采样率等因素有关。式（3-198）可描述为：采集系统的死区时间比例，等于其采集周期时间减去某采样率下的采集时间得出的值，再除以该系统的采集周期时间的比率。采集系统的采集周期时间等价于采集系统波形捕获率的倒数。

由图 3-47 可见，当采集系统的有效采集时间 T_s 一定时，死区时间 DT 与波形捕获率 V_{cap} 成反比关系，即波形捕获率 V_{cap} 越大，死区时间所占比例 DT 越小；反之则所占比例越大。由于死区时间所占的比率在 0～100%，故波形捕获率的取值为 $0 \leqslant V_{cap} \leqslant 1/T_s$ 。

同理，当波形捕获率 V_{cap} 一定时，死区时间 DT 与采集系统有效采集时间 T_s 成反比关系，即有效采集时间越大，死区时间所占比例 DT 越小；反之则所

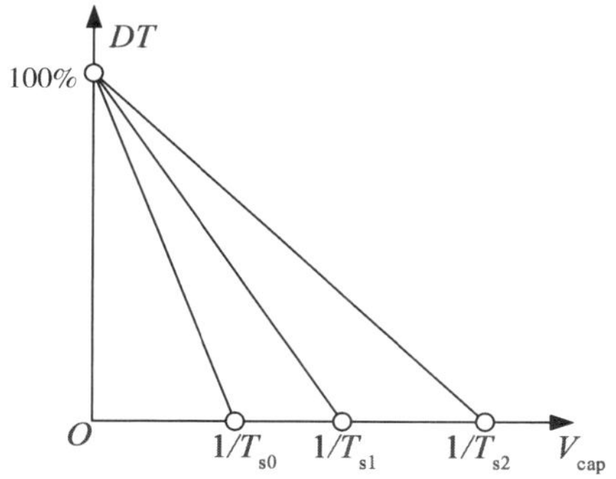

图 3-47 波形捕获率与死区时间关系

占比例越大。

综上所述，减小死区时间所占比例 DT 就可以增强采集系统捕获信号的能力，偶发或间歇发生的信号就容易被发现。减小 DT 的手段有两个，既可以增大波形捕获率，也可以增大一次采集的有效时间。

3. 间歇信号捕获的信息熵

若被测正弦信号中含有一间歇性异常信号，该信号含有持续时间为 τ 的毛刺，定义该信号为

$$V_{\text{in}} = V_1 + V_2 \tag{3-199}$$

式中，$V_1 = A\sin t, V_2 = u(t-x) - u(t-x-\tau)$，其中，毛刺发生时刻 x 为随机变量，令 x 在被测时间段 $(0,T)$ 上服从均匀分布，记为 $x \sim U(0,T)$，设概率密度为 f_x，则

$$f_x = \frac{1}{T}, \quad 0 < x < T \tag{3-200}$$

那么 x 的概率分布函数为

$$T(X) = \frac{x}{T}, \quad 0 < x < T \tag{3-201}$$

不难发现，当 x 位于采集窗口时间段时，毛刺将被采集系统捕获。那么采集系统捕获毛刺信号的概率，就转换为 x 出现在采集显示窗口中的概率。

将采集过程中捕获毛刺信号定义为事件 M，令第 1 次采集过程中捕获毛刺信号为事件 M_1，第 n 次采集过程捕获毛刺信号为事件 M_n。

同样，令 n 次事件中至少有一次能够捕获到毛刺为事件 M_n^*，则

$$M_n{}^* = M_1 \cup M_2 \cup \cdots \cup M_n = \bigcup_{i=1}^{n} M_i \tag{3-202}$$

根据对偶原理，有

$$M_n^* = \overline{(\bigcap_{i=1}^{n} \overline{M_i})} \tag{3-203}$$

将采集系统做一次采集波形的过程看作一次随机试验，设该试验为一个随机变量 X，试验的结果有两种可能：采集到间歇性的毛刺信号和未采集到间歇性毛刺信号。即该随机试验的样本空间仅含有两个样本点，根据随机试验的定义，若一个试验的样本空间只有两个样本点，即只有两个可能的结果，即 A 和 $\overline{A}$，称之为贝努里试验。在该贝努里试验中，A 为贝努里试验的基本事件，若 $P(A)=p, 0<p<1$，令

$$X=\begin{cases}1, & A\text{ 发生}\\0, & A\text{ 不发生}\end{cases} \tag{3-204}$$

则 X 的分布律为

$$P\{X=x\}=p^x(1-p)^{1-x}, \quad x=0,1 \tag{3-205}$$

式（3-205）描述了进行一次采集时捕获毛刺事件的概率分布。那么将这个随机试验在相同条件下重复进行 n 次，可认为在每次试验中，每次是否捕获到毛刺事件出现的概率与其他各次试验结果无关，那么这 n 次试验（或采集）可以看作 n 重贝努里试验。在这 n 重贝努里试验中，因事件 A（捕获到毛刺事件）在每次试验中发生的概率为 $p(0<p<1)$，故 A 恰好发生 k 次的概率为

$$P\{X=k\}=p_n(k)=C_n^k p^k (1-p)^{n-k}, \quad k=0,1,2,\cdots,n \tag{3-206}$$

由式（3-206）可见随机变量 X 服从二项分布，记为 $X \sim B(n,p)$。那么在 n 次采集试验中，容易得到一次也捕获不到毛刺信号的概率为

$$P\{X=0\}=p_n(0)=C_n^0 p^0 (1-p)^n=(1-p)^n \tag{3-207}$$

则在 n 次采集试验中至少能捕获一次毛刺信号的概率为

$$P\{X>0\}=1-p_n(0)=1-(1-p)^n \tag{3-208}$$

已知一次采集过程中采集系统的有效采集时间为 T_s，则采集系统在这次采集过程中能够捕获该毛刺的概率为

$$p=f_x \cdot T_s \tag{3-209}$$

那么，根据式（3-209）不难得出，采集系统经过 n 次采集过程能够捕获

毛刺的概率为

$$P_n^* = 1-(1-(f_x \cdot T_s))^n \tag{3-210}$$

已知采集系统的波形捕获率为 V_{cap}（V_{cap} 为大于或等于 1 的整数），则单位时间内示波器能够捕获毛刺信号的概率为

$$P^* = 1-(1-(f_x \cdot T_s))^{V_{cap}} \tag{3-211}$$

由于 f_x 服从均匀分布，将式（3-200）代入上式可以得到

$$P^* = 1-\left(1-\frac{T_s}{T}\right)^{V_{cap}} \tag{3-212}$$

因 X 发生的时间是间歇性的，且在 T 时间内才发生一次，故可以推断出 $T > T_s$，上面的推导可以得到，波形捕获率 V_{cap} 越高，采集系统在单位时间内能够捕获毛刺信号的概率就越大，采集系统对被测信号信息的获取就越多。

那么单位时间内采集系统能够捕获到间歇毛刺信号所构成的信源空间为

$$\begin{aligned}\begin{bmatrix} X \\ P(x)\end{bmatrix} &= \begin{bmatrix} A & \overline{A} \\ P^* & 1-p^*\end{bmatrix} \\ &= \begin{bmatrix} A & \overline{A} \\ 1-\left(1-\frac{T_s}{T}\right)^{V_{cap}} & \left(1-\frac{T_s}{T}\right)^{V_{cap}}\end{bmatrix}\end{aligned} \tag{3-213}$$

则其提供的平均信息量即信源的信息熵为

$$\begin{aligned} H(X) &= -\sum_{i=1}^{2} P_i \log_2 P_i \\ &= -(1-q^{V_{cap}})\log_2(1-q^{V_{cap}})-q^{V_{cap}}\log_2 q^{V_{cap}} \\ &= (1-q^{V_{cap}})\log_2(1-q^{V_{cap}})-V_{cap}\cdot q^{V_{cap}}\cdot \log_2 q \end{aligned} \tag{3-214}$$

其中，$q = 1-\frac{T_s}{T}$，且 $0 < q < 1$。

在测试应用中，信号中总是叠加一些异常分量，提高采集系统的波形捕获率对于提高测试效率显得相当重要。波形捕获率的提高，增强了测试人员对电路测试的快速洞察力，增强了测试的信心。

因此，研究一种有效方法，提高采集系统的波形捕获率，从而减小系统的死区时间，具有相当重要的价值。

3.4.1.3 无缝采集的概念

时域采集系统的目标，是尽量减小死区时间，使单位时间内采集所占的比

例更高。最理想的状态当然是死区时间为0，也就是说，采集系统在采集过程中没有漏掉任何一个信号细节，整个波形产生的过程都被捕获到了。从图3-47中波形捕获率和死区时间的关系图也可以看出，当死区时间为0时，波形捕获率达到最大值，理想状态下，波形捕获率的最大值等于采集一幅波形所消耗时间的倒数，即

$$V_{\text{cap}} = \frac{1}{T_{\text{s}}} \tag{3-215}$$

从理论上看，只要波形捕获率达到如式（3-215）所示的条件，也即意味着死区时间最小，那么这样的采集系统即具有“无缝”的特征。

然而，时域类测试仪器的采集模式与波形记录仪等纯数据连续采集类设备不同，此类仪器的采集过程依赖于触发，例如数字存储示波器，触发在示波器的数据采集过程中扮演着重要的角色，任何一次采集都需要由一次触发来完成，当触发事件产生时，示波器进行一次采集、处理与显示，然后等待下一次触发。可见，采集和显示密不可分，采集的目的是为了能更好地观察，如果没有显示，再高效的采集都是没有意义的。

如图3-48中无缝采集示意图所示，时域采集系统在最基本的边沿触发模式下的采集过程，被测正弦信号与触发电平进行比较，产生一系列触发脉冲，触发脉冲被送入采集系统中控制采集，图中假设预触发深度调节到采集系统屏幕最左端，触发沿选择上升沿触发，这样设置后，按照此类系统的采集特点，一旦启动采集，触发信号到来时便立即开始采集数据，直到波形缓冲区存满，也即完成第1次采集过程。从图中可以看出，在第1次采集过程中触发脉冲T_1起到了触发并启动采集的作用，是一次有效触发，而触发脉冲T_2被包含在第一次采集过程中，不起任何作用，是一次无效触发；第1次采集完成之后便立即开始第2次采集，但由于第二次采集开始时触发信号可能未到来，在这段时间内采集系统处于等待触发阶段，直到触发信号T_3到来，才开始第2次采集进程，以此类推，第k次采集也应符合这一过程。

由上面的分析可以知道，触发是启动时域采集系统进行数据采集的关键，图中的$T_1, T_3, \cdots, T_n$都是一次有效触发，而触发脉冲$T_2, T_4, \cdots, T_{n+1}$由于被包含在采集过程中，或前一次采集结束时新的触发信号还没有到来，因此属于无效触发。

如果示波器在完成一次采集后，能够在下一次有效触发到来前启动新一轮的采集，并且采集状态处于等待触发的状态，与此同时，系统的显示不漏掉任何一次采集的信息，并且整个过程能持续、周而复始地运行，那么我们称这样

的采集和显示过程为“无缝采集”。在无缝采集时，由于时域采集系统的触发采集机制，第 n 次采集和第 $n+1$ 次采集之间的时间间隙属于有效触发的正常等待时间，不能等同于采集的死区时间。

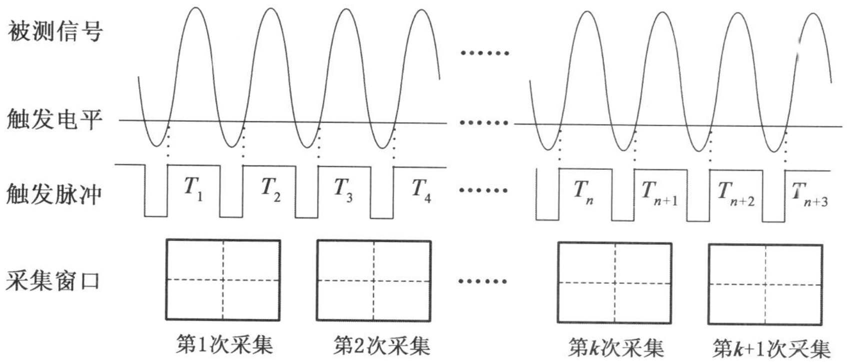

图 3-48 无缝采集示意图

3.4.1.4 波形捕获率的分析

我们已经知道，采集系统进行一次触发并且完成波形采集后，由波形数字图像处理器 WDGP 完成该幅波形的转换。从一个采样点的映射过程看，主要分为三个步骤，如图 3-49（波形映射的基本步骤）所示，首先从缓存中读出采样点，然后根据读出的采样值大小及其时间关系，计算出该采样点在显示存储区中的位置，即该点所对应的显存地址 A，最后将地址 A 中对应的存储单元激活，即表示该位置有信息要显示。那么如此循环，便可以完成整幅波形的映射。

图 3-49 单个采样点映射的基本步骤

WDGP 设计在 FPGA 中，完成一个采样点映射的三个步骤，需要由三个系统时钟周期（T_{sys}）完成，那么完成一幅波形 w 个采样点的映射，需要 $3\times T_{sys}\times w$ 个时钟周期。

一般液晶屏一帧图像的显示刷新周期是 ms 级，而 WDGP 完成一幅波形的映射是 μs 级，甚至可以达到 ns 级，因此在液晶显示刷新之前 WDGP 可以一直工作，直到显示刷新时间到了之后，WDGP 才停止工作，此时 WDGP 已映射了多幅波形，然后将图像数据矩阵 GDM 中的数据导出，并送液晶显示。由于 GDM 在 FPGA 中对应的是存储器 RAM，当导出 GDM 的内容到液晶显示后，RAM 中存储的数据还保留在其中，若此后继续进行映射，那么上一次采集的波形都不会被清除，从而导致采集的波形在显示屏幕上的累积，不便于观察，这样显然是不可取的，因此数据导出完成后，WDGP 应对 GDM 进行全局清零工作之后，才能启动下一次波形的采集工作，周而复始。这便是一次完整的波形“采集-映射”流程，如图 3-50 所示，首先初始化系统，将 GDM 的所有单元清零，随后 WDGP 启动采集，待采集缓存满后便停止采集，开始采样点的三步映射流程，待完成一幅波形的映射后，又重新启动新一轮的采集映射过程，直到刷屏时间到来，此时便将多幅映射的波形送入显示存储器进行显示，送显示结束后又将 GDM 清零，开始新一轮的采集和映射。

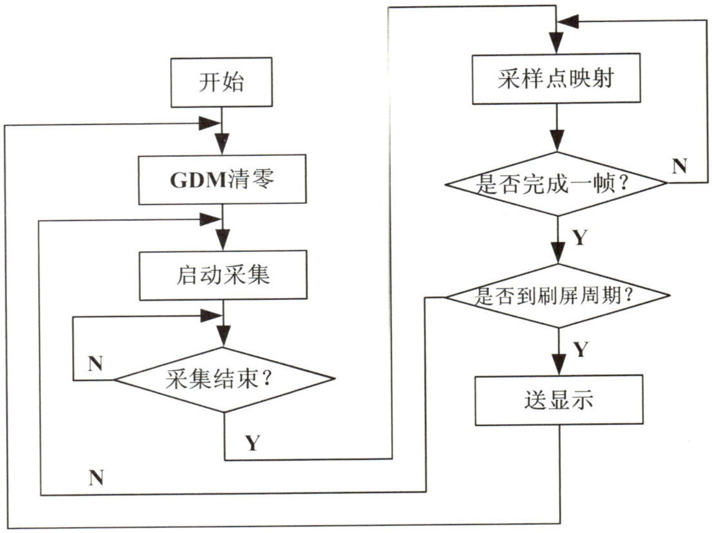

图 3-50“采集-映射”流程图

下面我们来分析一下二维波形映射结构的映射效率。

设二维波形映射模块的系统时钟工作频率为 f_{sys}，ADC 的分辨率为 N，采样频率为 f_s，一次采集的存储深度为 w，在液晶显示器的一个刷屏周期 f_{lcd} 内，波形采集和映射的数量是 r_{sc}，液晶显示器中波形显示区的大小为 $2^N \times w$ 个像素，则图像数据矩阵 GDM 的大小应与波形显示区的大小一致，即为 $2^N \times w$bit，另外送 GDM 中的波形映射数据至液晶显示器的时钟工作频率为 f_{map}，GDM 送显示时读出的位宽为 c，则二维波形映射结构下，完成一次采集的时间由采样率和存储深度共同决定。

$$t_s = w \times \frac{1}{f_s} \tag{3-216}$$

完成一个采样点映射如图 3-49 中描述的分为三个步骤，故其需要耗时

$$t_s = 3 \times \frac{1}{f_{sys}} \tag{3-217}$$

那么完成 w 个点的映射时间为

$$T_m = t_m \times w = 3 \times \frac{1}{f_{sys}} \times w \tag{3-218}$$

在液晶显示器的一个刷屏周期 T_{lcd} 内，WDGP 控制系统重复多次进行波形采集和映射，在这段时间内采集和映射的数量 r_{sc} 为

$$r_{sc} = \frac{T_{lcd}}{t_s + T_m} \tag{3-219}$$

将式（3-216）和式（3-218）代入式（3-219）可得

$$r_{sc} = \frac{T_{lcd}}{w \times \frac{1}{f_s} + 3 \times \frac{1}{f_{sys}} \times w} = \frac{T_{lcd} \times f_s \times f_{sys}}{w \times (f_{sys} + 3 \times f_y)} \tag{3-220}$$

GDM 送显示时在液晶显示器的时钟 f_{map} 控制下，将 GDM 数据区中的所有数据依次读出到显示存储器中，而且读出时的位宽为 c，则在这一过程中需要消耗的时间为

$$t_{sc} = \frac{1}{f_{map}} \times 2^N \times w \times \frac{1}{c} \tag{3-221}$$

GDM 清零操作的过程，可以看作在系统时钟频率下向 GDM 写入零值的过程，其消耗的时间 t_{clr} 可以表示为

$$t_{clr} = \frac{1}{f_{sys}} \times 2^N \times w \tag{3-222}$$

在单位时间内，采集系统完成一次完整的采集、映射、显示过程的次数 D 应等于全局 GDM 清零消耗的时间 t_{clr} 、GDM 数据区送显示的时间 t_{sc} 及液晶屏刷屏时间 T_{lcd} 之和的倒数，即

$$D = \frac{1}{t_{clr} + T_{lcd} + t_{sc}} \tag{3-223}$$

这样，二维波形映射结构单位时间内的波形捕获率就可以表示为

$$R_w = D \times r_{sc} \tag{3-224}$$

将式（3-223）和式（3-219）代入式（3-224），可以将波形捕获率表示为

$$R_{w\_2D} = \frac{1}{t_{clr} + T_{lcd} + t_{sc}} \times \frac{T_{lcd}}{t_s + T_m} \tag{3-225}$$

将式（3-220）、式（3-221）和式（3-222）代入式（3-224）并化简可得

$$R_{w\_2D} = \frac{c \cdot f_s \cdot f_{map} \cdot T_{lcd} \cdot f_{sys}^2}{w \cdot (c \cdot f_{map} \cdot 2^N \cdot w + f_{sys} \cdot f_{map} \cdot c \cdot T_{lcd} + f_{sys} \cdot 2^N \cdot w)(f_{sys} + 3f_s)} \tag{3-226}$$

式（3-226）便是二维波形映射结构基本模型在单位时间内波形捕获率的表达式。从整个映射过程中可以看出，系统采集的死区时间，主要存在于三个环节中：波形采集完后开始映射的过程、刷屏时间来到时的送显示过程以及显示完成后 GDM 的清零复位过程。

另外，由于传统时域采集系统串行结构的映射方式是“采集—处理—显示”，那么完整处理一幅波形需要消耗的总时间是采集时间 t_s、一幅波形的映射时间 T_m 及液晶刷屏时间 T_{lcd} 三者之和，这样该采集模式下的波形捕获率可以表示为三者之和的倒数，即

$$R_{w\_s} = \frac{1}{t_s + T_m + T_{lcd}} \tag{3-227}$$

通常情况下，液晶刷屏的周期一般是 50～100Hz 之间，则 T_{lcd} 的取值范围在 10～20ms 之间，而在最高采样率下采集一幅波形时，采样率通常高达几百 MHz 甚至超过 GHz 级，一幅波形通常也有几百个采样点，则其消耗的时间一般是 ns 级，同时波形在进行显示映射时，系统时钟通常也工作在（100～250）MHz，这样映射一幅波形的时间也是 μs 级，因此采集时间 t_s 和波形的映射时间 T_m 对 R_{w_s} 的影响可以忽略不计，故式（3-227）可以改写为

$$R_{w\_s} \approx \frac{1}{T_{lcd}} \tag{3-228}$$

可见 R_{w_s} 的取值范围为 50～100wfms/s。

接下来再分析一下 R_{w_2D} 在最高实时采样率且无插值时的取值范围。最高采样率时采集时间 t_s 和波形的映射时间 T_m 之和在 10μs 级以内，而 T_{lcd} 大于 10ms，因此有

$$r_{ws} > 1000\text{wfms/s} \tag{3-229}$$

尽管全局GDM清零消耗的时间 t_{clr} 、GDM数据区送显示的时间 t_{sc} 都是对显存进行全地址访问，但访问的时钟一般都高于液晶显示器刷屏时的点时钟频率，因此有

$$t_{clr} + T_{lcd} + t_{sc} \leqslant 3T_{lcd} < 100\text{ms} \tag{3-230}$$

故结合式（3-229）和式（3-230）有

$$R_{w\_2D} > 10000\text{wfms/s} \tag{3-231}$$

通过上面的分析，不难得出

$$R_{w\_2D} \gg R_{w\_s} \tag{3-232}$$

可见采用并行架构后的时域数据采集系统，其波形捕获率较串行结构的采集系统大大提高。

3.4.1.5 无缝采集的体系结构

时域数据采集系统中的并行采集与映射结构提高了波形捕获率，该结构提升了传统时域数据采集系统串行处理结构的采集效率，大大提升了系统的波形捕获率，增强了采集系统对偶发、瞬态信号的捕获能力。

从3.4.1.4小节对并行映射架构的采集效率分析来看，尽管在波形捕获率上与串行结构相比，并行结构已大大提升了系统的波形捕获率，然而这两种结构在波形采集完成后开始映射的过程、刷屏时间来到时的送显示过程以及显示完成后GDM的清零复位过程这三个环节中仍然存在不小的死区时间，距离无缝采集的目标还差之甚远。

下面将在上一小节的研究基础上对时域数据采集系统的体系结构作进一步深入研究，采用流水线处理技术对采集系统的结构进行优化和改进，以期实现无缝采集的目标。

1. 流水线处理技术的概述

流水线处理（简称流水线）是高速设计中的一种常用设计手段。如果某个设计的处理流程可分为若干个步骤，而且整个数据处理是“单流向”的，即没有反馈或者迭代运算，前一个步骤的输出是下一个步骤的输入，则可以考虑采用流水线设计方法来提高系统的工作频率。

流水线技术是指将一个重复的时序过程分解成为若干个子过程（每个子过程称为流水线的“段”或“级”），而每个子过程都可以有效地在其专用功能段上与其他子过程同时执行。“段”的数目称为流水线的“深度”。流水线的各段

中，时间最长的功能段会造成流水线的“堵塞”和“断流”，成为流水线的瓶颈。流水线设计中，在传输带宽确定的情况下，只要流水线关键段能够满足线速处理需求，则整个处理模块就能够满足线速处理的性能需求。

流水线设计的基本结构为将适当划分的 n 个操作步骤单流向串联起来。流水线操作的最大特点和要求，是数据流在各个步骤的处理从时间上看是连续的，如果将每个操作步骤的简化假设为通过一个 D 触发器（就是用寄存器打一个节拍），那么流水线操作就类似一个移位寄存器组，数据流依次流经 D 触发器，完成每个步骤的操作。

流水线设计的一个关键，在于整个设计时序的合理安排，要求每个操作步骤的划分合理。如果前级操作时间恰好等于后级的操作时间，设计最为简单，前级的输出直接汇入后级的输入即可；如果前级操作时间大于后级的操作时间，则需要对前级的输出数据适当缓存才能汇入后级输入端；如果前级操作时间恰好小于后级的操作时间，则必须通过复制逻辑，将数据流分流，或者在前级对数据采用先存储、后处理的方式，否则会造成后级数据溢出。流水线处理方式之所以频率较高，是因为复制了处理模块，它是面积换取速率思想的又一种具体体现。在 FPGA 程序系统级设计中，经常使用到流水线处理的方法。

对于线性流水线，衡量其性能的主要指标主要有以下三方面。

流水线的吞吐率指单位时间内流水线能完成的任务数或能输出的结果数量。吞吐率越高表示处理能力越强。吞吐率（TP）的定义为

$$TP=\frac{n}{T_k} \tag{3-233}$$

式中，n 为任务数，T_k 为流水线处理完成 n 个任务所需的时间，当流水线各个功能段的执行时间相等且输入流水线中的任务是连续的理想情况下，一条 k 段线性流水线能够在 $k+n-1$ 个时钟周期内完成 n 个任务，则有 $T_k=(k+n-1)\Delta t$，其中 Δt 为时钟周期，可得

$$TP=\frac{n}{(k+n-1)\cdot\Delta t} \tag{3-234}$$

在这种情况下的最大吞吐率为

$$\begin{aligned} TP_{\max} &= \lim_{n\to\infty}\frac{n}{(k+n-1)\cdot\Delta t} \\ &= \lim_{n\to\infty}\frac{1}{(k/n+1-1/n)\cdot\Delta t}=\frac{1}{\Delta t} \end{aligned} \tag{3-235}$$

流水线加速比是指在完成同样 n 个任务的情况下，非流水线所需的顺序执行时间与流水线所需的执行时间的比值。在理想情况下，一条 k 段流水线可以在 $k+n-1$ 个流水线周期内完成 n 个任务，完成同样任务的非流水线顺序执行时间需要 $n\times k$ 个周期。流水线加速比定义为

$$S=\frac{nk}{k+n-1} \tag{3-236}$$

当 $n\to\infty$ 时，加速比 $S\to k$，即最大加速比等于流水线的段数。

流水线的效率表示了流水线的设备利用率，即在整个运行时间里，流水线的设备有多少是真正用于工作的。在时空图上，流水线的效率定义为 n 个任务所占用的时空区与 k 个功能段总的时空区之比。如果流水线各段处理时间相等，则各段的效率是相等的，即

$$E=\frac{n}{k+n-1} \tag{3-237}$$

当 $n\to\infty$ 时，效率 $E\to 1$，流水线的任务数越多，其效率就越高。

2. 无缝采集结构的提出

对波形并行映射结构的效率分析中已提到，波形映射结构在波形映射过程中有三个环节存在死区时间，即波形采集完后开始映射的过程、刷屏时间来到时的送显示过程以及显示完成后 GDM 的清零复位过程，在这三个环节中，示波器处于等待状态，停止采集，漏失了大量的波形信息，因此只有消除了这三个环节等待时间，或者说在这三个环节中让采样不被终止，那么便可以实现波形的无缝采集了。

从上面的分析来看，要实现无缝采集，包含了两层含义：首先，是实现波形的无缝采集和映射，即解决第一个环节存在的死区时间；其次，是实现波形数据的无缝搬移，即解决后两个环节存在的死区时间。这样必须从结构上对图 3-51 所示的波形并行映射基本结构进行改造。如图 3-52 所示，与前述结构相比，无缝采集的基本结构主要是在采集缓存和 GDM 映射两个过程中引入了“双体交叉”控制原理。

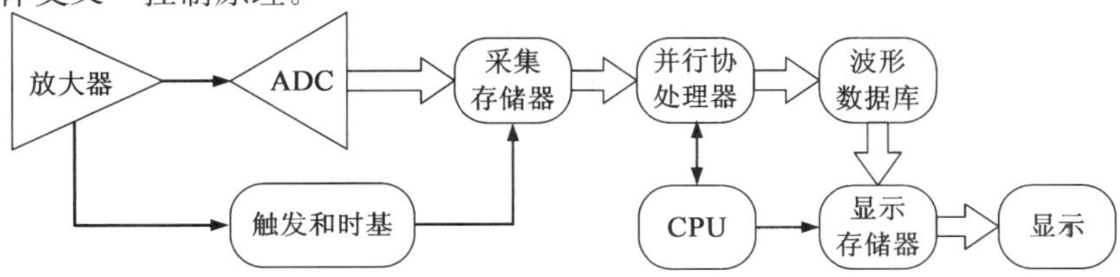

图 3-51 波形并行映射的基本结构

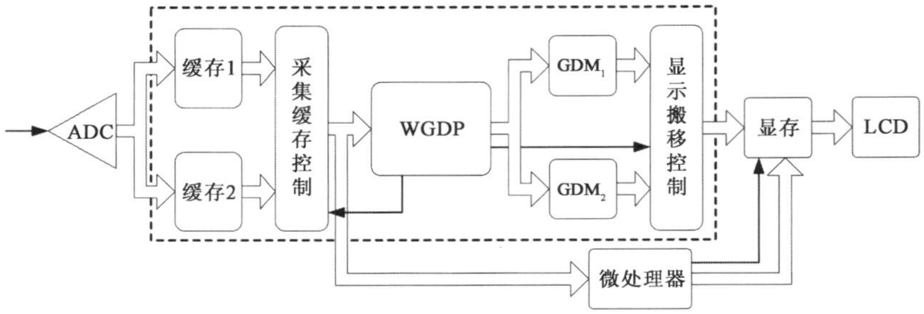

图 3-52　波形并行映射的无缝采集基本结构

①波形的无缝采集和映射

采集缓存阶段的“双体交叉”控制操作，主要目的是为了合理利用“波形采集完后开始映射过程”所产生的等待时间。当缓存 1 正在进行采集时，缓存 2 上一次采集好的波形就在 WDGP 控制下进行波形映射；反过来，当缓存 2 完成波形映射后，就立即开始下一次采集，而缓存 1 采集到的最新波形便开始进行映射，如此交替、循环，从而使 ADC 的采集和存储永不停息。

我们已经知道，以 f_s 的采样率来采集一幅存储深度为 w 个点的波形需要耗时 t_s，映射一幅波形需要的时间是 T_m，因两个缓存在同一时刻处于两个不同的工作状态，即其中一个缓存在进行数据采集时，另一个缓存正在进行波形映射的工作，若采集的时间快于波形映射的时间，那么采集就会溢出，换句话说就是映射的速率太慢，来不及将所有采集到的波形都进行映射，从而产生因映射的不及时而导致的死区时间，只有当映射的速率大于或等于波形采集的速率，才不会产生采样的等待。因此要实现无缝采集，不难得出采集的时间需要满足

$$T_m \leqslant t_s \tag{3-238}$$

将式（3-216）和式（3-217）代入式（3-238）有

$$3f_s \leqslant f_{sys} \tag{3-239}$$

式（3-239）表明，当采集和映射的点数相等时，要满足无缝采集的条件，与采样频率和波形映射的频率相关，与波形采集或映射的点数无关，那么波形映射的系统时钟至少要为采样时钟的 3 倍。然而示波器动辄都是高达几百 Msps 甚至几个 Gsps 的采样率，高于采样时钟 3 倍的频率将达到 GHz 甚至几十 GHz 级，在现有可编程逻辑器件中，未见有如此高的工作频率的器件，因此要使映射的时钟工作频率高于采样时钟的 3 倍，几乎是不可能实现的，本节拟从流水线的设计方法来考虑这个问题。

从上一小节介绍的流水线处理方法来看，波形映射的三个步骤可以分解为三个子过程，而且整个映射的处理过程是“单流向”的，满足流水线设计的前提条件。将映射过程做流水线设计，由于三个映射过程的每一个步骤都是在一个系统时钟周期的节拍下完成的，因此可以将映射过程做三级并行流水线处理，如图 3-53 所示是波形并行映射结构流水线处理的时空图，流水线深度 n 为三级，在同一个时刻用空间换取时间，同时并行处理三个任务，但同一时刻处理的这三个任务的输入，分别来自上一时刻处理的结果。

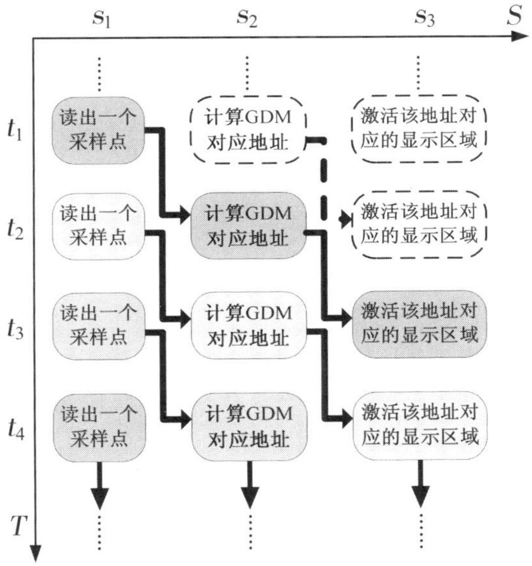

图 3-53 波形并行映射结构流水线处理的时空图

如图 3-53 所示，其中给出了 t_1 时刻起始的波形映射情况，在 t_1 时刻的 s_1 空间读出第一个采样点；在 t_2 时刻的 s_1 空间又读出第二个采样点，同时在 t_2 时刻的 s_2 空间进行第一个采样点在 GDM 中对应地址的计算；在 t_3 时刻的 s_1 空间读出第三个采样点，同时，在 t_3 时刻的 s_2 空间进行第二个采样点在 GDM 中对应地址的计算，在 t_3 时刻的 s_3 空间激活第一个采样点对应的地址下的显示区域。至此，经过 $t_1 \sim t_3$ 时刻的处理，第一个采样点已经完成所有的映射步骤，第二个采样点已完成两个映射步骤，第三个采样点完成了一个映射步骤。当 t_4 时刻到来时，第二个采样点也将完成所有映射过程；当 t_5 时刻到来时，第三个采样点完成所有映射过程……当 t_{2+k} 时刻到来时，第 k 个采样点完成所有映射过程，也就是说，在 t_2 时刻之后，每一个时钟周期都在 s_3 空间完成一个采样点的全部映射工作。

因此采用流水线处理技术后完成 w 个采样点的映射需要耗时为

$$T_m = (2+w) \times \frac{1}{f_{\text{sys}}} \tag{3-240}$$

将式（3-240）代入式（3-238）有

$$(2+w) \times \frac{1}{f_{\text{sys}}} \leqslant w \times \frac{1}{f_{\text{s}}} \tag{3-241}$$

式（3-241）可以改写成

$$f_{\text{sys}} \geqslant \frac{2+w}{w} \cdot f_{\text{s}} = \left(\frac{2}{w}+1\right) \cdot f_{\text{s}} \tag{3-242}$$

当采样点个数 $w \to \infty$ 时，有

$$\lim_{n\to\infty} f_{\text{sys}} = \lim_{n\to\infty}\left(\left(\frac{2}{w}+1\right) \cdot f_{\text{s}}\right) = f_{\text{s}} \tag{3-243}$$

可见波形并行映射结构，经过流水线设计改进后，只需使映射时的系统时钟略大于 ADC 的采样时钟并配合图 3-52 所示的“双体交叉”缓存结构，即可以实现波形采集和映射时的时间无缝特性。

下面具体分析一下波形并行映射结构流水线的性能。

根据式（3-234）来计算该流水线的吞吐率，流水线的任务数即为映射一幅波形时所需要的点数 w，流水线的深度（或段数）为 3，流水线的时钟周期就是映射系统的系统时钟周期 f_{sys} ，则吞吐率为

$$TP_{\text{3D}} = \frac{w}{(3+w-1) \cdot 1/f_{\text{sys}}} = \frac{f_{\text{sys}} \cdot w}{2+w} \tag{3-244}$$

吞吐率表明了波形并行映射结构进行波形映射的能力，即每秒最多可以处理的显示点数，当映射点数 w 足够多时，波形映射流水线的处理能力达到最大。

根据式（3-236）来计算该流水线的加速比，也就是计算在完成同样 w 个采样点的波形并行映射的结构中，未采用流水线技术时所消耗的时间与采用流水线技术所消耗的时间的比值，即

$$S_{\text{3D}} = \frac{w \cdot 3}{3+w-1} = \frac{3w}{2+w} \tag{3-245}$$

根据（3-237）来计算该流水线的效率，即

$$E_{3D} = \frac{w}{2+w} \tag{3-246}$$

②波形映射数据的无缝搬移

在“双体交叉”控制操作时，交替处理模块内部以及采集映射、GDM数据交换两个子模块间的速率匹配，是实现无缝采集的又一个关键环节。

GDM数据交换过程的“双体交叉”控制操作的主要目的，是为了合理利用“刷屏时间来到时的送显示过程以及显示完成后GDM的清零复位过程”所产生的系统等待时间。当GDM1正在WDGP控制下不断地进行波形映射时，那么GDM2便将其最新映射好的波形导入显示存储区，导入之后便将GDM2中的内容全部清零，以备下一轮新的映射，当刷屏周期到来时，GDM1和GDM2的角色互换，从而使系统在交换数据和清零过程中仍然保持进行波形的映射，填补此过程不能映射所带来的空闲时间。

首先来分析一下GDM数据交换子模块间的速率匹配问题。当其中一个GDM在进行波形映射时，另一个GDM需在液晶显示器的一个刷屏周期T_{lcd}内完成波形映射数据的搬移和GDM数据区的清零操作，即需要满足

$$t_{sc} + t_{clr} \leqslant T_{lcd} \tag{3-247}$$

将式（3-221）和式（3-222）代入式（3-247），可得

$$\frac{1}{f_{map}} \times 2^N \times w \times \frac{1}{c} + \frac{1}{f_{sys}} \times 2^N \times w \leqslant T_{lcd} \tag{3-248}$$

若令液晶屏进行屏幕更新的点时钟频率为f_d，为了方便分析，不妨设GDM中波形点阵的大小与液晶屏的有效像素大小相等，则有

$$T_{lcd} = \frac{1}{f_d} \times 2^N \times w \tag{3-249}$$

联立式（3-248）和式（3-249）可得

$$\frac{1}{f_{map}} \times \frac{1}{c} + \frac{1}{f_{sys}} \leqslant \frac{1}{f_d} \tag{3-250}$$

式（3-250）表明，要实现GDM数据区的无缝搬移的条件是：三维波形映射时的时钟周期的c分之一与GDM数据区搬移时的时钟周期之和不大于驱动液晶屏工作的点时钟周期。

综上所述，波形并行映射结构的无缝采集技术可以归纳为三个方面：首先

是体系结构上的改进，主要是实现波形采集和映射之间的“双体交叉”控制操作以及显示刷新与GDM数据区搬移之间的交叉控制操作；其次是波形映射采用流水线设计理念，使采集数据流和映射数据流的吞吐量保持平衡；最后是在设计GDM数据区进行数据搬移时，需要满足前述无缝搬移的条件。经过上述三个方面的设计改造后，这样的数据采集系统便可以实现无缝采集了。

③无缝采集结构的波形捕获率

下面从波形捕获率的计算公式来分析无缝采集。波形并行映射基本结构的波形捕获率表达式中，等式右边的第一个分式的含义是单位时间内总共有多少次完整的采集、映射和显示过程，它等价于波形并行映射过程中，GDM全局清零消耗的时间 t_{clr} 、GDM数据区搬移时间 t_{sc} 与液晶刷屏周期 T_{lcd} 三者之和的倒数；第二个分式的含义是在一次完整的采集、映射和显示过程中，总共采集了多少幅波形；这两个分式的乘积便是该系统的波形捕获率表达式。通过前面的分析可知，在无缝采集结构下，由于采用“双体交叉”控制式处理后，刷屏周期内即可同时完成三维数据区的搬移和清零工作，因此处理的时间都压缩在刷屏周期内解决，故单位时间内完整的采集、映射和显示过程的次数可表示为

$$D = \frac{1}{T_{lcd}} \tag{3-251}$$

又由于无缝采集结构下，采集和映射交替同步运行，且当流水线处理的任务数即采样点数 w 足够多时，系统映射时钟 f_{sys} 和采样时钟 f_s 趋于相等，因此一个刷屏周期内捕获波形的数量为

$$r_{sc}\frac{T_{lcd}}{t_s} \quad 或 \quad r_{sc}\frac{T_{lcd}}{T_m} \tag{3-252}$$

故由式（3-251）和式（3-252）可以得到无缝采集结构的波形捕获率为

$$R_{w\_2D} = D \times r_{sc} = \frac{1}{T_{lcd}} \times \frac{T_{lcd}}{t_s} = \frac{1}{t_s}$$

或

$$R_{w\_2D} = \frac{1}{T_{lcd}} \times \frac{T_{lcd}}{T_m} = \frac{1}{T_m} \tag{3-253}$$

可见该结构下，单位时间内的波形捕获率等于采集或映射一幅波形所消耗时间的倒数，此式说明系统的所有时间都用于进行波形的采集或映射了，这也进一步证明了“双体交叉”控制交替采集并配合流水线设计的结构，能够满足无缝采集的设计需求。

3.4.2 波形三维显示技术

数字三维示波器（Digital Three-dimensional Oscilloscope，DTO）是指不

仅能捕获和显示信号的时间-幅度（事件）信息，而且能够以不同的辉度或颜色等级显示不同事件出现概率的数字存储示波器（Digital Storage Oscilloscope，DSO）。数字三维示波器通常具有较高的波形捕获率。而示波器的波形捕获率是指单位时间内示波器所能捕获并显示的波形幅数，通常以波形幅数/秒（wfms/s）表示。

从波形捕获率的定义可知，示波器的波形捕获能力同时包含了波形捕获和波形显示两个方面。单纯提高示波器的波形捕获速率，忽略波形显示是不能有效提高示波器的波形捕获率的。

在数字存储示波器的采集系统中，未知信号经过模拟通道进行幅度调整，然后经模数转化器（ADC）采样、量化并编码后，输出一定位数与信号幅度相关的二进制数据，称之为输入信号的采样值。后端数据处理器件，如 FPGA、DSP 等按照一定规则将采样值转化为直观的波形图像显示在显示屏，现在主要是液晶显示屏，即 LCD 上，用户可以直接从 LCD 上观察到信号所携带的信息。

在数字存储示波器的数据处理机制中，波形显示只提供了输入信号的幅度及时间的二维信息，没有第三维信息（幅度随时间变化关系）的累加，LCD 上的波形显示效果只有“有”和“无”颜色两个状态，没有“有”并且“多深”的信息。因此，数字存储示波器的波形显示方法较为简单。

而数字三维示波器的数据处理系统将 ADC 高速采样得到的波形采样值经过多次映射，将多幅波形累加成为一幅包含输入信号三维信息，即幅度、时间、幅度随时间变化关系的图像送到 LCD 显示。此时 LCD 上显示的是包含了信号概率信息的图像，一般在信号出现概率高的地方波形会以较深的颜色表征出来；反之，信号出现概率低的地方波形表征颜色就较浅。因此，数字三维示波器的波形显示方法较一般的数字存储示波器复杂。

数字三维示波器进行波形显示处理时，通常是采用将三维数据库中统计数据（概率信息）按照一定比例放大或者缩小转化为相应的 LCD 三原色（RGB）值的方法来确定波形颜色。假设波形在时刻 T，幅度 A 出现的次数为 $N(T,A)$，最终显示在 LCD 上对应的颜色值为 $D(T,A)$，对应于当前波形强度挡位 L 的比例值为 p_L，则有以下关系：

$$D(T,A) = p_L \cdot N(T,A) \tag{3-254}$$

一般在数据采集系统中，波形强度挡位 L 都采用百分比（1% ～ 100%）的方式来标识。对于捕获的同样概率的信号波形，波形强度挡位 L 越大，波形颜色越深。即在 $N(T,A)$ 一定的前提下，$D(T,A)$ 随 L 增大而增大。

例如，在用数字三维示波器观测连续复现的周期性信号中可能存在的偶发信号时，由于数字三维示波器通常具有较高的波形捕获率，它捕获到偶发信号的概率远比数字存储示波器高。但是，在将捕获到的偶发信号和重复周期性信号共同显示时，却由于偶发信号出现的概率远远低于周期性信号连续复现的概率，导致在通常的波形强度挡位下，用户很难观察到颜色很浅的偶发信号波形。此时，数字三维示波器可采用调节波形强度挡位的办法来改善波形显示效果。其处理方法是在保持屏幕波形原有颜色深浅层次的前提下，按照一定的比例加深波形颜色。这样做不仅保持了不同概率信号波形的显示颜色对比，而且方便了用户对低概率信号波形的观测。

3.4.2.1 三维波形实时显示方法和系统

三维波形显示方法和系统，其通过利用高速三维数据阵列存储器大大改善了采集性能，系统输出的数据是一个完整的三维波形图，该波形由许多采集信号叠加而成。

一种三维波形实时显示系统，包括：采集模块、样值存储器、数字图像处理器、三维数据存储阵列器、显示控制模块、微处理器、触发模块、显示器。其特征在于：采集模块分别与样值存储器经数据线连接，与触发模块经信号控制线连接；样值存储器分别与数字图像处理器经数据线连接，与触发模块经数据线和信号控制线连接；数字图像处理器分别与三维数据存储阵列器由数据线连接，与触发模块经信号控制线连接；三维数据存储阵列器分别与显示控制模块由数据线连接，与触发模块经信号控制线连接；显示控制模块与显示器经数据线连接；微处理器分别与显示器经数据线连接，与触发模块经地址总线和数据线连接。

所述三维数据存储阵列为单口 RAM 三维数据存储阵列器或双口 RAM 三维数据存储阵列器。

系统中三维图像处理器在波形绘制时采用点模式绘制或矢量模式绘制，将映射的波形数据在三维数据存储阵列相应的位置上采用记录其出现的概率方式进行标记。

系统中三维数据存储阵列所需的存储容量为 $L\times 2^N\times C/8$ 个字节，其中 L 为采集深度，N 为采集模块的分辨率，C 为数据出现的概率。所述显示处理模块对波形数据进行转换，将出现的概率转换为对应的色彩，概率的大小对应色彩的深浅。

触发模块的触发方式包括自动触发或单次触发，触发模块的触发深度包括延迟触发或预触发。

系统还包括一个触发通道和一个信号调理通道，信号调理通道分别与采集模块经信号线连接，与触发通道经信号线连接，与触发模块经控制信号线连接；触发通道与触发模块经信号线连接。

系统还包括一个锁相环，锁相环与所述采集模块经信号线连接。

微处理器为数字信号处理器。

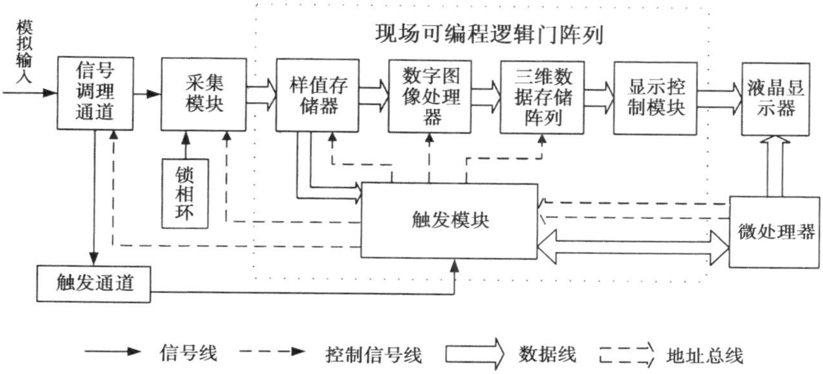

图 3-54　**并行的体系结构**

本体系结构可为DSO提供独特的波形捕获和显示能力，加速重构信号，本系统采用并行的体系结构完成这些功能，如图3-54所示。采集模块将采集的波形数据经样值存储器送入数字图像处理器，样值存储器可以存储与触发事件相关的波形数据，数字图像处理器将采集的波形数据存储在三维数据存储阵列器上，并在三维数据存储阵列器相应的位置上进行标记，再由显示控制模块将波形数据高速地送往后端，或直接进行显示。触发模块在微处理器控制下实现对采样时钟的管理、触发深度的控制（实现延迟触发、预触发）等。三维数据存储阵列器主要进行波形数据存储。本系统的核心——数字图像处理器（Digital Graphic Processor，DGP）——采用可编程逻辑器件的硬件构架捕获波形，提供高速率的波形采集率，从而增加了证明数字系统中的瞬态事件的可能性，信号的可视化程度很高。数字图像处理器将采集的波形数据存储在三维数据存储阵列器上，并在三维数据存储阵列器相应的位置上进行标记。其原理为：DGP将采集模块采样的数据直接映射为彩色液晶显示屏中波形显示区内相应的像素状态信息，存入三维数据阵列存储器中；微处理器与DGP系统一道并行工作，完成显示管理、自动测量和设备调节控制工作，同时，又不影响示波器的采集速率，并在三维空间显示信号——时间、幅度和以时间为参变量的幅度变化；针对示波器显示屏幕的每一个点，其实质是不断更新的数据库，三维数据阵列存储器中都有独立的存储单元，每一个单元代表着屏幕中的某位置，一旦采集到波形，波形数据就映射到三维数据阵列存储器的单元组内；当波形涉及该单元，单元内部就加入亮度信息，没有涉及则不加入。因此，如果波形经常扫过的地方，亮度信息在单元内会逐步累积。当三维数据阵列存储器内的信息传送到示波器的显示屏后，根据各点发生的信号频率的比例，显示屏展示加入亮度形式的波形区域。

假设三维数据阵列存储器中数据存储深度为 L（由显示整幅波形的总样值数确定，可看作图像的长），采集模块的分辨率为 N（ 2^N 可看作图像的宽），数据出现的概率为 C，则所需的存储容量为 $L\times 2^N\times C/8$ 个字节。例如，存储深度为 500，采集模块的分辨率为 8，数据出现的概率用 16 位宽的数值表示，则所占用的存储容量是 250KB，该三维图像可看作是在时间轴上有 500 个时间点，每个时间点上有 256 个存储单元形成，它代表的是在这个时间点上的幅度信息，每个存储单元占 16 位，用来表示多幅波形叠加在一起，同一个幅度值出现的概率。

在实际实现时，三维数据阵列存储器中的相邻存储位置对应于三维图像的宽，即 2^N ，且绘制工作按从上到下、从左到右的方式进行，则当一次采集的 L 个数据（其大小用 X_i 表示，i 从 0 到 $L-1$ ）按时间顺序依次进入数字图像处理器时，则第 i 列恰好对应于 X_i ，处理器将根据 X_i 的值绘制第 i 列、第 x_i 行存储单元。

既然存储器中的相邻存储位置对应于三维图像的宽 2^N ，则每列的起始地址是 2^N 的整数倍，即第 i 列的起始地址为 $256\times i$ ，那么当 X_i 到达数字图像处理器时，对应的存储位置是

$$P_i = 256\times i + X_i \tag{3-255}$$

$$P_i = K_i + X_i \tag{3-256}$$

其中，$K_i = K_{i-1} + 2^N$ ，$K_0 = 0$ 。

在绘制三维波形图中，特别在刷新屏幕后又重新采集数据并绘制时，应该首先清除三维数据阵列存储器的内容，以后绘制时，它将读取位图的原有内容，加 1，并将结果写回同样的存储单元，直到下一次刷新屏幕。这样在屏幕刷新一次的时间 S 内，整个采集系统可能已经采集了 M 屏数据，这 M 屏数据都叠加到了三维数据存储阵列器中，存储单元中保存了在屏幕一次刷新的时间内该波形数据点出现的次数。若实际实现时采用的是单口 RAM 作三维数据存储阵列器，则采集系统会在每次屏幕刷新时间 T 内关闭，等待波形显示处理模块以每秒 $(L\times 2^N\times C/8/)T$ 的数据传输率读取图像，更新屏幕波形，同时

要对读取的数据进行转换，即将出现的单纯的概率转换为对应的色彩。数据值大的对应波形数据点出现的概率高，相应的波形颜色深；而数据值小的对应波形数据点出现的概率低，相应的波形颜色浅。若实现时采用了双口 RAM 作三维数据存储阵列器，则即使是在波形显示处理模块读取图像、更新屏幕波形的时间内，采集系统也可继续工作。

对应于数字存储示波器的矢量和点显示模式，在波形绘制时，对点模式就只需要绘制对应信号某一点的时间和幅度上的存储单元，而在矢量显示模式下，数字图像处理器将绘制每一列中对应的信号的最大和最小值之间的所有存储单元。

本方法可以以每 1/30 秒（大约是人类眼睛能够觉察到的最快速度）的速率将存储到三维数据阵列存储器中的波形数据直接送到显示器。波形数据直接转换，以及直接把三维数据库中波形数据拷贝到显存中，两者共同作用，改变了其他体系在数据处理方面的瓶颈，其结果是增强了显示更新能力，缩短了数据采集盲区，信号细节、间断事件和信号的动态特性都能采集。本系统可以实现连续的波形数据采集（采用双口 RAM），或者只在屏幕更新期间暂停（采用单口 RAM），因此在实时采集时将可能达到最大的波形捕获速率，且没有漏掉任何一次触发事件。

3.4.2.2 改进波形显示效果的方法

数字三维示波器数据处理系统将 ADC 高速采样得到的波形采样值经过多次映射，将多幅波形累加成为一幅包含输入信号三维信息，即幅度、时间和幅度随时间变化关系的图像送到 LCD 显示。此时 LCD 上显示的是包含了信号概率信息的图像，一般即在信号出现概率高的地方波形会以较深的颜色表征出来；反之，信号出现概率低的地方波形表征颜色就较浅。因此，数字三维示波器的波形显示效果较数字存储示波器复杂。

例如，在用数字三维示波器观测连续复现的周期性信号中可能存在的偶发信号时，由于数字三维示波器通常具有较高的波形捕获率，它捕获到偶发信号的概率远比数字存储示波器高。但是，在将捕获到的偶发信号和重复周期性信号共同显示时，却由于偶发信号出现的概率远远低于周期性信号连续复现的概率，导致在通常的波形强度挡位下，用户很难观察到颜色很浅的偶发信号波形。此时，数字三维示波器可采用调节波形强度挡位的办法来改善波形显示效果。其处理方法是在保持屏幕波形原有颜色深浅层次的前提下，按照一定的比例加深波形颜色。这样做不仅保持了不同概率信号波形的显示颜色对比，而且方便了用户对低概率信号波形的观测。然而，即使是这样，仍然存在一个问题：如果低概率的偶发信号总是夹杂在大量高概率的重复周期性信号当中时

（事实上，电路检测中偶尔出现的异常毛刺信号大都如此，而用户关心的恰恰是这个毛刺信号），由于前述的数字三维示波器的波形显示处理和强度调节机制，低概率信号永远比高概率信号的波形颜色浅，当浅色的偶发信号波形和深色的重复周期性信号波形重叠时，浅色波形必然会被深色波形所覆盖，从而无法区分和观察。可见，数字三维示波器单纯通过波形强度调节，无法满足所有情况下对信号的观测，有可能出现“捕得到，显不出”的现象，系统无法体现高波形捕获率的价值。对用户而言，则可能错过了真正关心的偶发信号。

因此，改进数字三维示波器的波形显示效果，使各种概率的信号波形都能以深浅适中的颜色显示，有效避免低概率信号波形湮没在高概率信号波形当中，并且将用户真正关心的偶发信号波形从色系上加以区别并突出显示，对于充分发挥数字三维示波器高波形捕获率和三维波形显示的作用非常必要。

因此，为克服现有数字三维示波器波形显示技术的不足，应提供一种改进数字三维示波器波形显示效果的方法。该方法可使数字三维示波器捕获的各种概率的信号波形都能以深浅适中的颜色显示，有效避免低概率信号波形湮没在高概率信号波形当中，并可实时根据需要，将用户真正关心的偶发信号波形从色系上加以区别并突出显示，使观测能够更加直观和方便，充分发挥数字三维示波器高波形捕获率和三维波形显示的作用。

为实现上述目的，一种改进数字三维示波器波形显示效果的方法，包括以下步骤。

（1）数字三维示波器在多幅波形映射过程中，采用 a（$a \in \mathbf{N}$）位二进制数来统计一定时间间隔内波形在特定时刻 T 和幅度 A 条件下出现的次数 $N(T,A)$，即 $N(T,A)$ 最大值：

$$N_{\max} = 2^a - 1 \tag{3-257}$$

其中，a 的大小根据实际情况进行设置。

（2）显示处理系统按照如下公式运算：

$$C(T,A) = N_{\max} - N(T,A) \tag{3-258}$$

运算结果 $C(T,A)$ 等效于将统计次数值 $N(T,A)$ 取反。

（3）根据当前用户设置的波形强度挡位 L，将 $C(T,A)$ 乘以比例值 p_L，得到最终的波形显示颜色值 $D(T,A)$。即进行如下运算：

$$D(T,A) = p_L \cdot C(T,A) \tag{3-259}$$

当波形强度挡位 L 确定时，即 p_L 一定时，$D(T,A)$ 随 $N(T,A)$ 的增大而减小。相当于将波形颜色深浅和信号概率高低的对应关系反向，结果使得原统计次数值小（概率低）的波形颜色更深，统计次数值大（概率高）的波形颜色更浅，避免低概率的偶发信号波形被高概率的重复周期性信号波形覆盖。

(4) 实时根据需要，将用户真正关心的偶发信号，从色系上加以区别并突出显示。针对用户关心的统计次数为 n 的某个信号波形，在将其 $D(T,A)$ 的值赋给 LCD 显示器的 R，G，B 对应位时，选择与该通道波形基色不同的 R，G，B 位，即可使该信号以不同于基色的其他色系直观突出地显示，方便用户的观测。同时，重复周期性信号波形仍然能够通过基色深浅层次携带信号的第三维（概率）信息。

实现方法如下。

在数字三维示波器数据采集和显示处理系统中，多幅波形映射过程实质上是累加统计了一定时间间隔内波形在特定时刻 T 和幅度 A 条件下出现的次数 $N(T,A)$ 。然后，根据当前用户设置的波形强度挡位 L ，将次数值 $N(T,A)$ 乘以比例值 p_L ，得到最终的波形显示颜色值 $D(T,A)$ 。在现有技术中，上述过程一般是通过在 FPGA 中构造专门的查找表，快速查表实现，或者是通过 FPGA 中高速乘法器资源实时运算完成。

上述数据处理过程中，当波形强度挡位 L 确定时，从统计次数值 $N(T,A)$ 到显示颜色值 $D(T,A)$ 的转化所遵循的规则，即为本方法的关键。在现有数字三维示波器的显示处理机制中，一般都遵循统计次数值大（概率高）的波形颜色深、统计次数值小（概率低）的波形颜色浅的规则，即在式 $D(T,A) = p_L \cdot N(T,A)$ 中，当 p_L 一定时，$D(T,A)$ 随 $N(T,A)$ 增大而增大。这样的显示处理规则，虽然使用户能够简单通过波形颜色深浅，获取捕获信号的第三维（概率）信息，但是，由于低概率信号永远比高概率信号的波形颜色浅，就必然可能出现前述例子中，当浅色的偶发信号波形和深色的重复周期性信号波形重叠时，浅色波形被深色波形所覆盖，从而无法区分和观察的问题。

而一种改进数字三维示波器波形显示效果的方法，其重点就是改进从统计次数值 $N(T,A)$ 到显示颜色值 $D(T,A)$ 的转化规则。

其方法是构造如下公式：

$$C(T,A) = N_{\max} - N(T,A) \tag{3-260}$$

其中，$N_{\max}$ 为统计次数 $N(T,A)$ 的最大值。

由于数字三维示波器在多幅波形映射过程中，一般采用 a ($a \in \mathbf{N}$) 位二进制数来统计一定时间间隔内波形在特定时刻 T 和幅度 A 条件下出现的次数 $N(T,A)$ ，即 $N(T,A)$ 最大值

$$N_{\max} = 2^a - 1 \tag{3-261}$$

其中，a 的大小根据实际情况进行设置。则运算结果 $C(T,A)$ 等效于将统计次

数值 $N(T,A)$ 取反。再令

$$D(T,A) = p_L \cdot C(T,A) \tag{3-262}$$

则当 p_L 一定时，$D(T,A)$ 随 $N(T,A)$ 的增大而减小。这样的显示处理机制，相当于将波形颜色深浅和信号概率高低的对应关系反向，结果使得原统计次数值小的波形颜色更深，统计次数值大的波形颜色更浅，恰恰与数字三维示波器一贯的波形显示效果相反。通过这样的改进，可使低概率信号波形在显示时拥有比高概率信号波形更深的颜色，避免发生前述例子中的偶发信号波形湮没在重复周期性信号波形当中的问题。同时，波形显示颜色仍然具有不同的深浅层次，用户依然可以直观地获得信号的第三维（概率）信息。只不过，此时的概率高低和颜色深浅的对应关系恰恰和改进前相反而已。

此外，对于用户真正关心的某个偶发信号波形，还可实时根据需要，从色系上加以区别并突出显示，使观测能够更加直观和方便。针对用户感兴趣的统计次数为 n 的某个信号波形，在将其 $D(T,A)$ 的值赋给 LCD 显示器的 R，G，B 对应位时，选择与该通道波形基色不同的 R，G，B 位，即可使该信号以不同于基色的其他色系直观、突出的显示。例如，数字三维示波器的某通道波形显示基色为黄色，由于在 LCD 显示的配色机理中，黄色由红色和绿色共同“调和”而成，因此，上述显示处理系统就会将 $D(T,A)$ 的值同时赋给 LCD 的 R 和 G 位，从而根据不同的 $D(T,A)$ 值，得到深浅层次不同的黄色波形。此时，针对用户关心的统计次数为 n 的信号波形，系统可单独改变其色系，例如采用红色系，加以区分和突出显示。具体实现方法是：当且仅当 $N(T,A) = n$ 时，将 $D(T,A)$ 的值赋给 LCD 的 R 位，而不赋给 G 位，从而可在多幅叠加的深浅层次不同的黄色波形中，直观观测到该统计次数为 n 的红色波形。事实上，对于大多数的偶发信号而言，$n = 1$ 。运用此方法后，上述例子中，偶发信号波形不但不会被重复周期性信号波形所覆盖，而且能够以醒目的颜色区别显示，方便用户观测。同时，重复周期性信号波形仍然能够通过基色深浅层次携带信号的第三维（概率）信息。

以上改进方法可作为数字三维示波器的一种显示模式，专门用于对某类特殊信号的检测，尤其是针对数字存储示波器难以捕获到的小概率偶发信号，不但能够捕获到，而且能和其他信号区分，并获得更加直观、突出的显示效果，方便用户对此类信号的观测。运用改进数字三维示波器波形显示效果的方法后，数字三维示波器真正做到了“捕得到，显得出”，可充分发挥高波形捕获率和三维波形显示的作用。

在本实例中，将此种改进数字三维示波器波形显示效果的方法应用于两通道数字三维示波器中，作为一种显示模式。该数字三维示波器在多幅波形映射过程中，采用8位二进制数来统计一定时间间隔内波形在特定时刻 T 和幅度 A 条件下出现的次数 $N(T,A)$，即

$$a=8 \tag{3-263}$$

则次数 $N(T,A)$ 的最大值为

$$N_{\max}=2^{a}-1=255 \tag{3-264}$$

则次数 $N(T,A)$ 的取反值为

$$C(T,A)=N_{\max}-N(T,A)=255-N(T,A) \tag{3-265}$$

最终显示颜色值为

$$D(T,A)=p_{L}\cdot C(T,A)=p_{L}\cdot[255-N(T,A)] \tag{3-266}$$

通过以上显示处理，波形颜色深浅和信号概率高低的对应关系被反向，结果使得原统计次数值小（概率低）的波形颜色更深，统计次数值大（概率高）的波形颜色更浅，可避免发生前述例子中低概率的偶发信号波形被高概率的重复周期性信号波形覆盖的问题。同时，波形显示颜色仍然具有不同的深浅层次，用户依然可以直观地获得信号的第三维（概率）信息。

将带随机干扰信号的某重复周期性信号送入该数字三维示波器的通道1（该通道的基色为黄色），改进前后的波形显示在波形强度挡位为50%的效果对比如图3-55、图3-56所示。

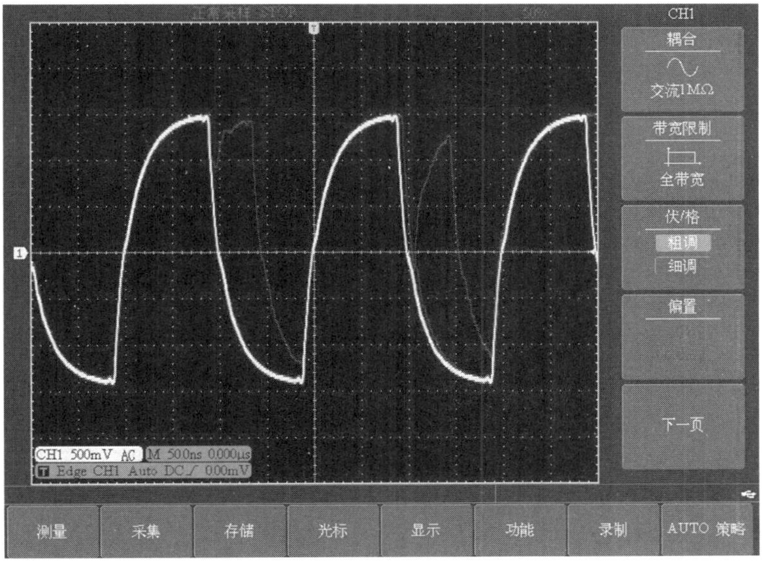

图3-55 **改进前，随机干扰信号部分被重复周期性信号覆盖**

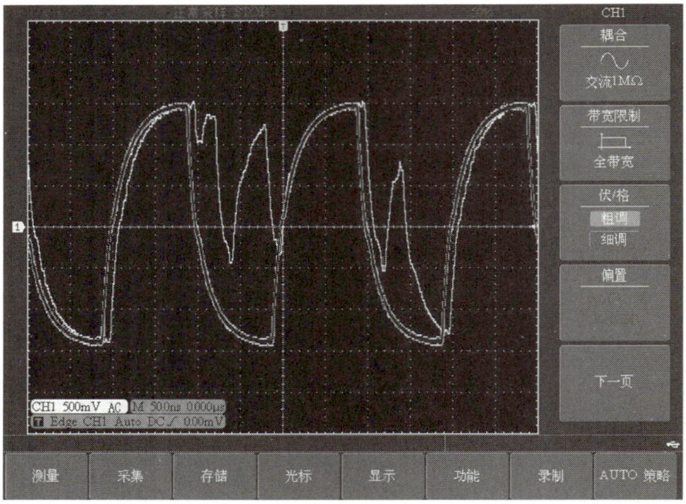

图 3-56　改进后，随机干扰信号清晰可见

进一步，假设用户关心的随机干扰信号是夹杂在重复周期性信号中统计次数 $n=1$ 的偶发信号，系统单独采用红色显示该偶发信号，以便和黄色的重复周期性信号加以区分，并突出偶发信号。即当且仅当 $N(T,A)=n=1$ 时，将原本应同时赋值给 LCD 的 R 位和 G 位的颜色值 $D(T,A)$，只赋值给 LCD 的 R 位，而不赋给 G 位，从而就可在多幅叠加的深浅层次不同的黄色波形中，直观观测到红色的偶发信号波形，如图 3-57 所示。

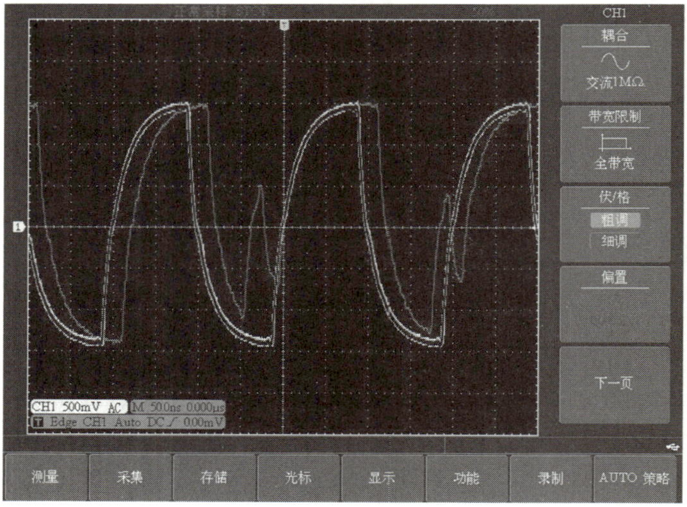

图 3-57　采用灰色区分显示的随机干扰信号显示效果更加突出

3.4.2.3 三维波形数据库的位扩展方法

在通常情况下，三维波形数据库中的存储单元位宽都相同，如 8bit、10bit 等，因此随着波形捕获率的提高下，将导致三维数据库的波形强度分辨率不够，即在很短的时间内，数字示波器采集到的波形幅数远大于数字示波器三维数据库中用于表示波形强度（亮度/辉度）的存储位宽，此时三维波形数据库中若干代表波形强度的值达到最大（饱和），已经无法用波形的强度表示在这段采集时间内波形点出现的频率。

数字三维示波器三维数据库的设计采用与示波器显示屏的像素点按照一定比例对应的方法，假设三维数据库存储容量是 $L\times 2^N\times C/8$ 个字节，即每一列对应 2^N 个映射位置，式中 L 为采集深度，N 为采样 ADC 的分辨率，C 为每个映射位置的波形出现的概率。如当采样 ADC 为 8 位，则三维数据库中存储阵列每列的起始地址为 256 的整数倍，即第 i 列起始地址为 $256\times i$（$i=0,1,\cdots$），$L-1$，第 i 列中数据 X_i 在三维数据库中对应的存储位置 Q_k 为

$$Q_k = 256\times k + X_k \tag{3-267}$$

根据以上公式，数字三维示波器波形数据库内存单元与显示屏上各显示像素点相对应。

当需要满足一定级别的波形捕获率要求，波形刷新时间一定时，对于一个实时数字三维示波器而言，可以通过如下的公式来粗略估算其三维数据库存储单元所需的位宽。假设波形刷新时间是 M，波形捕获率是 Z，三维数据库存储单元的位宽是 P，则当 $Z\geqslant\dfrac{2^P}{M}$ 时，三维数据库的存储单元位数不足。表3-1 是三维数据库位宽与刷新时间、捕获率关系示例。

表 3-1 三维数据库 s 位宽与刷新时间、捕获率关系

Z	$P=8$	$P=10$	$P=12$	$P=14$
$M=10$ms	25 600wfms/s	102 400wfms/s	409 600wfms/s	1638 400wfms/s
$M=30$ms	8530wfms/s	34 133wfms/s	136 533wfms/s	546 133wfms/s

如当 $M=10$ms 时，波形捕获率要求达到百万级，则三维数据存储单元位宽需 13～14bit；要求捕获率达到 50 万级别时，则对应存储单元位宽需要 12～13bit；10 万级别时，位宽需要 10～11bit。但是如果单将三维数据库存储单元位宽整体拓宽，将会增大 FPGA 中资源的消耗。

考虑到当信噪比足够高、触发条件足够精确时，屏幕上每列波形出现的概率趋于两极化，这样我们可以将此时每列中空闲存储单元用于高概率存储单元位扩展，这样既节约了资源，又满足了三维波形数据库对高概率波形命中次数的存储记录要求。

将部分存储单元用于对剩下的存储单元进行位扩展，是因为在极高波形捕获率下，当被测信号的信噪比足够高时，数据将集中显示在某一区域，某些区域数据出现概率将极高，该区域三维波形数据库中存储溢出，但有些存取区则数据出现概率极低或者趋于0，该区域三维数据库存储单元闲置。因此本方法提出的三维数据库位扩展方法是基于如下两个方面的考虑：(1) 每一列中，最先溢出单元就最有可能是该列命中概率最高的单元；(2) 每一列中，离命中概率最高的单元越近的存储单元也越容易溢出，越远则越不容易溢出。

如图3-58所示，高波形捕获率下三维波形数据库的位扩展方法包括以下步骤。

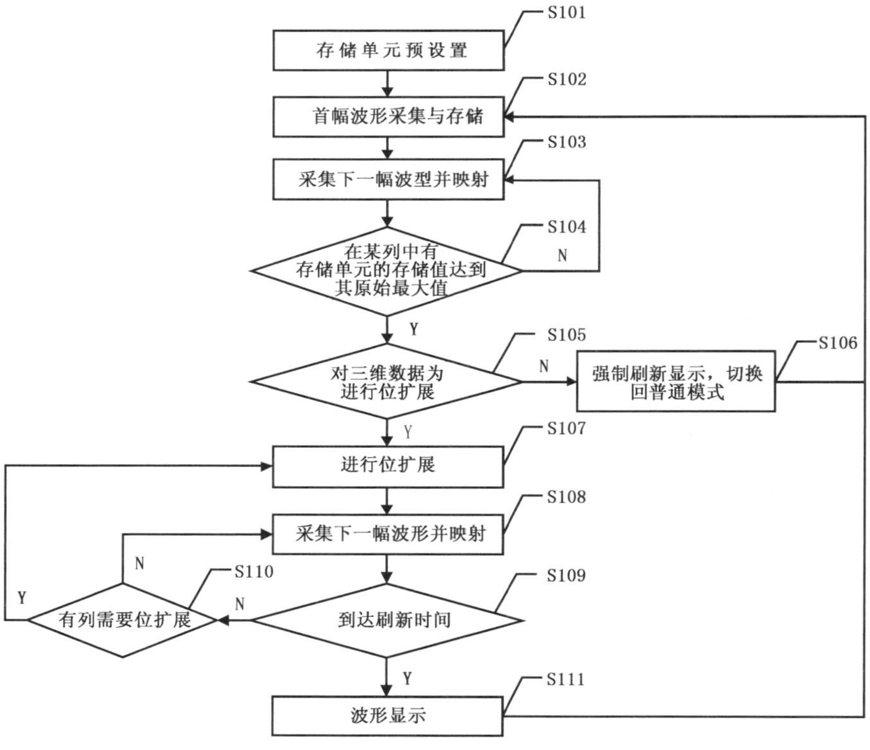

图3-58　位扩展方法的流程图

S101：存储单元预设置。

将三维波形数据库中的存储单元按以下方法进行预设置：记三维数据库中每列存储单元数量为 K，每个存储单元的原始位宽为 P，将第 0 个至第 $m-1$ 个存储单元作为扩展存储，用于对剩下的第 m 个至第 $K-1$ 个映射存储单元的位扩展。

位扩展级别共计有 T 个（$T>0$），每个级别的扩展位数为 p_t（$p_t \geqslant 1$），t 的取值范围为 $t=1,2,\cdots,T$，每个级别对应一个扩展偏移值 α_t，其中 $\alpha_{t-1}<\alpha_t$。

扩展存储中还分配 S 个存储单元，用于存储本列数据偏移量 OFS_i，以及最先溢出单元对应的映射地址序号 IDX_i。

本方法是从存储值最先达到原始最大值的存储单元开始向两边进行扩展，每个级别扩展的存储单元最多有 $2\alpha_t$ 个，那么扩展存储的大小需要满足所有级别的扩展位数要求，即各参数满足 $\sum_{t=1}^{3} 2\alpha_t p_t + S \leqslant P \times K$。

一般来说，为了更有效地利用扩展存储，扩展偏移值 α_t 可以设定为 $\alpha_t = \left\lceil \frac{K-m}{2^{T-t-1}} \right\rceil$。

S102：首幅波形采样与存储。

数字三维示波器的采集模块复位、三维数据库所有存储单元清零，开始采集第 1 幅波形数据，由映射模块将每列的采样值映射到该列映射存储单元的中间位置的单元，即第 $\gamma = m + \lceil (K-m)/2 \rceil$ 个存储单元的存储值加 1，"$\lceil \cdot \rceil$"表示取整，并将采样值 D_i 作为本列数据偏移量 OFS_i 进行存储。

S103：采集下一幅波形并映射。

采集下一幅波形数据，根据第 i 列的采样值 D_i 计算其映射位置 $d_i = D_i - OFS_i + \gamma$。判断是否 $m \leqslant d_i \leqslant K-1$，如果是，将采样值 D_i 映射到第 d_i 个存储单元，即该存储单元的存储值加 1，否则说明该幅波形的采样数据 D_i 超出三维数据库正常映射范围，将该数据丢弃，从而保证数据在三维映射存储单元内。

S104：判断是否在某列中存储单元的存储值达到其原始最大值（即不进行位扩展前存储单元所能存储的最大值）。

如果没有，返回步骤 S103，否则进入步骤 S105。

S105：判断是否对三维数据库进行位扩展。

判断方法为，判断有达到原始最大值的存储单元的列中采样值的分散程度，如果分散程度大于阈值，则该列需要进行位扩展，否则不需要进行位扩展。由于三维数据库有多列，一般会有若干列同时有存储单元达到原始最大值，因此需要通过这些列的判定结果来进行综合判断，即在有存储单元达到原始最大值的所有列中，如果判定结果为需要进行位扩展的列的数量小于阈值，则三维数据库不需要进行位扩展，进入步骤 S106，否则需要进行位扩展，进入步骤 S107。通常综合判断的数量阈值采用所有进行综合判断列的总数的一半。

此处提供两种单列映射数据分散程度的判断方法。

（1）将本列第一个存储值达到原始最大值的存储单元对应的采样值记为 IDX_i，计算 $D_s = IDX_i - OFS_i$，预设阈值 D_T，如果 $D_s \geqslant D_T$，那么在本刷新周期，该列对应的采样值很分散，则可认为被测信号信噪比过低，存在很大的噪声干扰，此时不能开启位扩展模式，应采用正常映射模式；否则就说明该列对应的采样值较集中，需要采用位扩展方式。D_T 可根据情况设置为 24，48，50，60 等。

（2）对于第 i 列存储单元，将达到原始最大值的存储单元序号记为 $\hat{d}_i$，预设阈值 D_T，对序号在 $[d_i + D_T, d_i - D_T]$ 范围以外的存储单元进行扫描，一旦发现有存储单元的存储值不为 0，则说明该列采样值较为分散，不需要进行位扩展，如果在 $[d_i + D_T, d_i - D_T]$ 范围以外未发现采样值分布，则该范围以外的所有存储单元的存储值都为 0，则说明该列采样值较集中，进行位扩展。

第一种方法运算简单，但是受本列数据偏移量 OFS_i 的影响较大，对于同样的波形数据，采集起始时刻不同，首幅波形数据就不一样，判定结果也可能不同。第二种方法可靠性好，不会受到首幅波形数据的影响，但是其复杂度较高。在实际应用中，可以根据实际需要选择分散程度判断方法。

S106：强制刷新显示。

由于在进行位扩展判断之前，三维数据库是按照位扩展的方式来进行存储的，因此如果判定不需要进行位扩展，那么不管刷新时间是否到来，都强制进行刷新显示，显示方法为：对于第 i 列的存储单元和显示单元，将第 j 个存储单元映射到第 $j + OFS_i - \gamma$ 个显示单元，根据存储单元中数据大小确定其对应的显示亮度。强制刷新显示后数字三维示波器切换回普通模式进行采集、存储和显示。返回步骤 S102 进入下一刷新周期。

$S107$：进行位扩展。

对于有达到原始最大值的存储单元的列，记达到原始最大值的存储单元序号为 $\hat{d}_i$，依次令 $t=1,2,\cdots,T$，每次对第 $\hat{d}_i-\alpha_t$ 个至第 $\hat{d}_i+\alpha_t-1$ 个映射存储单元进行 p_t 位扩展，如果需要进行位扩展的存储单元序号在 $[m,K-1]$ 范围外，则不进行位扩展。将扩展存储单元中的存储位分配给各个映射存储单元，也就是建立扩展存储单元中各存储位与各个映射存储单元的映射关系。

$S108$：采集下一幅波形并映射。

采集下一幅波形数据，根据第 i 列的采样值 D_i 计算其映射位置 $d_i=D_i-OFS_i+\gamma$。同样地，如果 $m\leqslant d_i\leqslant K-1$，将采样值 D_i 映射到第 d_i 个存储单元，即该存储单元的数据加 1，此时如果该列已经进行过位扩展并且存储单元数据大于原始最大值，则将高位存储在对应位扩展区中，低位在原始存储单元中，其他情况按普通模式存储；否则将该数据丢弃。

$S109$：判断是否到达刷新时间。

如果未到刷新时间，进入步骤 $S110$，否则进入步骤 $S111$。

$S110$：判断是否有列需要位扩展。

即在未进行位扩展的列中是否有某列中存储单元的存储值达到其原始最大值，如果有，则需要对该列进行位扩展，返回步骤 $S107$，否则返回步骤 $S108$。

$S111$：波形显示。

对于第 i 列的存储单元和显示单元，将第 j 个存储单元映射到第 $j+OFS_i-\gamma$ 个显示单元，对于进行位扩展的列，将存储单元的实际存储值根据位扩展方法进行恢复，即将对应位扩展区的高位和原始存储单元中的低位结合得到存储值，根据存储值大小确定其对应的显示亮度。

为了说明位扩展方法的实施过程，下面以一个具体的例子来对位扩展进行说明。本例中，假设系统的波形捕获率为百万级，三维数据库的存储位宽是 8bit，每 1 列 0～255 个单元，从中分出 64 个单元用于位扩展（0～63 号），剩余 192 个单元（64～255 号）继续正常使用。有 3 个位扩展级别，扩展位数依次为 2，2，1。根据 $\alpha_t=\left[\dfrac{K-m}{2^{T-t-1}}\right]$ 计算得到每个级别对应的扩展偏移值分别为 24，48，96。

在本例中，每列的中间单元为第 $64+[(256-64)/2]=160$ 个存储单元。即第 1 幅波形中每列的数据都是存储在第 160 个存储单元中的。假定某一列在第 1 幅波形中的采样值为 95，存储在第 160 个存储单元。第 2 幅波形中该列采样值为 120，那么其对应的存储单元为第 120－95＋160＝185 个存储单元。第 3 幅波形中该列采样值为 89，那么其对应的存储单元为第 89－95＋160＝154 个存储单元。假定该列最先溢出的存储单元为第 165 个存储单元，并且采样值的分散程度小于阈值，即需要进行位扩展。那么每个级别的位扩展如下。

（1）对第 165－24 至第 165＋24－1 个，即第 141 至第 188 个存储单元，共计 48 个存储单元做 2 位扩展，则所需要的位扩展空间是 48×2/8＝12。

（2）对第 165－48 至第 165＋48－1 个，即第 117 至第 212 个存储单元，共计 96 个存储单元做 2 位扩展，则所需要的位扩展空间是 96×2/8＝24。

（3）对第 165－96 至第 165＋96－1 个，即第 69 至第 255 个存储单元（计算得到是第 69 至第 260 个，超出范围，因此只能对第 69 至第 255 个存储单元进行位扩展），共计 187 个存储单元做 1 位扩展，则所需要的位扩展空间是 187/8≈24。

还需要分配 1 个存储单元用于存储本列数据偏移量 OFS_i 。

如图 3-59 所示，在这个方案中有 48 个单元进行了 5 位扩展（A 类：13bit），48 个单元做了 3 位扩展（B 类：11bit），91 个单元做了 1 位扩展（C 类：9bit），剩余 5 个存储单元没有进行扩展。可见本例中用于扩展存储和其他存储的存储单元数量共计 62，略小于用于扩展存储的存储单元数量。

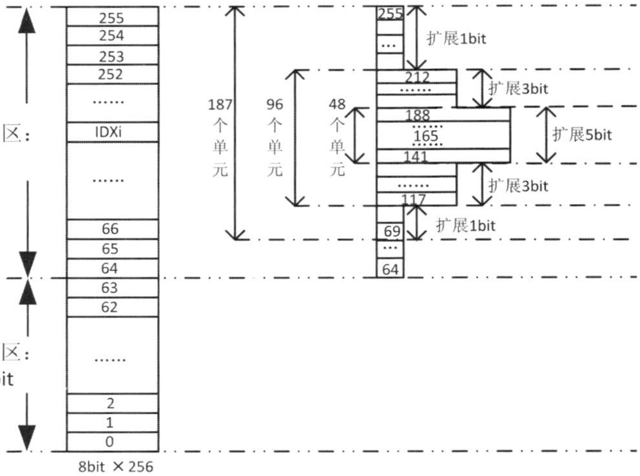

图 3-59　三维波形数据库的位扩展示意图

将扩展存储中存储单元的各位分配给各个映射存储单元。图 3-60 是扩展存储单元的分配示意图。在本例中，有三类扩展，A 类扩展位数为 5，B 类扩

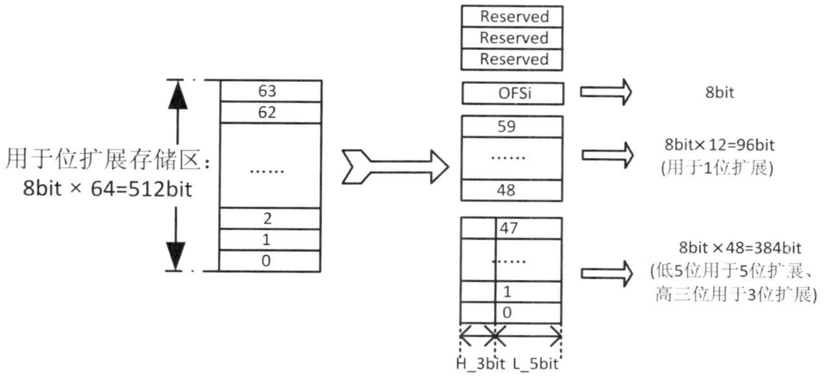

图 3-60 扩展存储单元的分配示意图

展位数为3，C类扩展位数为1。由于本例中存储单元位数为8，则将第0至47个存储单元用于A类、B类扩展，其中低5位用于A类扩展，高3位用于B类扩展；第48至59个存储单元用于C类扩展，第60个存储单元用于存储本列数据偏移量 OFS_i ，其余保留。

对第141至第188个存储单元进行5位扩展，记需要进行5位扩展的存储单元序号为 U ，对应存储单元序号：

$$A_e = U - (165 - 24) = U - 141 \tag{3-268}$$

对第117至第140个存储单元、第189至第212个存储单元进行3位扩展，记需要进行3位扩展的存储单元序号为 U' ，对应存储单元序号：

$$A_e = U' - (165 - 48) = U' - 117 \tag{3-269}$$

对第69至第116、第213至第255个存储单元进行1位扩展，其扩展区依次为第48至第53扩展的单元的低到高依次推进的1位，如第69个存储单元的1位扩展区为第48个存储单元的第0位，第70个存储单元的1位扩展区为第48个存储单元的第1位，以此类推。

3.4.2.4 波形亮度的快速调节技术

目前，以数字示波器为代表的数据采集系统都可以连续调节LCD上显示波形的亮度，以满足不同需要的显示效果。在数字存储示波器（DSO，Digital Storage Oscilloscope）数据处理及显示机制中，波形显示只提供了输入信号的幅度及时间的二维信息，没有第三维信息（幅度随时间变化关系）的累加，LCD上的波形显示只有“有”或“无”颜色两个状态，没有“有”并且“多深”的信息。因此，在DSO的显示波形亮度调节过程中，波形整体按照一定的比例变亮或者变暗，此时的波形亮度调节并没有太大的意义。

数字三维示波器数据处理系统将ADC高速采样得到的波形采样值经过多次映射，将多幅波形累加成为一幅包含输入信号三维信息（幅度、时间和幅度随时间变化关系）的图像送到LCD显示。此时LCD上显示的是包含了波形概率信息的图像，即在波形出现概率高的地方会以较深的颜色表征出来；反之，波形出现概率低的地方表征颜色就较浅。基于LCD的显示原理，波形的颜色深浅一一对应于相应的显示亮度。因此，DTO中实现连续波形亮度就有着实际的意义。比如在观测连续复现的周期信号中可能存在的某些异常波形时，由于异常波形出现的概率远远低于周期信号连续复现的概率，于是在某些显示亮度挡位下，无法观测到颜色很浅的异常波形，此时，用户需要保持屏幕波形原有亮度层次的前提下，按照一定的比例增加显示波形的亮度，这样做不仅保持了波形概率的显示亮度对比，而且方便了用户对低概率波形的观测与分析，进一步得出故障信息并做出及时的更正。

在背景技术中提及，需要将波形统计数据以符合当前亮度挡位的显示亮度显示在LCD上，一般采用将统计数据按照一定比例放大或者缩小转化为相应的LCD三原色（RGB）值。假设波形在时刻 T，幅度 A 出现的次数为 $N(T,A)$，最终显示在LCD上对应某种颜色的波形亮度值为 $D(T,A)$，对应于当前亮度挡位 L 的比例值为 p_L，则有以下关系：

$$D(T,A) = p_L \cdot N(T,A) \tag{3-270}$$

在数字三维示波器处理系统中，式（3-270）的运算可以在DSP中完成，亦可以在FPGA中完成。由于DSP的运算速率远低于FPGA，因此选择在FPGA中完成式（3-270）的运算。

在式（3-270）中，比例值 p_L 对应于当前系统亮度挡位 L，一般数据采集系统都采用百分比（1%～100%）的方式来标识亮度挡位。若在数字三维示波器系统中采用了 M 个亮度挡位，即 $L=0\sim M-1$ 对应 M 个不同的 p_L 值。由于 p_L 值不可避免地会出现小数，同时由于FPGA中一般难以实现小数的乘法，如果采用分数运算的方式处理小数运算，即令

$$p_L = \frac{n_L}{m_L} \tag{3-271}$$

其中 n_L, m_L 为整数，且互质，则有

$$D(T,A)=p_L\cdot N(T,A)=\frac{n_L}{m_L}\cdot N(T,A) \tag{3-272}$$

式（3-272）的运算过程中会出现整数的乘法与除法。由于在FPGA中除法运算的速度远低于乘法速度，导致整个数据处理过程的速率下降。同时，由于数字三维示波器系统有多个信号通道，每个通道波形显示的处理过程几乎完全独立，这样就需要较多的FPGA内置乘法器来分别完成式（3-272）中的乘法运算，而一般FPGA中内置乘法器资源有限，可能无法满足这一需求。

因此，本节提出了一种完全不占用FPGA中内置乘法器资源的波形亮度连续调节方法，详细叙述如下。

上面提及，系统采用亮度等级 M 个挡位，取 $a=[\log_2 M]+1$，其中 $[\log_2 M]$ 表示取不大于 $\log_2 M$ 的最大整数。假设系统在波形信息映射累加过程中采用 b（$b\in \mathbf{N}$）位二进制数来统计波形在时刻 T 和幅度 A 条件下的次数 $N(T,A)$，即 $N(T,A)$ 最大值为 2^b-1，其中 b 的大小根据实际情况进行设置。由式（3-272）可知，在某个特定 p_L 值下，n_L，m_L 由 p_L 唯一确定，波形统计次数 $N(T,A)$ 的取值范围为 $0\sim 2^b-1$ 计 2^b 个数据，相应最终显示的波形亮度值 $D(T,A)$ 也具有与之一一对应的 2^b 个结果。同时，固定统计次数 $N(T,A)$，系统连续调节亮度挡位 L，p_L 在相应的 M 个值中变化，乘积产生 M 个对应不同亮度挡位 L 值的波形亮度值 $D(T,A)$，表征了LCD显示屏幕上对应于同一 $N(T,A)$ 的 M 个显示亮度层次。

在FPGA中构造这样一个ROM，作为不同 L 值下互异 $N(T,A)$ 对应的LCD屏幕显示亮度值查找表：ROM地址为 $c=a+b$ 位，一个存储单元可以存储 d 位二进制波形亮度值 $N(T,A)$（d 由选用的LCD确定），所需资源为 $2^{a+b}\times d$bit，如图3-61所示。

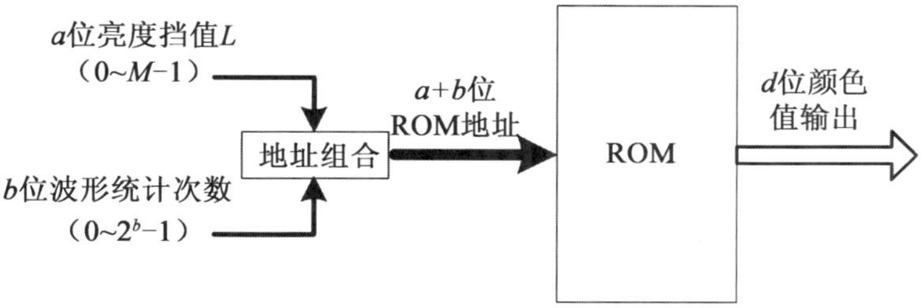

图3-61 数字三维示波器显示波形亮度的快速调节方法的原理示意图

由图3-61知，系统发出表征亮度挡位 L 的 a 位二进制数作为ROM的 c 位

地址中的高 a 位，将 b 位波形统计数据作为 ROM 的低位地址。

接下来讨论 ROM 中存储数据的初始化。

首先可将 ROM 划分为 2^a 个容量为 $2^a \times d$bit 的子 ROM，与亮度挡位 L 对应，记为 subROM_L，本系统中只有前 M 个有效，即 subROM_0 ～ subROM_{M-1}，如图 3-62 所示。利用 ROMc 位地址中的高 a 位寻址这 M 个 subROM_L。用户调节亮度挡位 L 时，系统会发出表示 M 个挡位的 $L=0\sim M-1$ 等 M 个 a 位二进制数作为高位地址寻址到相应的 subROM_L。

式（3-272）中，如果 L 不同，p_L 值也不同，则对应于同一个 $\boldsymbol{N}(T,A)$ 值的 $D(T,A)$ 也是不同的。若固定亮度挡位，式（3-272）中的 p_L 值固定，对应于输入范围在 $0\sim 2^b-1$ 共 2^b 个数据的波形出现统计次数 $\boldsymbol{N}(T,A)$，输出乘积也有 2^b 个一一对应的结果。将这 2^b 个乘积取整后，即将 round$[p_L \cdot N(T,A)]$（round(＊)表示对括号中小数按照四舍五入的原则化成整数），按照 b 位二进制数递增的顺序对应存储在 $2^b \times d$bit 的 subROM 中，这样就可以通过 b 位代表统计数据 $N(T,A)$ 的二进制地址寻址查表得到挡位 p_L 值下的对应波形亮度值 $D(T,A)$，如图 3-62 所示。

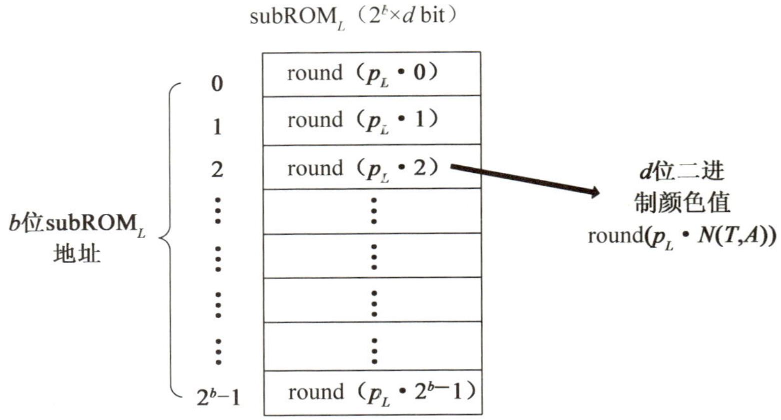

图 3-62　ROM 的结构示意图

系统中，对于 M 个亮度挡位的 M 个 p_L 值（$p_0\sim p_{M-1}$），就会存在 M 个如图 3-62 所示的大小相同而内容不同的 subROM_L（subROM_0 ～ subROM_{M-1}）。M 个这样的 subROM_L 组合构成前面提及的 $2^{a+b}\times d$bit 大小的 ROM，可通过 $a+b$ 位地址直接完成与式（3-272）中 p_L 值和 $N(T,A)$ 对应的波形亮度存储单元的寻址，得到存储的 d 位波形亮度值 $D(T,A)$。

3.4.2.5 三维波形数据的异常检测方法

尽管三维示波器一次能处理多幅波形信息，提高了波形捕获率，但在每次数据采集完成后，进入下一轮新的数据采集前，数字存储示波器需要对当前采集所得数据进行处理、分析和映射，这段时间无法采集数据，因此存在死区时间。数字三维示波器的采集时间相对于死区时间来说太短了，系统几乎会漏失90%的信号。如果用户想捕获低概率的偶发异常信号，可能会需要很长一段时间，甚至捕获不到异常信号。

传统三维示波器异常信号检测通常是根据偶发异常信号出现的概率低的特点，将每一次波形刷新周期内采集到的多幅波形数据累加到三维波形数据库中，根据用户需要，设置一个阈值 N_{set} 。如果三维数据库中采样点 x_i 的命中次数 $N_i \leqslant N_{\text{set}}$ ，则认为采样点 x_i 出现了异常，在显示系统中用特殊的亮度或者颜色将这些异常信号与正常波形进行区分显示。

例如，在用数字三维示波器检测异常信号时，如果被测信号带有每秒重复1次的异常，系统的有效捕获周期为10μs，波形捕获率为10 000wfms/s，在检测过程中，捕获的波形大多都是重复或相似的正常信息，如果采用上述异常检测方法，则每次捕获到的“无意义”的正常波形都会进行映射显示，因而需要消耗大量的数据处理和分析时间，有可能异常的信号恰好在这段死区时间内出现，但示波器却无法捕捉。因此，要捕获到用户感兴趣的每秒出现一次的异常信号，需要很长的时间。这样，明显降低了异常信号检测的精确度，并增加了检测的难度。

三维波形数据的异常检测方法，直接在硬件系统中将波形刷新周期 T 内采集的多幅波形映射到三维数据库作为样本，并将其表示为二维矩阵 $\boldsymbol{A}$。设置灵敏度参数 η，根据二维矩阵 $\boldsymbol{A}$ 与灵敏度参数 η 确定幅度取值点集 K_j 。将点集 K_j 中的元素分为具有不同取值概率的 R 个子区间 $K_1^{\text{sub}},\cdots,K_R^{\text{sub}}$ ，把子区间 K_n^{sub} 中每个元素取值概率求和得到子区间的取值概率 p_n^{sub} ，并按 p_n^{sub} 从大到小顺序将每个子区间的区间幅度取值范围端点（a_n,b_n）存储在寄存器中作为波形幅度取值异常检测模板。然后把系统采集的每一幅波形数据与异常检测模板进行比较，如果有一个采样点落在了幅度取值点集 K_j 外，代表异常事件发生，将该波形数据进行映射和显示。如果所有的采样点都落在取值范围 K_j 内，则认为该幅波形是正常波形，不对该幅波形数据进行映射和显示。

因此，采用本方法进行三维波形数据的异常检测，可大大减少正常波形数据映射和显示的次数，缩短数据处理和分析的时间，提高异常信号捕获率。

现以垂直分辨率为3bit的ADC采集信号，一次采集的样本点数 $k=10$ 为例对本文三维波形数据的异常检测方法的具体实施方式进行说明。其具体实施步骤如下。

步骤1 采用垂直分辨率为 $d$bit的ADC采集信号，每次采集的采样点数为 k，每个采样点有 $m=2^d$ 个幅度取值 $0,1,\cdots,2^d-1$，在硬件系统中将时间 T 内采集到的 N 幅波形数据映射到三维数据库作为样本，将该三维数据库表示为 $m\times k$ 的二维矩阵 $\mathbf{A}$。

$$\mathbf{A}=\begin{pmatrix} a_{11},a_{12},\cdots,a_{1k} \\ a_{21},a_{22},\cdots,a_{2k} \\ \vdots \quad \vdots \quad \vdots \\ a_{m1},a_{m2},\cdots,a_{mk} \end{pmatrix}=\begin{bmatrix} B_1 \\ B_2 \\ \vdots \\ B_m \end{bmatrix}=(A_1,A_2,\cdots,A_k) \tag{3-273}$$

其中，a_{ij} 表示 N 幅波形数据采集中第 j 个采样点幅度取值为 2^d-i 的命中次数，行向量 $\boldsymbol{B}_i=(a_{i1},a_{i2},\cdots,a_{ik})(1\leqslant i\leqslant m)$ 对应的幅度取值为 2^d-i，列向量 $\mathbf{A}_j=(a_{1j},a_{2j},\cdots,a_{mj})^{\mathrm{T}}(1\leqslant \mathrm{j}\leqslant \mathrm{k})$ 代表第 j 个采样点的映射向量，如 a_{1j} 是第 j 个采样点幅度取值为 2^d-1 的命中次数，a_{2j} 是第 j 个采样点幅度取值为 2^d-2 的命中次数，a_{mj} 是第 j 个采样点幅度取值为0的命中次数。

本例采用垂直分辨率为3bit的ADC采集信号，则每个采样点有 2^3 个幅度取值（0,…,7），对应的三维数据库可看作是 8×10 的二维矩阵。在硬件系统中采用并行映射结构，在时间 T 内采集到 $N=8$ 幅波形数据并映射到三维数据库作为样本。

如图3-63所示，每个元素的大小代表了8幅波形数据采集中该采样点在该幅度取值的命中次数。三维数据库样本表示为 8×10 的二维矩阵 $\mathbf{A}$，矩阵左边标示的0,…,7是采样点的幅度取值：

$\mathbf{A}_j(1\leqslant j\leqslant 10)$ 表示第 j 个采样点的映射向量：

$$\mathbf{A}=\begin{matrix}7\\6\\5\\4\\3\\2\\1\\0\end{matrix}\begin{pmatrix} 0,0,0,0,0,8,0,0,0,0 \\ 0,0,0,0,7,0,5,0,0,0 \\ 0,0,0,6,1,0,2,2,0,0 \\ 0,0,1,2,0,0,1,4,0,0 \\ 0,0,4,0,0,0,0,2,3,0 \\ 0,4,3,0,0,0,0,0,3,0 \\ 5,4,0,0,0,0,0,0,2,4 \\ 3,0,0,0,0,0,0,0,0,4 \end{pmatrix}=(A_1,A_2,\cdots,A_{10}) \tag{3-274}$$

幅度 ↑ 时间 →

0	0	0	0	0	**8**	0	0	0	0
0	0	0	0	**7**	0	**5**	0	0	0
0	0	0	**6**	**1**	0	**2**	**2**	0	0
0	0	**1**	**2**	0	0	**1**	**4**	0	0
0	0	**4**	0	0	0	0	**2**	**3**	0
0	**4**	**3**	0	0	0	0	0	**3**	0
5	**4**	0	0	0	0	0	0	**2**	**4**
3	0	0	0	0	0	0	0	0	**4**

图 3-63 三维波形数据的异常检测方法中 3bitADC 采样的三维数据库样本

步骤 2 设置灵敏度参数 $\eta(0<\eta\leqslant 1)$，构造点集 K_j 为

$$K_j=\{2^d-i \mid a_{ij}\geqslant N\times\eta\} \tag{3-275}$$

其中，K_j 表示 N 幅波形数据采集中第 j 个采样点命中次数 $a_{ij}\geqslant N\times\eta$ 的幅度取值点集，其中，灵敏度参数 η 是用户可调的，改变 η 可以改变异常信号检测的准确度。

本例中设置灵敏度参数 $\eta=0.2$，则有效命中次数 $a_e=N\times\eta=8\times 0.2=1.6$。以列向量 $\boldsymbol{A}_1=(0,0,0,0,0,0,5,3)^{\mathrm{T}}$ 为例，采样点幅度取值为 0 的命中次数为 3，采样点幅度取值为 1 的命中次数为 5。因此，根据 $K_1=\{2^d-i \mid a_{i1}\geqslant 1.6\}$ 可确定第 1 个采样点的取值范围 $K_1=(a_1,b_1)=(0,1)$。同理，可确定第 2 个采样点的取值范围为 $K_2=(1,2)$，第 3 个采样点的取值范围为 $K_3=(2,3)$，第 4 个采样点的取值范围为 $K_4=(4,5)$，第 5 个采样点的取值范围为 $K_5=(6,6)$，第 6 个采样点的取值范围为 $K_6=(7,7)$，第 7 个采样点的取值范围为 $K_7=(5,6)$，第 8 个采样点的取值范围为 $K_8=(3,5)$，第 9 个采样点的取值范围为 $K_9=(1,3)$，第 10 个采样点的取值范围为 $K_{10}=(0,1)$。

步骤 3 计算二维矩阵 $\boldsymbol{A}$ 对应的命中概率矩阵 $\boldsymbol{P}$：

$$\boldsymbol{P}=\frac{\boldsymbol{A}}{N}=\begin{pmatrix} p_{11}, p_{12}, \cdots, p_{1k} \\ p_{21}, p_{22}, \cdots, p_{2k} \\ \vdots \quad \vdots \quad \vdots \\ p_{m1}, p_{m2}, \cdots, p_{mk} \end{pmatrix} \tag{3-276}$$

其中，$p_{ij}=a_{ij}/N(1\leqslant i\leqslant m, 1\leqslant j\leqslant k)$ 表示 N 幅波形数据采集中第 j 个采样点幅度取值为 2^d-i 的命中概率。

本例中，二维矩阵 $\boldsymbol{A}$ 对应的命中概率矩阵 $\boldsymbol{P}$ 为

$$\boldsymbol{P}=\frac{\boldsymbol{A}}{8}=\begin{bmatrix} 0, & 0, & 0, & 0, & 0, & 1, & 0, & 0, & 0, & 0 \\ 0, & 0, & 0, & 0, & \frac{7}{8}, & 0, & \frac{5}{8}, & 0, & 0, & 0 \\ 0, & 0, & 0, & \frac{6}{8}, & \frac{1}{8}, & 0, & \frac{2}{8}, & \frac{2}{8}, & 0, & 0 \\ 0, & 0, & \frac{1}{8}, & \frac{2}{8}, & 0, & 0, & \frac{1}{8}, & \frac{4}{8}, & 0, & 0 \\ 0, & 0, & \frac{4}{8}, & 0, & 0, & 0, & 0, & \frac{2}{8}, & \frac{3}{8}, & 0 \\ 0, & \frac{4}{8}, & \frac{3}{8}, & 0, & 0, & 0, & 0, & 0, & \frac{3}{8}, & 0 \\ \frac{5}{8}, & \frac{4}{8}, & 0, & 0, & 0, & 0, & 0, & 0, & \frac{2}{8}, & \frac{4}{8} \\ \frac{3}{8}, & 0, & 0, & 0, & 0, & 0, & 0, & 0, & 0, & \frac{4}{8} \end{bmatrix} \tag{3-277}$$

步骤 4　在实际应用中，每一列的波形数据取值往往落在 $(0,2^d-1)$ 范围的 1～3 个子区间范围内。因此，根据命中概率矩阵 $\boldsymbol{P}$ 中第 j 个采样点的各个幅度取值的命中概率 $p_{1j},p_{2j},\cdots,p_{mj}$ ，将点集 K_j 中的元素分为 R 个子区间：

$$K_j=\bigcup_{n=1}^{R}K_n^{\mathrm{sub}}=\bigcup_{n=1}^{R}(a_n,b_n) \tag{3-278}$$

其中，K_n^{sub} 表示第 n 个子区间，a_n 和 b_n $(0\leqslant a_n\leqslant b_n\leqslant 2^d-1)$ 表示区间内采样点幅度取值的端点，且 $K_{n_1}^{\mathrm{sub}}\cap K_{n_2}^{\mathrm{sub}}=0(1\leqslant n_1\neq n_2\leqslant R)$。

子区间 K_n^{sub} 对应的区间命中概率为 p_n^{sub} ，等于子空间 K_n^{sub} 中每个幅度取值命中概率之和。

本例中，将第 1 个采样点的幅度取值范围 $K_1=(0,1)$ 分为两个具有不同幅度取值概率的子区间 $K_1{}^{\mathrm{sub}}=(0,0)$ 和 $K_2{}^{\mathrm{sub}}=(1,1)$ ，对应的幅度取值概率分别为 $p_1^{\mathrm{sub}}=3/8$ ，$p_2^{\mathrm{sub}}=5/8$ ，即采样点取 0 值的概率为 $p_1^{\mathrm{sub}}=3/8$ ，取 1 值的概率为 $p_2^{\mathrm{sub}}=5/8$ 。

步骤 5　按区间命中概率 p_n^{sub} 从大到小的顺序，依次将第 j 个采样点区间的各个子区间 K_n^{sub} 的区间范围端点 a_n 和 b_n 存储到寄存器中，作为第 j 个采样点的幅度取值异常检测的模板。

仍以第 1 个采样点为例，幅度取值范围 $K_1=(0,1)$ 可分为子区间 $K_1{}^{\mathrm{sub}}=(0,0)$ 和 $K_2{}^{\mathrm{sub}}=(1,1)$ ，对应的幅度取值概率分别为 $p_1^{\mathrm{sub}}=3/8$ ，$p_2^{\mathrm{sub}}=5/8$ ，$p_2^{\mathrm{sub}}\geqslant p_1^{\mathrm{sub}}$ 。按区间命中概率 $p_{\mathrm{n}}^{\mathrm{sub}}$ 从大到小的顺序，分别将区间 K_2^{sub} 的区间范围 $a_2=1$ 和 $b_2=1$ ，K_1^{sub} 的区间范围 $a_1=0$ 和 $b_1=0$ 存储到寄存器中，构

造第1个采样点的幅度取值异常检测模板如下：

1	1
0	0

根据上述方法，构造第2个采样点的幅度取值异常检测模板：

1	2

构造第3个采样点的幅度取值异常检测模板：

3	3
2	2

构造第4个采样点的幅度取值异常检测模板：

5	5
4	4

构造第5个采样点的幅度取值异常检测模板：

6	6

构造第6个采样点的幅度取值异常检测模板：

7	7

构造第7个采样点的幅度取值异常检测模板：

6	6
5	5

构造第8个采样点的幅度取值异常检测模板：

4	4
5	5
3	3

构造第9个采样点的幅度取值异常检测模板：

2	3
1	1

构造第10个采样点的幅度取值异常检测模板：

0	1

步骤6　将待采集波形进行采样点数同样为 k 的波形采集，采集到的波形幅度值表示为 $W=(w_1,w_2,\cdots,w_k)(0\leqslant w_i\leqslant 2^d-1,1\leqslant j\leqslant k)$，将第 j 个

采样点的波形幅度值 w_j 与第 j 个采样点的幅度取值异常检测模板进行比较，如果有一个采样点落在了区间范围外，则异常事件发生，将该波形数据进行映射和显示；如果所有采样点的波形幅度值 $w_1, w_2, \cdots, w_k$ 都落在幅度取值异常检测模板区间范围内，则波形正常，不对信号进行映射和显示。

本例中，如采集一幅波形的 $k=10$ 个采样点幅度值为{1,2,3,5,6,7,3,4,3,0}，将 10 个采样点依次与对应的异常检测模板进行顺序比较。可见，第 7 个采样点的幅度取值为 3，落在第 7 个采样点的幅度取值异常检测模板外。因此波形出现了异常，将该幅波形进行映射，并用不同波形亮度或颜色把异常波形信号显示到 LCD 上。

如图 3-64 所示，将采样点数 $k=800$，垂直分辨率为 8bit 的 ADC 采集的带有异常信号的重复周期信号送入数字三维示波器的通道 1，带状波形为幅度取值异常检测模板，线状波形为检测到的异常信号波形，采用本方法的数字三维示波器检测到的异常信号清晰可见。

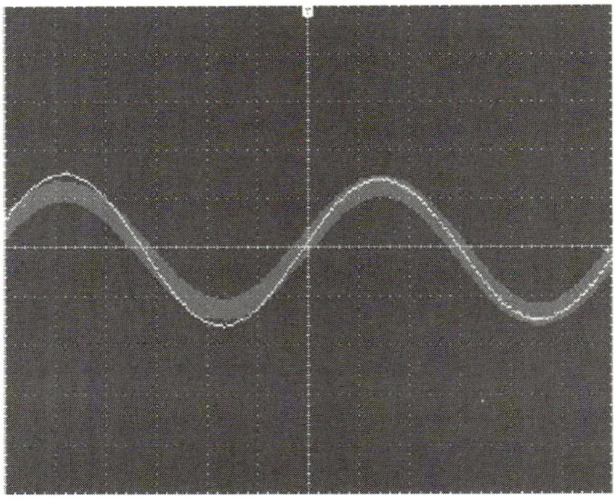

图 3-64　观测异常信号的波形图

采用上述异常检测方法的三维示波器，在进行异常检测时，可以忽略大量重复或相似的“无意义”的正常波形，不对其作映射和显示；同时，波形映射以及波形数据与模板的比较操作都在硬件系统中完成，实现并行数据处理结构，从而减少了三维波形数据处理和分析的时间，提高偶发异常信号捕获能力和准确度。

第4章 信号调理技术

4.1 信号调理的概念

当前电子技术朝着越来越宽的频率范围发展，迫切需要高速数字示波器具有更宽的频率测量范围。而前端宽带信号调理系统是决定高速数字示波器频率测量范围的关键组成部分，其性能指标代表了高速数字示波器获取宽带信号的能力。对于上 GHz 的信号调理系统，由于性能极易受分布参数的影响，国外许多厂家往往通过定制集成电路来实现，通常研发周期长、成本高，使得这类仪器价格昂贵，难以普遍使用。

通过利用分立元件系统集成来设计实现宽带信号调理通道，一直是制约数字示波器性能提升的瓶颈。近年来，从系统级层面设计的方法不断改进，以及高性能运算放大器的出现，使得在 PCB 板级设计突破 GHz 频率以上的信号调理通道开始出现。

4.2 信号调理技术基本原理

本章通过分析高速数字示波器中对信号调理的具体要求，按信号传输路径，将宽带调理通道分为宽带阻抗变换电路、通道偏置调节电路、可变增益电路、高速并行 ADC 驱动电路、采样保持及数字带宽，分别进行了宽带高速调理电路研究、仿真和设计，实现了动态范围－20～40dB，带宽 DC～2.5GHz 的宽带信号调理前端，如图 4-1 所示。完成了信号调理通道关键模块的性能验证，实现了对 2.5GHz 宽带信号的调理；采用高速采样保持器，解决了高速 ADC 输入带宽不足的问题；采用高速多路开关和高速比较器，实现了宽带触发通道的功能和指标。

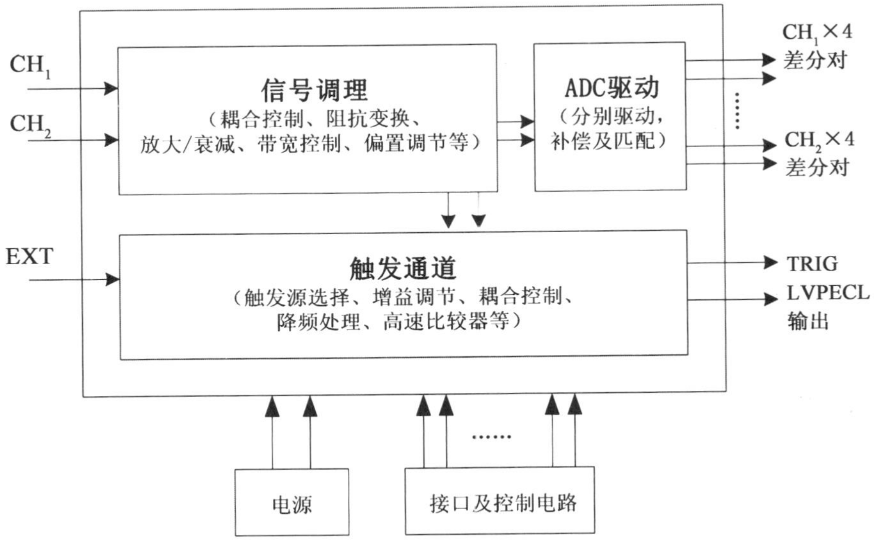

图 4-1　示波器信号调理通道原理结构框图

4.3　宽带信号调理的关键技术

如图 4-2 所示，输入信号进入阻抗变换电路，其中幅度较大的信号通过衰减网络进行衰减，而幅度较小的信号则直接通过；前级缓冲主要是实现阻抗变换及直流偏置调节等；可变增益调节电路根据不同的垂直灵敏度，实现对信号的放大或衰减，此时输出的信号大小基本满足 ADC 的输入范围，一方面送至触发电路通道，经高速比较整形后输出触发脉冲，另一方面送至 ADC 驱动；由于实时采样通过多路并行高速 ADC 交替采样实现，考虑到单个运放的驱动功率问题，这里需要设计多路宽带运放并行驱动后级多路 ADC；最后信号经 ADC 进行量化后，输出多路二进制数据。

通道的前级是输入阻抗的选择，分别是 1MΩ 输入阻抗和 50Ω 输入阻抗，通过控制射频继电器来实现。

衰减网络用于对大信号的衰减，使其幅度满足后级电路的输入范围，这里也由射频继电器控制实现，在本设计中，可以采用Ⅱ或 T 型衰减网络加上补偿电容来实现，通过理论计算后可以再通过仿真软件 ADS2008 来仿真验证，然后通过矢量网络分析仪测试实际电路，最终确定器件参数以及布局布线的控制。

阻抗变换网络主要用输入阻抗非常高的宽带场效应管实现，这里主要选用性能指标高的场效应管以及高频晶体管来实现，如原 AVAGO 的射频级场效应管 ATF35143 等，要求输入电容要小。

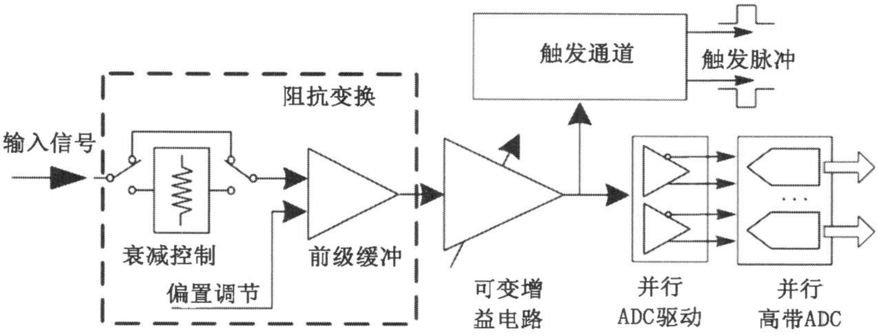

图 4-2 信号调理通道结构框图

根据垂直灵敏度的增益要求，可变增益放大电路模块与粗衰减网络配合实现不同的增益；经过可变增益放大电路后得到的信号幅度大小满足 ADC 的输入范围，再经过宽带单端转差分运算放大器 ADL5565（15dB 增益，带宽 5GHz），送到高速 ADC 中。其中带宽控制网络主要是实现 250MHz 和 500MHz 的通道带宽，以满足用户所需的不同测试带宽要求。可变增益放大电路是关键所在，本系统中要求－3dB 频率响应 2.5GHz，动态调节范围约 40dB，能够满足这个要求的单一放大器芯片目前是没有现成的，这里采用有源宽带衰减器加高速运放来构造实现可变增益放大电路，其结构如图 4-3 所示。

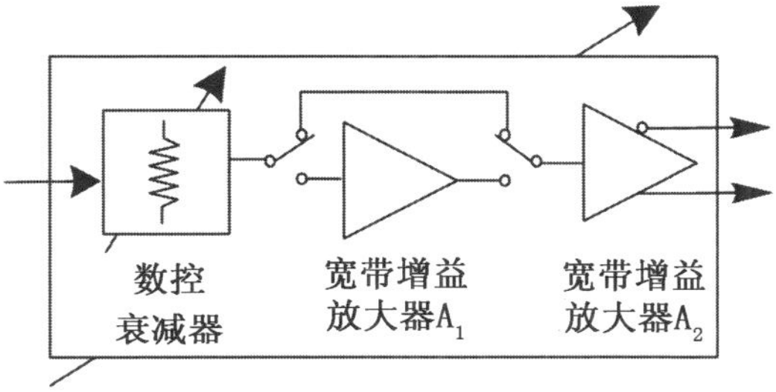

图 4-3 可变增益电路组成框图

4.3.1 宽带阻抗变换电路

宽带示波器模拟前端要求输入阻抗是严格的 50Ω，用于匹配外部高速输入信号；对大小信号的频率响应范围从 DC～2.5GHz 以上，且能够实现直流偏置调节。这里需要特别注意，对于示波器输入而言，直流信号增益同交流信号增益同等重要。目前已有的高速运放器件不能直接满足上述要求，这里基于信号分裂路径原理来设计该阻抗变换电路。信号分裂路径基本原理如图 4-4 所示。

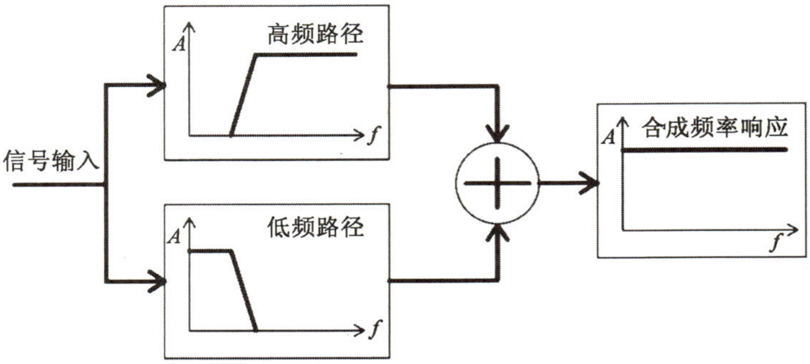

图 4-4　基于分裂路径原理框图

信号输入分别通过高频路径和低频路径，然后再叠加，实现从直流至高频的宽带频率响应。高频路径传输函数为 $H_h(s)$，低频路径为 $H_l(s)$，只要确定好频率交叉点，可以得到合成的系统传递函数：

$$H(s) = H_h(s) + H_l(s) \tag{4-1}$$

具体实现电路如图 4-5 所示。

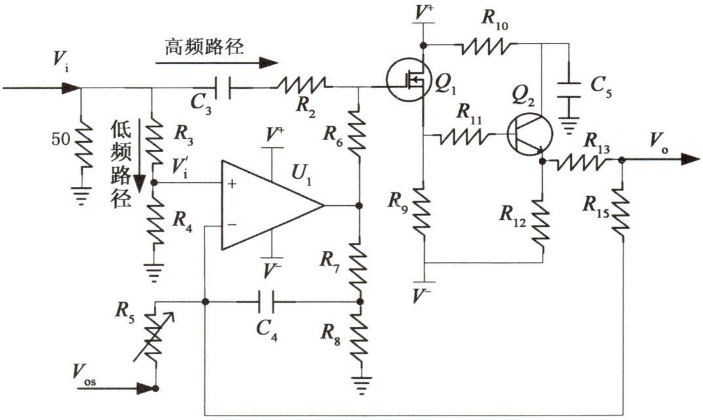

图 4-5　信号输入的实现电路图

其中，输入信号 V_i，偏置调节输入信号 V_{os}，输出信号 V_o；输入信号的高频分量经电容 C_3 耦合通过，低频分量输入至低噪声、低漂移的 JFET 型运算放大器 U_1 正相输入端，电路为负反馈结构，输出信号 V_o 的低频分量经过 R_{15} 反馈作用到 U_1 的反相输入端，这样保证了宽带场效应管 Q_1 和宽带晶体管 Q_2 的静态工作点，并且低频分量和高频分量在宽带场效应管 Q_1 的栅极叠加，最后

经过宽带晶体管 Q_2 射级输出。

与输入级 50Ω 并联的电阻 R_3 和 R_4 远大于 50Ω，从输入端看去，系统输入阻抗为标准的 50Ω；输出信号由 Q_2 的发射级输出，具有较强的驱动能力和较小的输出电阻。

这里的关键在于合理调节电路参数，确保低频增益和高频增益相同，这样才能叠加得到平坦的频率响应。下面分别对高频信号路径和低频信号路径增益进行分析。

高频信号增益 Gh 受宽带场效应管和晶体管的插入损耗 A 影响，通常衰减 0.5～2dB，故 $Gh<1$，通过实际测量可得此时高频电路的增益为 A，即

$$Gh = A \tag{4-2}$$

低频信号增益为 Gl 主要受低频反馈电路影响，不妨假定此时输入为直流信号，如图 4-5 所示。

V_i 为输入直流信号，V_i' 为运放的正向端输入电压，则有

$$V_i' = V_i \frac{R_4}{R_3 + R_4} \tag{4-3}$$

V_{os} 是直流偏置调节输入电压，则有

$$\frac{V_{os} - V_i'}{R_5} = \frac{V_i' + V_o}{R_{15}} \tag{4-4}$$

根据式（4-3）和式（4-4）可得到如下关系：

$$V_o = \frac{R_{15} + R_5}{R_5} \frac{R_4}{R_3 + R_4} V_i - \frac{R_1 5}{R_5} V_{os} \tag{4-5}$$

根据式（4-5），当直流偏置调节电压 $V_{os} = 0$ 时，可得低频直流增益 Gl ：

$$Gl = \frac{V_o}{V_i} = \frac{R_{15} + R_5}{R_5} \frac{R_4}{R_3 + R_4} \tag{4-6}$$

这里要求高频增益和低频增益相等，则有

$$Gh = Gl = A \tag{4-7}$$

根据式（4-2）和式（4-6），可以得到

$$\frac{R_{15} + R_5}{R_5} \frac{R_4}{R_3 + R_4} = A \tag{4-8}$$

由式可得，通过调节 R_5，可以使得电路总体上保证直流低频增益和交流高频增益一致。

另外，R_7，R_8 和 C_4 组成一个局部负反馈，其分压比例同 R_3 和 R_4 分压比例相当，满足如下条件：

$$\frac{R_7}{R_8}=\frac{R_3}{R_4} \tag{4-9}$$

按照上述关系式调节阻容元件参数，使得该阻抗变换电路总体频率响应满足设计要求。

4.3.2 通道偏置调节电路

偏置调节功能是数字示波器通道的重要功能之一，偏置调节的范围大小也是衡量一个示波器性能的重要指标之一。当需要观察的交流信号上叠加了较大的直流电压，而我们又需要看到整体情况时，就需要示波器有较大的偏置调节范围，比如LVDS（低电压差分信号）是广泛应用于高速传输的逻辑电平标准，其差分电路通常为1.2V的直流偏置，而信号摆幅是350mVpp，交流摆幅比直流分量小得多，测量此类高速信号时，为了能够得到更加理想的观测波形，需要通过偏置调节抵消该直流分量，使得用户能够以更加合适的方式观察波形。

通道整体结构图如图4-6所示。

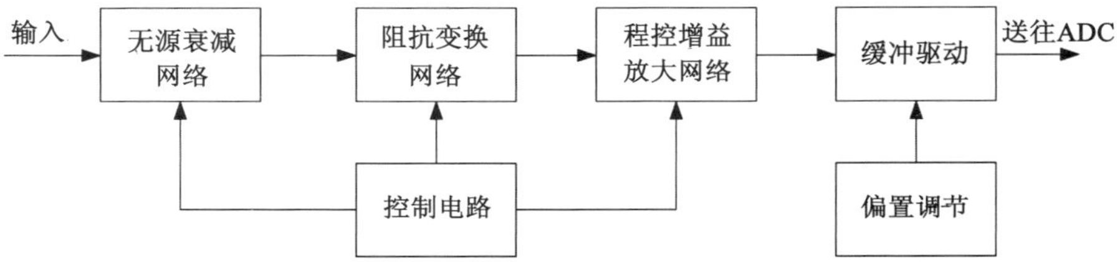

图4-6 传统示波器通道整体框图（偏置调节在后级）

无源衰减网络由R、C等无源器件构成，能够有效弥补数控衰减芯片动态范围有限的缺点；阻抗变换网络用来隔离前后级电路之间的影响，增加对后级的驱动能力；程控增益放大网络实现对小信号的放大；控制电路包括状态控制电路和电平的调节，如通道的交流直流耦合控制、触发电平的调节等；缓冲驱动对信号电平进行转换，使之满足ADC输入电平要求；偏置调节通常设计在后级，即缓冲驱动一级，偏置电压与信号做完加减法处理后直接送入ADC进行数模转换，这种设计简单方便，但是偏置调节的范围却非常有限。

偏置调节放在前级，即阻抗变换网络一级（如图4-7所示），可以解决偏置调节范围有限的问题，但是电路中的噪声和集成器件的温漂，在后级宽带运放放大的过程中，也会一起被放大，严重影响对输入信号的观测。这里提出的偏置调节电路就是为了更好地解决上述问题。

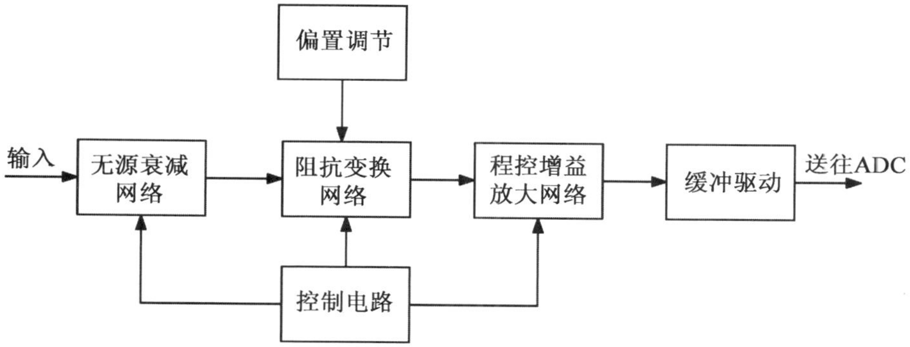

图 4-7 数字示波器通道整体框图（偏置调节在前级）

1. 传统的偏置调节电路示意图

设输入电压为 V_{in}，输出电压为 V_o，偏置调节电压为 V_{adj}，由图 4-8 可得

$$V_o = (1+\frac{R_2}{R_1}) \times V_{in} - \frac{R_2}{R_1} \times V_{adj} \tag{4-10}$$

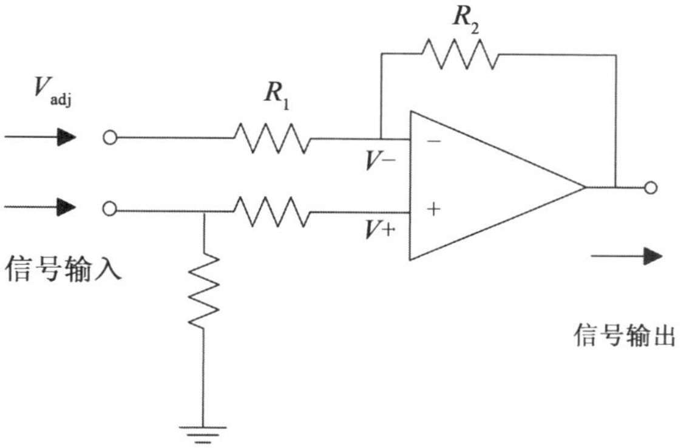

图 4-8 传统偏置调节电路

即输出电压与输入电压、偏置调节电压的关系，也就相当于在信号中加入了直流分量。这种直接采用运放做加减法的调节电路实现起来较为方便，但存在以下问题：

宽带电路特性很容易受到寄生电容的影响，该电路主要应用在低带宽场合，对于高频信号的频率响应，平坦度不好；

通常调节电压来自数模转换器（DAC），而 DAC 输出的直流信号通常噪声系数较大，直接接入前级运放，在后级宽带运放放大的过程中，噪声也将被放大，严重影响对被测信号的观察和测量；

由于数字示波器 50Ω 输入阻抗有严格的精度要求，此电路高频特性和输入阻抗往往难以兼顾。此外，DAC 和运放的温漂难以回避，影响偏置调节的精度。

2. 新型通道偏置调节电路（如图 4-9 所示）

采用了低漂移高精度运放＋低噪声宽带固定增益运放＋电容的架构，设计实现了新的偏置调节电路，电容起到隔直的作用，高低频经不同传输路径送往高速运放，该电路主要由三部分组成，即高低频信号分路传输电路、低噪声高速运放电路和高精度运放电路。

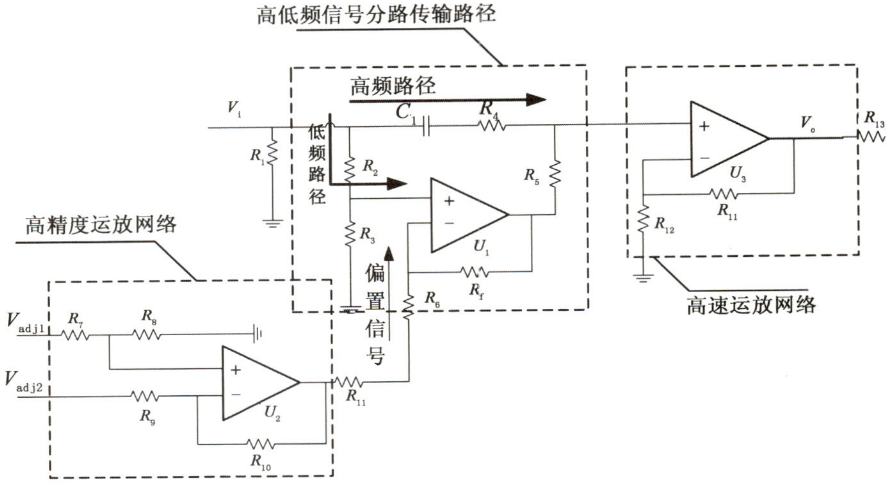

图 4-9　新型通道偏置调节电路

3. 高低频信号传输路径（如图 4-10 所示）

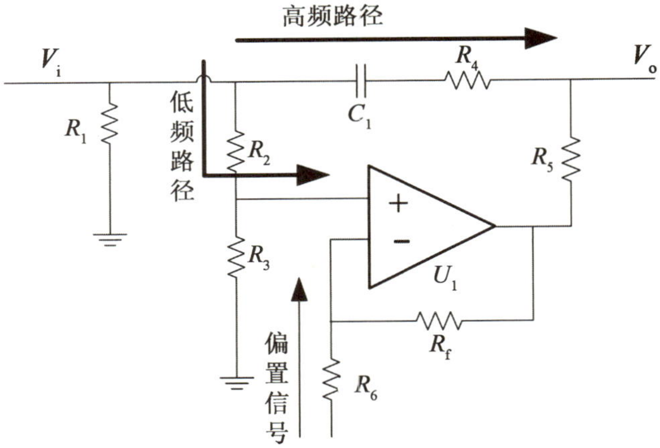

图 4-10　高低频信号分路传输路径

电阻 R_1 设计为50Ω输入匹配阻抗，R_2 和 R_3 远远大于 R_1，这样通过选择高精度的电阻 R_1 的值，即可确定精确的50Ω输入阻抗。

低频信号经运放 U_1（选用双路精密JFET放大器AD8512），叠加偏置电压后进入低噪声宽带固定增益运放 U_3，实现低频信号偏置电压的调节。电路中 $R_2:R_3=1:1$，$R_f:R_6=1:1$，保证输入低频信号不加偏置调节时 $V_o=V_i$，基线位于示波器屏幕中央。

高频信号经耦合电容 C_1，叠加偏置电压后送入 U_3，实现高频信号的偏置电压调节。

4. 高精度运放电路（如图4-11所示）

传统的偏置电路将输入信号和偏置调节信号直接做加减法处理，电路实现简单，但是DAC和运放等集成电路器件的温漂现象比较严重，测量信号时产生的偏差较大，电路稳定性不好。本设计中，运放 U_2 选用双路精密JFET放大器AD8512，它具有低失调电压、低输入偏置电流、低输入电压噪声和低输入电流噪声的特性，DAC输出的直流电流信号分成两路接入 U_2 的两个输入端，通过调节分压电阻以一路输入作为参考信号。

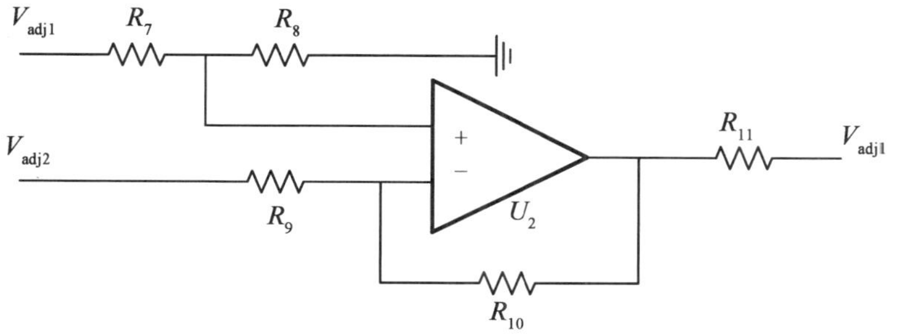

图4-11 高精度运放电路

设输入电压分别为 V_{adj1} 和 V_{adj2}，输出电压为 V_{adj}，由图4-11可得

$$V_{adj}=\frac{2R_8}{R_7+R_8}\times V_{adj1}-\frac{R_{10}}{R_9}\times V_{adj2} \tag{4-11}$$

差动放大要求电阻严格配对，设置电阻 $R_7=R_8, R_9=R_{10}$，则式（4-11）变为

$$V_{adj}=V_{adj1}-V_{adj2} \tag{4-12}$$

来自DAC的温漂根源在于DAC的参考电压温漂，通常为几个ppm/℃，其输出电压的漂移是参考电压的函数，二者是线性关系，从式（4-12）可以看出，当 V_{adj1} 和 V_{adj2} 相当时，二者产生的温漂Vt _ drift相当，基本抵消。

由此可以看出，此电路可以有效地抵消电路中产生的漂移，稳定性较好，此外两级运放之间可以设计阻容滤波电路滤除噪声。

5. 宽带高速运放选择

如图 4-12 所示，该电路主要起到阻抗变换的作用，增加信号的驱动能力。这里需要选择具有低噪声、高压摆率、低失真的宽带固定增益放大器 THS4302，其输入带宽高达 2.4GHz。输入信号叠加偏置电压后送入宽带高速运放 U_3，THS4302 的输入范围为 ±2Vpp，确保能够将来自两路叠加的信号无失真地传输到后级。

本方法中提出的新型通道偏置调节电路克服了传统电路噪声大、温漂现象严重等问题，实现了宽带数字示波器固定偏置电压调节、高低频信号隔离传输功能，提升了示波器测量高速信号的能力。

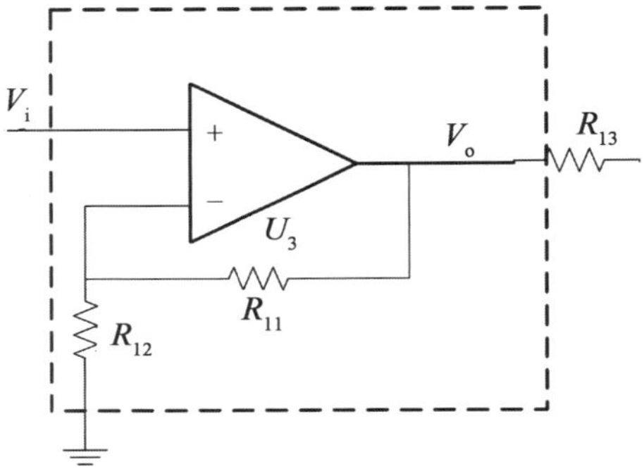

图 4-12 宽带高速运放

4.3.3 可变增益电路

可变增益电路决定了系统的动态输入范围，是通道的关键部分，需要兼顾直流（DC）和高频，通常此处增益范围是 0～40dB，对于如此高的增益和带宽，目前没有现成的单芯片器件。这里选用了数控衰减器、高频继电器以及多个宽带增益放大器，采用级联组合的方式，设计实现了可变增益模块，如图 4-3所示。

其中所选数控衰减器（PE4302）−3dB 带宽 6GHz，平坦性较好，在 2GHz 频点插入损耗约 0.3dB，动态范围 31.5dB；宽带增益放大器（ADL5565）增益为 15dB，−3dB 带宽高于 5GHz，在 2GHz 处几乎没有衰减；当通道工作在较小增益时，可控制双刀双掷开关处于直通状态，当通道工作有较大增益时，控制开关启用宽带增益放大器 A_1；高频双刀双掷开关选用高频继电器实现，具有较小的插入损耗和较好的隔离度，在多个器件级联方式下，理论上 2GHz 处总计衰减小于 0.5dB。

4.3.4 高速并行 ADC 驱动电路

为获取宽带信号，需要更高的实时采样率，目前工艺上能够实现的单核 Flash 型 ADC 最高转换速率有限，更高采样率通过多片高速 ADC 并行交替采样来实现。在单个芯片级实现的最高采样已经高达 40Gsps，其内部是多达几十个 ADC 交替采样来实现的。在芯片级中集成多个 ADC，降低了外部驱动电路的要求，而在系统级实现多个 ADC 交替采样，则要求对 ADC 驱动电路每路输出信号的增益误差、输出延迟误差控制在适当的范围内。

本系统中需要驱动 4 片高速 ADC，结构如图 4-13 所示。

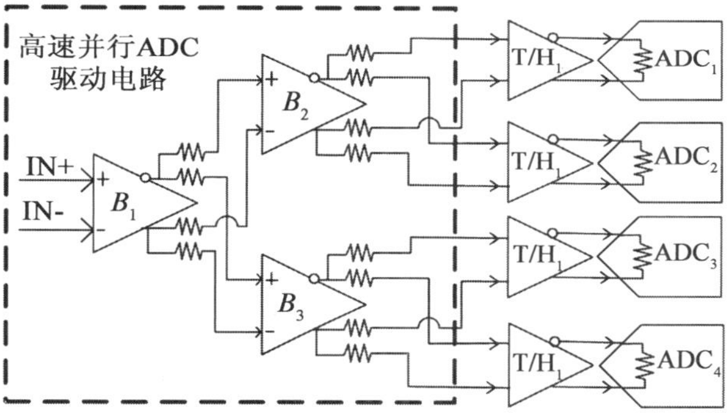

图 4-13 高速并行 *ADC* 驱动电路

采用一路差分运放驱动两路差分运放，两路差分运放再分别驱动 4 片高速采样保持器（现有 ADC 输入带宽已经不能满足 4GHz 的输入要求），然后送 ADC 输入端。

高速信号传输链路上阻抗匹配是非常重要的，既包括端接匹配，也包括传输线特征阻抗匹配。在高速 ADC 驱动环节需做相应的容性匹配，可以补偿负载输入电容和传输路径分布电容。本系统设计中采用的高速 ADC 为差分输入，差分输入阻抗为 $R_{IN}=100\Omega$，差分容抗为 $C_{D\_IN}=0.08pF$，单个信号输入引脚对地等效电容为 $C_{G\_IN}=2.2pF$，另外考虑到 PCB 走线等引起的分布电容，所以需要对驱动运算放大器输出阻抗做容性匹配，如图 4-15 中 C_1 和 C_2 所示。

$R_{IN}=100\Omega$，差分容抗为 $C_{D\_IN}=0.08pF$，单个信号输入引脚对地等效电容为 $C_{G\_IN}=2.2pF$，另外考虑到 PCB 走线等引起的分布电容，所以需要对驱动运算放大器输出阻抗做容性匹配，如图 4-14 中 C_1 和 C_2 所示。

考虑到 ADC 内部本身的输入频率响应并非特别理想，实际调试时应适当

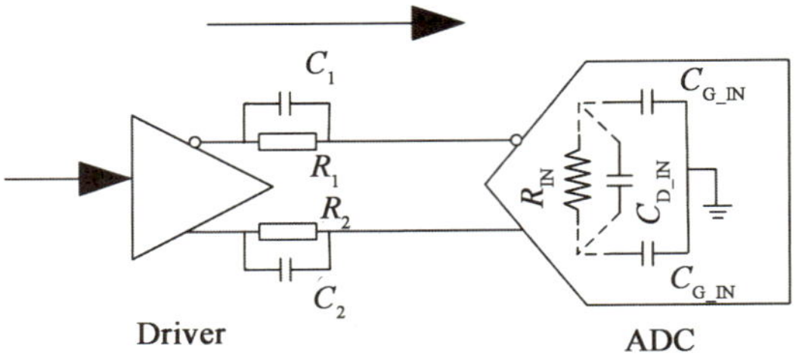

图 4-14　ADC 驱动容性匹配

提高补偿损耗余量。

4.4　触发通道

触发通道用于产生被测信号的同步数字脉冲，是数字示波器中不可或缺的部分。由于输出信号频率很高，这里要选择高速比较器；信号频率高达 GHz 以上的脉冲信号不能被后级数据缓冲控制电路正确识别（如 FPGA），需要进行降频处理，高速触发通道的结构框图如图 4-15 所示。

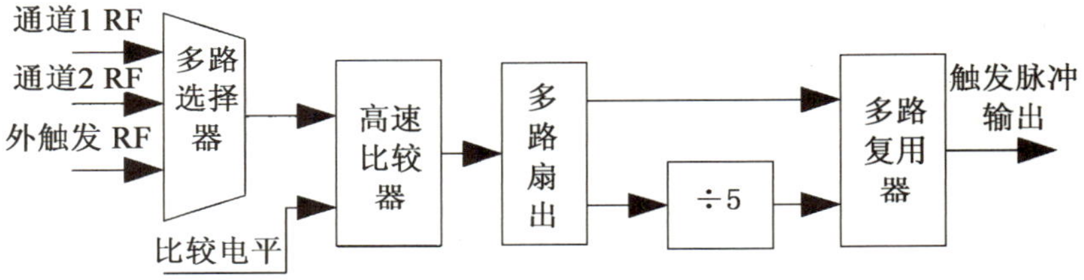

图 4-15　高速触发通道结构框图

选择输入频率范围可达 4GHz 的高速比较器，多路扇出器将信号分两路输出，一路直通，不进行分频，用于实现数字示波器的单次及正常触发功能；一路进行降频处理是为保证 4GHz 的信号被有效识别，选择 5 倍分频处理，降至 800MHz，确保了 FPGA 可以有效识别。

由于触发系统有边沿的选择要求，即选择上升沿或下降沿触发。这里选择奇数分频，是因为奇数分频器经过分频后形成的分频脉冲包含了原始脉冲的上升沿和下降沿信息，正好满足要求，如果是偶数分频，则只有上升沿信息或者下降沿信息。5 倍分频逻辑如图 4-16 所示，4GHz 通道模块试验板照片如 4-17 所示。

在设计 PCB 过程中，严格控制 PCB 关键路径的特征阻抗，如图 4-18 所示。

通过用罗德斯瓦茨矢量网络分析仪 ZVL 对试验板进行幅频测试，得到如下测试结果，如图 4-18 所示；考虑到 ADC 数字化采样在高频段会有一定的损失，故设计通道的时候，进行适当的高频补偿，即在（2～4）GHz 位置进行

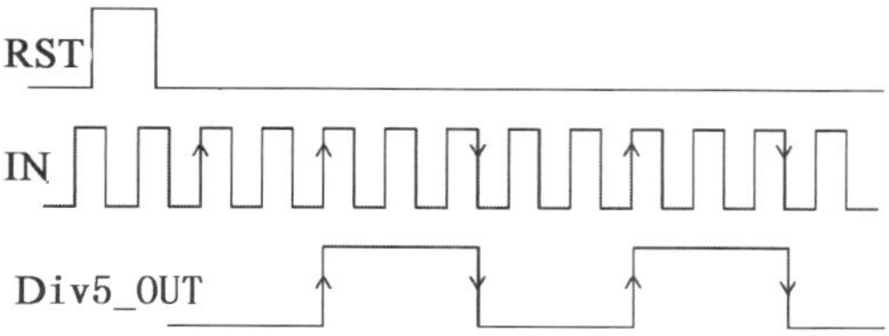

图 4-16 5 倍分频逻辑示意图

图 4-17 4GHz 通道模块试验板照片

补偿。由图中可以看出，在（2～3.2）GHz 范围，增益高出约 2～3dB 以弥补后级 ADC 数字化的高频损失，但在 4GHz 频率点，衰减约 1.2dB，总体上接近 4GHz。

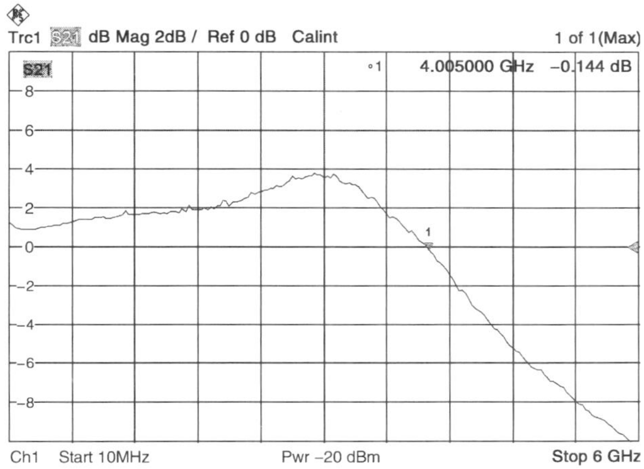

图 4-18 4GHz 通道调理模块幅度频率响应测试

4.5 驱动与采样保持技术

为了实现用低带宽 ADC 去采集宽带信号的目的，必须在 ADC 前端放置高带宽的采样保持器来获取宽带信号。这里将重点论述采样保持器的原理以及 ADC 如何跟前级采样保持器配合工作才能达到最佳性能。

4.5.1 采样保持器原理

1. 理想脉冲采样

首先介绍一种理想脉冲采样器，其输出关系如图 4-19 所示。

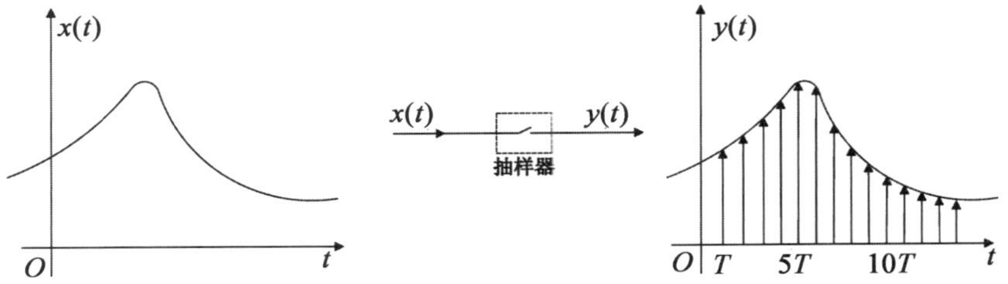

图 4-19 信号抽样示意图

该采样器的输入为模拟信号 $x(t)$，输出为理想的脉冲序列 $y(t)$。采样器相当于一个定时开关，它每隔 T 秒闭合一次，每次闭合时间为 τ 秒，从而得到采样信号 $y(t)$。每个脉冲的强度等于模拟信号在对应时刻的值。输出采样就等价于模拟输入信号 $x(t)$ 和 $s(t)$ 的乘积，$s(t)$ 为单位冲击响应，如图 4-20 所示。

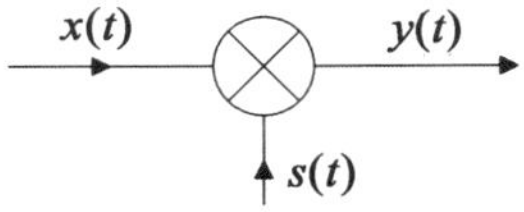

图 4-20 采样器的时域响应

此时，将上面在 $t=kT$ 位置的采样信号进行离散化，得

$$y(t)=\mathrm{y}(kT)=x(t)\cdot\sum_{k=-\infty}^{\infty}\delta(t-kT) \tag{4-13}$$

下面从频域上进行分析，因为周期冲激函数序列 $\delta_T(t)$ 的傅里叶变换为一个在频域中周期为 Ω 的冲激序列。则 $\delta_T(t)$ 的频谱为 $\Omega\sum_{n=-\infty}^{\infty}\delta(\omega-n\Omega)$，其中 $\Omega=2\pi/T$。根据傅里叶变换的频域卷积性质，有

$$
\begin{aligned}
F[y(t)] &= \frac{1}{2\pi}[F(\mathrm{j}\omega) \times \Omega \sum_{n=-\infty}^{\infty} \delta(\omega - n\Omega)] \\
&= \frac{\Omega}{2\pi} \sum_{n=-\infty}^{\infty} [F(\mathrm{j}\omega) \times \delta(\omega - n\Omega)] \\
&= \frac{1}{T} \sum_{n=-\infty}^{\infty} F(\mathrm{j}(\omega - n\Omega)) \\
&= \frac{1}{T} \sum_{n=-\infty}^{\infty} F(2\pi \mathrm{j}(f - \frac{n}{T}))
\end{aligned} \tag{4-14}
$$

所以，由式（4-14）得

$$
y(f) = \frac{1}{T} \sum_{n=-\infty}^{\infty} x(f - \frac{n}{T}) \tag{4-15}
$$

可以得到信号以 n/T 的间隔进行周期性的重复。只要满足 $f_s \geqslant 2f$（奈奎斯特准则），则不会发生混叠现象；否则，如图 4-21 所示，因为采集的值是相同的，所以不能分辨出频率为 f 和 $f + nf_s$ 的信号。

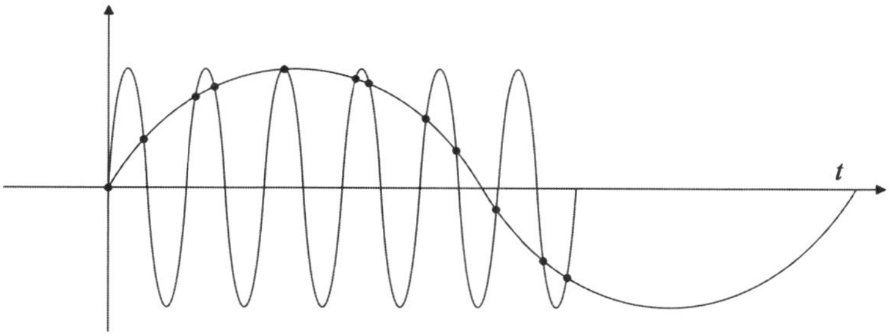

图 4-21 混叠现象演示图

根据奈奎斯特采样定理，采样信号必须将带宽限制在 $f_s/2$ 以下。其中，有两种方式可以进行抗混叠：第一，引入低通滤波器；第二，提高采样率，使之达到最高信号频率的 2 倍以上。一般采样系统中 ADC 的采样率是一定的，并且在本系统中 ADC 的采样率为 2.5Gsps，所以能够采集的最大带宽信号为 1.25GHz。现在要采集 4GHz 带宽的信号，所以只能引入低通滤波器。此时，为了防止混叠现象的发生，能够采集到真实的波形值，需要在 ADC 的前级附加一级采样保持器来采集宽带信号。

2. 保持器

通常，保持器的作用是将采样到的离散信号转换为时间上连续的信号。对于保持器的认识应该基于这样的一个事实：将连续的信号离散化，如果能够由这个离散的信号再次完全重新恢复出原来的连续信号，那么离散化将不会给系统带来任何影响。图 4-22 展示了保持器的作用。

图 4-22　保持器作用

为了尽可能完全恢复出原有的连续信号，$h(t)$ 必须尽可能地逼近 $x(t)$ 。下面以常见的零阶保持器为例，输出函数为

$$h(kT+\tau)=h(kT),\quad 0\leqslant\tau\leqslant T,\quad k=0,1,2,\cdots \tag{4-16}$$

其中，矩形函数为 $u(t)-u(t-T)=g_{\tau}(t-T/2)$。

所以，在 ADC 之前加入采样保持器之后，其采样过程如图 4-23 所示。

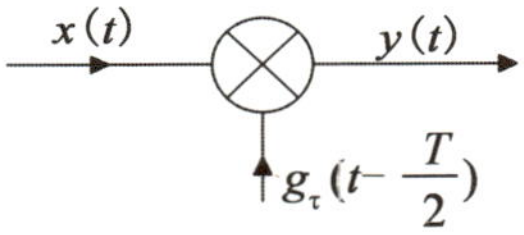

图 4-23　保持器的时域响应

此时，$y(t)$ 的响应变为周期性冲激序列函数与矩形函数的卷积，如式（4-17）：

$$y(t)=[x(t)\cdot\sum_{k=-\infty}^{\infty}\delta(t-kT)]*g_{\tau}(t-\frac{T}{2}) \tag{4-17}$$

$$\begin{aligned} y_{\mathrm{HT}}(f) &= y(f)\cdot F\{g_{\tau}(t-\frac{T}{2})\} \\ &= \mathrm{e}^{-\pi fT}\cdot Sa(\pi fT)\cdot\sum_{n=-\infty}^{\infty}x(f-\frac{n}{T}) \end{aligned} \tag{4-18}$$

$$|y_{\mathrm{HT}}(f)|=|\frac{\sin\pi fT}{\pi fT}\cdot y(f)| \tag{4-19}$$

将式（4-17）进行频域转换得到式（4-18）、式（4-19），其采样保持器的频谱如图 4-24 所示。

由图 4-24 幅频特性曲线可知零阶保持器具有低通滤波性能。从上一节的单纯采样结构的频谱上看，在采样率一定的情况下，单纯的添加低通滤波器是

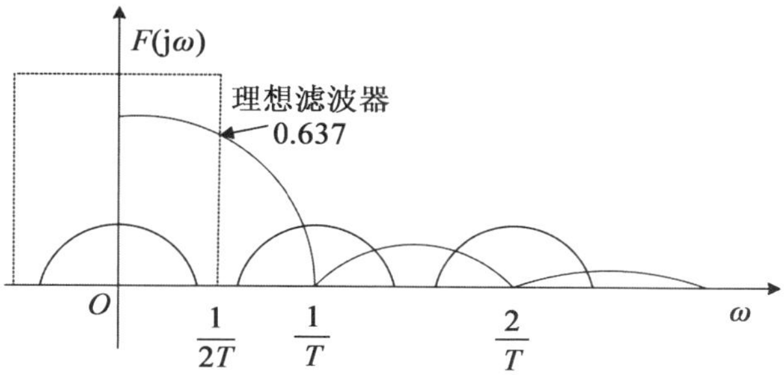

图 4-24 零阶保持器的幅频特性曲线

不能抗混叠的，原因是实际中的抗混叠低通滤波器的特性都不是理想的。然而加入零阶保持器之后，在 $T/2$ 频率处的幅度增强，且在频谱周期延拓的频率点处的幅频响应为零。这直接在频谱上解释了加入采样保持器之后的系统是可以做到抗混叠的。

实际应用工程中保持器的实现形式多种多样，一般有 FET switch（场效应管开关）、Diode bridge（二极管电桥）、Switched emitter follower（设计跟随器开关）等几种实现形式。每种实现形式都具有各自的优缺点，比如，FET switch 具有有限的带宽和非线性电荷注入的缺点，Diode bridge 具有最宽的带宽，Switched emitter follower 拥有好的线性性及大的动态范围。

3. 采样保持器结构

前面已经介绍了采样保持器的原理，下面来详细介绍采样保持器的基本结构，如图 4-25 所示。

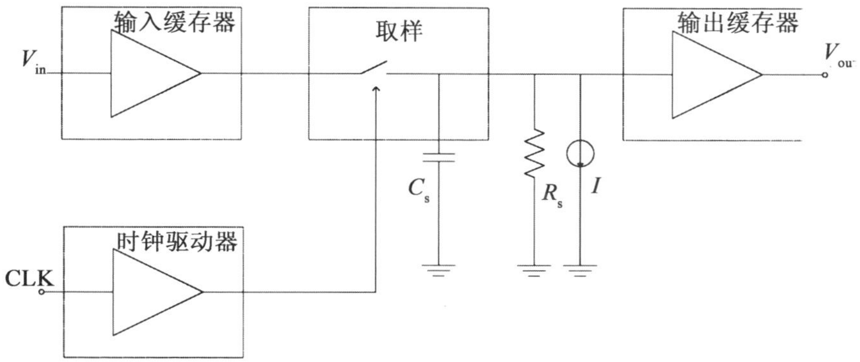

图 4-25 采样保持器的简化结构

采样保持器由输入缓冲器、取样开关、保持电容 C_s、时钟驱动以及输出缓冲器构成。其中，取样开关起着决定性的作用。前面小节中已经介绍过，不再赘述。为了增强采保的带容性负载能力，需要在采保中增加一级输出缓冲器。因为传统的 ADC 的输入电容是很大的，时间常数 RC 跟延迟有关，所以，驱动大的容性负载，需要减小输出电阻 R；延迟跟压摆率 SR 有关，$SR = Id/C$，驱动大电容就需要大的电流。同时输出缓冲器还具有减少负载对采保干扰和影响的作用。

时钟信号控制整个采样保持器的开关闭合状态。时钟上升沿时，开关闭合，进行采集；下降沿时，开关断开，进行保持。在采样保持器进行采样保持阶段有两个重要的参数：采集过程中的采集时间和保持过程中的建立时间。顾名思义，采集时间为在误差允许范围内，数据传输和建立之间的时间。建立时间则是在误差允许范围之内，保持命令到实际数据建立之间的时间。引入这两个概念，是为了帮助理解下面的内容。首先，再次引入两个新的概念 Pedestal 和 Droop。Pedestal 表示采集和保持两个过程切换时产生的误差。Droop 则是由于保持电容的放电引起的误差。这将成为判定采样保持器好坏的关键指标。

本系统中采用了 Hittite 公司的 HMC1061LC5，它具有 DC～18GHz 的带宽、双 RANK 架构、最高支持 4Gsps 的采样率。HMC1061LC5 提供直流耦合，差分 I/O_s 和差分时钟输入。单端 50Ω 匹配，且工作在具有真正的参考共模保护模式下。它主要被应用在要求采样带宽最大化、低噪声、好的线性性的微波数据转换下应用。其中，一个重要的应用是放置在 A/D 的前端。这种双 RANK 的采保由单 RANK 采保串联而成，两者时钟的相位差为 180°。TH_1 处于保持阶段，则 TH_2 处于采样阶段，反之亦然。其输出波形包括两个阶段。第一阶段为 TH_1 处于保持模式并且 TH_2 处于采样模式；在第二个阶段开始时刻，TH_2 采样 TH_1 上一阶段保持的信号波形然后进入保持模式，此时 TH_1 返回到采样模式——重新采集输入波形。采样保持器提供了一个接近完整周期的保持信号。因此，将一个含有最少高频频谱成分的波形传递给下一级器件 ADC。在数据手册中给出 Differential Droop Rate 为 -1.4%/ns。两个 RANK 的 Differential Pedestal 分别为 -1% 和 0.15%，均符合本系统的指标要求。

4.5.2 采样保持器提高系统性能

通常，ADC 内部是具有采样保持器的，那么，为什么还要在 ADC 的前端另外添加一个采样保持器呢？尽管一些高速 ADC 提供很高的采样率，但是其输入带宽很少能够超过几个 GHz 的，增加一级采样保持器可以提高系统的输入带宽或者增加后级 ADC 在高频信号处的线性性。除此之外，在 UHF（Ultra High Frequency）之上的带宽中，想拥有一个好的采样线性性是一个技术性的挑战。大部分ADC在输入信号超过1GHz或2GHz频率时，线性性将急速退化。在ADC内部集成的THA常常表现得一般。ADC前端THA能够以一个精确的时间点去采样，然后保持采集到的那个常数值。HMC1061LC5就是这样一款THA，它能够解决这些限制因素，具有18GHz的输入带宽、优良的宽带线性以及低噪声特性。

假如ADC的前端放置了T/H，那么带宽大幅度降低的ADC能够采集到T/H输出的低频率波形。另外，由于T/H输出的固定波形带宽处于后级ADC最佳基带线性区间内，所以ADC在高频信号中的线性表现也得到了缓和或者改善。

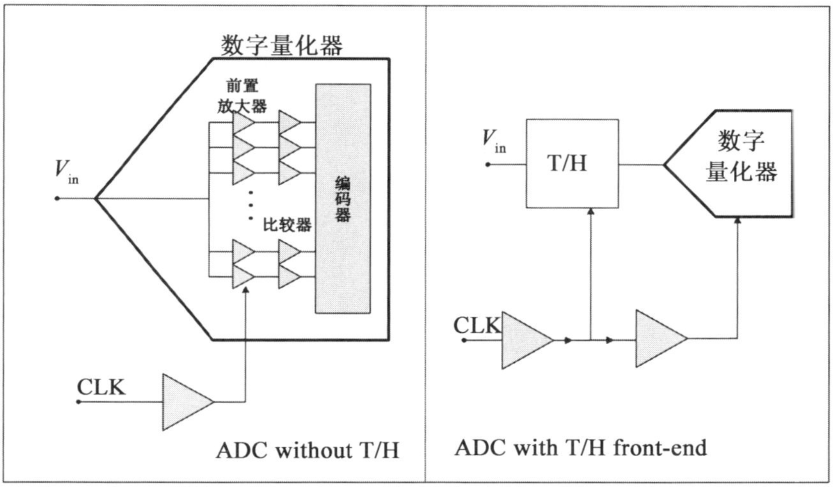

图4-26 采样保持器降低孔径抖动对比

理论上，采样保持器的优点在于提高带宽、降低噪声、减少失真；而数字量化器的优点是具有很高的线性分辨率和速率。如图4-26所示，数字量化器中的前置放大器具有很强的电容负载效应，限制了带宽。时钟供给数字量化器中的触发器，由于并联型比较器A/D转换器需要很多触发器，所以时钟将产生很大的孔径抖动。比如，输出为10位二进制代码，则需要$2^{10}-1=1023$个触发器。对于没有加采样保持器的ADC来说，由于时钟的抖动，数字量化器量化出来的误差增大。对于前端增加一级采样保持器的ADC来说，由于时钟是分开供给的，也就是说，采样保持器的采样时钟可以具有最小抖动特性。所以，采样时钟的低抖动特性保证了ADC量化数值的误差，使之具有良好的特性。可以从以下两个方面来说明由于增加采样保持器而使得孔径抖动减小这一措施提高了整个系统的性能。

孔径抖动越小，越能保证系统的精度。

孔径抖动的最小化对于处理高频信号的 THA 来说是极其必要的。当输入模拟信号频率较高时，孔径抖动是模拟转换器信噪比（SNR）下降的一个重要原因。孔径抖动是指 ADC 采样时钟（通常作用于采样保持器）的各个时钟周期之间出现的相位抖动，是由各时钟周期边沿出现时刻的不确定性所导致的。实际上孔径抖动导致了采样间隔的不确定性，然而当我们对采样信号重构时却以标称的时间间隔进行，这必然包含电压误差所导致的噪声。由于电压误差是 Slew Rate（压摆率）的函数，因此孔径抖动所造成的噪声在输入为高频信号的情况下显得尤为明显。通常情况下，ADC 内部是集成了采样保持器的，如果额外地再添加一个高性能采样保持器的话，则会有利于改善高速 ADC 在高频信号输入下的 SNR 性能。这是因为增加的高性能 THA 将高频输入信号转换成了“直流”信号，再利用高速 ADC 进行采样，从而使得电压误差降至最小。下面以系统中的 ADC 和 THA＋ADC 两种方案进行试验，来验证孔径抖动减小对提高系统性能的影响。其中，ADC 的型号为 E2V 公司的 EV8AQ160；采样保持器为 Hittite 公司 HMC1061LC5。假设 $V_{in}=A\sin\omega t$，则

$$\frac{dV_{in}}{dt}=A\omega\cos\omega t \tag{4-20}$$

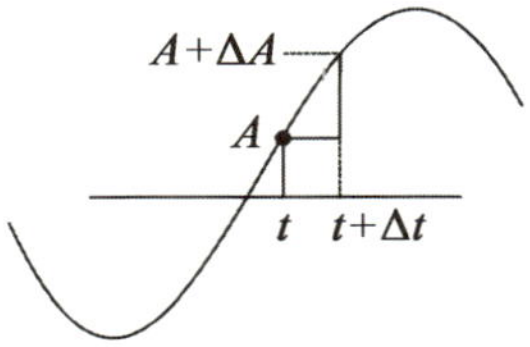

图 4-27　孔径抖动效应

如图 4-27 所示，根据斜率和幅度的变化，得

$$\Delta t=\frac{\Delta A}{A\omega\cos\omega t} \tag{4-21}$$

对于一个 Nbit 精度的 T/H，假设其量化误差在 ±0.5LSB 范围内，则

$$\frac{\Delta A}{2A}<\frac{1}{2^N} \tag{4-22}$$

由式（4-21）和式（4-22）可知

$$\Delta t < \frac{2A}{2^N A\omega\cos\omega t} \tag{4-23}$$

又因为 $\omega = 2\pi f_{in}$，则

$$\Delta t < \frac{2^{-N}}{\pi f_{in}\cos 2\pi f_{in} t} = \frac{2^{-N}}{\pi f_{in}} \tag{4-24}$$

比如，设 f_{in} 为 4GHz，N 为 8bit，则等式（4-24）右边等于 311f_s。所以，只有孔径抖动小于 311f_s，系统才能保证量化误差在 ±0.5LSB 范围内。由数据手册可查，ADC 孔径抖动为 300f_s、8bit 精度；THA 孔径抖动小于 70f_s、9～10bit 精度。经计算可以得出，THA 的孔径抖动可以保证系统量化误差最小化。在 A/D 前端放置 THA 能够使系统的孔径抖动最小化以及能够提高 ADC 的量化精度和速率。

孔径抖动越小，才能保证系统的信噪比。

信噪比（SNR）是描述信号中有效成分与噪声成分的比例关系参数。通常情况下，它被用来评估一个系统的动态性能指标。其数学表达式如下：

$$\text{SNR} = 20\lg\left[\frac{V_{FS}(rms)}{Noise(rms)}\right] \tag{4-25}$$

其中，

$$V_{FS}(rms) = V_{FS}/2\sqrt{2} \text{（FS：Full Scale）}$$

$$\begin{aligned} Noise(rms) &= \tau \cdot \left[\frac{dV_{in}}{dt}\right]_{rms} \\ &= \tau \cdot \sqrt{\frac{1}{T}\int_0^T \left(\frac{dV_{in}}{dt}\right)^2 dt} \\ &= \frac{\sqrt{2}}{2}\tau\pi V_{FS} f_{in} \end{aligned} \tag{4-26}$$

将上述等式（4-26）带入等式（4-25）中，得

$$\text{SNR} = 20\lg\left[\frac{1}{2\pi f_{in}\tau}\right] \tag{4-27}$$

假设系统能够采集到的信号频率为 4GHz，数据手册中给出的孔径抖动最大值为 70f_s，则

$$\text{SNR} = 20\lg\left[\frac{1}{2\pi f_{in}\tau}\right] = 20\lg\left[\frac{1}{2\pi 1250\times 10^6 \times 70 \times 10^{-15}}\right] = 65.196(\text{dB}) \tag{4-28}$$

由于 ENOB=（SNR−1.76）/6.02，所以经计算得 ENOB=10.53bit。通过上述计算证明：如果孔径抖动增大，将导致信噪比下降，从而影响有效位数。

除了上述动态性能的提升，THA 还提升系统的无杂散动态范围（Spurious Free Dynamic Range，SFDR）。在频域中，它是衡量线性特性的有效方法。它的表达式为 $SFDR=6.02\times N+1.76+10\times\log_2(f_s/f_{in})$。数据手册中给出了在 DC～5GHz 的频率段内，THA 拥有 56dB 或者更好的 SFDR。这表明 THA 在宽带范围内拥有一个非常完美的线性度。

采样保持器 HMC5640BLC4B 拥有 18GHz 带宽，完全超越了 ADC 本身的 2.5GHz 带宽，由于受后级通道带宽限制以及 PCB 走线的影响，最终得到两者的幅频特性曲线如图 4-28 所示。

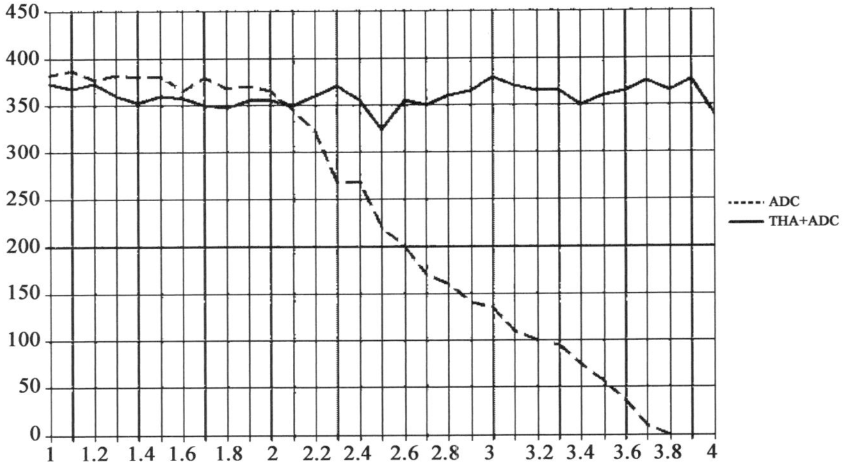

图 4-28 幅频特性曲线

第5章 复杂信号合成技术

5.1 信号合成的概念

信号合成，即根据用户的需要产生具有一定频率（带宽）和形状的波形信号。传统的信号合成一般是首先产生一定频率的正弦信号，然后再对这个正弦信号进行处理，从而输出其他波形信号（例如，通过比较器可以输出方波信号，对方波信号积分可以生成三角波信号等）。这种技术的关键在于如何产生特定频率的正弦信号。

传统的以 RC、LC 为主振级的信号源中，频率稳定度只有 10^{-4}～10^{-3} 量级，远远不能满足现代电子测量和无线电通信等方面的要求。而以石英晶体组成的振荡器稳定度可优于 10^{-8}～10^{-6} 量级，但是它只能产生某些特定频率的信号。频率合成技术是对一个或几个高稳定度频率基准进行加、减、乘、除算术运算，得到一系列所要求的频率。通过合成产生的各种频率信号，频率稳定度可以达到与基准频率相同的水平，并且可以在很宽的频率范围内进行精组的频率调节。

频率合成理论形成于 20 世纪 30 年代，其发展经历了三代。

第一代：直接频率合成技术。该技术利用一个或多个不同的晶体振荡器作为基准信号源，经过倍频、分频、混频等途径直接产生许多离散频率的输出信号。这种方法得到的频率长期和短期稳定度高，频率变换速率快，近载频相位噪声性能好。但是由于大量地采用倍频、分频、混频和滤波环节，直接式频率合成器的结构复杂、体积大、成本高，而且调试难度大，杂散抑制不易做好，容易产生过多的杂散分量，难以达到较高的频谱纯度。

第二代：锁相频率合成技术（Phase Locked Loop，PLL）。它是利用一个或几个参考频率源，通过谐波发生器混频和分频等产生大量的谐波或组合频率，然后利用锁相环，把压控振荡器的频率锁定在某一谐波或组合频率上，由压控振荡器间接产生所需输出频率。该技术的实质是相位反馈理论和模拟锁相技术在频率合成领域的应用。锁相式频率合成器具有良好的窄带跟踪性能，可以很好地选择所需频率的信号，抑制杂散分量。由于避免了大量使用滤波器，十分有利于集成化和小型化。此外，锁相式频率合成器还具有好的长期频率稳定度和短期频率稳定度。但由于锁相本身是一个惰性环节，锁定时间长，所以锁相式频率合成器的频率转换时间较长，频率切换速率比直接频率合成技术慢，并且其合成的信号一般为正弦信号，难以实现波形样式的多样化、任意化。

第三代：直接数字频率合成技术。直接数字频率合成（DDS）技术的出现导致了频率合成领域的第三次革命。1971 年，美国学者 J. Tiercy，C. M. Rader，B. Gold 等在《A Digital Frequency Synthesizer》一文中首次提出了 DDS 技术，它打破了传统频率合成的方法，通过控制输出波形的相位合成所需波形。尽管当时该项技术未能立即得到普遍重视，但随着数字集成电路和微电子技术的发展，DDS 技术在理论上的探讨和在实际中的应用都得到了飞速的发展，并日益显露出它的优越性。其优点是频率分辨率高，频率转换时间快，频率跳变时输出相位连续，相位噪声低，全数字控制，集成度高，容易实现小型化。但由于 DAC、存储器等器件的速率限制，直接数字频率合成器的频率上限较低，杂散也较大。

直接式、锁相式和直接数字频率合成技术都有其优缺点。但直接式和锁相式频率合成技术仅能直接产生正弦信号，如需产生其他波形信号，则需要在正弦信号的基础上进行波形变换，所获得的波形样式有限。而直接数字频率合成技术采用数字取样技术来合成波形信号，有效地解决了传统信号产生方式难以涵盖测试所需的各种复杂波形的缺点，因而在复杂信号合成技术中得到了广泛的应用。目前，利用该技术所实现的任意波形发生器，已经逐步取代传统信号源，广泛应用于磁盘驱动器测试、串行数据通信、基带/IF 调制测试、汽车防抱死、发动机控制、变频器和生物医学模拟等领域，具有广阔的市场前景。

5.2 任意波形合成的基本原理

复杂信号，也称为任意波形，是信号合成领域一直在追求的目标。它可根据用户的测试需求仿真被测产品在实际条件运行时所遇到的“真实世界”信号，重演由数字示波器捕获的波形，模拟甚至替代来自某个尚未安装元件的信号或测试过程中难以重复或很难通过元件和传感器生成的信号。例如：在飞机的可行性和稳定性测试中，模拟试机时螺旋桨的运行情况；在军用通信接收机测试中，仿真接收到的信道衰减信号；在低截获概率雷达的应用中，产生复杂且捷变的波形等。

由于传统信号产生方式难以涵盖测试所需的各种复杂波形，数字取样技术成为任意波形合成方法不可替代的选择，其核心是直接数字合成技术。

直接数字合成技术其模型结构的不同，可分为直接数字波形合成（Direct Digital Waveform Synthesis，DDWS）和直接数字频率合成（Direct Digital Frequency Synthesis，DDFS）两种。

5.2.1 DDWS 直接数字波形合成技术

DDWS 的实现原理如图 5-1 所示，主要由地址发生器、波形查找表、数模转换器和可变时钟发生器组成。根据预定的采样频率、所需信号的时域特征、波形长度等参数，由信号的数学表达式计算出各信号点幅度值，经过量化后按采样顺序预先存储在波形查找表中。可变时钟发生器按照用户设置的采样频率输出相应的时钟信号。每一个时钟信号的上升沿，地址发生器的输出地址加1，地址发生器的输出地址对波形查找表寻址，逐点读出波形数据，经数模转换后生成相应的输出信号。设可变时钟频率为 f_s，若周期波形每个周期由 n 个采样点构成，则该波形输出频率为

$$f_0 = 1/T_o = 1/nT_s = f_s/n \tag{5-1}$$

式（5-1）中，T_o 为输出信号波形周期，T_s 为可变时钟周期。

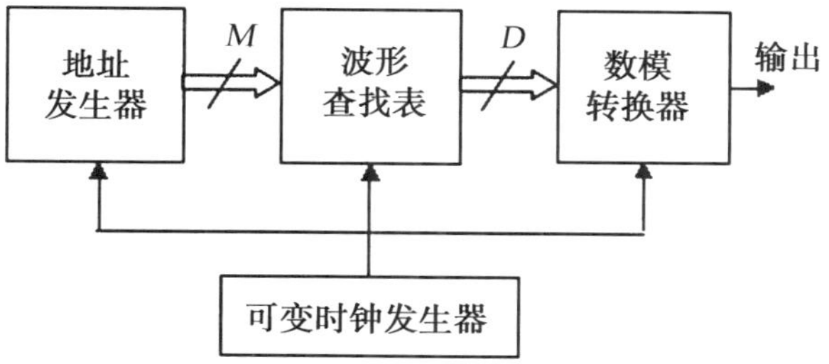

图 5-1 DDWS 原理图

5.2.2 DDFS 直接数字频率合成技术

由于 DDWS 产生新的频率必须通过更改采样时钟的频率或波形存储器中的数据点数来实现，作为振荡器应用具有较大的局限性。因此提出了如图5-2所示基于相位累加器的改进模型，即直接数字频率合成（DDFS）。DDFS 系统主要由固定时钟发生器、相位累加器、波形查找表、数模转换器和低通滤波器等组成。在采样时钟的控制下，N 位的相位累加器以频率控制字 K 进行累加，截取高 M 位作为相位地址对波形查找表进行寻址，输出相应的 D 位幅度信息，完成波形相位到幅度的转换。输出的波形幅度信息通过数模转换器得到相应的模拟信号输出，低通滤波器滤除杂散分量，保证输出波形的纯度。

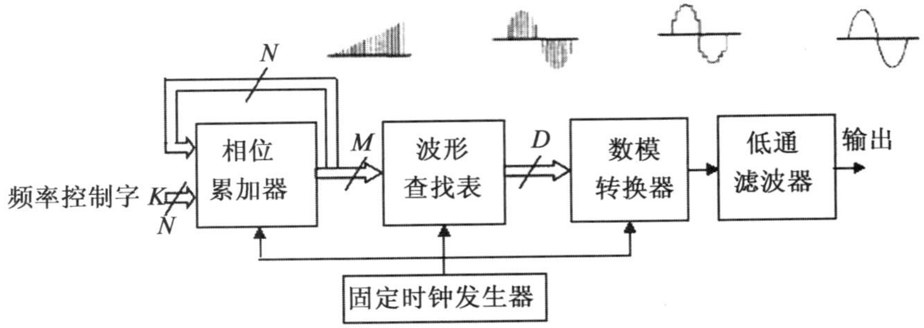

图 5-2　DDFS 原理图

DDFS 的输出频率 f_0 和采样时钟 f_s 之间的关系为

$$f_0 = \frac{K}{2^N} f_s \tag{5-2}$$

式（5-2）中，N 为相位累加器的位数，K 为频率控制字，且 $0 \leqslant K < 2^{N-1}$。

输出信号的频率分辨率为

$$f_{res} = \frac{1}{2^N} f_s \tag{5-3}$$

可见，改变频率控制字 K，即可实现输出信号频率的变化。

5.3 任意波形合成技术及发展趋势

DDS 技术的提出打破了传统频率合成的方法，通过控制输出波形的相位合成所需波形，为任意波形合成技术的发展提供了理论基础。

DDS 以其频率分辨率高、频率捷变快、可输出任意波形等诸多优点，被广泛地应用。然而输出频率上限较低、杂散较大等缺点限制了其进一步的应用，改进 DDS 的缺点可以扩大其应用。因此，提高采样率、提高存储容量、分析和改善 DDS 误差是研究 DDS 技术的关键。

5.3.1 DDS 采样模型

由 DDWS 以及 DDFS 工作原理可知，DDWS 可看作是某一特定采样时钟下，频率控制字为 2^{N-M} 的 DDFS。因此，DDWS 与 DDFS 的采样模型可用同一采样模型进行表示，以下统称 DDS。

假设波形查找表的容量为无穷大，且不考虑幅度量化误差，则 DDS 可看作是对连续信号 $x(t)$ 进行均匀采样后恢复的过程，DDS 的模型可表示如图5-3所示。

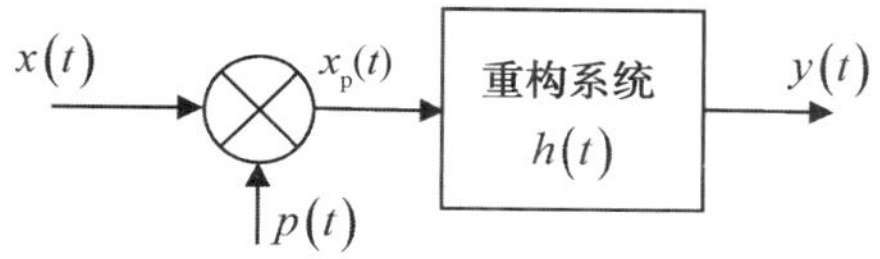

图 5-3　DDS 抽样及重构模型

若采样周期为 T，则采样函数 $p(t)$ 可表示为

$$p(t)=\sum_{n=-\infty}^{+\infty}\delta(t-nT) \tag{5-4}$$

根据傅里叶变换，$x_p(t)$ 的频谱 $X_p(jw)$ 是 $x(t)$ 频谱 $X(jw)$ 的周期性延拓：

$$x_p(jw)=\frac{1}{T}\sum_{n=-\infty}^{+\infty}X(j(w-nw_s)) \tag{5-5}$$

$w_s=\frac{2\pi}{T}$，表示采样信号的角频率。

假设输入信号为一带限信号，最高频率为 w_M，则输入信号 $x(t)$、样本信号 $x_p(t)$ 的频谱如图 5-4 所示。

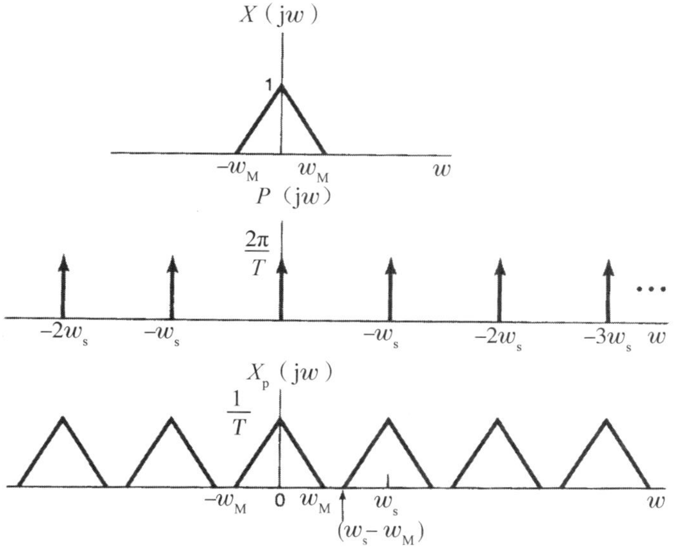

图 5-4　DDS 输出信号频谱

要使样本信号 $x_p(t)$ 经重构系统后的输出信号 $y(t)$ 与输入信号 $x(t)$ 相等，除满足奈奎斯特采样定律以外，还必须采用理想的低通滤波器作为重构系统来实现。图 5-5 是样本信号 $x_p(t)$、重构系统 $h(t)$ 及输出信号 $y(t)$ 的频谱图。

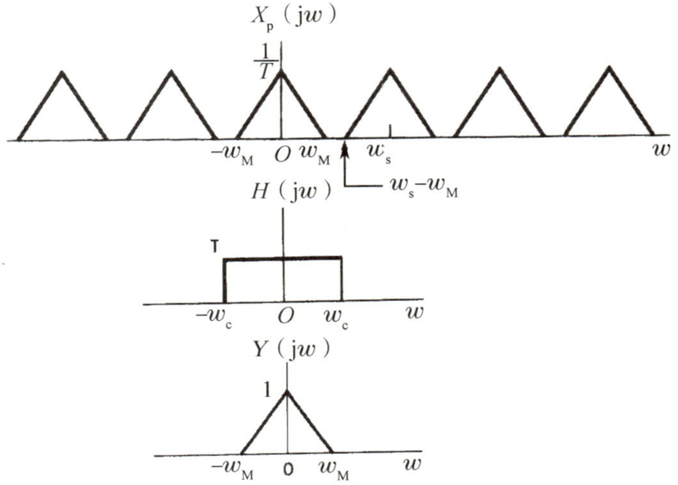

图 5-5　利用低通滤波器恢复样本信号

其中，低通滤波器 $H(\mathrm{j}w)$ 的增益为 T，截止频率 w_c 应满足 $w_M < w_c < w_s - w_M$ 。重构系统的单位冲击响应 $h(t)$ 为

$$h(t)=\frac{T\sin\frac{w_s t}{2}}{\pi t} \tag{5-6}$$

在实际电路中，由于理想单位冲击采样信号与低通滤波器均无法实现，因此，常采用具有一定保持特性的采样方式来产生采样信号。即在一个给定的瞬间对 $x(t)$ 采样，并将这一样本值保持一定的时间。具有保持特性的 DDS 模型如图 5-6 所示。

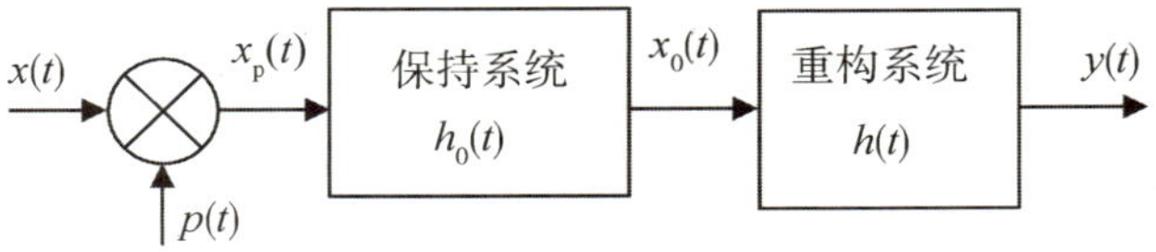

图 5-6　具有保持特性的 DDS 模型

经过保持系统后的样本数据 $x_0(t)$ 的频谱 $X_0(\mathrm{j}w)$ 为

$$X_0(\mathrm{j}\omega)=\frac{1}{T}\sum_{n=-\infty}^{+\infty}X(\mathrm{j}(\omega-n\omega_s))H_0(\mathrm{j}\omega) \tag{5-7}$$

$H_0(\mathrm{j}\omega)$ 是保持系统 $h_0(t)$ 的频率响应。经过保持采样后，输出信号的频谱不仅发生周期性的延拓，其幅频特性的包络曲线应为 $H_0(\mathrm{j}\omega)$。要想保证无失真的还原信号，重构系统的幅频特性应满足

$$H(\mathrm{j}\omega)=\frac{T}{H_0(\mathrm{j}\omega)} \tag{5-8}$$

针对应用对象的不同，目前 DDS 常用的 DAC 中常采用的保持函数有两种：零阶保持函数（Zero-Hold）和归零保持函数（Return to Zero）。

零阶保持函数在采样时钟上升沿到来时，对输入数据进行数模转换，输入数据将被保持一个采样周期的时间，直到下一个采样时钟上升沿的到来才发生变化，又一次的采样过程开始。经过零阶保持采样的信号 $x_0(t)$ 如图 5-7 所示，其保持函数的时域图形如图 5-8 所示。

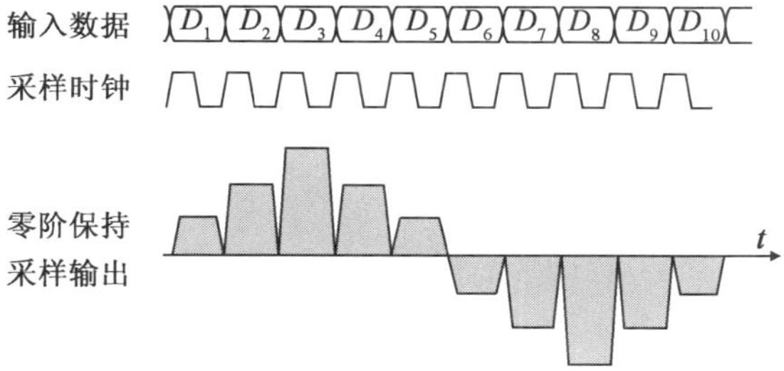

图 5-7 零阶保持采样输出信号时域图

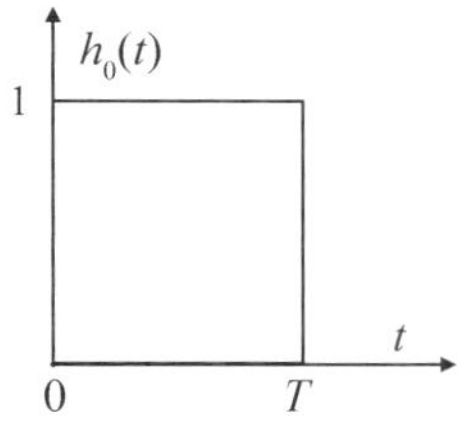

图 5-8 零阶保持采样函数

归零保持采样函数在采样时钟上升沿到来时，对输入数据进行数模转换，输入数据将被保持半个采样周期的时间，在下半个采样周期保持为零，这样就构成了一个采样时钟周期的数模转换。经过保持系统后的样本数据 $x_0(t)$ 如图 5-9 所示，归零保持函数的时域图形如图 5-10 所示。归零保持函数与零阶保持

函数相比，采样后的数据保持时间由一个采样时钟周期缩短为半个采样时钟周期，这使得在归零保持函数下输出信号的能量是零阶保持函数下的一半。

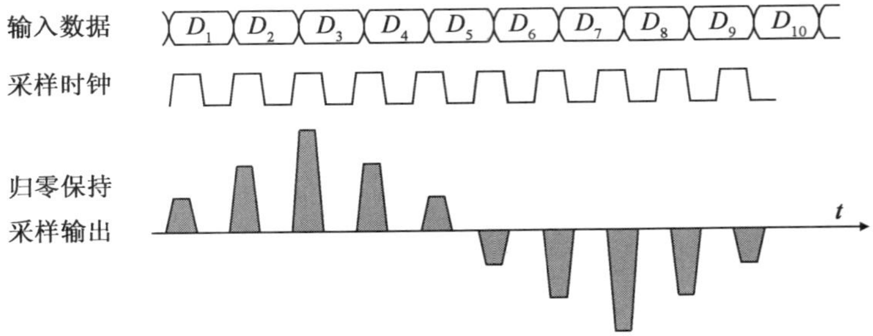

图 5-9　归零保持采样输出信号时域图

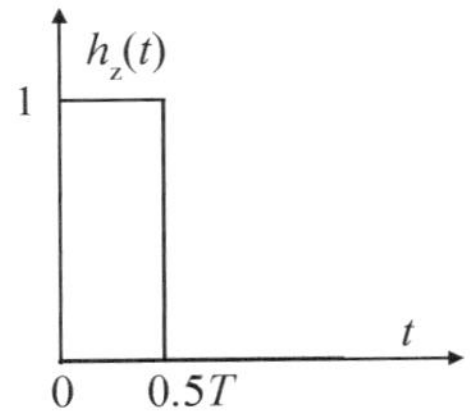

图 5-10　归零采样保持函数

对零阶保持函数、归零保持函数和混合保持函数分别进行傅里叶变换，得到输出信号的频谱包络函数分别为

$$H_0(\mathrm{j}w)=\mathrm{e}^{-\mathrm{j}w\frac{T}{2}}\left(\frac{2\sin\left(\frac{wT}{2}\right)}{w}\right) \tag{5-9}$$

$$H_z(\mathrm{j}w)=\mathrm{e}^{-\mathrm{j}w\frac{T}{4}}\left(\frac{2\sin w\dfrac{T}{4}}{w}\right) \tag{5-10}$$

$$H_M(\mathrm{j}w)=(1-\mathrm{e}^{-\mathrm{j}w\frac{T}{2}})\mathrm{e}^{-\mathrm{j}w\frac{T}{4}}\left(\frac{2\sin w\dfrac{T}{4}}{w}\right) \tag{5-11}$$

不同保持函数下 DDS 的输出信号频谱包络如图 5-11 所示。

从图 5-11 中可以看出，零阶保持函数与归零保持函数的频谱包络均为 sinc 函数，由于归零保持函数采样后数据的保持时间比零阶保持函数减少了半个采样时钟周期，因而其输出信号的能量是零阶保持函数的一半，但其频率滚降特性更为缓慢。具有较平坦的幅频特性。

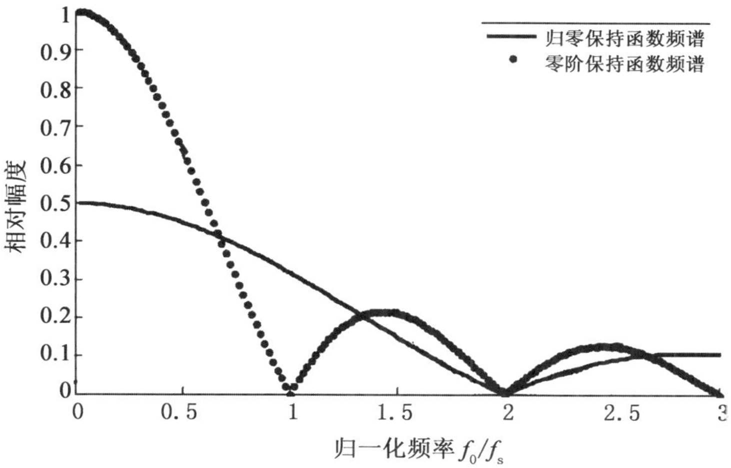

图 5-11 不同保持模式下 DDS 输出信号频谱包络

5.3.2 提高采样率

由 DDS 的原理和奈奎斯特采样定律可知，DDS 输出信号的最高频率应小于采样频率的 1/2，在实际应用中，由于理想的低通滤波器无法实现，常用的信号最高频率一般为采样频率的 40%。虽然通过将 DDS 输出的信号进行倍频或混频也可以提高信号的输出频率，但将带来结构复杂、引入附加频率、无法实现信号频率捷变等缺点。因此，要想获得更高的输出信号频率，必须提高采样频率。采样率由相位累加器、波形查找表和 DAC 三者工作频率共同决定。

在采样率的提高方面，早期的研究主要集中在相关器件的选择及应用上。随着可编程逻辑器件的普遍应用，FPGA（Field Programmable Gate Array）以其逻辑单元多、工作频率高、设计方便等诸多优点逐渐替代了传统数字逻辑电路成为相位累加器设计中的首选。而具有可编程能力的存储器的访问速率则成为任意波形合成中的主要瓶颈。COLIN GYLES 提到 GaAs 存储器的工作速度可高达 1ns，远高于采用 CMOS 工艺的 SRAM 存储器，但同时指出该类存储器价格昂贵、功耗较大。Steven Eugene Turner 提出了一种采用 InP DHBT 技术设计的 DDS，采样时钟频率可高达 24GHz，但仅限于芯片级设计，并且采用的是 ROM 查找表，无法实现任意波形信号的合成。

随着电子技术的不断发展，对输出激励波形频率需求的不断提高，单纯依靠器件工作速度的提高已经无法满足需求，因此，新的体系结构和方法不断被提出。

根据 DDS 输出信号的频谱特点，并针对窄带应用提出了一种利用带通滤波器保留 DDS 输出信号镜像分量来获得高频输出波形的方法。L. K. Tan 等人针对存储器访问速率的限制，提出了采用存储器并行的合成技术，通过对相位的预先计算同时生成多路相位值，进而获得多路的幅度信息，然后通过多路复用器实现幅度信息的正确时序关系。王文华提出了一种采用高速并串转换的方法取代上述并行合成中采用的多路复用器，可以较为精确地实现多路幅度信息的定时关系。

针对 DAC 工作速度的限制，张宇剑等人提出了一种采用低速的存储器和 DAC 并行的结构，通过软件预先计算出数据点之间的幅度增量存入存储器，然后通过加法合成解决存储器访问时间以及 DAC 转换速率的限制问题，对于并行合成有一定的借鉴意义。但增量的计算较为复杂，难以通过硬件实现。Hideo Okawara 利用伪插值技术实现两台高速任意波形发生器的拼接应用，可实现任意波形合成采样率的倍增，并利用 DFT 证明了合成的有效性，同时分析了可能存在的误差来源。田书林等人提出了一种结合分相存储和伪插值技术的任意波形合成方案，采用分相存储技术设计了双路 250Msps 任意波形发生器，通过伪插值技术将采样频率提高到 500Msps，可同时解决相位累加器、波形查找表和 DAC 的工作速度限制。在产品应用上，Analogic 公司在 2001 年推出的 VXI 任意波形发生器模块 DBS 2055 与 Tektronix 公司在 2007 年推出了 AWG7000 任意波形发生器均可将双通道输出通过模拟的方法合成单通道输出，提高任意波形发生器的采样频率。

综上所述，并行模式是提高任意波形采样频率及输出信号频率的有效方法。在并行模式的研究上，目前采用多路存储器并行合成提高相位累加器累加速率和存储器访问速率的方法切实可行，而针对 DAC 转换速率限制的并行合成研究则较少。其研究成果主要集中在如何通过双路 DDS 并行插值实现采样频率的倍增，但对于采用超过两路 DDS 并行合成的情况并未进行分析与探讨，限制了任意波形合成中采样频率的进一步提高。

5.3.2.1 基于并行存储的任意波形合成技术

由 DDS 原理可知，假设频率控制字为 K，波形初始相位值为 P，则输出的波形相位值应分别为 P，$P+K$，$P+2K$，…，$P+nK$。可以看出，相邻两点之间的相位差值固定为 K。因此，波形的输出相位具有可预测性，完全可以在一个采样时钟的上升沿同时产生波形的多个输出相位，通过输出的多个相位值同时对波形查找表寻址，获得相应的波形数据。

例如：在一个采样率为 mf_s 的高速 DDS 系统设计中（假设 f_s 满足相位累加器和波形查找表的工作频率要求），则可在第 nm（$n=1$，2，3，…）个时钟的上升沿，通过DDS同时生成 m 路相位值，再将获得的 m 路相位值同时对 m 个波形查找表进行寻址，转换成并行的 m 路波形数据，最后将 m 路数据合并为符合后级DAC输入格式的数据，如图5-12所示。由于在一个时钟周期内可以获得原来需要 m 个时钟才能获得的数据，所以相位累加器和波形查找表的工作频率可以降低为原来工作频率的 $\frac{1}{m}$ 。

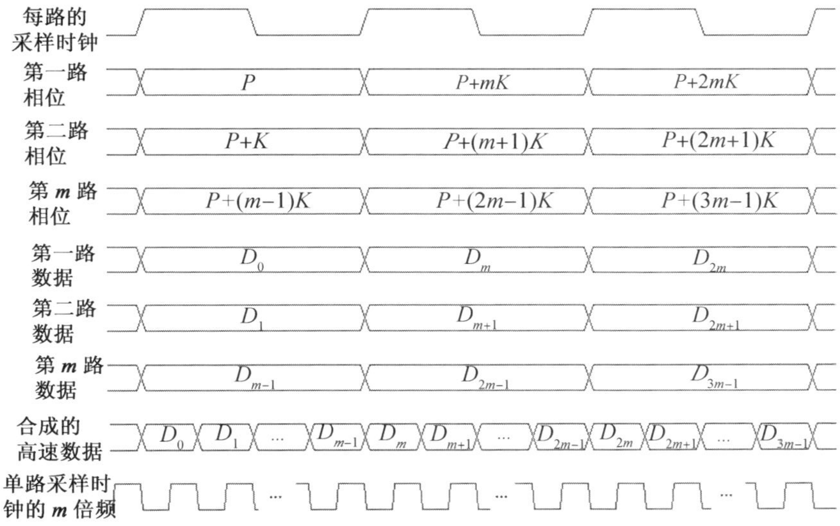

图5-12　m 路并行存储DDS波形数据产生

根据如图5-2所示DDFS工作原理以及相位与幅度的映射关系可知，只需要在相位累加器的输出上叠加固定的相位偏移值，即可实现间隔为 K 的多个相位值。m 路并行存储DDS波形合成原理框图如图5-13所示。相位累加器、相位加法器以及波形查找表均工作在低速采样时钟频率 f_s 下，每一个低速采样时钟的上升沿，相位累加器步进 mK，其输出在相位加法器中与相位偏移值相加，得到结果为 nmK，$(nm+1)K$，…，$(nm+m-1)K$ 的 m 路相位值。m 路相位值对波形查找表进行寻址，产生的 m 路波形数据送到波形数据合成单元，在高速采样时钟 mf_s 的控制下合成符合DAC输入格式的单路数据。

5.3.2.2　真插值任意波形合成技术

基于并行存储DDS的任意波形合成技术，可以较好地解决相位累加器、波形查找表工作速度的限制问题，下面将介绍采用真插值任意波形合成技术来提高DAC的采样频率的方法。

真插值任意波形合成技术原理如图5-14所示（以两路信号为例）。采用两

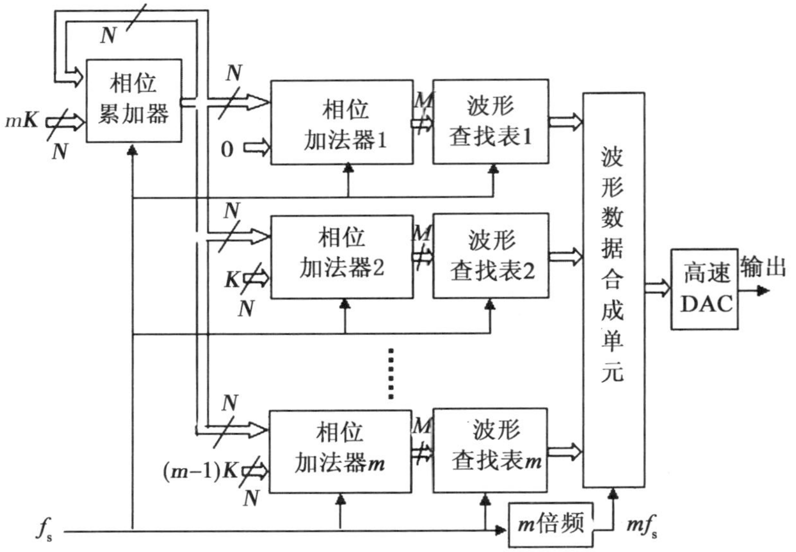

图 5-13　m 路并行存储 DDS 结构框图

路 DDS（DDS_A 和 DDS_B）分别产生任意波形样本数据中的偶数点数据和奇数点数据［也就是 DDS_A 产生的数据点为 $x(2n)$，DDS_B 产生的数据点为 $x(2n+1)$］，DDS 的采样频率均为 $f_s/2$。在 2∶1 选择开关的作用下 DDS_A 和 DDS_B 的输出被交替地传送到输出端。选择开关的控制信号是一频率为 $f_s/2$，占空比为 50％的方波。因此，输出波形的每个数据点持续时间为 $1/f_s$。可见，真插值后输出信号的等效采样率加倍。真插值模式的时域波形如图 5-15 所示。

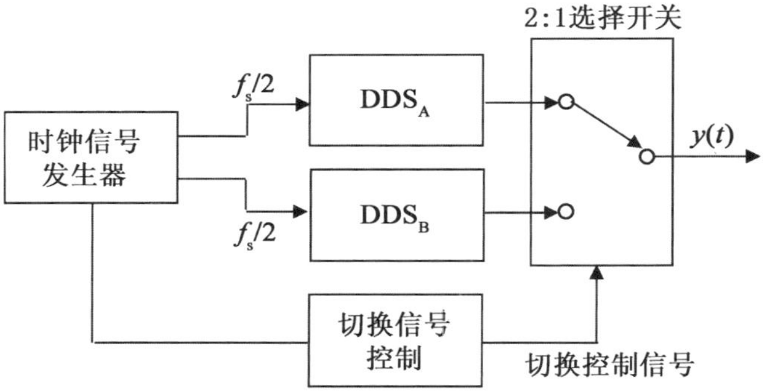

图 5-14　真插值模式任意波形合成原理图

从图 5-15 可见，真插值任意波形合成技术的关键是同步技术和占空比控制技术。一方面要求 DDS_A 和 DDS_B 的输出与选择开关的控制信号完全同步，另一方面要求切换控制信号占空比应严格为50%；否则，将会造成输出波形的较大失真。图5-16表示的是选择开关控制信号与两路DDS输出不同步时的真插值波形，图5-17表示的是选择开关控制信号占空比不为50%时的真插值波形，两种情况下输出波形的形状与理想输出之间均存在一定的偏差。

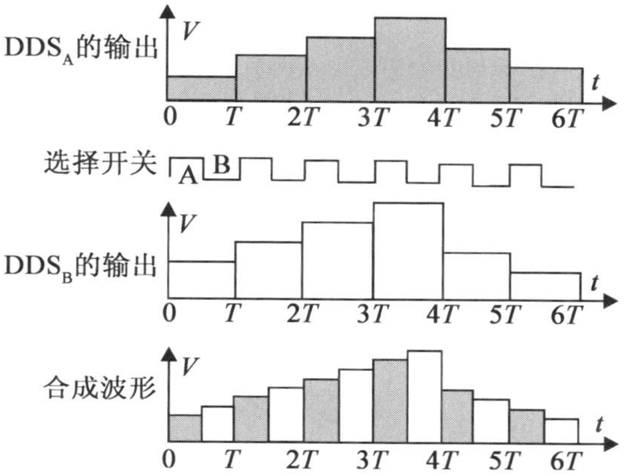

图5-15 真插值模式任意波形合成时域波形图

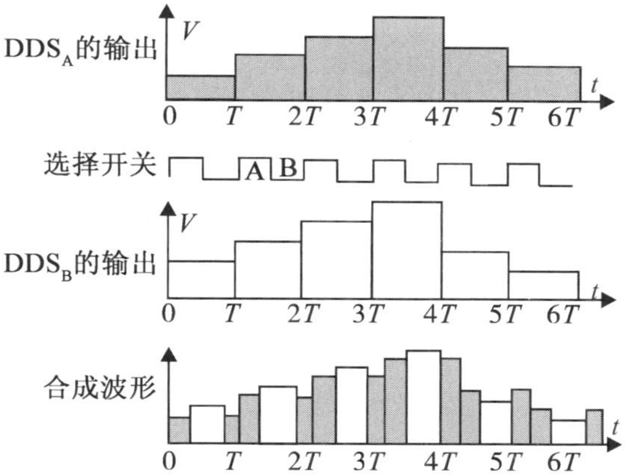

图5-16 选择开关与DDS输出不同步时真插值任意波形合成时域波形图

在实际应用中，DDS_A和DDS_B之间的同步可通过调节DDS_A和DDS_B的采样时钟相位来实现，而切换控制信号与DDS输出之间的同步可通过延迟线调整切换控制信号的相位来保证。同时，在较低采样频率下，通过高速计数器产生选择开关控制信号，也能较好地保证选择开关控制信号的占空比为50%。但随着采样频率的提高，时钟信号的抖动将严重影响选择开关控制信号的占空比，同时，选择开关的建立时间、开关的抖动噪声也不可忽视。因此真插值任

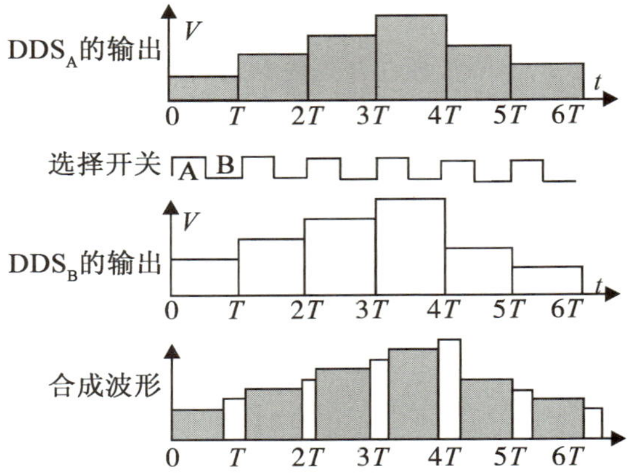

图 5-17 选择开关占空比不为 50%时真插值任意波形合成时域波形图

意波形合成技术在高频应用中受到了较大的限制。

5.3.3 提高存储容量

在任意波形合成时，首先需要将所要合成信号的一个周期经过时域抽样、幅度量化后存入波形查找表中，因而时域抽样误差（相位截断误差）与幅度量化误差成了任意波形合成中的两个主要误差来源。提高波形查找表的容量能增加对波形细节的描述能力，同时有效地减小时域抽样误差，改善输出信号的杂散，成为任意波形合成研究的热点之一。

在提高波形查找表的容量方面，主要有如下几种方法。

1）在现有器件的基础上，通过选择大容量存储器件，或是通过存储器级联拼接来实现。戴健等人提出了一种采用 PC 机的 SDRAM 内存条作为 DDS 波形查找表的方法，所实现的任意波形存储深度可达 512MB，但由于 SDRAM 的时序控制较复杂，且工作过程中需要刷新，因此，需要设计专门的控制电路，造成复杂度的增加。左磊等人提出了一种通过双 RAM 动态切换实现长时间波形输出的任意波形合成方式，对于“可持续”任意波形的产生有一定借鉴价值，但受限于计算机的数据吞吐量，所实现的任意波形取样率较低，仅适用于低速信号的产生。

2）针对函数波形的对称特性，一些学者提出通过压缩算法，在查找表中并不存放波形一个完整周期的幅度量化值，只是截取其中一个周期的一部分幅度值进行存放，通过实时计算得到其他相位点的幅度值。例如：保存正弦波第一象限区间的波形数据，然后利用正弦波形对称性来恢复其他象限的数值，这样可等效提高 4 倍的波形存储深度。为了进一步压缩，Nicholas 等人提出了一种通过正弦相位差算法进行查找表的压缩算法，通过引入加法器单元，可在每个存储单元内减少2位的幅度量化位。Sunderland等人利用三角函数的恒等变换，将一个大容量的波形查找表分成几个较小容量数据存储模块并结合运算电路来实现正弦幅度的近似。Nicholas等人在此基础上提出了一种基于数字优化的方法（Nicholas结构），根据实际参数优化计算出粗、细ROM的容量及数据位数。此外还可以根据细ROM的对称性，实现ROM容量的进一步压缩（改进的Nicholas结构）。L. A. Weaver等人对正弦函数在某一点进行泰勒级数展开，取其前3项分别赋予不同的权值后存于3个ROM，最后由运算电路进行合成。Jouko Vankka对上述技术进行了分析和仿真，得出了各种压缩技术的压缩比、所需的硬件开销等。在实际应用上，Nicholas等人在DDS查找表的设计中采用了Nicholas结构，所实现的最高时钟频率为150MHz。L. K. Tan等人采用改进的Nicholas结构，所实现的DDS的时钟频率为200MHz。而Qualcomm公司的产品Q2334采用泰勒级数展开技术，所实现DDS的时钟频率为50MHz。

3）另一些学者提出了一种无查找表结构的DDS，根据波形的特点，通过某些特定的计算方法，实时计算当前时刻波形的幅度值，等效地提高波形查找表的容量。最为典型的是J. E. Volder在20世纪50年代提出的CORDIC算法，用一系列固定的与运算基数相关的角度不断偏摆从而逼近所需的角度，主要应用于解决导航系统中的三角函数、反三角函数和开方等运算的实时计算问题。1971年，J. S. Walther提出了统一的CORDIC算法，引入了参数m表示工作模式，把圆周旋转、双曲旋转和直线旋转统一到同一个CORDIC迭代方程里，使它的应用更加广泛。为了解决CORDIC算法的计算速率问题，M. D. Ercegovac等人提出了引入冗余数表示和减小进位传播延迟的方法。田书林等人提出了一种基于改进CORDIC算法的正弦信号产生方法，认为在消耗同样多硬件资源产生正弦信号时，采用该方法可以比采用DDS技术获得更好的输出信号信噪比，比采用直接CORDIC算法获得更高的输出信号频率。在应用中，Raytheon半导体的TMC2340A采用CORDIC算法实现的DDS最高时钟频率为25MHz，相位位数为16bit。

4）针对某些特殊的应用，在存储容量有限的情况下采用波形序列合成技术扩展波形深度。Bryan J. Dinteman等人提出了一种通过模式压缩技术产生波形数据的方法，可有效地扩展波形存储深度，同时提出了一种动态改变采样时钟以满足较长持续期波形产生的方法，并对采样时钟的动态改变技术进行了探讨。李蔚提出一种基于同步及存储核心的结构，使得波形和指令可共享存储空间，通过复杂的片段序列可降低在模拟具有大量重复片段的信号时对存储器的需求。应用中，Tektronix，Agilent 和 NI 等公司都在其高性能任意波形发生器产品中应用了波形序列合成技术。

综上所述，单纯依靠器件增加存储容量将增加系统的复杂程度与功耗、降低系统的稳定性，而通过压缩算法等效地增加存储容量主要针对一些规律性、便于进行数学描述的波形，如正弦波、斜波、三角波等，这些方法对于常规的函数波形具有较高的应用价值，但对于无规律的任意波形，却无能为力。针对有较多重复片段的波形，序列合成技术可等效地提高存储深度，但在应用中存在较大的局限性。采用计算机结合双 RAM 动态切换实现长时间波形输出，对于“可持续”任意波形的产生有一定的借鉴意义，但其实现方法仅满足于计算机传送数据速率远远高于输出数据速率的情况。

5.3.3.1 ROM 压缩算法

ROM 压缩算法是利用波形的对称特性或计算特性，在数据查找表中仅存放波形的部分片段信息，然后通过这些片段信息来恢复整个波形。由于仅存放了波形的部分片段信息，因此，可等效地扩大查找表的容量。在 ROM 压缩算法中，较为常见的有正弦波形对称性压缩法、正弦-相位差法和 Sunderland 结构。此处仅介绍正弦波形对称性压缩。

正弦波形对称性压缩是利用正弦波形的对称性，只存储 0 到 $\pi/2$ 正弦波，经过一系列变换得到 0 到 2π 正弦波，如图 5-18 所示。相位的最高两位用来译码正弦波形的象限，低 $N-2$ 位用来寻址四分之一正弦波形查找表。其中相位的最高位决定输出波形的正负符号，次高位控制对查找表的寻址方向，对相位和幅度进行适当的翻转就可以得到完整的 0 到 2π 正弦波形。正弦波形的象限与相位最高两位对应表如表 5-1 所示。

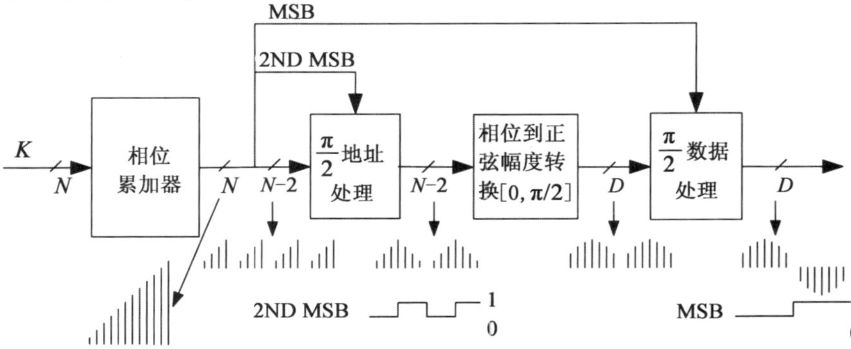

图 5-18　四分之一正弦存储的逻辑实现

表 5-1　正弦象限表

相位	MSB	2ND MSB	正弦值
$0° < A < 90°$	0	0	$\sin A$
$90° < A < 180°$	0	1	$\sin(90° - A)$
$180° < A < 270°$	1	0	$-\sin A$
$270° < A < 360°$	1	1	$-\sin(90° - A)$

设低 $N-2$ 位相位序列为 $\varphi(n)$，经过 $\pi/2$ 地址处理后相位序列为 $\varphi'(n)$，查找表输出波形序列为 $q(n)$，经过 $\pi/2$ 数据处理后波形序列为 $q'(n)$。相位和波形数据都采用原码方式，当 2ND MSB 为 0 时，$\varphi'(n) = \varphi(n)$；当 2ND MSB 为 1 时，$\varphi'(n) = 2^{N-2} - 1 - \varphi(n)$。当 MSB 为 0 时，$q'(n) = q(n)$；当 MSB 为 1 时，$q'(n) = 2^D - 1 - q(n)$。

5.3.3.2　序列合成技术

虽然采用动态 RAM 存储器作为波形查找表能够获得较大的存储容量和较快的访问速率，采用压缩算法能有限量等效提高存储容量。但是在如图5-19所示的波形中，共有 l 个数据段，每个数据段的波形数据点数为 n_k，重复次数为 m_k，则波形总的数据点数为 $\sum_{k=1}^{l} n_k m_k$。如将整个波形的一个周期进行量化后存入波形查找表中，一方面由于各波形段有多次重复，会造成数据冗余浪费；另一方面，当波形段重复次数很大时，波形的数据存储容量将会相当巨大，甚至无法实现。

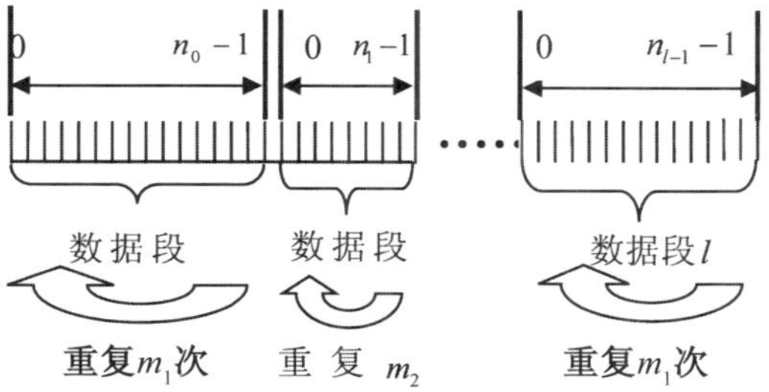

图 5-19　序列波形示意图

序列合成技术是一种在波形存储容量固定的条件下，等效扩展存储容量的方法。其实现原理如图 5-20 所示。主要包括可变时钟单元、存储器单元、计数器单元和地址发生器单元。可变时钟单元负责提供频率可变的采样时钟；存储器单元主要包括波形长度存储器、重复次数存储器、段个数存储器和段地址累加器，对序列波形的参数信息进行存储，并根据所设参数定时产生相应的地址信息进行参数的读取；计数器单元包括长度计数器、重复次数计数器和段个数计数器，通过计数操作产生控制信号，控制各模块的工作状态；地址发生器单元主要包括基地址发生器、偏移地址发生器与地址合成器，实现波形查找表输出地址的计算。

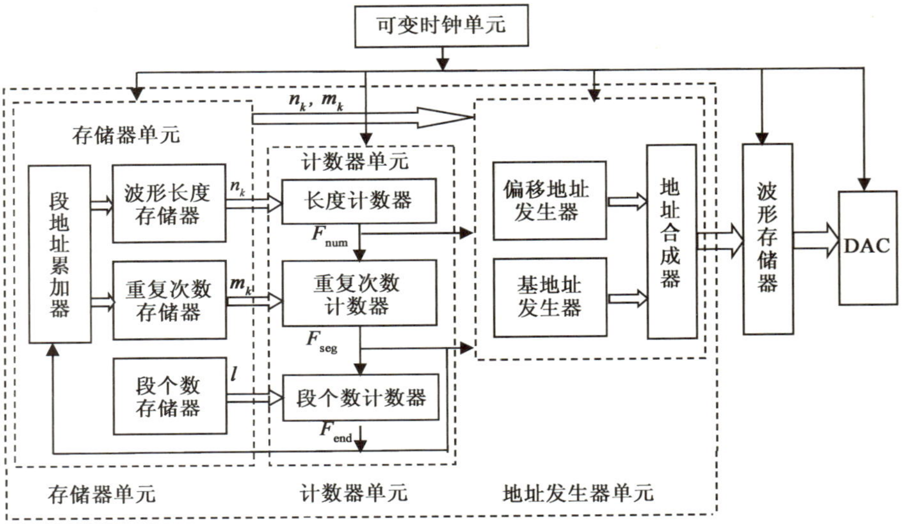

图 5-20　序列合成原理

长度计数器在每个采样时钟到来时计数值加 1，表示当前波形段已产生的数据点数，并和波形长度存储器送出的当前波形段的数据点数 n_k 相比较。如果等于 n_k，表示当前段的数据点数已经产生完成。在下一个采样时钟到来时，波形长度计数器复位，同时产生一个脉冲信号 F_{num} 使重复次数计数器加 1。F_{num} 脉冲信号同时还作用于地址发生器单元，作为偏移地址发生器的清零信号。

重复次数计数器在每个 F_{num} 脉冲信号到来时计数值加 1，记录当前波形段已重复的次数，并和重复次数存储器送出的当前段波形重复次数 m_k 相比较。若重复次数计数器的计数值等于 m_k 时，表示当前段已经完成了重复 m_k 次的工作，重复次数计数器复位，同时产生一个脉冲信号 F_{seg} 使段个数计数器和段地址累加器均加 1。

段个数计数器在每个 F_{seg} 脉冲到来时计数值加 1，记录已产生的波形段的数目。若段个数计数器的计数值等于 l 时，计数器复位，同时产生波形结束信

号 F_{end} ，复位段地址累加器和基地址产生器，整个波形序列输出完毕。

段地址累加器初值为 0，在每个 F_{seg} 脉冲到来时计数值加 1，累加结果作为波形长度存储器和重复次数存储器的寻址地址。

地址发生器单元采用基地址＋偏移地址的方式进行寻址。偏移地址发生器从 0 开始，在每个采样时钟的上升沿加 1，直到 F_{num} 脉冲到来时，偏移地址发生器复位，重新开始新的偏移地址的产生。基地址由存储在波形长度存储器中的每一段序列波形数据点的个数（n_1 ，n_2 ，… ，n_l ）和重复次数计数器产生的脉冲信号 F_{seg} 两者共同产生。基地址发生器从 0 开始，在 F_{seg} 脉冲到来时，对当前段数据点的数目进行累加，产生基地址信号。例如：序列段 1 的基地址为 0，当 F_{seg} 脉冲到来时，基地址指向序列段 2 的首地址 n_1 ；F_{seg} 脉冲再一次到来时，基地址指向序列段 3 的首地址 n_1+n_2 ；以此类推，序列段 l 的基地址为 $\sum_{k=1}^{l-1} n_k$ 。基地址与偏移地址相加得到波形数据的地址，在采样时钟的控制下对波形查找表寻址，即可获得相应的序列波形。

通过序列合成方法产生波形时，所需要的波形查找表存储容量由原来的 $\sum_{k=1}^{l} n_k m_k$ 降为 $\sum_{k=1}^{l} n_k$ 。虽然增加了波形长度存储器、重复次数存储器等存储单元用于序列参数的存储，但是当各波形段重复次数较多时，所增加的存储容量就显得微乎其微，能大量地节省波形查找表的容量。

5.3.3.3 “可持续”任意波形合成技术

采用动态 RAM 或者大容量静态 RAM，可以在一定程度上增加任意波形存储深度，在一些特定的应用场合，还可以采用序列合成技术等效地提高存储深度。但随着海量存储技术的发展，采集系统的存储容量可高达数百吉字节，单纯地依靠提高任意波形发生器的板载存储容量将带来设备体积的增加、布局布线难度的提高，实现上较为困难，所产生的波形数据点总数受板载容量的限制。

“可持续”任意波形合成的基本思路是：通过以位宽换时间的方法来提高数据的传输速率。即将需要恢复的数据按照一定的方式进行分离，然后由多个数据源通过接口同时传送的方式，一次性地并行传送 m 组（m 为整数）信号（其中数据源 1 传送第 1，($m+1$)，($2m+1$)，…组信号，数据源 2 传送第 2，($m+2$)，($2m+2$)，…组信号），以此类推，则可将每个接口的传送速率降低到 $\frac{D\times f_s}{m}$ 。传送来的并行数据经数据重组、重定时、电平转换后送给 DAC，合成所需的任意波形信号。

由于目前高速接口进行数据传送采用突发性传送方式，即在每一个数据帧内部，数据与数据之间的间隔时间是均匀的，但在数据帧与数据帧之间则存在传送间隙，且受总线仲裁机制等因素影响，传送间隙存在一定的随机性，如图5-21所示。另一方面，目前高速数据传送中大多采用异步传输方式，使得数据源与接收系统的时钟并不同步。因此，需要在数据接口与DAC数模转换模块之间加入缓存模块和数据重定时模块，解决接口数据传送速率与DAC模块任意波形采样率之间的匹配问题。此外，为了满足不同采样率的要求，需要加入判决模块，控制多个数据源的启动、停止等操作，同时结合一定的调节机制，消除数据源之间定时偏差的影响，这实际是一种采样率的自适应控制方法。

数据帧 1	间隙 1	数据帧 2	间隙 2	·······	数据帧 n	间隙 n

图 5-21 数据帧传送模型

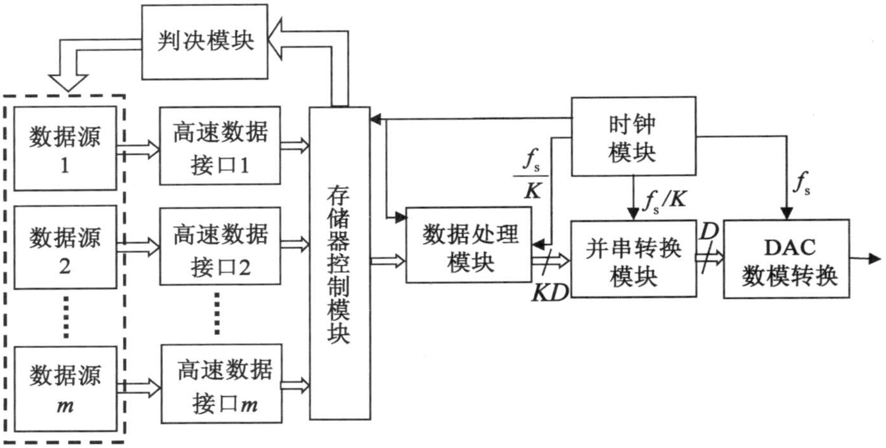

图 5-22 “可持续”任意波形合成整体方案

“可持续”任意波形合成的整体方案如图5-22所示，由时钟模块、数据源1—m、高速数据接口1—m、数据处理模块、存储器控制模块、高速并串转换模块、判决模块以及DAC数模转换模块构成。m个数据源通过m个高速数据接口完成任意波形数据的传送（数据可通过软件实时产生，也可通过读取预先产生好的存储器），在存储器控制模块的调度下依次存放到数据处理模块中，数据处理模块不仅实现高速接口数据的缓存，还对接口传送的数据进行位宽调整及输出数据重定时，在实现上可采用FIFO存储器，保证在数据写入的同时也可以进行读取。经过数据处理模块重定时后产生的并行数据输出通过并串转换处理后送给 DAC 数模转换模块。存储器控制模块不仅提供数据处理模块的写入、读出等命令操作，同时根据数据处理模块的状态信息产生相应的控制信号通知判决模块，判决模块对接收到的控制信号进行分析，控制计算机进行数据传送的启动或停止、调整数据传送的速率。时钟模块提供各个功能模块所需的时钟信号，考虑到设备的通用性，能满足不同采样率的采集设备的要求，需要时钟模块能提供宽带、高分辨率的可变时钟信号。

5.3.4 DDS误差分析与改善

虽然 DDS 具有频率分辨率高、控制灵活、可编程及任意波形输出等优点，但由于采用了数字结构，因而也存在着数字系统固有的缺陷，具体表现为输出信号的谐波和杂散分量较大。

一般而言，DDS 误差模型可表示为图 5-23 所示，导致输出信号失真的因素主要包括：相位累加器有限位数带来的相位截断误差，有限字长带来的幅度量化误差，DAC 器件的非理想特性引起的误差以及采样时钟非均匀引起的误差等。

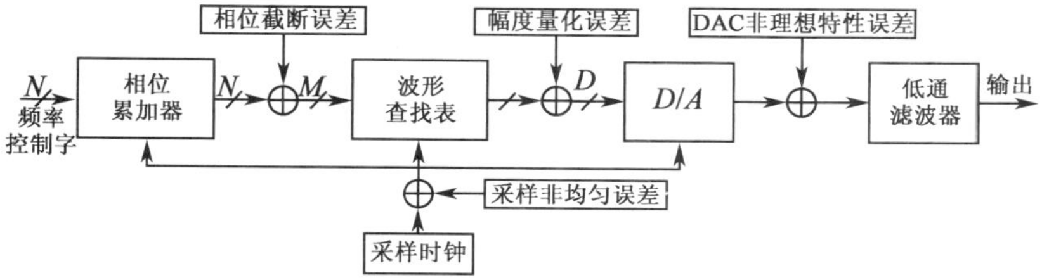

图 5-23 DDS 误差模型

5.3.4.1 相位截断误差

由 DDS 的原理可知，为了取得一定的频率分辨率，通常相位累加器的位数 N 取得很大，但受体积和成本的限制，波形存储深度却远小于 2^N，在实际寻址过程中选择累加器的高位地址对波形存储器进行寻址，低位地址舍弃不用，由此引入了相位截断误差。

1. 相位截断误差分析

假设 DDS 初始相位为零，在没有相位截断时，相位输出序列 $\varphi(n)$ 为

$$\varphi(n) = nK \bmod 2^N, n = 0,1,2,\cdots \tag{5-12}$$

其中，K 为频率控制字，N 为相位累加器位数，mod 为取余函数。

与之相应的正弦相位序列 $\theta(n)$ 是

$$\theta(n) = \frac{2\pi}{2^N}(nK \bmod 2^N), \quad n = 0,1,2,\cdots \tag{5-13}$$

实际上，相位累加器的低 B 位被截断，只用高 M 位去寻址波形查找表，此时相位序列 $\varphi_P(n)$ 为

$$\varphi_p(n) = \varphi(n) - (\varphi(n) \bmod 2^B) = nK \bmod 2^N - nK \bmod 2^B \tag{5-14}$$

与之相应的正弦相位序列 $\theta_p(n)$ 是

$$\theta_p(n) = \frac{2\pi}{2^N}\varphi_p(n) \tag{5-15}$$

由式（5-12）和式（5-14）可知，相位误差序列 $e_p(n)$ 为

$$e_p(n) = \varphi(n) - \varphi_p(n) = nK \bmod 2^B \tag{5-16}$$

由式（5-16）可知，当频率控制字 $K = m2^B$（m 为整数）时，$e_p(n) = 0$，此时相位截断没有引入误差。

当频率控制字 $K \neq m2^B$ 时，$e_p(n) \neq 0$，此时，$e_p(n)$ 为幅度为 2^B、周期为 $2^B T_c/K$ 的连续三角波 $e_p(t)$ 的离散采样序列，采样频率为 $f_c = 1/T_c$。相位误差序列 $e_p(n)$ 的周期 $u'_k = 2^B/\mathrm{GCD}(2^B, K)$，$\mathrm{GCD}(2^B, K)$ 为 K、2^B 的最大公约数。如图 5-24 所示为连续相位误差波形图。

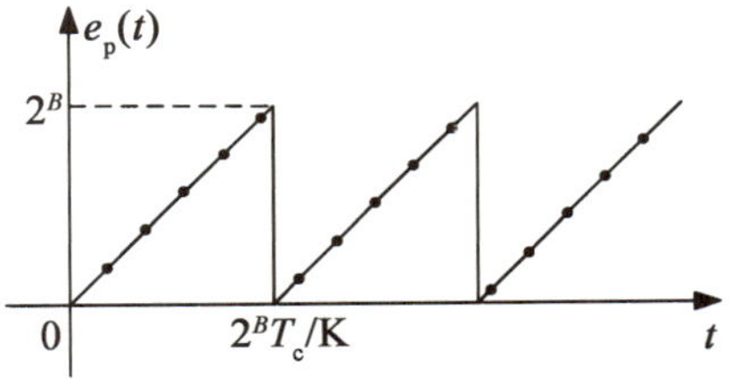

图 5-24　连续相位误差波形图

对如图 5-24 所示连续三角波进行傅里叶变换，得 $e_p(n) = 0$ 的频谱为

$$E_{pt}(\mathrm{j}w) = \frac{2^B\pi}{2}\delta(w) + \mathrm{j}\sum_{m=1}^{+\infty}\frac{2^B}{m}[\delta(w - 2\pi m f_\alpha) - \delta(w + 2\pi m f_\alpha)] \tag{5-17}$$

其中，$f_\alpha = \mathrm{mod}(K, 2^B) f_c / 2^B$。

由于 $e_p(n)$ 是对 $e_p(t)$ 在时域上以 f_c 为采样频率的采样，因此 $e_p(n)$ 在频域上是 $e_p(t)$ 的频谱以 T_c 周期的周期延拓，得 $e_p(n)$ 的频谱为

$$E_{pn}(jw) = \frac{1}{T_c}\sum_{n=-\infty}^{\infty} E_{pt}(w - 2\pi n f_c)$$
$$= \frac{2^B\pi}{2T_c}\sum_{n=-\infty}^{\infty} \delta(w - 2\pi n f_c) +$$
$$j\sum_{n=-\infty}^{\infty}\sum_{m=1}^{+\infty}\frac{2^B}{mT_c}[\delta(w + 2\pi n f_c - 2\pi m f_\alpha) - \delta(w + 2\pi n f_c + 2\pi m f_\alpha)] \tag{5-18}$$

由式（5-18）可知，相位截断误差 $e_p(n)$ 的杂散分布位置在 $nf_c \pm mf_\alpha$ 处，幅度大小为 $2^B/(mT_c)$。

没有相位截断误差时，波形查找表输出正弦波形序列 $S(n)$ 为

$$S(n) = \sin(\theta(n)) = \sin(\frac{2\pi}{2^N}nK) \tag{5-19}$$

有相位截断误差的情况下，波形查找表输出正弦波形序列 $S_p(n)$ 为

$$S_p(n) = \sin[\frac{2\pi}{2^N}nK - \frac{2\pi}{2^N}e_p(n)] \tag{5-20}$$

对式（5-20）进行三角函数展开，同时考虑到

$$\frac{e_p(n)}{2^N} \leqslant \frac{2^B}{2^N} = 2^{-M} \leqslant 1 \tag{5-21}$$

所以，有

$$S_p(n) = \sin(\frac{2\pi}{2^N}nK) - \frac{2\pi}{2^N}e_p(n)\cos(\frac{2\pi}{2^N}nK) \tag{5-22}$$

由式（5-19）和式（5-22）可得，波形误差序列 $\varepsilon_p(n)$ 为

$$\varepsilon_p(n) = S(n) - S_p(n) = \frac{2\pi}{2^N}e_p(n)\cos(\frac{2\pi}{2^N}nK) \tag{5-23}$$

$S_p(n)$ 和 $\varepsilon_p(n)$ 的周期为 $u_k = \dfrac{2^N}{\mathrm{GCD}(2^N,k)}$。

由式（5-22）可得，正弦查找表输出波形序列 $S_p(n)$ 中，除了正弦信号外，还有受到余弦调制的相位误差序列 $\varepsilon_p(n)$。

经过 DAC 后，$S_p(n)$ 变成阶梯波 $S_p(t)$，设周期为 T，$T=u_kT_c$。一个周期 T 内，$S_p(t)$ 可以表示为

$$S_p(t)=\sum_{m=0}^{u_k-1}S_p(m)h(t-mT_c) \tag{5-24}$$

式（5-24）中，$h(t-mT_c)=u(t-mT_c)-u(t-(m+1)T_c)$，其中 $u(t)$ 为单位阶跃函数。对 $S_p(t)$ 进行傅里叶级数展开，得

$$S_p(t)=\sum_{n=-\infty}^{+\infty}C_n\mathrm{e}^{\mathrm{j}n w_i t} \tag{5-25}$$

其中，$w_i=2\pi/T$。

$$\begin{aligned}C_n&=\frac{1}{T}\int_0^T S_p(t)\mathrm{e}^{-\mathrm{j}n w_i t}\mathrm{d}t\\&=\frac{1}{u_k}\mathrm{sinc}(\frac{n\pi}{u_k})\mathrm{e}^{-\mathrm{j}\frac{\pi n}{u_k}}\sum_{m=0}^{u_k-1}S_p(m)\mathrm{e}^{-\mathrm{j}\frac{2\pi n}{u_k}m}\\&=\frac{1}{u_k}\mathrm{sinc}(\frac{n\pi}{u_k})\mathrm{e}^{-\mathrm{j}\frac{\pi n}{u_k}}X_p(n)\end{aligned} \tag{5-26}$$

其中，$X_p(n)$ 为 $S_p(n)$ 的离散傅里叶变换：

$$X_p(n)=\sum_{m=0}^{u_k-1}S_p(m)\mathrm{e}^{-\mathrm{j}\frac{2\pi n}{u_k}m} \tag{5-27}$$

所以，DDS 中经过 DAC 后输出信号的第 n 根谱线幅值为

$$C_n=\frac{1}{u_k}\left|\mathrm{sinc}(\frac{n\pi}{u_k})\right||X_p(n)| \tag{5-28}$$

由式（5-28）可知，只要知道 $S_p(n)$ 的离散傅里叶变换，就可以得到经过 DAC 后输出信号频谱中每根谱线的幅值。

结合式（5-23）和式（5-24），可以得到经过 DAC 后相位截断误差信号为

$$e(t)=\sum_{n=0}^{u_k-1}\frac{2\pi}{2^N}e_p(n)\cos(\frac{2\pi nK}{2^N})h(t-nT_c),\quad 0\leqslant t\leqslant u_kT_c \tag{5-29}$$

通过傅里叶变换得到，相位截断输出信号杂散频谱为

$$E(\mathrm{j}w)=\mathrm{j}\pi 2^{B-N}\sum_{s=-\infty}^{\infty}\sum_{m=-\infty}^{\infty}\sum_{n=1}^{\infty}\frac{1}{n}\mathrm{sinc}\left(\pi\frac{mf_c-nf_\alpha}{f_c}\right)\mathrm{sinc}\left(\pi\frac{sf_c\pm f_0}{f_c}\right)\cdot$$
$$\mathrm{e}^{-\mathrm{j}\pi\frac{pf_c-nf_\alpha\pm f_0}{f_c}}\delta(w+2\pi pf_c-2\pi nf_\alpha\pm 2\pi f_0)-$$
$$\mathrm{j}\pi 2^{B-N}\sum_{s=-\infty}^{\infty}\sum_{m=-\infty}^{\infty}\sum_{n=1}^{\infty}\frac{1}{n}\mathrm{sinc}\left(\pi\frac{mf_c+nf_\alpha}{f_c}\right)\mathrm{sinc}\left(\pi\frac{sf_c\pm f_0}{f_c}\right)\cdot$$
$$\mathrm{e}^{-\mathrm{j}\pi\frac{pf_c+nf_\alpha\pm f_0}{f_c}}\delta(w+2\pi pf_c+2\pi nf_\alpha\pm 2\pi f_0)\tag{5-30}$$

其中，$p=s+m$。

由式（5-30）可以得到，杂散频率分布在 $-pf_c\pm nf_\alpha\pm f_0$ 处，幅度大小为 $\dfrac{\pi 2^B}{n2^N}\mathrm{sinc}\left(\pi\dfrac{mf_c\pm nf_\alpha}{f_c}\right)\mathrm{sinc}\left(\pi\dfrac{sf_c\pm f_0}{f_c}\right)$。

由式（5-19）和式（5-22）可得，未经 DAC 输出信号中主谱与最强杂散幅度之比为

$$\mathrm{SFDR}=\frac{S}{S_{\mathrm{spur}}}=20\lg 2^{B-N}=6.02(N-B)(\mathrm{dBc})\tag{5-31}$$

由式（5-31）可知，经过 DAC 后 $S_\mathrm{p}(n)$ 的幅度谱将受到调制，SFDR 将有所改变。

由相位截断误差的分析可知，当频率控制字 K 为 2^B 的整数倍时，相位截断没有引入误差；当频率控制字 K 不是 2^B 的整数倍时，相位截断引入误差，此时相位截断误差序列是一个周期序列，杂散功率在频谱上成离散分布，杂散的数目和幅度随相位截断位数的增加而增加，相位截断位数每减少一位，SFDR 改善约 6dB。

2. 相位截断误差校正

从对 DDS 相位截断误差分析中可知，相位截断误差之所以出现的主要原因是相位截断引入的相位截断误差是一个周期性序列，其频谱的能量主要分布在有限的离散谱线上，从而对 DDS 信号的输出频谱造成严重影响。为了改善误差，很多学者对此进行了研究。Flanagan 等人通过抖动加扰技术，打破误差序列的周期性，改善输出频谱，并推导出杂散分量幅度的抑制从每相位位 6dB 增加到每相位位 12dB；Vankka 利用误差反馈技术，通过将相位截断误差序列反馈给相位误差反馈滤波器，然后将滤波器输出与相位序列相加作为相位输出，改善了 DDS 的输出频谱；Fa Foster Dai 等人利用噪声成型技术，分别在频率和相位进行 Delta-Sigma 调制，对噪声进行整形，在输出带宽内改善 DDS

信号输出频谱；宋媛媛等人提出基于矢量合成算法的改善措施，通过两路具有合适相位差的信号的相加，得到一路输出信号，同时提高了信号的无杂散动态范围和信噪比。

由 DDS 相位截断误差分析可得，相位截断每减少一位，杂散能改善约 6dB，但是增加寻址位数，对于 ROM 的存储容量需求则是级数的递增，实现起来要求较高。由此，利用波形压缩算法也可以减少相位截断误差。

下面仅介绍抖动加扰法。

相位截断误差和幅度量化误差都具有周期性，由于误差序列的周期性，导致杂散功率在频谱中呈离散分布，能量主要集中在一些离散的谱线上。抖动加扰法就是在相位序列或幅度序列中加入随机抖动序列，以打破误差序列的周期性，这样使得杂散功率在频谱上呈均匀分布，降低了杂散水平，提高了信杂比，也使得无杂散动态范围变大，但是同时增加了频谱的噪声基底。针对相位截断误差，可采用频率控制字加扰法和相位加扰法，针对幅度量化误差，可采用幅度加扰法。如图 5-25 所示为 DDS 中不同的抖动加扰法。

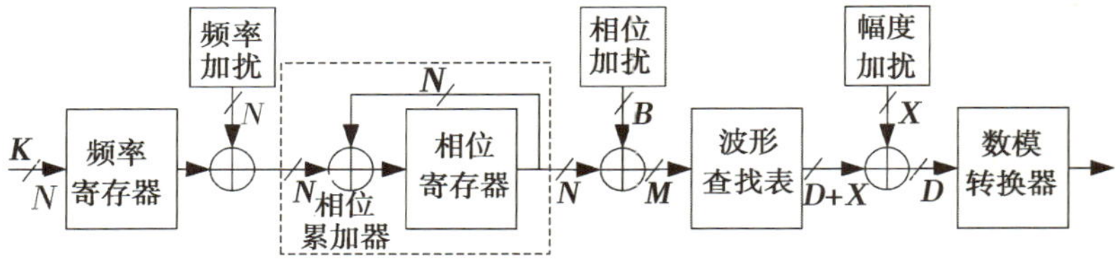

图 5-25　DDS 中不同的抖动加扰法

频率控制字加扰法在对频率控制字加扰后，会由于相位累加器的不断累加导致对输出频率的调制，所以每次对频率控制字进行新的加扰前，必须减去上一次的抖动加扰成分，这对硬件电路来说实现较为困难。因此，一般采用相位加扰和幅度加扰。

抖动加扰源一般采用伪随机二进制序列，利用线性反馈移位寄存器来实现，如图 5-26 所示。

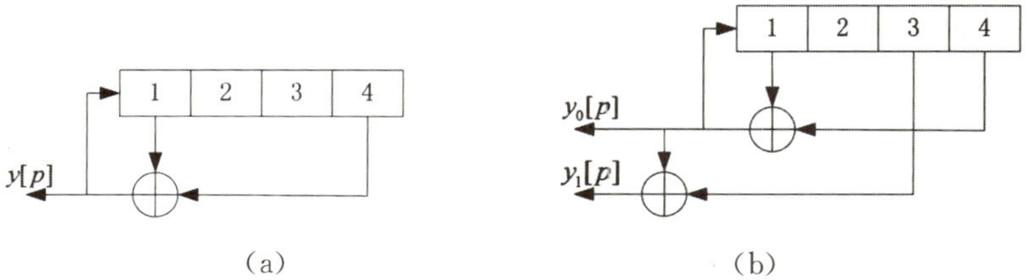

图 5-26　四阶伪随机序列

为了验证抖动加扰法对相位截断误差引入杂散的抑制效果，对此方法进行了仿真。DDS 参数设置如下：相位累加器位数 $N=16$，相位截断位数 $B=6$，频率控制字 $K=12\ 655$。伪随机序列采用 20 级寄存器进行 6 位二进制序列输出。如图 5-27（a）、（b）所示分别为相位加扰前、后输出频谱。

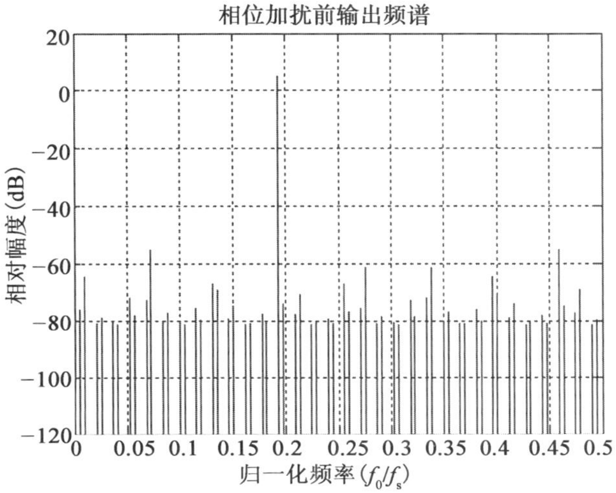

（a）

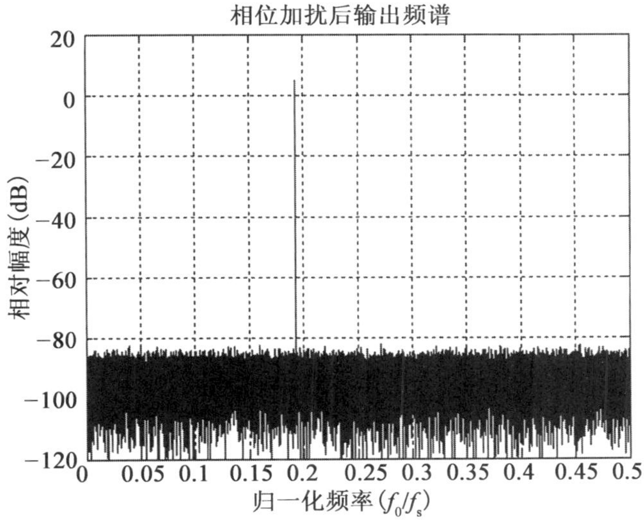

（b）

图 5-27 相位加扰前、后输出频谱

如图 5-27 所示仿真结果：加扰前输出信号 SFDR＝60.19dBc；加扰后输出信号 SFDR＝87.42dBc，SFDR 提高了 27.23dBc。由仿真结果可知，原来的杂散功率平均分布在通频带内，降低了杂散幅度，提高了信杂比，无杂散动态范围变大，然而增加了输出信号的噪声基底。

5.3.4.2 幅度量化误差

在实际的DDS系统中，由于波形查找表中存放波形幅度的数据位宽有限以及DAC量化位数的有限，一般对波形幅度进行量化处理，这样就会引入幅度量化误差，最终在输出信号中引入杂散。量化方式分为舍入量化和截尾量化。

当频率控制字 $K \neq m2^B$（m 为整数）时，波形查找表输出的正弦波形序列中存在由相位截断和幅度量化一起引起的误差，设采用原码舍入量化方式，正弦波形查找表输出波形序列 $s(n)$ 为

$$s(n) = \frac{1}{(2^{D-1}-1)}\text{round}\left[(2^{D-1}-1)\sin\left[2\pi \cdot 2^B \cdot \frac{\text{trunc}\left(\frac{nK}{2^B}\right)}{2^N}\right]\right] \tag{5-32}$$

其中，round为舍入取整函数，trunc为截尾取整函数。正弦波形查找表输出误差序列 $e(n)$ 为

$$e(n) = \frac{1}{(2^{D-1}-1)}\text{round}\left[(2^{D-1}-1)\sin\left[2\pi \cdot 2^B \cdot \frac{\text{trunc}\left(\frac{nK}{2^B}\right)}{2^N}\right]\right] - \sin\left(2\pi\frac{nK}{2^N}\right) \tag{5-33}$$

$e(n)$ 中包含由相位截断和幅度量化一起引起的误差，由相位截断引起的误差序列记为 $e_P(n)$，由幅度截断引起的误差序列记为 $e_A(n)$，则 $e(n) = e_P(n) + e_A(n)$。

$$e_P(n) = \sin\left[2\pi \cdot 2^B \cdot \frac{\text{trunc}\left(\frac{nK}{2^B}\right)}{2^N}\right] - \sin\left(2\pi\frac{nK}{2^N}\right) \tag{5-34}$$

$$\begin{aligned} e_A(n) = &\frac{1}{(2^{D-1}-1)}\text{round}\left[(2^{D-1}-1)\sin\left[2\pi \cdot 2^B \cdot \frac{\text{trunc}\left(\frac{nK}{2^B}\right)}{2^N}\right]\right] \\ &- \sin\left[2\pi \cdot 2^B \cdot \frac{\text{trunc}\left(\frac{nK}{2^B}\right)}{2^N}\right] \end{aligned} \tag{5-35}$$

当频率控制字 $K = m2^B$（m 为整数）时，输出波形序列中不存在相位截断误差，此时波形查找表输出的幅度量化误差序列 $e(n)$ 为

$$e_A(n) = \frac{1}{(2^{D-1}-1)}\text{round}\left((2^{D-1}-1)\sin\left(2\pi\frac{nK}{2^N}\right)\right) - \sin\left(2\pi\frac{nK}{2^N}\right)$$

(5-36)

幅度量化误差序列 $e_A(n)$ 是一个周期序列，令 $K=2^l(2r+1)$，则 $e_A(n)$ 的周期为 $U=2^{N-l-1}$。$e_A(n)$ 经过理想 DAC 转换后，模拟输出 $e_A(t)$ 为

$$e_A(t) = \sum_{n=-\infty}^{+\infty} e_A(n)h(t-nT_e) \tag{5-37}$$

其中，$h(t-nT_e)=u(t-nT_e)-u(t-(n+1)T_e)$，$u(t)$ 为单位阶跃函数。假设 $e_A(n)$ 在区间 $0 \leqslant n < U$ 上 U 点的离散傅里叶变换为 $E(k)$，令 $\widetilde{E}(k)$ 为 $E(k)$ 以 U 为周期进行周期延拓后的周期序列，则 $e_A(t)$ 的频谱函数 $E_A(\mathrm{j}k)$ 为

$$E_A(\mathrm{j}w) = T_c \cdot \mathrm{e}^{-\mathrm{j}\frac{wT_c}{2}} \cdot \frac{\sin(\frac{wT_c}{2})}{\frac{wT_c}{2}} \cdot \sum_{k=-\infty}^{\infty} \frac{2\pi}{UT_c}\widetilde{E}(k) \cdot \delta(w-k\frac{2\pi}{UT_c})$$

(5-38)

由式（5-38）可知，幅度量化误差的杂散频谱是一个离散谱，谱线位于 kw_s/U 处，杂散的幅度可由对 $e_A(n)$ 在区间 $0\leqslant n\leqslant U$ 上做 U 点的离散傅里叶变换来求出。一般来说，将幅度量化误差看成是在区间 $[-2^{-D}/2, 2^{-D}/2]$ 上均匀分布的随机变量，利用统计方法求出杂散功率，然后求出幅度量化误差下 DDS 输出信号的信噪比为

$$SNR = (6.02D + 1.76)(\text{dB}) \tag{5-39}$$

5.3.4.3 DAC 非理想特性误差

由于 DAC 的结构比较复杂，目前还没有可以完整描述 DAC 的数学模型。为了研究 DAC 的非理想特性误差，将从不同的方面去定性分析。DAC 的非理想特性主要包括以下几个方面：

(1) 孔径失真；

(2) 有限分辨率；

(3) 非线性误差。

DAC 的有限分辨率与量化位数有关，由于波形数据的数字量化，引入量化误差，与幅度量化误差是同一种误差，其对输出信号的影响已在 5.3.4.2 小节进行了分析，这里不再重复。

1. DAC 非理想特性误差分析

（1）孔径失真

如图 5-28 所示，由于 DAC 的零阶保持特性，输出信号的频谱中不仅含有频率 f_{OUT} 的成分，而且还包含 $kf_{\mathrm{CLOCK}} \pm f_{\mathrm{OUT}}$ 的镜像频率成分；同时主信号的功率或信号的波形幅度受到了 Sa 函数的调制，这种现象称为孔径失真。

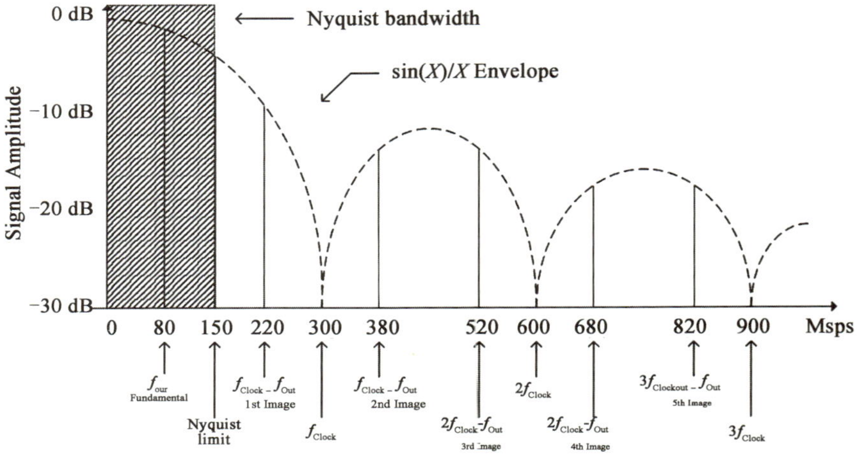

图 5-28　DAC 输出频谱示例图

（2）非线性失真

DAC 的非线性误差分为微分非线性误差和积分非线性误差。微分非线性误差是指某一固定编码的理想量化电平与实际电平之间的最大偏差，是由于 DAC 的制造工艺等因素引起的在量程中某些点的电压与标准量化电压不一致而导致的。积分非线性误差是指 DAC 实际的转化特性曲线与理想的转换特性直线之间的最大偏差，是由于 DAC 传递函数的非线性而造成的。由于 DAC 的非线性误差，输出信号中会产生谐波分量 mf_0。

导致 DAC 非线性失真的原因除了微分非线性误差和积分非线性误差之外，还包括 DAC 的瞬间毛刺。瞬间毛刺是指 DAC 输入端数据变化时，输出端数据与输入端数据差异很大而引起的尖峰脉冲。如图 5-29 所示为 DAC 理想状态和实际状态输出情况。

毛刺产生的主要原因是 DAC 内部模拟开关的导通时间和截止时间不一样，由于分布参数的影响，并行输入数据的不同数据位到达时间不同，而且数据波形的前后沿存在时间上的差异。这些因素导致输入数据变化时，内部模拟开关切换不同步，使得输出端输出与输入数据无关的模拟信号。毛刺的大小与

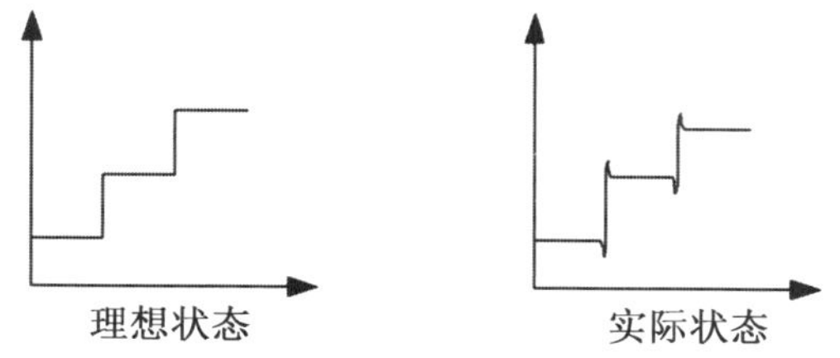

图 5-29 DAC 输出状态切换

DAC 的动态性能有关，通常建立时间越短，毛刺的幅度就越大。毛刺幅度最大的时候是在半量程转换处，这时候所有数据位都需要转换，其次发生在 1/4 量程处和 3/4 量程处，后面依次类推。可能产生的毛刺最大幅度 E_g 为

$$E_g = \frac{V_{FS}}{2^{D-1}} \tag{5-40}$$

其中，V_{FS} 为 DAC 满量程电压值，D 为 DAC 量化位数。

由于毛刺的作用，在 DAC 输出信号中会产生谐波成分 mf_0，同时这些谐波与时钟交调，产生谐波的镜像频率 $kf_c + mf_0$。当输出信号 f_0 小于采样频率 f_c 的一半时，则信号的二次谐波 $2f_0$ 将在奈奎斯特带宽内，不能被带宽为 $f_c/2$ 的低通滤波器滤除，造成输出信号中有谐波成分。并且对于大于 $f_c/2$ 的谐波分量，其镜像频率总会出现在 0 至 $f_c/2$ 的区域中，也将造成谐波的镜像频率无法被低通滤波器滤除的现象。如图 5-30 所示，为 DAC 非线性失真导致的谐波失真及谐波的镜像频率失真。

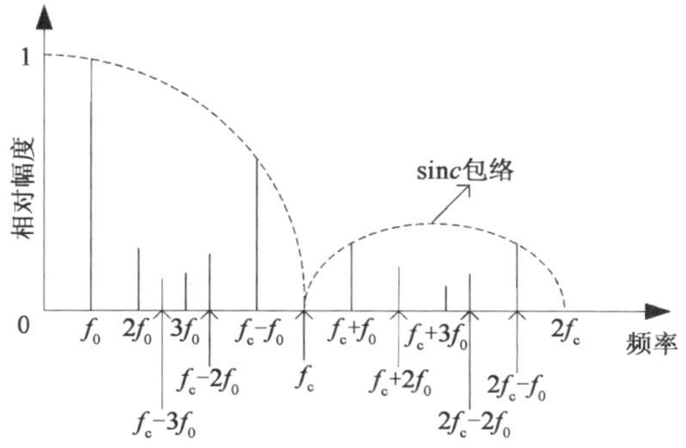

图 5-30 DAC 非线性失真

2. DAC 非理想特性误差校正

随着电子技术的高速发展，DDS 的波形存储器可以做到比较大的容量，

存储器的数据量化位数和DAC的量化位数也可以做得比较大，这样相位截断误差和幅度量化误差在DDS输出信号中所引入的杂散水平比较低。而对于高速DDS来说，由于DAC的非线性失真而导致的谐波失真和谐波的镜像频率失真，会严重影响DDS输出波形的质量，所以改善DAC的非线性失真是改善高速DDS输出信号质量的重点。信号镜像频率杂散，可以通过模拟低通滤波器滤除，另外，可以通过FIR数字预补偿技术和LC模拟补偿技术改善DAC的幅频特性。

本小节将首先介绍改善DAC零阶保持特性的校正方法，然后介绍改善输出信号谐波失真及其镜像频率失真的校正方法。

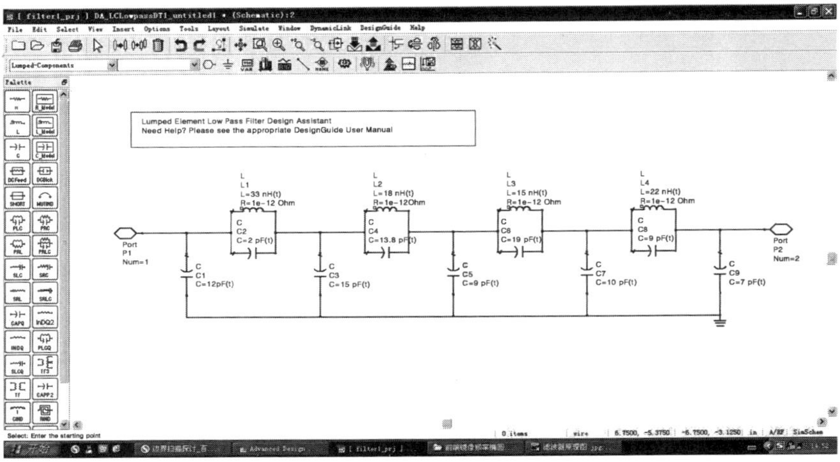

(a) 9阶椭圆低通滤波器电路图

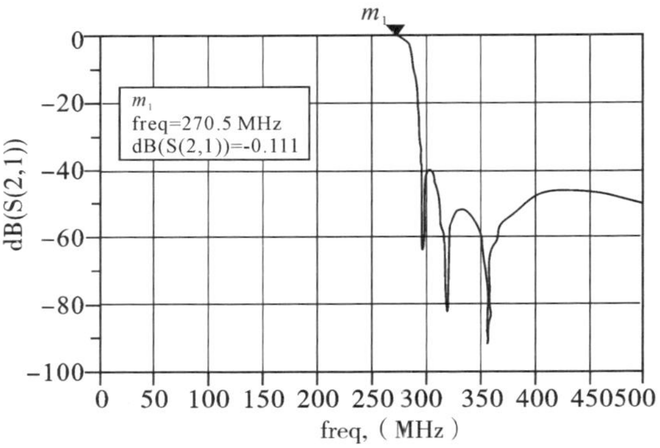

(b) 9阶椭圆低通滤波器幅频特性曲线

图5-31 9阶椭圆低通滤波器电路图和幅频特性曲线

（1）椭圆低通滤波器及 LC 谐振补偿

针对 DAC 引入的镜像频率以及高次谐波，利用椭圆低通滤波器将它们滤除，采用椭圆低通滤波器的主要原因是其过渡带比较陡峭。在实验中，参数如下：采样时钟频率为 600MHz，最高输出频率为 240MHz，最低镜像频率为 360MHz。为了避免高频信号衰减，将滤波器的通带频率适当放宽，故通带频率可设置为 280MHz，阻带频率可设置为 300MHz。滤波器的输入/输出阻抗设置为 50Ω，阻带衰减设置为－50dB，通带内纹波设置为 0.1dB。如图 5-31（a）和（b）所示分别为 9 阶椭圆低通滤波器电路图和幅频特性曲线。

设置 DDS 输出正弦信号频率为 150MHz，如图 5-32（a）和（b）所示分别为未经滤波器前和经过滤波器后的输出信号频谱。

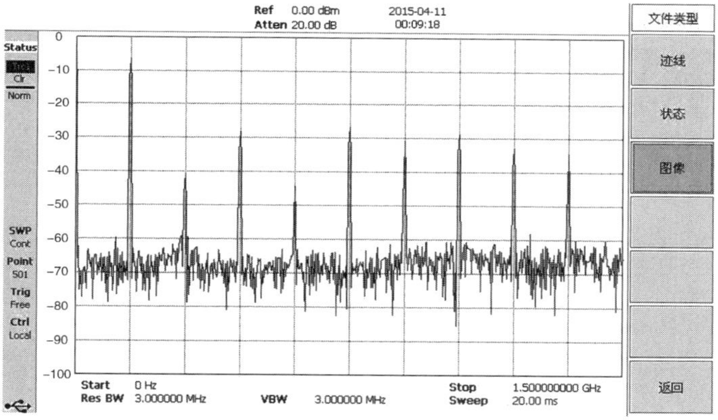

（a）未经滤波器前

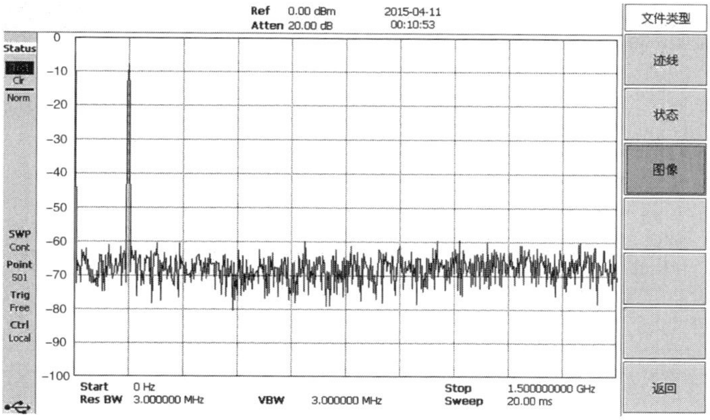

（b）经滤波器后

图 5-32 150MHz 正弦信号输出频谱

由图 5-31 可知，经过 9 阶椭圆低通滤波器的滤波后，输出信号中的镜像频率和高次谐波基本被滤除，得到较为纯净的正弦输出信号。

针对 DAC 零阶保持特性带来的输出信号幅度 sinc 衰减和低通滤波器引入的高频衰减，在低通滤波器后级，设计了一种 LC 并联谐振电路，来补偿输出信号高频幅度衰减。如图 5-33 所示，为 LC 并联谐振电路图。

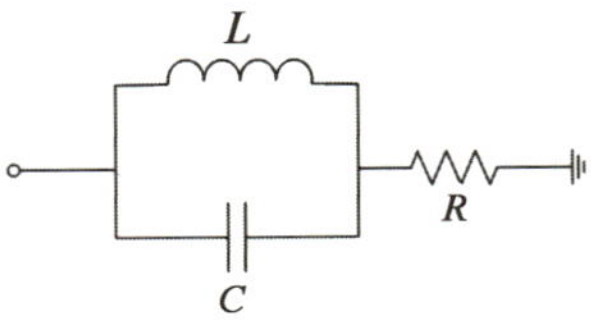

图 5-33　LC 并联谐振电路图

LC 并联谐振电路发生谐振时，其谐振频率 f_0 可以表示为

$$f_0 = \frac{1}{2\pi\sqrt{LC}} \tag{5-41}$$

理想输出阻抗 Z 表示为

$$Z = \frac{jwL}{1 - w^2 LC} + R \tag{5-42}$$

在本设计中，根据最高输出频率为 240MHz，所以将谐振频率设置为 240MHz。由于滤波器输出阻抗为 50Ω，则设置 $R = 50\Omega$。根据式（5-41），设置电容 $C = 22$ pF，然后得出电感 $L = 15$nH。其幅频特性曲线如图 5-34 所示。

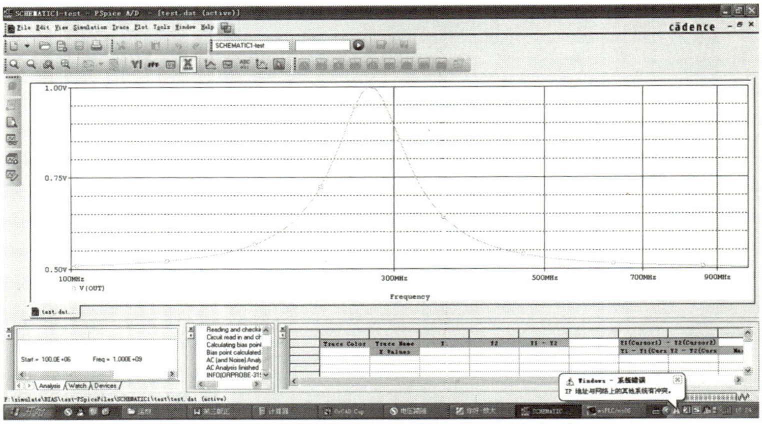

图 5-34　LC 并联谐振电路幅频特性曲线

图 5-35（a）和（b）分别为未添加 LC 补偿电路和添加 LC 补偿电路的幅

频响应特性曲线。

从图 5-35 可以看到，经过 LC 谐振补偿电路后，输出信号的高频衰减明显得到改善。

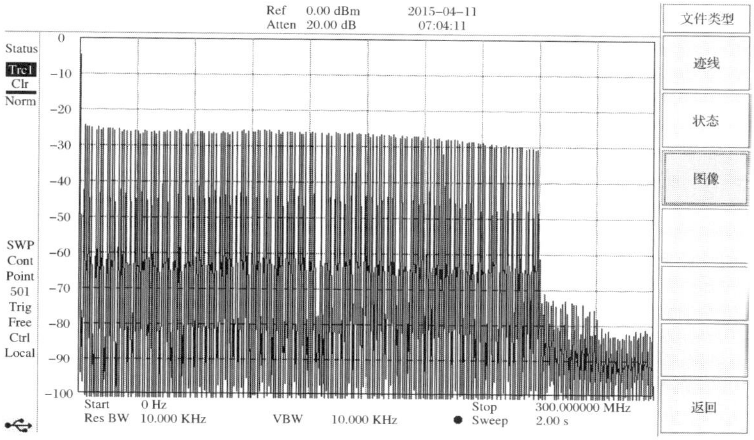

（a）未添加 LC 补偿电路

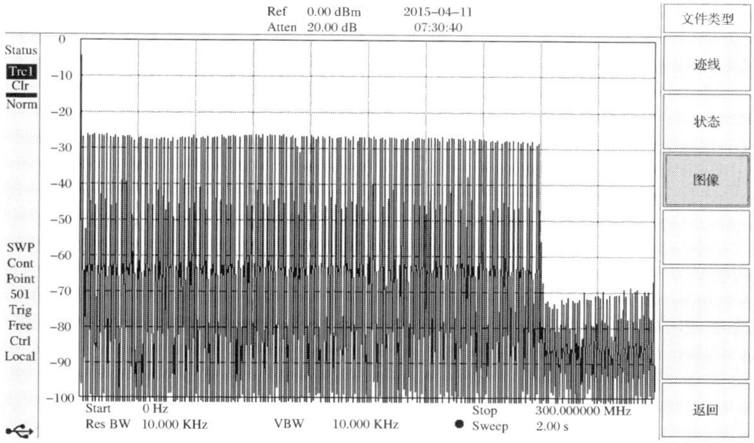

（b）添加 LC 补偿电路

图 5-35 输出信号幅频响应特性曲线

（2）相消干涉法

在实际的 DDS 系统中，某些信号的谐波和其镜像频率会出现在通频带内或者靠近主信号频率，这样往往难以用滤波器将其滤除，从而影响输出信号质量。利用相消干涉法，能够很好地消除这些失真信号，其原理是对输入 DAC 的数字信号做预失真处理，在主信号里面叠加与失真信号频率相同、幅度相同但相位相差 180°的正弦信号，这样就可抵消这些失真信号。

假设输出信号中存在某谐波成分，为了产生谐波的对消信号，可以通过在原 DDS 结构上添加一条相消 DDS 通道来实现。首先，为了满足频率关系，利用一个乘法器将原 DDS 的频率控制字与频率调节因子 F_{sc} 相乘作为相消 DDS 的频率输入加工输出与频率控制字与频率调节因子 F_{sc} 相乘作为相消 DDS 的相位输出，使得相消 DDS 输出频率和谐波频率相同。其次，为实现相消 DDS 的相位调节，在相消 DDS 中加入相位偏移 θ，通过调节 θ 使得相消信号的相位与谐波的相位相差 180°。然后，为了使相消信号的幅度和谐波失真的幅度相等，引入一个幅度调节因子 A_{sc}，利用一个乘法器将相消 DDS 的波形数据与幅度调节因子 A_{sc} 相乘，得到所需的幅度。最后，将主 DDS 的波形数据和经过调节后的相消 DDS 的波形数据相加，作为 DAC 的输入波形数据。如图 5-36 所示，相消干涉法 DDS 电路结构。

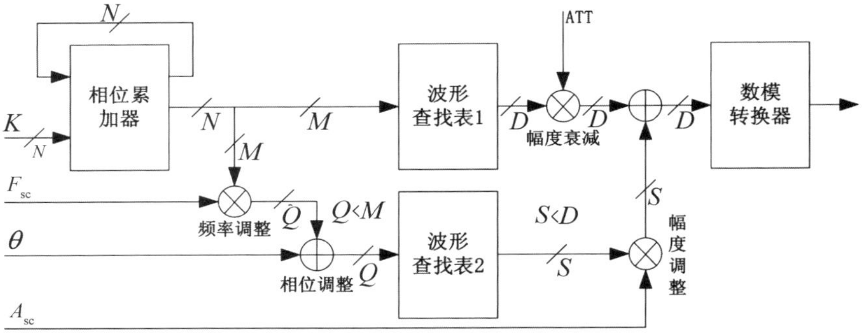

图 5-36　**相消干涉法 DDS 电路结构**

谐波杂散的频率可以通过频谱仪的测量再确定，然后来确定频率调节因子 F_{sc} 的值。频谱仪可测出谐波幅值相对主信号幅值的关系，从而确定 A_{sc}。为了验证上述方法，搭建了实际的实验平台对其进行验证。实验中，主 DDS 的参数如下：相位累加器位数 $N=16$，相位截断位数 $B=6$，幅度量化位数 $D=16$，频率控制字 $K=655$，采样时钟为 $f_c=100\text{MHz}$；相消 DDS 的参数如下：波形查找表地址位数 $Q=8$，幅度量化位数 $S=7$。如图 5-37（a）～（d）分别为相消前、$\theta=30°$ 相消后、$\theta=60°$ 相消后以及 $\theta=90°$ 相消后的输出信号频谱。

由图 5-37（b）～（d）可知，相消 DDS 的相位偏移 $\theta=90°$ 时，谐波抑制效果最好。对比图 5-37（a）和（d），经过相消干涉后，二次谐波失真改善了 17.46dBc，从而提高了输出信号的 SFDR。

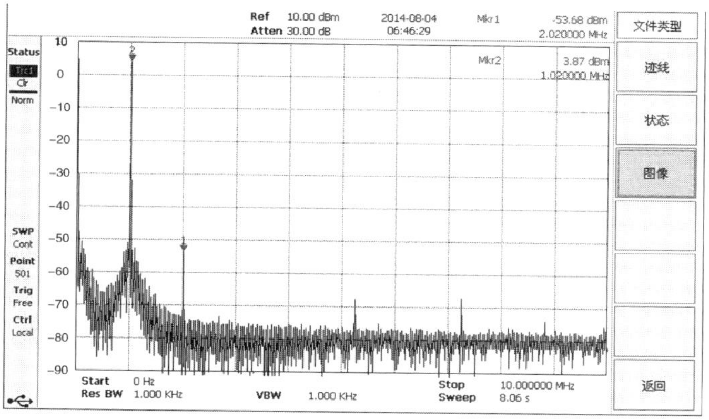
Ref 10.00 dBm
Atten 30.00 dB
2014-08-04
06:46:29
Mkr1
-53.68 dBm
2.020000 MHz
Mkr2
3.87 dBm
1.020000 MHz
文件类型
迹线
状态
图像
返回
Status
Trc1
Clr
Norm
SWP
Cont
Point
501
Trig
Free
Ctrl
Local
10
0
-10
-20
-30
-40
-50
-60
-70
-80
-90
Start 0 Hz
Res BW 1.000 KHz
VBW 1.000 KHz
Stop 10.000000 MHz
Sweep 8.06 s

(a)

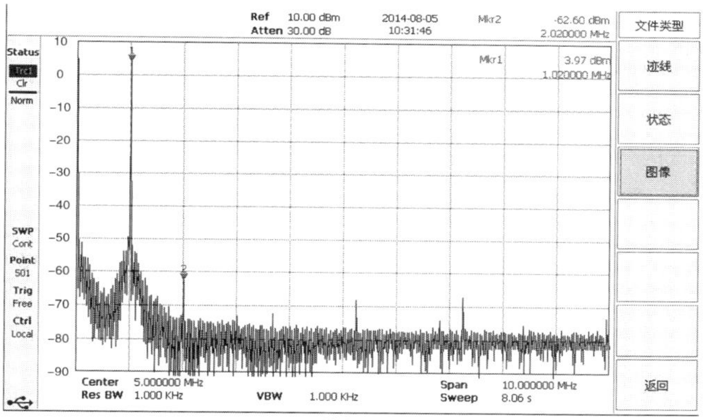
Ref 10.00 dBm
Atten 30.00 dB
2014-08-05
10:31:46
Mkr2
-62.60 dBm
2.020000 MHz
Mkr1
3.97 dBm
1.020000 MHz
文件类型
迹线
状态
图像
返回
Status
Trc1
Clr
Norm
SWP
Cont
Point
501
Trig
Free
Ctrl
Local
10
0
-10
-20
-30
-40
-50
-60
-70
-80
-90
Center 5.000000 MHz
Res BW 1.000 KHz
VBW 1.000 KHz
Span 10.000000 MHz
Sweep 8.06 s

(b)

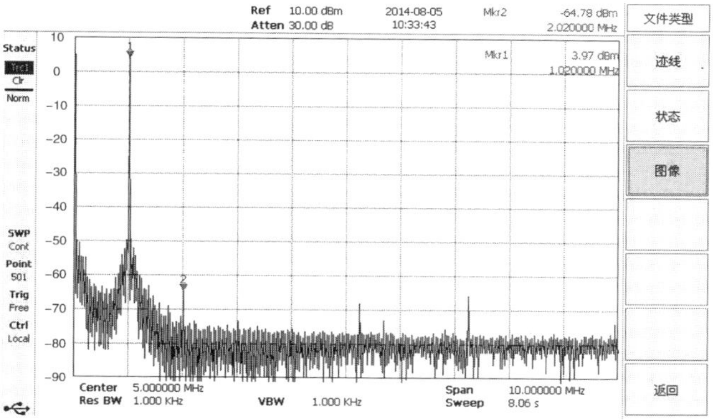
Ref 10.00 dBm
Atten 30.00 dB
2014-08-05
10:33:43
Mkr2
-64.78 dBm
2.020000 MHz
Mkr1
3.97 dBm
1.020000 MHz
文件类型
迹线
状态
图像
返回
Status
Trc1
Clr
Norm
SWP
Cont
Point
501
Trig
Free
Ctrl
Local
10
0
-10
-20
-30
-40
-50
-60
-70
-80
-90
Center 5.000000 MHz
Res BW 1.000 KHz
VBW 1.000 KHz
Span 10.000000 MHz
Sweep 8.06 s

(c)

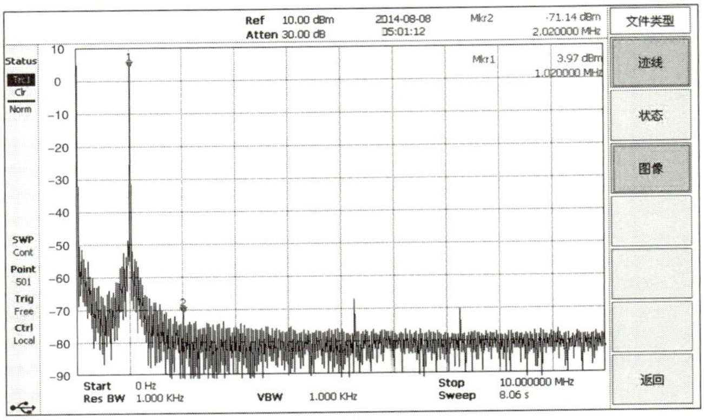

(d)

图 5-37　相消前、后输出频谱

将 DAC 的输入信号的幅度减少为 DAC 满量程时的一半，即半量程，对输出信号的谐波和谐波的镜像有一定的改善，从而能提高输出信号的 SFDR。对此进行了实验验证，DDS 参数设置如下：相位累加器位数 $N=16$，相位截断位数 $B=6$，幅度量化位数 $D=16$，采样时钟为 $f_c=100\text{MHz}$。分别设置频率控制字 $K=18\ 350$，$K=20\ 316$ 和 $K=22\ 938$，此时输出信号频率分别为 28MHz，31MHz 和 35MHz，分别使每个频率点工作在满量程和半量程状态，它们的输出频谱分别如图 5-38（a）～（f）所示。它们的二次谐波失真和二次谐波的镜像失真情况如表 5-2 所示。

表 5-2　二次谐波及其镜像失真情况

频率（MHz）	二次谐波失真		二次谐波镜像失真	
	满量程（dBc）	半量程（dBc）	满量程（dBc）	半量程（dBc）
28	−58.97	−62.98	−54.67	−60.45
31	−57.84	−61.92	−48.39	−53.73
35	−63.16	−69.86	−42.32	−48.72

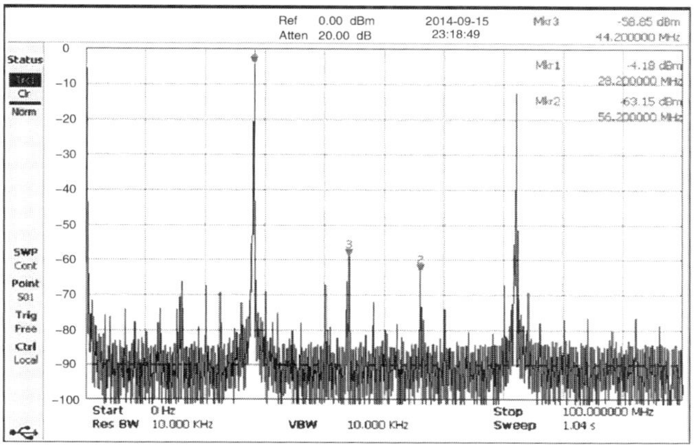

(a) 28MHz 满量程

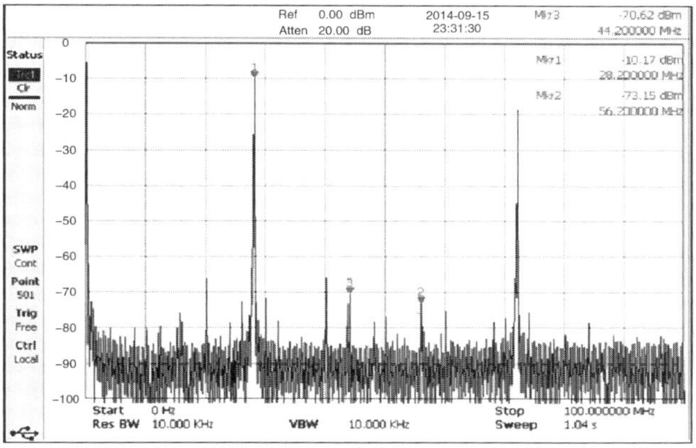

(b) 28MHz 半量程

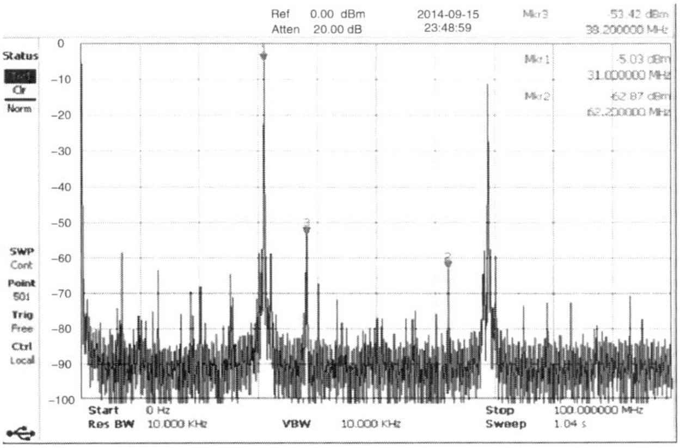

(c) 31MHz 满量程

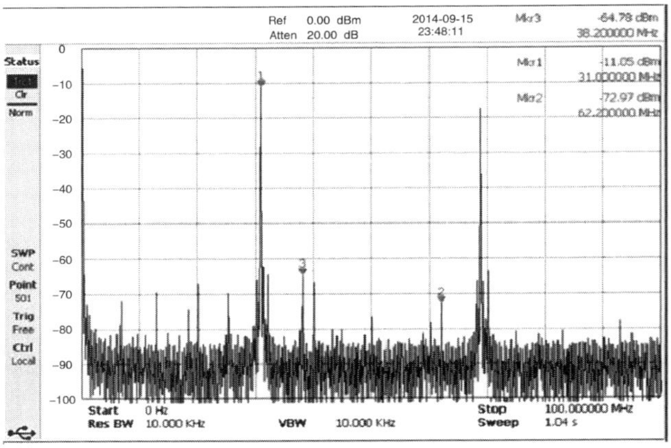

(d) 31MHz 半量程

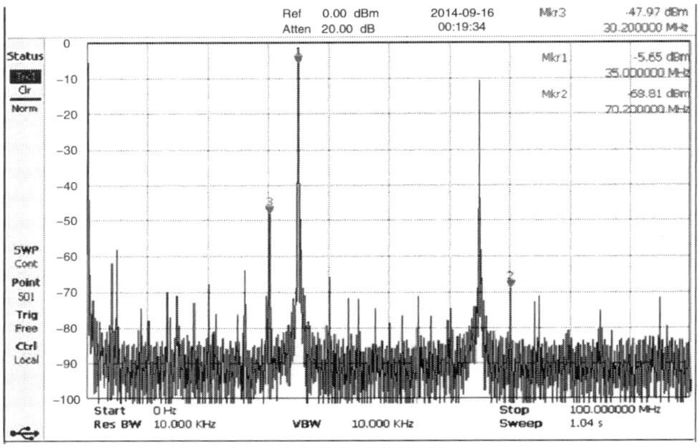

(e) 35MHz 满量程

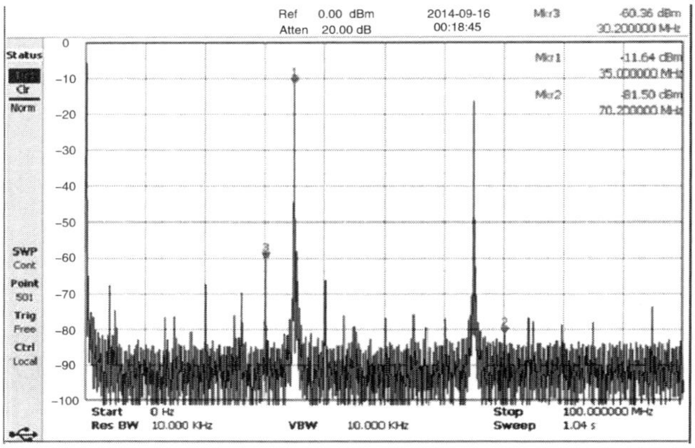

(f) 35MHz 半量程

图 5-38 不同频点满、半量程时输出频谱

由图 5-38 可知，当 DAC 工作在半量程时，比工作在满量程时，主信号幅度和谐波及其镜像幅度都有衰减，但谐波及其镜像幅度衰减程度更为明显，所以幅度减半后主信号相对谐波的幅度变大。

通过实验验证，椭圆低通滤波器能够很好地滤除输出信号中镜像频率干扰成分，LC 并联谐振电路能够很好地补偿输出信号高频幅度的衰减，由此可见，这两种方法分别对 DAC 零阶保持特性引入的镜频干扰和 sinc 幅度衰减具有一定的改善作用。

相消干涉法的实现在硬件结构上需要一个额外的小容量的波形存储器和几个乘法器以及加法器，但要确定相消 DDS 的幅度和相位偏移有一定的困难，尤其相位偏移需要通过不断地试验才能得到，而且相消 DDS 的参数随输出频率的改变而改变，每次改变输出频率，相消 DDS 的参数必须重新设置。相消干涉法能够将谐波的幅度降低到很低的水平，但实现步骤比较烦琐。

幅度非满量程法的实现只需将波形查找表中的幅度减小，这样同时降低了主信号和谐波及其镜像的幅度，而使主信号相对谐波及其镜像的幅度提高了，但会减小输出信号的信噪比，对于主信号幅度的减小需要后级进行放大，与相消干涉法相比，实现结构比较简单，但谐波及其镜像频率的抑制程度不如相消干涉法。

5.4 基于频域扩展的伪插值并行方法

基于并行存储 DDS 的任意波形合成技术，可以较好地解决相位累加器、波形查找表工作速度的限制问题，下面将讨论影响采样率提高的另一因素——DAC 采样频率的解决方法。

5.4.1 伪插值任意波形合成技术

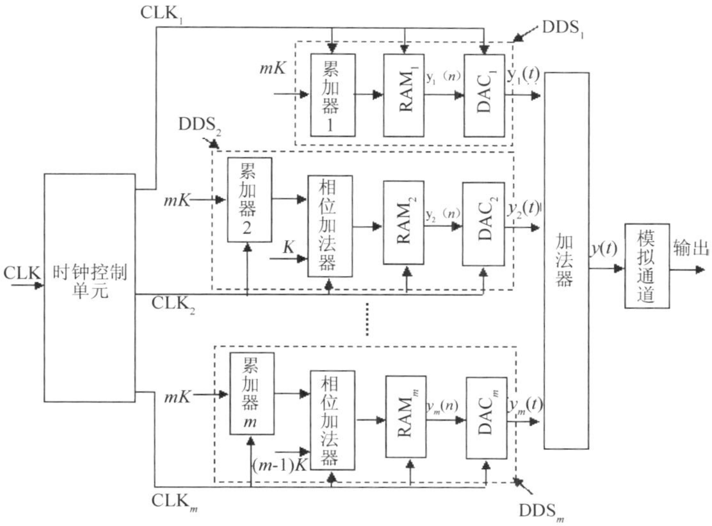

图 5-39 m 路 DDS 伪插值的波形合成原理

基于多路 DDS 伪插值的任意波形合成原理如图 5-39 所示（以 m 路为例）。时钟控制单元对输入的取样时钟 clk 进行调整，获得频率相同（假设为 f_s）、相位相差 $\frac{2\pi}{m}$ 的时钟信号 $CLK_1 \sim CLK_m$ 分别作为 $DDS_1 \sim DDS_m$ 的取样时钟。$RAM_1 \sim RAM_m$ 均存放所要产生波形一个周期的样本数据，在相位累加器和相位加法器的控制下，使得 RAM_1 产生波形数据中的第 $0, mK, 2mK, \cdots$ RAM_2 产生波形数据中的第 $K, (m+1)K, (2m+1)K, \cdots$ RAM_m 产生波形数据中的第 $(m-1)K, (2m-1)K, (3m-1)K, \cdots$ 各路 RAM 产生的波形数据经 $DAC_1 \sim DAC_m$ 数模转换后分别得到模拟波形输出 $y_1(t) \sim y_m(t)$，最后由加法器完成输出波形的叠加，产生采样频率为 mf_s 的波形输出。

以两路 DDS 并行伪插值合成为例，假设待合成的波形为正弦波，DAC 的保持函数为零阶保持函数。正常采样的 DDS 输出波形如图5-40（a）所示，两路 DDS 的输出波形如图5-40（b）所示，两路 DDS 并行伪插值合成如图5-40（c）所示。假设 DDS 取样频率为 f_s，由于取样时钟 CLK_1 和 CLK_2 相差 180°，DDS_2 产生的波形比 DDS_1 所产生的波形延迟 $T/2$（T 是采样频率 f_s 的倒数，即采样周期），因此合成后输出的波形的数据点相对于 DDS_1 和 DDS_2 的波形，描述波形的样点数增加了一倍，等效于最高采样频率增加一倍（即 $2f_s$）。由于这种方法并非通过 DDS 输出波形的直接插值完成，故称为“伪插值”。

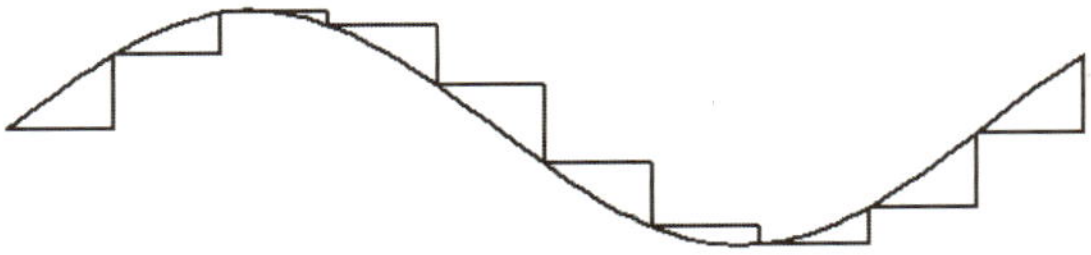

（a）正常采样的 DDS 输出波形

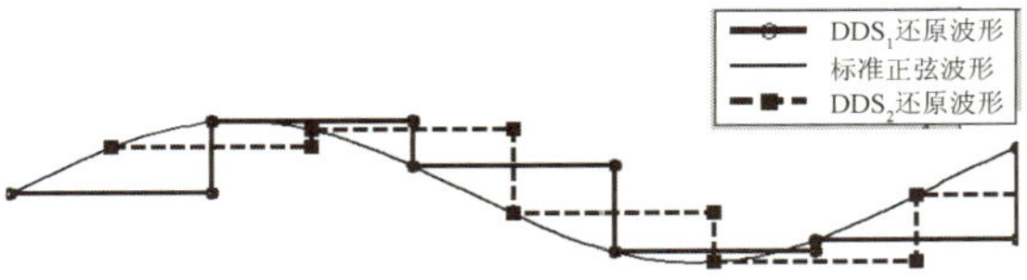

（b）DDS_1 和 DDS_2 输出波形

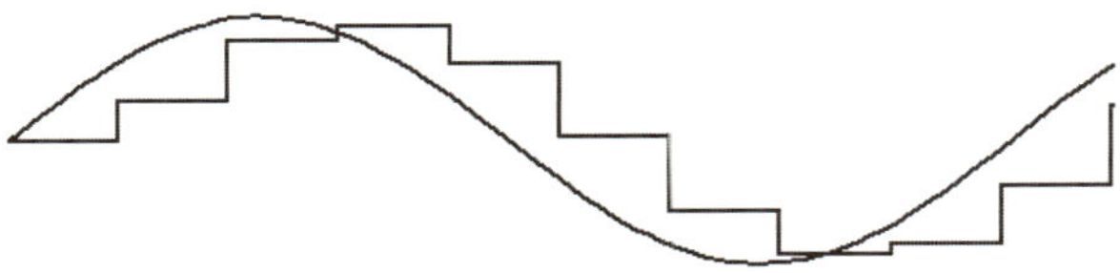

（c）双路 DDS 并行伪插值输出波形

图 5-40　双路 DDS 伪插值波形合成图

假设 DDS 理想，即无相位截断、波形幅度量化误差、DAC 非线性和时钟非均匀的影响，相位累加器位数为 N，$RAM_1 \sim RAM_m$ 均存放正弦信号的一个周期，在采样时钟 $CLK_1 \sim CLK_m$ 的控制下，输出给第 R 路 DAC 的数据序列为 $y_R(n), R=1,2,\cdots,m$。根据 DDS 的原理可把 $y_R(n)$ 表示如下：

$$y_R(n)=\sum_{n=-\infty}^{+\infty}\sin\left(2\pi\frac{(nm+R-1)k}{2^N}\right) \tag{5-43}$$

则经过 DAC 后的输出信号 $y_R(t)$ 为

$$\begin{aligned} y_R(t) &= \sum_{n=-\infty}^{+\infty} y_R(n)\delta\left[t-\left(n+\frac{R-1}{m}\right)T\right]*h(t) \\ &= \sum_{n=-\infty}^{+\infty}\sin\left[2\pi\frac{mk}{2^N}f_s\left(n+\frac{R-1}{m}\right)T\right]\delta\left[t-\left(n+\frac{R-1}{m}\right)T\right]*h(t) \end{aligned} \tag{5-44}$$

由于 $w_o=2\pi f_0=2\pi\frac{K}{2^N}f_s$，所以

$$y_R(t)=\sum_{n=-\infty}^{+\infty}\sin mw_o t\delta\left[t-\left(n+\frac{R-1}{m}\right)T\right]*h(t) \tag{5-45}$$

对 $y_R(t)$ 进行傅里叶变换，可得信号的频谱 $Y_R(jw)$ 为

$$Y_R(jw)=\frac{\pi}{jT}\sum_{n=-\infty}^{+\infty}e^{-jn\frac{2\pi(R-1)}{m}}\begin{Bmatrix}\delta[j(w-(nw_s+mw_o))]- \\ \delta[j(w-(nw_s-mw_o))]\end{Bmatrix}H(jw) \tag{5-46}$$

因此，伪插值输出信号 $y(t)$ 的频谱可表示为

$$Y(jw)=\frac{\pi}{jT}\sum_{n=-\infty}^{+\infty}\sum_{R=1}^{m}e^{-jn\frac{2(R-1)\pi}{m}}\begin{Bmatrix}\delta[j(w-(nw_s+mw_o))]- \\ \delta[j(w-(nw_s-mw_o))]\end{Bmatrix}H(jw) \tag{5-47}$$

由于

$$\sum_{R=1}^{m}\left(e^{-jn\frac{2(R-1)\pi}{m}}\right)=\begin{cases}m, & n=\lambda m \\ 0, & n\neq\lambda m\end{cases}(\lambda\text{ 为整数}) \tag{5-48}$$

所以

$$Y(jw)=\frac{m\pi}{jT}\sum_{n=-\infty}^{+\infty}\begin{Bmatrix}\delta[j(w-(nmw_s+mw_o))]- \\ \delta[j(w-(nmw_s-mw_o))]\end{Bmatrix}H(jw) \tag{5-49}$$

可知输出信号的频谱分布在 $nmf_s \pm mf_0$ 处，即经过 m 路伪插值后，采样频率由单路 DDS 采样频率 f_s 变为了 mf_s，提高了 m 倍。

以三路 DDS 并行合成为例，假设输出信号频率为 $0.6f_s$，DAC 保持函数为零阶保持函数，则各路 DDS 输出信号频谱与伪插值合成输出信号的频谱分布如图 5-41 所示。

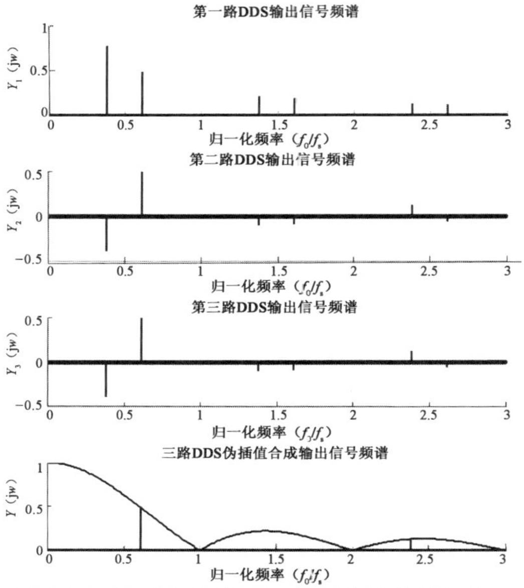

图 5-41 三路 DDS 并行伪插值输出信号频谱

可见，经过三路 DDS 并行伪插值合成后，原本应该位于 $f_s \pm f_0$，$2f_s \pm f_0$ 等处的频谱都被抵消，只保留了 $3kf_s \pm f_0$（k 为整数）处的频谱分量，在频谱分量存在的位置上等效于以 3 倍 f_s 进行采样的结果，但输出频谱的幅度受到了 DAC 保持函数的影响，具体的影响情况及补偿方法将在下面进行探讨。

5.4.2 伪插值任意波形合成误差分析及校正

通过多 DDS 并行伪插值合成，可较好地解决由于 DAC 转换速率对任意波形合成采样率提高的限制。下面首先分析多 DDS 并行伪插值任意波形合成误差的来源，建立相应的误差模型；其次对多 DDS 伪插值波形合成中 DAC 的选取原则进行讨论；最后分析由于 DAC 保持特性误差所引起的输出信号幅频特性不平坦、时钟相位偏差、相位截断误差和幅度量化误差所引起的信号杂散分量大小及分布情况，并提出相应的校正方法。

5.4.2.1 伪插值任意波形合成的误差来源与误差模型

从 DDS 原理可知，为了获得较高的频率分辨率，相位累加器的位数 N 往往较大，但如果将相位累加器的 N 位输出全部用于波形查找表寻址，则需要的波形查找表容量较大。通过截取其中高 M 位来寻址波形查找表，剩余低 $N-M$ 位舍弃不用，就产生了相位截断误差；另一方面，由于 DAC 有限的垂直分辨率和波形查找表存储位数的有限性，对波形幅度值进行量化的过程中将引入幅度量化误差。此外，DDS中还存在由于DAC非线性（包括积分非线性、微分非线性以及毛刺噪声）、滤波特性以及时钟相位噪声等因素引入的误差。

与单路DDS任意波形合成技术相比，多DDS并行伪插值任意波形合成技术不仅有上述提及的误差来源，还包括由于多路时钟信号之间相位关系不准确所引入的时钟相位偏差误差，由于多路DDS通道间幅度、偏移的不匹配所引入的通道失配误差等。

根据误差产生的原因及位置，可得伪插值DDS误差模型如图5-42所示。

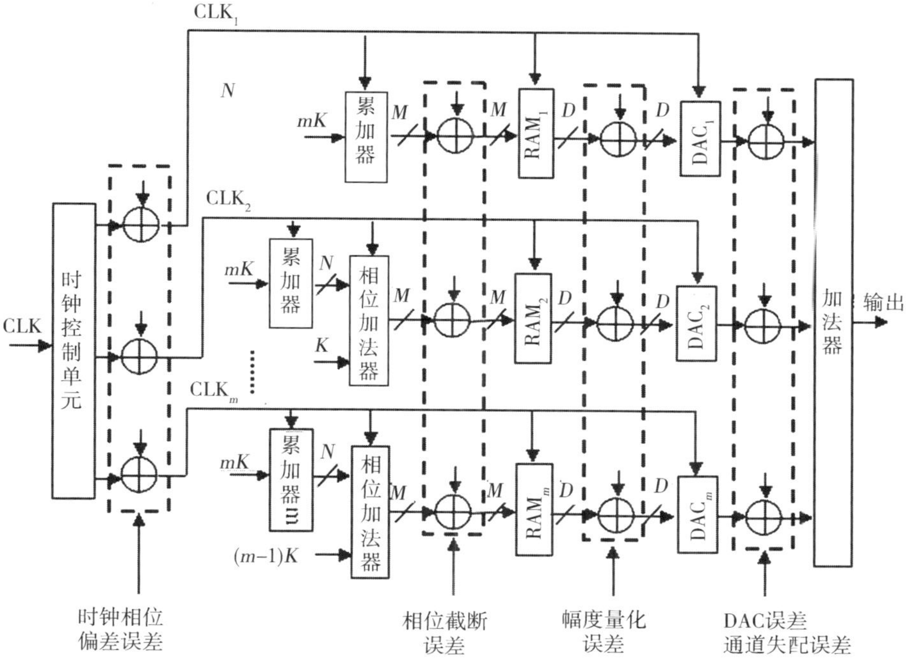

图5-42 多路DDS并行伪插值的误差模型

其中，由于通道失配所引入的幅度、偏移误差可通过对DAC输出信号进行幅度、偏移校准，保证m路DDS输出信号幅度、偏移的一致性来解决。下面将重点分析由于DAC保持特性、相位截断、时钟相位偏差、幅度量化等因素所引入的误差，并对其校正方法提出解决思路。

5.4.2.2 多路DDS并行伪插值DAC保持特性误差分析

1. DAC保持特性对伪插值输出的影响

由前面可知，m路DDS并行伪插值输出信号频谱为

$$Y_P(j\omega)=\frac{m\pi}{jT}\sum_{n=-\infty}^{+\infty}\begin{Bmatrix}\delta[j(\omega-(mn\omega_s+m\omega_o))]-\\ \delta[j(\omega-(mn\omega_s-m\omega_o))]\end{Bmatrix}H_P(j\omega)\quad(5\text{-}50)$$

由前面分析可知，采样频率为 mf_s 的单路 DDS 输出信号频谱为

$$Y_D(j\omega)=\frac{m\pi}{jT}\sum_{n=-\infty}^{+\infty}\begin{Bmatrix}\delta[j(\omega-(mn\omega_s+m\omega_o))]-\\ \delta[j(\omega-(mn\omega_s-m\omega_o))]\end{Bmatrix}H_D(j\omega) \qquad (5\text{-}51)$$

可知，经过多 DDS 并行伪插值合成后的信号频谱出现的位置与直接采用频率为 mf_s 的单路采样输出信号频谱的位置相同，但是其幅频特性有所不同，分别受不同的零阶保持函数幅频特性影响。

以三路 DDS 并行伪插值合成为例，其输出信号频谱与直接采用频率为 $3f_s$ 的单路采样输出信号频谱如图 5-43 所示。可见，伪插值合成信号的幅频衰减比直接采样时严重恶化。

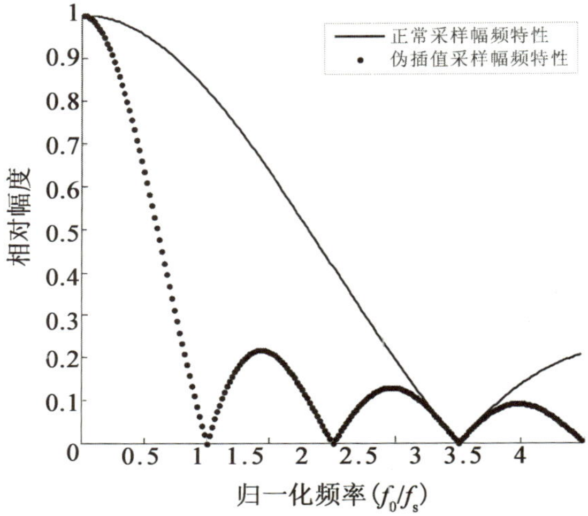

图 5-43　三路伪插值并行合成与正常采样的输出频谱特性

在工程应用中，一般 DDS 频率合成器最高输出频率为采样频率的 40%。则 m 路 DDS 并行伪插值合成输出信号最高频率理论上可达 $0.4mf_s$。但由于 DAC 零阶保持函数的幅频特性在 nf_s 处（n 不等于 0）将出现过零点，使得 nf_s 频率点附近信号的幅频特性严重下降，甚至衰减为 0，丧失了信号的原有频谱特征，造成无法通过伪插值合成方法恢复出原信号。同时，由于 sinc 函数的能量主要集中在 $0\sim f_s$ 的频带内，当需要较高输出频率时，由于信号的谱线位于 $0\sim f_s$ 频带外，信号幅频特性衰减较大，也将使得信号的恢复异常困难。

解决 m 路（$m>2$）DDS 并行伪插值合成的一种有效方法是采用具有更窄保持特性的 DAC。例如，在上述三路伪插值并行合成中采用具有归零保持函数的 DAC。由于归零保持函数的幅频特性为

$$H_P(jw) = e^{-jw\frac{T}{4}}\left[\frac{2\sin\left(w\frac{T}{4}\right)}{w}\right] \tag{5-52}$$

可得输出信号的幅频特性如图 5-44 所示。

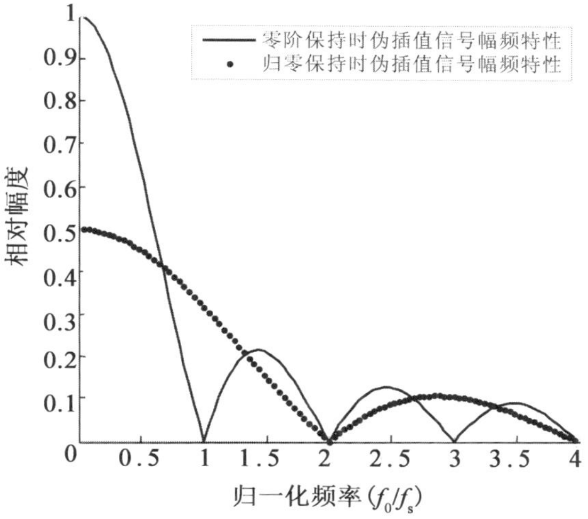

图 5-44　采用归零保持函数与采用零阶保持的伪插值输出信号频谱对比

可见，归零保持函数信号输出幅度虽然比零阶保持函数下降一半，但具有更平缓的滚降特性，使得 $1.2f_s$ 频点处的谱线位于归零函数频谱的主能量区内，能有效地通过低通滤波器滤除杂散分量，且保留输出频谱的幅度信息。由于归零保持函数的第一过零点位于 $2f_s$ 处，因而，采用具有归零保持函数的 DAC 进行伪插值任意波形合成，理论上可支持四路 DDS 并行合成，所实现的最高输出信号频率可达采样频率的 1.6 倍。

由上述分析可知，要想实现 m 路 DDS 并行伪插值合成，所采用 DAC 的保持函数的持续时间宽度 τ 应满足

$$\tau < \frac{2T}{m} \tag{5-53}$$

2. 基于 FIR 滤波器的伪插值幅频特性补偿

伪插值技术能较好地解决高速任意波形合成中 DAC 速率限制的问题。但由于 DAC 的保持特性的影响，输出信号的幅频特性平坦性较非伪插值情况恶劣一些，甚至在某些输出频率点无法实现。虽然可以通过选择具有特定保持特性的 DAC，减缓输出信号的幅频滚降，但依然无法满足输出信号在整个频带内的平坦特性。

要想实现平坦的幅频特性，其实质是对 DAC 数模转换模块的保持特性补偿，只需在 DAC 数模转换模块后级联幅频校正模块，如图 5-45 所示。

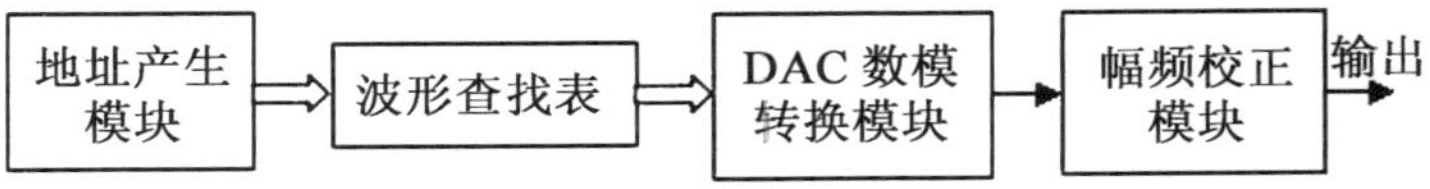

图 5-45　具有幅频校正模块的 DDS 模型

由于 DDS 是线性时不变系统，根据系统串联模型交换系统的级联顺序不会对系统的输出造成影响的原则，将幅频校正模块与 DAC 数模转换模块的顺序进行交换，其等效模型如图 5-46 所示。

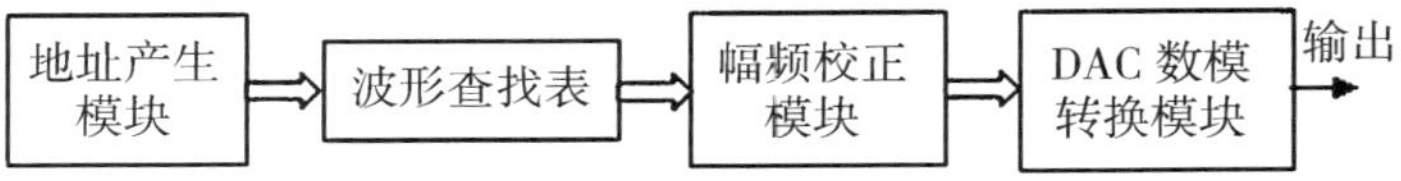

图 5-46　交换幅频校正模块与数模转换模块后的系统模型

经过系统互换后，校正的对象由原来的模拟信号变为了数字信号，可采用目前广泛应用的数字信号处理技术对波形查找表输出的波形幅度信息进行预校正后再送入 DAC 数模转换模块进行转换，保证输出信号的幅频特性。

结合 DDS 并行伪插值波形合成原理，采用 FIR 滤波器来实现 m 路 DDS 并行伪插值信号发生器幅频特性校正的电路原理如图 5-47 所示，在每路 DDS 的波形 RAM 查找表和 DAC 转换器之间插入 FIR 滤波器用于数据实时预处理。

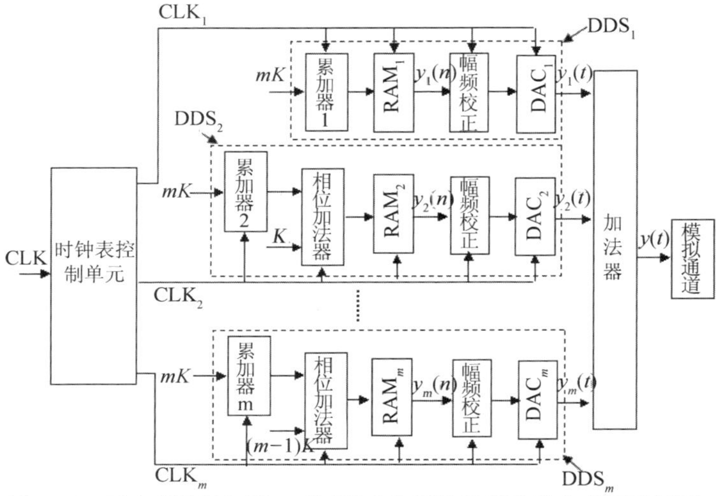

图 5-47　具有幅频校正的 m 路 DDS 伪插值任意波形合成原理框图

假设校正网络的频谱函数为 $H_{CR}(j\omega)$，信号经过校正网络、DAC 以及模拟通道后的频谱函数 $Y_R(j\omega)$ 将变为

$$Y_R(j\omega) = X_R(j\omega)H_R(j\omega)H_{CR}(j\omega) \tag{5-54}$$

$X_R(j\omega)$ 是需要恢复信号的频谱。

当

$$H_R(j\omega)H_{CR}(j\omega) = 1 \tag{5-55}$$

则式（5-54）变为

$$Y_R(j\omega) = X_R(j\omega) \tag{5-56}$$

输出信号的频谱失真将得到理想的校正。

再根据式（5-55）可知，FIR 校正滤波器的频谱函数 $H_{CR}(j\omega)$ 应等于

$$H_{CR}(j\omega) = \frac{1}{H_R(j\omega)} = \frac{1}{H_{PR}(j\omega)H_A(j\omega)} \tag{5-57}$$

此外，FIR 滤波器应为一低通滤波器，截止频率满足 $0.4mf_s < f_c < 0.6mf_0$。

5.4.2.3 时钟相位偏差误差分析

多路 DDS 伪插值任意波形合成要求各路 DDS 取样时钟之间保持严格的相位同步关系。如双路 DDS 伪插值合成中，要求取样时钟应严格保持相位差为 180°。但对于高速系统，尤其是在采样率高于 1Gsps 的任意波形发生器设计中，由于元器件传播延迟、分布电容、布线工艺、电磁干扰以及时钟自身抖动等因素的影响，各采样时钟之间的相位偏差是不可避免的。这种偏差造成本应在时域上均匀等间隔出现的样本数据实际以非均匀或非等间隔形式输出合成，从而引起输出波形的非线性失真。

下面以两路 DDS 伪插值合成为例分析时钟相位偏差对 DDS 伪插值任意波形频谱的影响。不考虑 DDS 的相位截断、幅度量化以及 DAC 非线性误差，假设单路 DDS 的采样周期为 T，第二路 DDS 时钟相对第一路时钟的相移为 $180° + \Delta\varphi$，如图 5-48 所示。

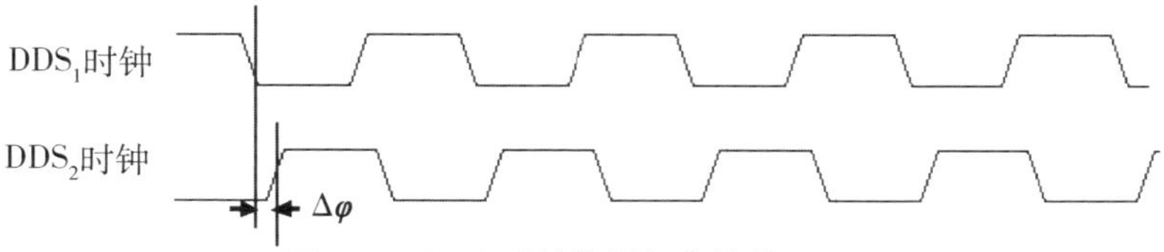

图 5-48 两路时钟信号相位偏差 $\Delta\varphi$

根据 DDS 原理，每一个时钟的上升沿，信号的相位值和幅度值均更新一次。因此，时钟之间的相位偏差实际将引起输出信号的时移。第二路时钟相对于第一路时钟的相位偏差 $\Delta\varphi$ 所引起第二路 DDS 信号的时间延迟 Δt 为

$$\Delta t = \frac{\Delta\varphi}{2\pi}T = \frac{\Delta\varphi}{w_s} \tag{5-58}$$

其中，$w_s = \frac{2\pi}{T}$ 表示采样时钟的角频率。

具有时钟相位偏差的双路伪插值任意波形合成采样模型可在理想的双路 DDS 伪插值任意波形合成采样模型基础上，通过对第二路 DDS 输出信号延迟 Δt 得到，如图 5-49 所示。

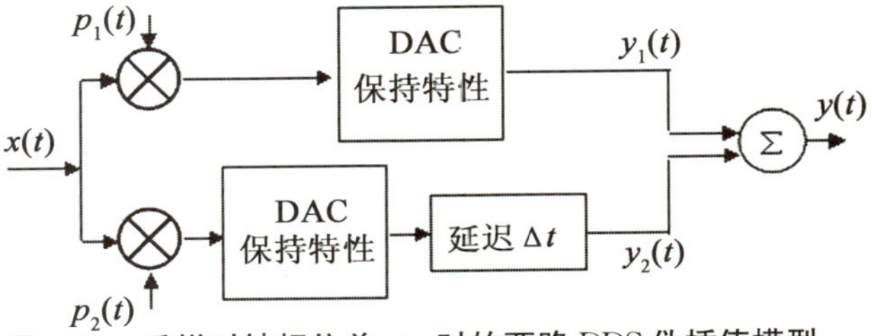

图 5-49　采样时钟相位差 $\Delta\varphi$ 时的两路 DDS 伪插值模型

由 DDS 的采样模型和伪插值任意波形合成的原理可知，采样时钟信号 $p_1(t)$ 和 $p_2(t)$ 相位相差 180°，其表达式分别为

$$p_1(t) = \sum_{n=-\infty}^{+\infty} \delta(t - nT) \tag{5-59}$$

$$p_2(t) = p_1\left(t - \frac{T}{2}\right) = \sum_{n=-\infty}^{+\infty} \delta\left(t - nT - \frac{T}{2}\right) \tag{5-60}$$

经过加法器合成后，伪插值输出信号的频谱为

$$\begin{aligned} Y(jw) &= Y_1(jw) + Y_2(jw) \\ &= \frac{1}{T}\sum_{k=-\infty}^{+\infty} X[j(w - kw_s)](1 + e^{-jk\pi}e^{-jw\Delta t})H(jw) \\ &= \frac{1}{T}\sum_{k=-\infty}^{+\infty} X[j(w - kw_s)]A(w,\Delta t)H(jw) \end{aligned} \tag{5-61}$$

其中，$A(w,\Delta t) = 1 + e^{-jk\pi}e^{-jw\Delta t}$。当输出信号为单频正弦信号时，信号谱线位于 $kf_s \pm f_0$ 处，其频谱幅度分量的大小将受系数 $1 + e^{-jk\pi}e^{-jw\Delta t}$ 的影响。

当 $\Delta t = 0$，即两路 DDS 的采样时钟并不存在相位偏差且此时，有

$$A(w,\Delta t) = 1 + e^{-jk\pi} = \begin{cases} 2, k \text{ 为奇数} \\ 0, k \text{ 为偶数} \end{cases} \tag{5-62}$$

则

$$Y(jw) = \frac{2}{T}\sum_{k=-\infty}^{+\infty} X(j(w - 2kw_s))H(jw) \tag{5-63}$$

原本位于 $(2m+1)f_s \pm f_0$ 处的信号频谱将相互抵消为 0，采样频率由原来单路 DDS 的 f_s 变为了 $2f_s$，输出信号幅度变为单路 DDS 输出信号幅度的 2 倍。

当两路采样时钟存在相位偏差且 $\Delta t \neq 0$ 时，由于 $A(w,\Delta t)$ 将不再满足式 (5-62) 所示的关系，因此，原本 $(2m+1)f_s \pm f_0$ 处应该为 0 的频谱分量，其实际结果并不为 0，将会在这些频点处产生相应的杂散分量。

假设单路 DDS 采样频率为 f_s，输出信号频率 $f_0 = 0.2f_s$，DAC 的保持特性为零阶保持，即 $H(\mathrm{j}w) = \mathrm{e}^{-\mathrm{j}w\frac{T}{2}} \dfrac{2\sin w\dfrac{T}{2}}{w}$。利用 Matlab 对存在相位偏差误差的伪插值输出信号频谱进行仿真。图 5-50（a）～（d）是 $\Delta\varphi$ 为不同值时输出信号的频谱。

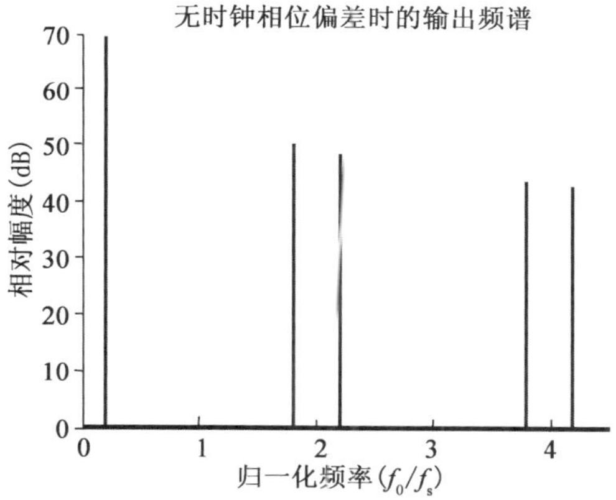

(a)

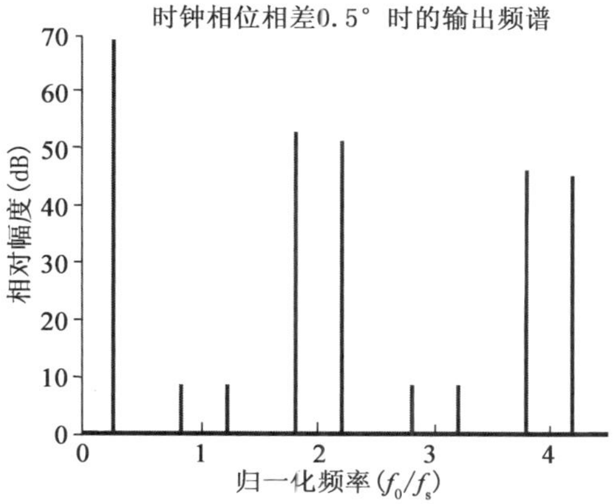

(b)

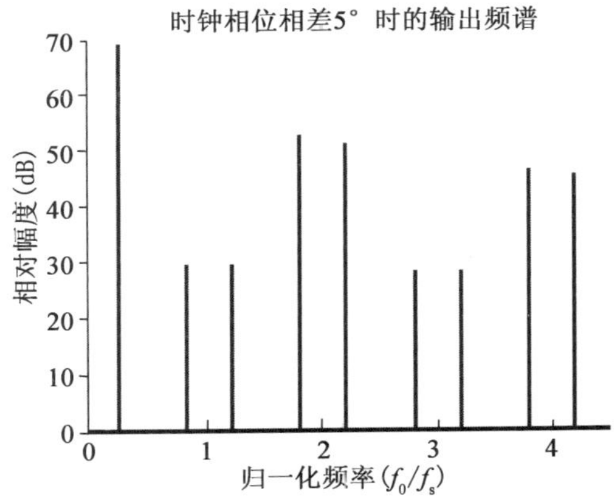

(c)

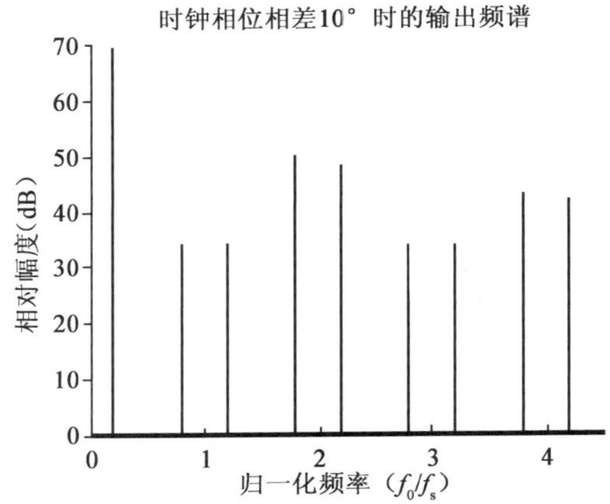

(d)

图 5-50　相位偏差 $\Delta\varphi$ 为不同值时的输出频谱

由图 5-49 可见，当无相位偏差时，位于 $(2m+1)f_s \pm f_0$ 处的谱线被抵消；当 $\Delta\varphi \neq 0$ 时，不管 $\Delta\varphi$ 的值为多少，由于采样时钟相位偏差所引入的杂散谱总位于 $(2m+1)f_s \pm f_0$ 处，且 $0 \sim 2f_s$ 频率范围内的杂散谱幅度大小随着相位偏差度数的增加而增加。

对于双路 DDS 并行伪插值合成，实际应用中，最大输出频率一般为单路采样时钟频率 f_s 的 80%。为抑制输出信号的频谱镜像分量，通常在输出端加入一截止频率为 f_s 的低通滤波器滤除高频杂散分量。则经过滤波后杂散频谱分量位于 $f_s - f_0$ 处，最强杂散幅度分量与信号幅度的比值可表示为

$$
\begin{aligned}
A &= 20\lg \frac{|(1+e^{-jw_0\Delta t})|}{|(1-e^{-j(w_s-w_0)\Delta t})|} \\
&= 20\lg \frac{|(1+e^{-j\frac{w_0}{w_s}\Delta\varphi})|}{|(1-e^{-j\Delta\varphi}e^{-j\frac{w_0}{w_s}\Delta\varphi})|}
\end{aligned}
\tag{5-64}
$$

由式（5-64）可知，时钟相位偏差所引起的最强杂散幅度分量与信号幅度的比值由输出信号的频率与单路 DDS 采样频率之比、时钟相位偏差的度数共同决定，与采样频率的大小无关。

图 5-51 是相位偏差度数相同（相位偏差为 5°）时，不同输出频率比对最强杂散相对幅度分量的影响。可见，在同一相位偏差时，最强杂散相对幅度分量随着输出频率的增加而增加，说明输出频率较低时由相位偏差引入的杂散分量对杂散幅度分量的影响较严重。

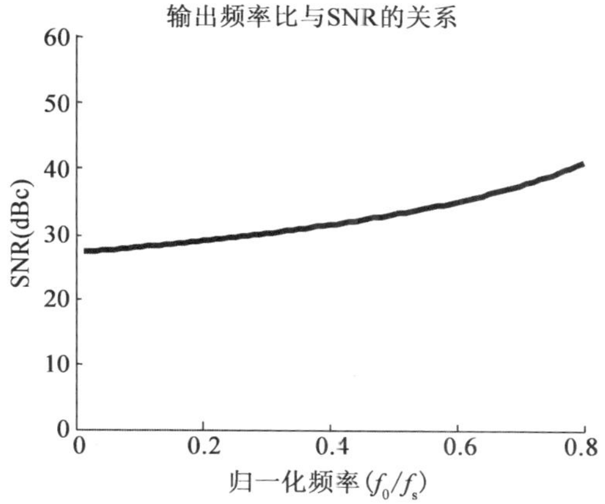

图 5-51　输出频率对最强杂散幅度分量的影响

图 5-52 是输出频率与采样频率之比相同（$\frac{f_0}{f_s}=0.2$）时，相位偏差度数对输出信号信噪比的影响，可见在同一输出频率时，输出信号信噪比随着相位偏差度数的增加而下降（尤其是相位偏差度数小于 5°时）。

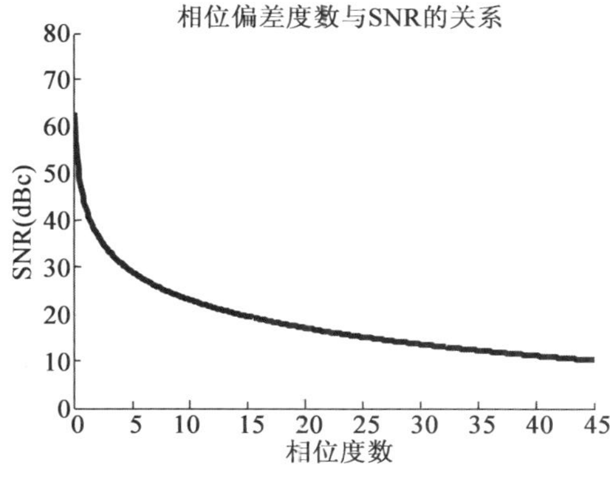

图 5-52　相位偏差度数对最强杂散幅度的影响

5.4.2.4 相位截断误差分析与校正

1. 伪插值相位截断谱分析

在多 DDS 伪插值合成中，相位截断也是不可避免的。以两路 DDS 伪插值为例，其电路模型如图 5-53 所示。假设波形查找表地址位数为 M 位，则截断位数为 $N-M$ 位。

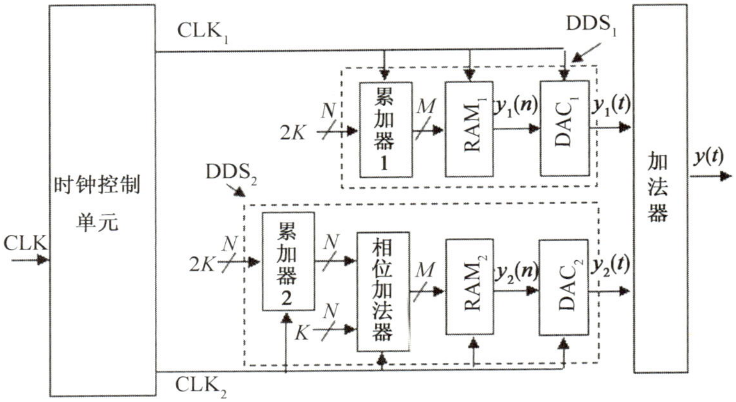

图 5-53　具有相位截断的多 DDS 伪插值任意波形合成电路模型

为了研究相位截断的情况，将频率控制字 K 进行奇偶分离，表示为

$$K = 2^l(2r+1) \tag{5-65}$$

其中，$0<K<2^{N-1}$，l 和 r 为整数。

由图 5-53 及相位截断的原理可知，对于第一路 DDS，当 $\frac{2K}{2^{N-M}} \neq \left[\frac{2K}{2^{N-M}}\right]$，存在相位截断；对于第二路 DDS，当 $\frac{K}{2^{N-M}} \neq \left[\frac{K}{2^{N-M}}\right]$，存在相位截断。可知相位截断的情况与 l 的大小有关，可分为下面三种情况。

(1) 当 $l \geqslant N-M$ 时，两路 DDS 均不存在相位截断。

(2) 当 $l < N-M-1$ 时，两路 DDS 均存在相位截断。

假设波形查找表中存放一个周期的正弦信号。令 $L=2^{N-M-1}$，不考虑波形查找表的量化位数。经过相位截断后两路 DDS 波形查找表输出的波形数据可分别表示为

$$\hat{y}_1(n) = \sin\left(2\pi\frac{\left[\frac{2nK}{2^{N-M}}\right]2^{N-M}}{2^N}\right) = \sin\left(2\pi\frac{\left[\frac{2n(2r+1)}{L}\right]}{2^M}\right) \tag{5-66}$$

$$\hat{y}_2(n) = \sin\left(2\pi\frac{\left(\left[\frac{2nK+K}{2^{N-M}}\right]\right)2^{N-M}}{2^N}\right) = \sin\left(2\pi\frac{\left[\frac{(2n+1)(2r+1)}{L}\right]}{2^M}\right) \tag{5-67}$$

其中，$[x]$ 表示对 x 进行舍位取整。

每路 DDS 的相位误差分别为

$$\varepsilon_1(n) = 2\pi\left(\frac{2nk}{2^N} - \frac{\left[\frac{2n(2r+1)}{L}\right]}{2^M}\right) \tag{5-68}$$

$$\varepsilon_2(n) = 2\pi\left(\frac{(2n+1)k}{2^N} - \left(\frac{\left[\frac{(2n+1)(2r+1)}{L}\right]}{2^M}\right)\right) \tag{5-69}$$

由式（5-68）和式（5-69）可见，相位误差 $\varepsilon_1(n)$ 与 $\varepsilon_2(n)$ 的周期均为 $\frac{L}{2}$。

两路 DDS 的 DAC 输出信号可分别表示为

$$\begin{aligned}\hat{y}_1(t) &= \sum_{n=-\infty}^{+\infty}\sin\left(2\pi\frac{2nk}{2^N}-\varepsilon_1(n)\right)\delta(t-nT)\cdot h(t)\\ &= \sum_{m=0}^{\frac{L}{2}-1}\sum_{n=-\infty}^{+\infty}\sin[2w_o t-\varepsilon_1(m)]\delta\left[t-\left(\frac{nL}{2}+m\right)T\right]\cdot h(t)\end{aligned} \tag{5-70}$$

$$\begin{aligned}\hat{y}_2(t) &= \sum_{n=-\infty}^{+\infty}\sin\left[2\pi\frac{(2n+1)k}{2^N}-\varepsilon_2(n)\right]\delta\left[t-\left(nT+\frac{T}{2}\right)\right]\cdot h(t)\\ &= \sum_{m=0}^{\frac{L}{2}-1}\sum_{n=-\infty}^{+\infty}\sin[2w_o t-\varepsilon_2(m)]\delta\left[t-\left(n\frac{L}{2}+m+\frac{1}{2}\right)T\right]\cdot h(t)\end{aligned} \tag{5-71}$$

又因为

$$\sin(2w_o t-\varepsilon_1(m))\overset{FT}{\leftrightarrow}\frac{\pi}{j}\delta(w-2w_o)e^{-j\varepsilon_1[m]}-\frac{\pi}{j}\delta(w+2w_o)e^{j\varepsilon_1[m]} \tag{5-72}$$

$$\sum_{n=-\infty}^{+\infty}\delta\left(t-(\frac{nL}{2}+m)T\right)\overset{FT}{\leftrightarrow}\frac{4\pi}{LT}\sum_{n=-\infty}^{+\infty}\delta\left(w-n\frac{2w_s}{L}\right)e^{-jnm\frac{4\pi}{L}} \tag{5-73}$$

所以 $\hat{y}_1(t)$ 和 $\hat{y}_2(t)$ 的傅里叶变换可表示为

$$\hat{y}_1(jw) = \left\{\sum_{m=0}^{\frac{L}{2}-1}\left\{\begin{aligned}&\frac{w_s}{jL}\sum_{n=-\infty}^{+\infty}\delta\left[w-\left(n\frac{2w_s}{L}+2w_o\right)\right]e^{-jnm\frac{4\pi}{L}}e^{-j\varepsilon_1[m]}\\ &-\frac{w_s}{jL}\sum_{n=-\infty}^{+\infty}\delta\left[w-\left(n\frac{2w_s}{L}-2w_o\right)\right]e^{-jnm\frac{4\pi}{L}}e^{j\varepsilon_1[m]}\end{aligned}\right\}\right\}H(jw) \tag{5-74}$$

$$\hat{y}_2(\mathrm{j}w)=\left\{\sum_{m=0}^{\frac{L}{2}-1}\left\{\begin{aligned}&\frac{w_\mathrm{s}}{\mathrm{j}L}\sum_{n=-\infty}^{+\infty}\delta\left[w-\left(n\frac{2w_\mathrm{s}}{L}+2w_\mathrm{o}\right)\right]\mathrm{e}^{-\mathrm{j}n\left(m+\frac{1}{2}\right)\frac{4\pi}{L}}\mathrm{e}^{-\mathrm{j}\varepsilon_2[m]}\\&-\frac{w_\mathrm{s}}{\mathrm{j}L}\sum_{n=-\infty}^{+\infty}\delta\left[w-\left(n\frac{2w_\mathrm{s}}{L}-2w_\mathrm{o}\right)\right]\mathrm{e}^{-\mathrm{j}n\left(m+\frac{1}{2}\right)\frac{4\pi}{L}}\mathrm{e}^{\mathrm{j}\varepsilon_2[m]}\end{aligned}\right\}\right\}H(\mathrm{j}w)\tag{5-75}$$

双路 DDS 并行伪插值输出信号的频谱为

$$\begin{aligned}\hat{y}(\mathrm{j}w)&=\hat{y}_1(\mathrm{j}w)+\hat{y}_2(\mathrm{j}w)\\&=\frac{w_\mathrm{s}}{\mathrm{j}L}\left\{\begin{aligned}&\sum_{n=-\infty}^{+\infty}C_{\mathrm{oe}+}(n)\delta\left[w-\left(n\frac{2w_\mathrm{s}}{L}+2w_\mathrm{o}\right)\right]\\&-\sum_{n=-\infty}^{+\infty}C_{\mathrm{oe}-}(n)\delta\left[w-\left(n\frac{2w_\mathrm{s}}{L}-2w_\mathrm{o}\right)\right]\end{aligned}\right\}H(\mathrm{j}w)\end{aligned}\tag{5-76}$$

其中，

$$C_{\mathrm{oe}+}(n)=\sum_{m=0}^{\frac{L}{2}-1}\left(\mathrm{e}^{-\mathrm{j}\left(nm\frac{4\pi}{L}+\varepsilon_1[m]\right)}+\mathrm{e}^{-\mathrm{j}\left(n\left(m+\frac{1}{2}\right)\frac{4\pi}{L}+\varepsilon_2[m]\right)}\right)\tag{5-77}$$

$$C_{\mathrm{oe}-}(n)=\sum_{m=0}^{\frac{L}{2}-1}\left(\mathrm{e}^{-\mathrm{j}\left(nm\frac{4\pi}{L}-\varepsilon_1[m]\right)}-\mathrm{e}^{-\mathrm{j}\left(n\left(m+\frac{1}{2}\right)\frac{4\pi}{L}-\varepsilon_2[m]\right)}\right)\tag{5-78}$$

（3）当 $l=N-M-1$ 时，第一路 DDS 无相位截断，而第二路 DDS 存在相位截断。由上述推导过程可知，两路 DAC 输出信号的频谱可分别表示为

$$\hat{y}(\mathrm{j}w)=\frac{w_\mathrm{s}}{\mathrm{j}}\sum_{n=-\infty}^{+\infty}\left\{\begin{aligned}&\left(1+\frac{1}{2}\mathrm{e}^{-\mathrm{j}n\left(m+\frac{1}{2}\right)2\pi}\mathrm{e}^{-\mathrm{j}\varepsilon_2[m]}\right)\delta(w-(mw_\mathrm{s}+2w_\mathrm{o}))\\&-\left(1+\frac{1}{2}\mathrm{e}^{-\mathrm{j}n\left(m+\frac{1}{2}\right)2\pi}\mathrm{e}^{\mathrm{j}\varepsilon_2[m]}\right)\delta(w-(mw_\mathrm{s}-2w_\mathrm{o}))\end{aligned}\right\}H(\mathrm{j}w)\tag{5-79}$$

2. 具有相位截断的伪插值输出信号频谱分布

从上述推导可知：

（1）当 $l\geqslant N-M$ 时，两路 DDS 均无相位截断，输出信号的频谱分布在 $2mw_\mathrm{s}\pm 2w_\mathrm{o}$ 处，幅度为 $|H(2mw_\mathrm{s}\pm 2w_\mathrm{o})|$；

（2）当 $l=N-M-1$ 时，第一路 DDS 不存在相位截断误差，而第二路 DDS 存在相位截断误差，在 $0\sim f_\mathrm{s}$ 的频率范围内，杂散谱线的数量为 2 根，相位截断杂散频谱分布及幅度大小为

$$
\begin{cases}
w_s\left|\left(1+\frac{1}{2}e^{-jn\left(m+\frac{1}{2}\right)2\pi}e^{-j\varepsilon_2[m]}\right)H(jw)\right| w = mw_s + 2w_o, n \neq 0 \\
w_s\left|\left(1+\frac{1}{2}e^{-jn\left(m+\frac{1}{2}\right)2\pi}e^{j\varepsilon_2[m]}\right)H(jw)\right| w = mw_s - 2w_o, n \neq 0
\end{cases} \tag{5-80}
$$

（3）当 $l < N-M-1$ 时，两路 DDS 均存在相位截断，此时相位截断杂散频谱分布及幅度大小为

$$
\begin{cases}
\frac{w_s}{L}\left|C_{oe+}(n)H(jw)\right| w = \frac{2mw_s}{L} + 2w_o, n \neq 0 \\
\frac{w_s}{L}\left|C_{oe-}(n)H(jw)\right| w = \frac{2mw_s}{L} - 2w_o, n \neq 0
\end{cases} \tag{5-81}
$$

（4）由于 DDS 系统中，M 一般大于 10，因此，在 $0 \sim f_s$ 的范围内，当 $l < N-M-1$ 时，杂散谱线的数量为 L 根，由两组周期为 $L/2$ 的杂散谱线插值而成，杂散谱线间的最小间隔为 $\left|\frac{B2^{M+1}-(2K+1)}{2^M L}\right| w_s$，其中，$B=\left[\frac{2K+1}{2^{M-1}}\right]$；

（5）L 由 N, M 和 l 共同决定，对于某一固定的 N, M，在保证频率精度的情况下选择合适的频率控制字 K，可以有效地减少杂散谱线的数量。

3. 相位截断误差实验验证

实际应用中，双路 DDS 并行伪插值任意波形合成输出信号的频率一般不超过单路采样频率的 80%，因此在 $0 \sim f_s$ 范围内给出了不同 K 值时输出信号的频谱。

图 5-54（a）～（d）是 $N=22$，$l=0$，$K=136\ 627$，M 分别为 12，13，14 和 15 时的输出频谱，从图中可见，同样输出频率情况下，截断的位数越少，则杂散数量越少。同时，随着截断位数的减少，杂散的幅度下降，可有效地提高输出信号的相对幅度和信噪比。

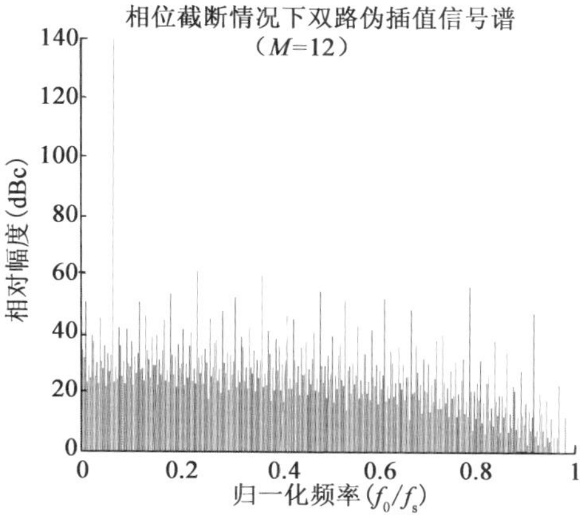

(a)

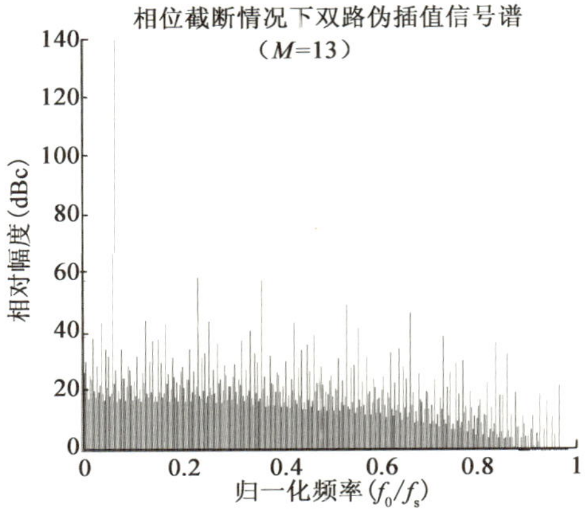

(b)

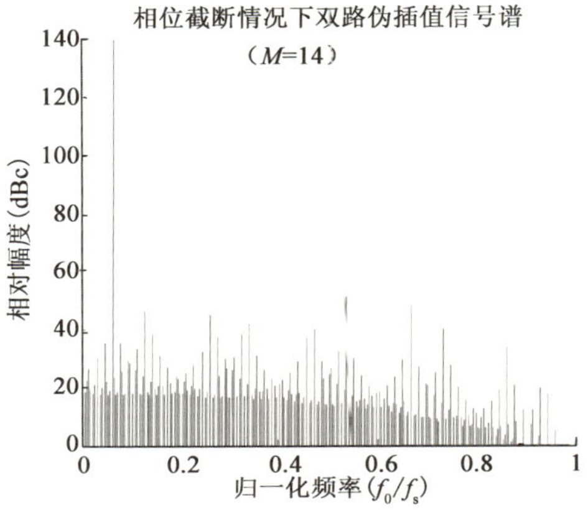

(c)

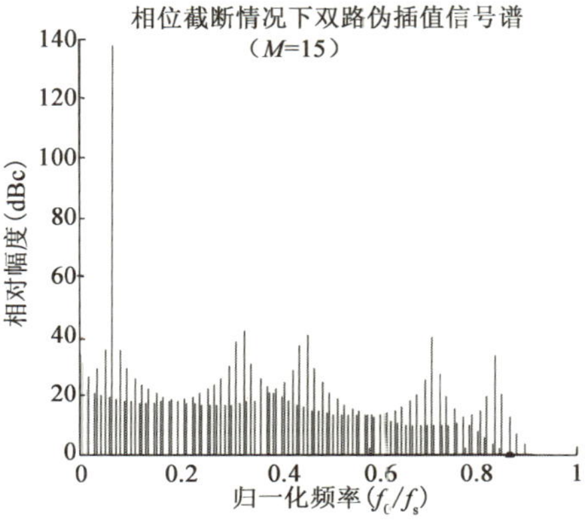

(d)

图 5-54　不同截断位数时输出信号频谱

图 5-55（a）和（b）是 $N=22$，$M=15$，$K=262\ 161$（即 $l=0$，$r=131\ 080$，输出频率为 $0.125\ 008\ 1\ f_s$）和 $K=262\ 162$（即 $l=1$，$r=65\ 540$，输出频率为 $0.125\ 008\ 6\ f_s$）时的输出频谱，可见，两者输出频率之差小于 4×10^{-6}，但图 5-55（b）的输出杂散数量比图 5-55（a）减小了一半。

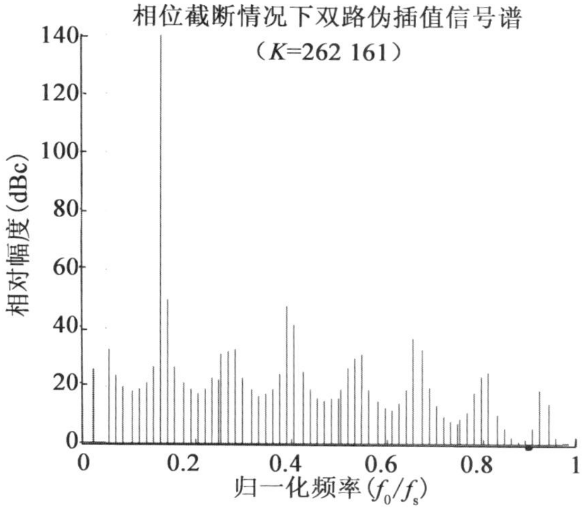

（a）

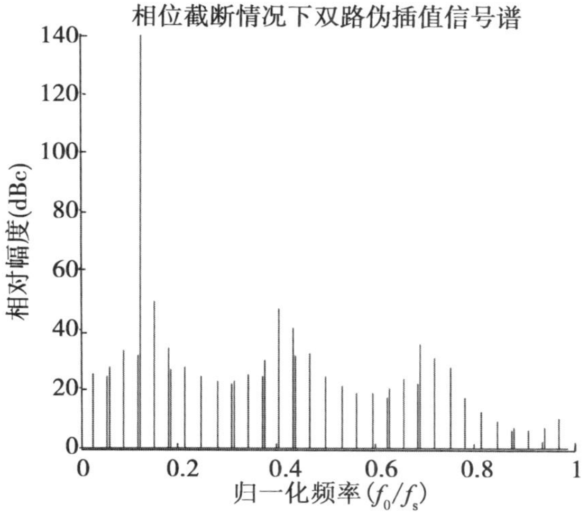

（b）

图 5-55　不同 l 时输出信号频谱

4. 相位截断误差优化方法研究

相位截断误差的优化方法较多，常用的包括频率控制字加扰法、输出相位加扰法等。

频率控制字加扰法的原理如图 5-56 所示。当累加器没有溢出时，选择开

关连接 A 端，相位累加器步进增量为 K；在每一次相位累加器溢出时，选择开关切换到 B 端，此时的步进增量为频率控制字 K 与范围为 $0 \sim K-1$ 的随机扰动信号的叠加，这使得相位累加器的溢出不总是比理想溢出时刻滞后，而是随机地提前，从而打破了周期性。这种方法对去除杂散非常有效，但在实际应用中，每次注入新的抖动信号前应把上一次叠加的抖动分量减掉；否则注入的抖动将由于累加操作而不断积累，造成输出信号的频率调制。因此，该方法在电路实现中较为复杂。

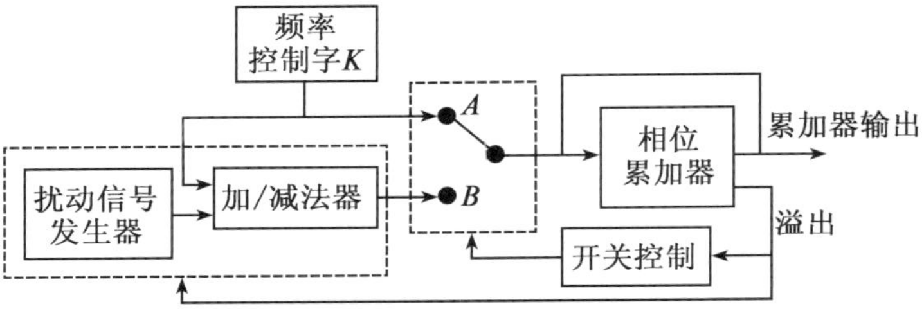

图 5-56　频率控制字加扰法原理图

输出相位加扰法是在每一个时钟脉冲到来后，通过给相位累加器的输出中加入满足一定统计特性的随机信号来打破误差序列的周期性，从而降低杂散。其实质是通过加入具有一定统计特性的扰动信号来打破相位截断误差信号序列的周期性，将周期性的噪声变为相对幅度较低的随机噪声，则可把由周期序列所引起的具有较大幅度的杂散谱线的功率平均分布到较宽的频率范围内，从而改善输出信号频谱的信杂比。

采用输出相位加扰法的双 DDS 并行伪插值任意波形合成如图 5-57 所示。引入输出数据宽度为 $N-M$ 位，输出数据满足均匀分布的扰码发生器，扰码发生器输出的随机相位码与相位累加器输出的相位码相加，相加的结果截断后保留 M 位作为波形查找表的地址。通过加扰后，打破了相位截断误差原有的周期性，是一种有效地降低输出波形杂散的方法。

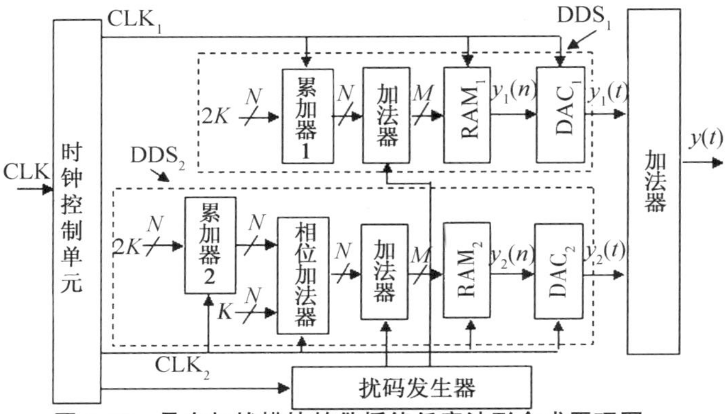

图 5-57　具有加扰模块的伪插值任意波形合成原理图

5. 相位截断优化实验验证

为验证输出相位加扰法对相位截断杂散分量的抑制情况，采用 Matlab 对该方法进行了仿真，选择相位累加器位数 $N=22$，波形查找表的输出地址位数 $M=10$，频率控制字 $K=67\ 248$，扰动噪声位数为 12 位，服从均匀分布。加扰前后的输出信号频谱分别如图 5-58（a）和（b）所示。

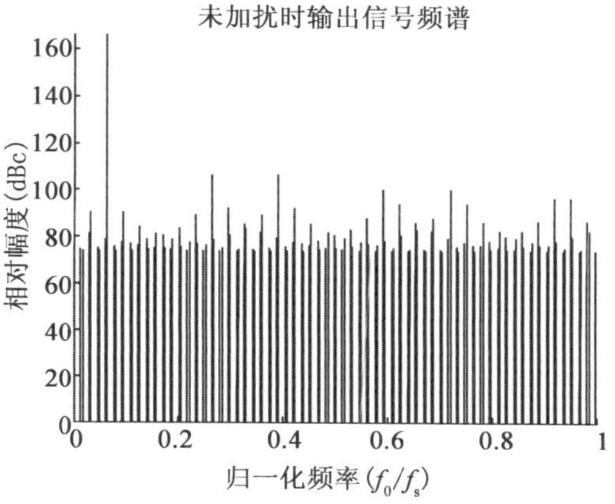

（a）

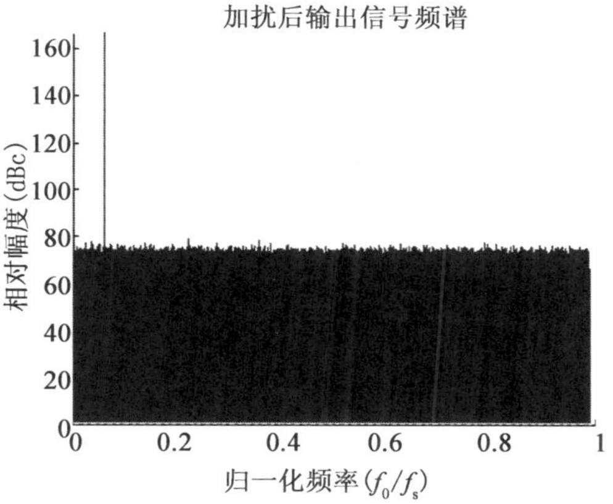

（b）

图 5-58　相位加扰法输出信号频谱

从仿真结果可以看出，经过相位加扰后，将原有杂散信号的噪声平均分配到通频带中，则输出信号的最大频谱杂散分量幅度降低，有效地提高了输出信号的信杂比，但同时信号的基底噪声将增加。

5.4.2.5　幅度量化误差

1. 幅度量化误差谱分析

在伪插值任意波形合成中，由于波形查找表数据位宽和 DAC 垂直分辨位数的有限性，在进行波形信号幅度量化的过程中不可避免地存在误差，这个误差叫作幅度量化误差。幅度量化误差的分析与相位截断误差类似。此时每路DDS的幅度量化误差分别为

$$e_{A1}(n)=\frac{1}{(2^{D-1}-1)}\text{round}\left[(2^{D-1}-1)\sin\left(2\pi\frac{2nK}{2^N}\right)\right]-\sin\left(2\pi\frac{2nK}{2^N}\right) \tag{5-82}$$

进行伪插值合成后输出信号的误差频谱为

$$\begin{aligned}E(\mathrm{j}w)&=E_{A1}(\mathrm{j}w)+E_{A2}(\mathrm{j}w)\\&=\frac{w_s}{L}\left(\sum_{m=0}^{L-1}\sum_{n=-\infty}^{+\infty}\delta\left(w-n\frac{w_s}{L}\right)\mathrm{e}^{-\mathrm{j}nm\frac{2\pi}{L}}\left(e_{A1}(m)+e_{A2}(m)\mathrm{e}^{-\mathrm{j}nw\frac{T}{2}}\right)\right)H(\mathrm{j}w)\\&=\frac{w_s}{L}\left(\sum_{m=0}^{L-1}\sum_{n=-\infty}^{+\infty}\delta\left(w-n\frac{w_s}{L}\right)\mathrm{e}^{-\mathrm{j}nm\frac{2\pi}{L}}\left(e_{A1}(m)+e_{A2}(m)\mathrm{e}^{-\mathrm{j}n\frac{\pi}{L}}\right)\right)H(\mathrm{j}w)\end{aligned} \tag{5-83}$$

可知，包含幅度量化误差的输出信号频谱为

$$\begin{aligned}\hat{y}(\mathrm{j}w)&=Y(\mathrm{j}w)+E(\mathrm{j}w)\\&=\frac{w_s}{\mathrm{j}}\left\{\begin{aligned}&\sum_{n=-\infty}^{+\infty}\{\delta[\mathrm{j}(w-(n2w_s+2w_o))]-\delta[\mathrm{j}(w-(n2w_s-2w_o))]\}\\&+\frac{1}{L}\left[\sum_{m=0}^{L-1}\sum_{n=-\infty}^{+\infty}\delta\left(w-\frac{nw_s}{L}\right)\mathrm{e}^{-\mathrm{j}nm\frac{2\pi}{L}}\left(e_{A1}(m)+e_{A2}(m)\mathrm{e}^{-\mathrm{j}n\frac{\pi}{L}}\right)\right]\end{aligned}\right\}H(\mathrm{j}w)\end{aligned} \tag{5-84}$$

在 $0\sim f_s$ 范围内，信号频谱位于 $2w_o$ 处，由于

$$2w_o=2\frac{k}{2^N}w_s=\frac{(2r+1)w_s}{L} \tag{5-85}$$

所以，由幅度量化误差所引入的杂散谱线当 $n=2r+1$ 时与信号谱线重合。

从上述分析可知，当不存在相位截断时，幅度量化误差成为系统杂散中的主要影响因素之一。此时幅度量化误差杂散频谱具有如下特点。

(1) 杂散频谱的周期为 $L=2^{N-l-1}$，其位置分布是均匀的，位于 $\frac{nw_s}{L}$ 处，仅与 N 和 l 有关。

（2）杂散频谱的幅度大小为

$$\frac{\omega_{\mathrm{s}}}{L}\left[\sum_{m=0}^{L-1}\mathrm{e}^{-\mathrm{j}nm\frac{2\pi}{L}}\left(e_{\mathrm{A1}}(m)+e_{\mathrm{A2}}(m)\mathrm{e}^{-\mathrm{j}n\frac{\pi}{L}}\right)\right]H\left(\mathrm{j}\,\frac{n\omega_{\mathrm{s}}}{L}\right) \tag{5-86}$$

2. 实验验证

为验证上述分析，采用 Matlab 对两路 DDS 并行伪插值的幅度量化误差谱进行了仿真。

$N=20$，$l=10$，$2r+1=293$，$D=12$ 时，采用舍入量化方式进行信号幅度量化，图 5-59（a）～（d）分别是量化误差所引入的 $\mathrm{DDS_1}$、$\mathrm{DDS_2}$、伪插值合成的幅度量化误差杂散频谱以及伪插值输出频谱的仿真结果。

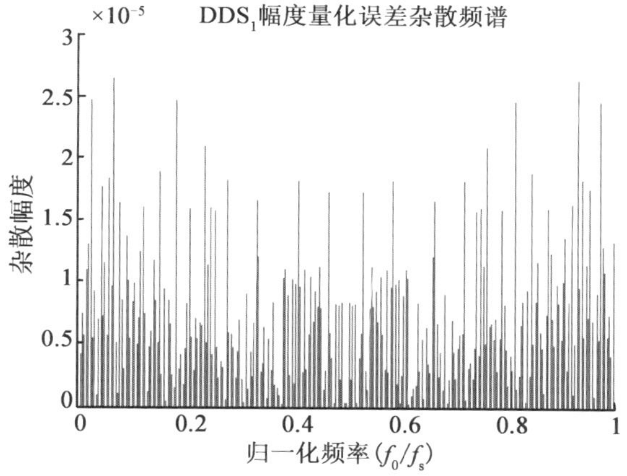

（a）

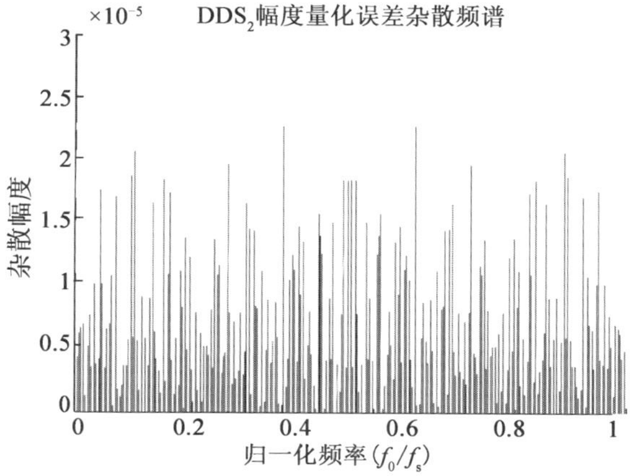

（b）

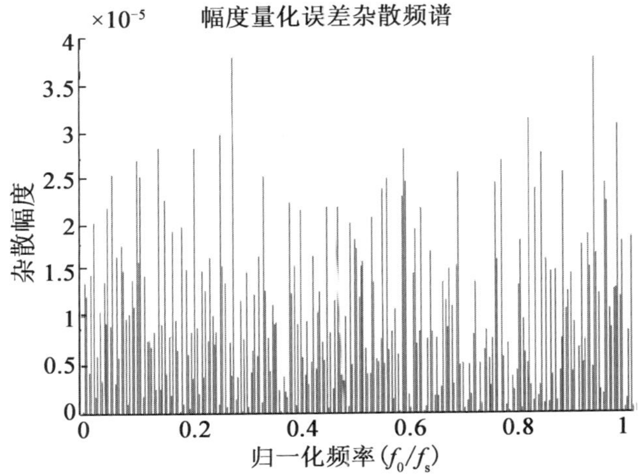

(c)

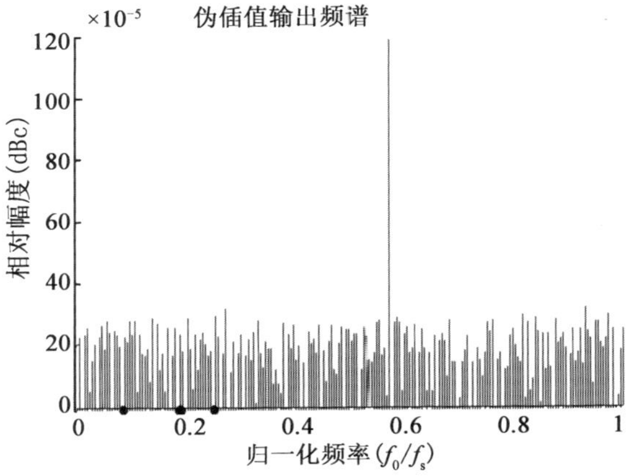

(d)

图 5-59　舍入量化方式下幅度量化误差频谱

图 5-60 是 $N=20, l=12, 2r+1=29, L=64, D=12$ 的仿真结果，可见，幅度量化误差杂散谱线的数量较图 5-59 有了明显的减少，但最强杂散分量的大小无明显变化。

图 5-61 分别是 $D=14$ 和 $D=16$ 时的仿真，可见幅度量化误差杂散谱的大小随着量化位数 D 的增加而减小，因此，提高 DAC 的垂直分辨率，能有效地减小幅度量化误差。为验证不同量化方式下幅度量化误差谱的特点，图 5-62 在 $N=20, l=10, 2r+1=293, D=12$ 时，采用截断量化方式获得了伪插值输出信号的幅度量化误差频谱，可见，相对于截断量化方式，舍入量化幅度误差谱分布更为均匀。

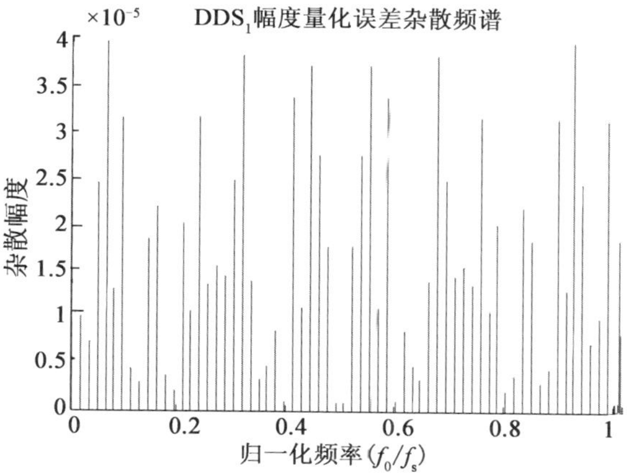
×10⁻⁵
DDS₁幅度量化误差杂散频谱
杂散幅度
归一化频率 (f₀/fₛ)

（a）

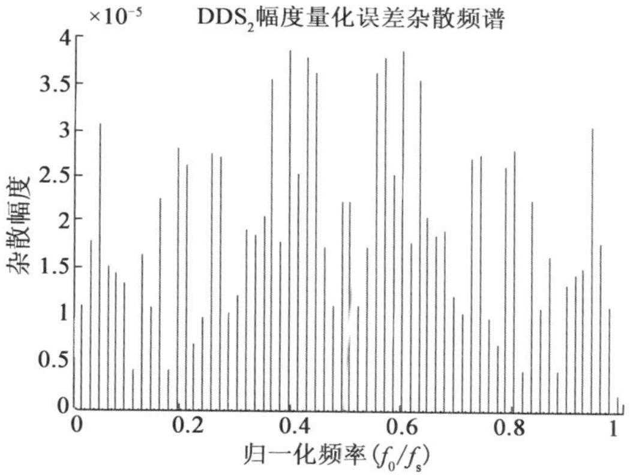
×10⁻⁵
DDS₂幅度量化误差杂散频谱
杂散幅度
归一化频率 (f₀/fₛ)

（b）

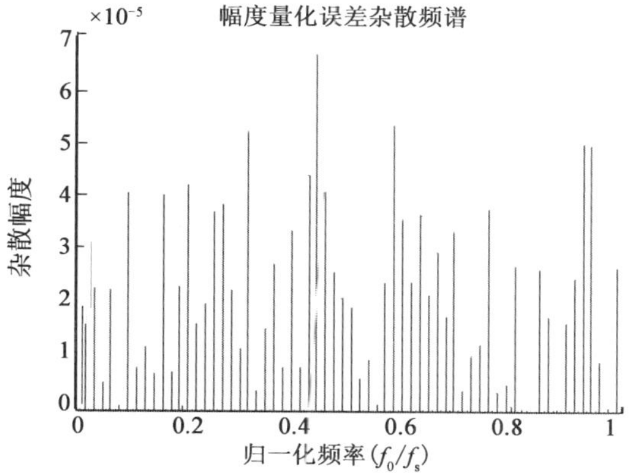
×10⁻⁵
幅度量化误差杂散频谱
杂散幅度
归一化频率 (f₀/fₛ)

（c）

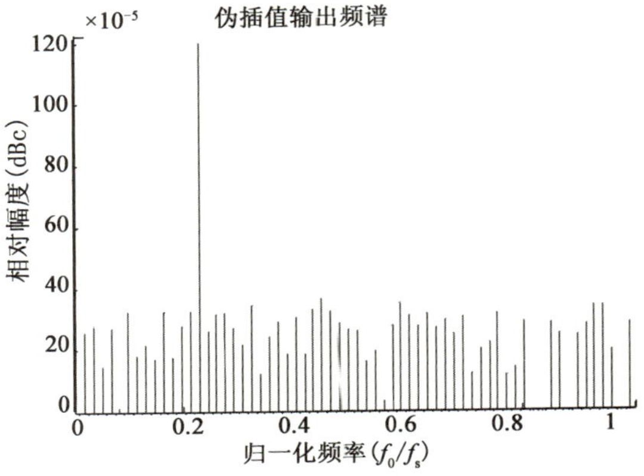

(d)

图 5-60　舍入量化方式下幅度量化误差频谱

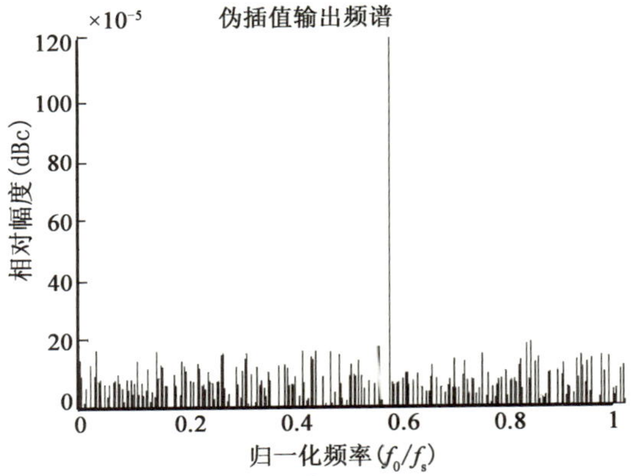

(a) $D=14$

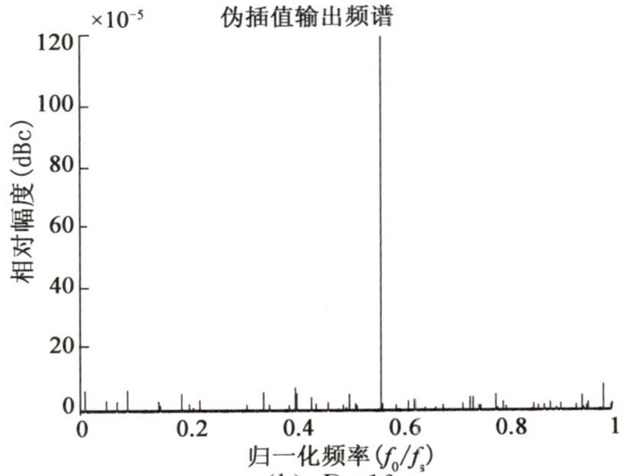

(b) $D=16$

图 5-61　不同量化位数时幅度量化误差频谱

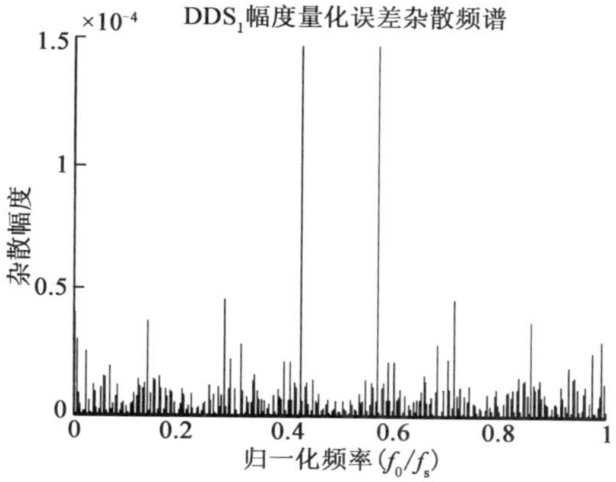
DDS₁幅度量化误差杂散频谱
×10⁻⁴
1.5
1
0.5
0
杂散幅度
0
0.2
0.4
0.6
0.8
1
归一化频率(f0/fs)

（a）

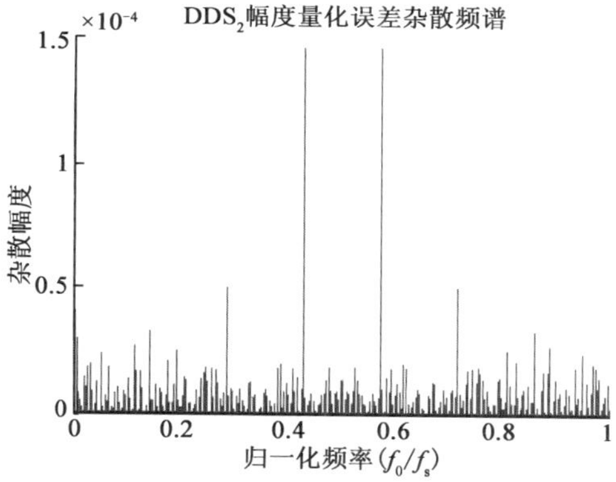
DDS₂幅度量化误差杂散频谱
×10⁻⁴
1.5
1
0.5
0
杂散幅度
0
0.2
0.4
0.6
0.8
1
归一化频率(f0/fs)

（b）

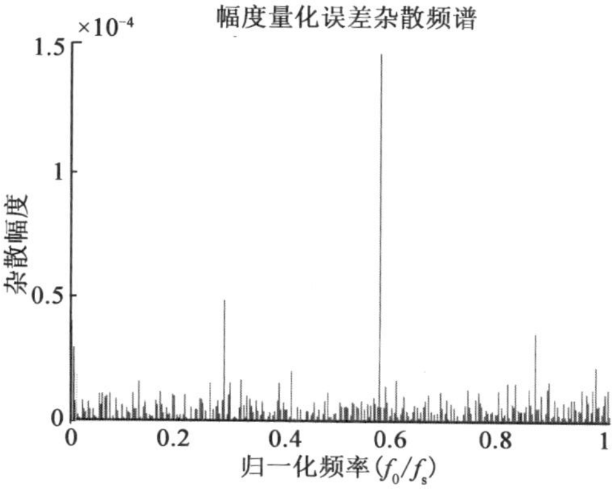
幅度量化误差杂散频谱
×10⁻⁴
1.5
1
0.5
0
杂散幅度
0
0.2
0.4
0.6
0.8
1
归一化频率(f0/fs)

（c）

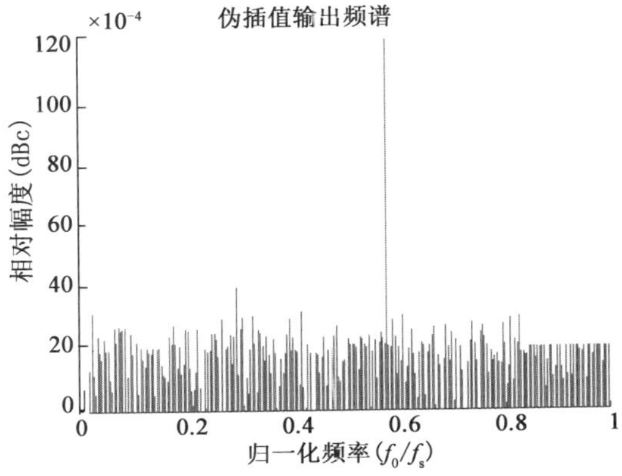

(d)

图 5-62　截断量化方式下幅度量化误差频谱

5.4.2.6　幅度失配误差分析

由伪插值任意波形合成原理分析可知，多路 DDS 伪插值任意波形合成过程要求各路 DDS 输出波形幅度相等。但实际应用中，要达到 DDS 通道间输出波形幅度严格相等的难度较大，而幅度失配就会在输出信号中引入误差。

如图 5-63 所示描述了零阶保持方式下两路 DDS 输出波形幅度失配时伪插值任意波形合成过程。

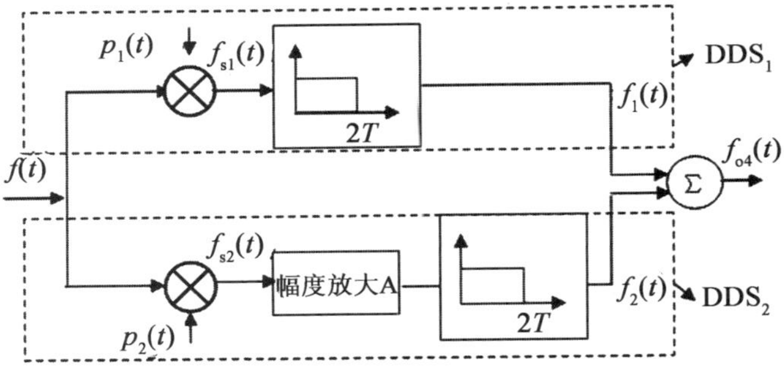

图 5-63　零阶保持方式下两路 DDS 输出幅度失配时伪插值任意波形合成模型

两路 DDS 输出信号经过叠加后输出信号 $f_{o4}(t)$ 频域表达式为

$$F_{o4}(jw) = F_1(jw) + F_2(jw) = \frac{1}{2T}\sum_{k=-\infty}^{+\infty} F(j(w - kw_s))(1 + Ae^{-jk\pi})H(jw) \tag{5-87}$$

以 $w = w_s - w_o$ 处频谱为噪声，其中 w_s 为抽样脉冲的角频率，w_o 为输出

信号角频率，以 $w_s - w_o$ 处频谱作为杂散，伪插值任意波形合成输出信号的信杂比可表示为

$$SSR = 20\lg \frac{|(1+A)F(jw_o)H(jw_o)|}{|(1-A)F(j(w_s-w_o))H(j(w_s-w_o))|} \tag{5-88}$$

式（5-88）中 $|F(jw_o)| = |F(j(w_s-w_o))|$ 恒成立，考虑保持函数 $H(jw)$ 后，式（5-88）可以化简为

$$SSR = 20\lg \frac{\left|(1+A)e^{-j\frac{w_o}{w_s}\pi}\sin(\frac{w_o}{w_s}\pi)\right|}{\left|(1-A)e^{-j(1-\frac{w_o}{w_s})\pi}\sin\left[(1-\frac{w_o}{w_s})\pi\right]\right|} \frac{\left|1-\frac{w_o}{w_s}\right|}{\left|\frac{w_o}{w_s}\right|} \tag{5-89}$$

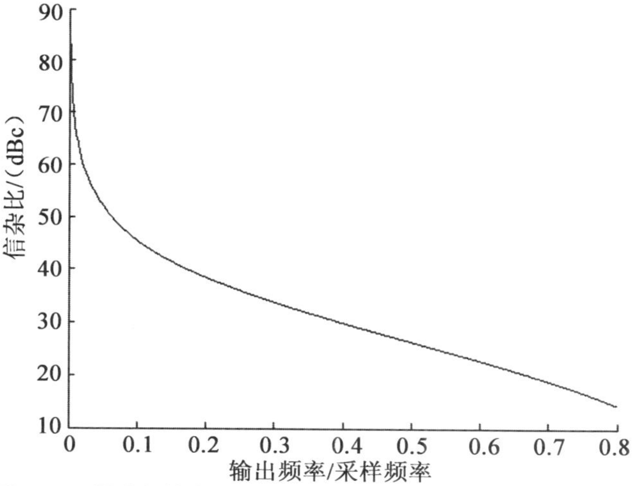

图 5-64　零阶保持方式下且 $A=1.1$ 时输出频率与采样频率比和输出信号的信杂比关系图

由上式（5-89）可以看出，零阶保持方式下，以 $w_s - w_o$ 处频谱作为杂散，伪插值任意波形合成输出信号的信杂比和通道 DDS_2 输出波形幅度放大倍数 A 有关，与采样角频率 w_s 或输出信号角频率 w_o 单独无关，但与 $\frac{w_o}{w_s}$ 有关。图 5-64描述零阶保持方式下幅度放大倍数 $A=1.1$ 时，$\frac{w_o}{w_s}$ 与两路 DDS 叠加后输出信号的信杂比的关系。

从图 5-64 中可以看出，伪插值任意波形合成过程中采样频率固定、且通道 DDS_2 放大倍数 A 一定时，输出信号频率提高会引起输出信号的信杂比的降低。这对伪插值任意波形合成输出高频信号不利。

为了分析 DDS 通道间输出波形幅度放大倍数与输出信号的信杂比的关系，依据图 5-64 所示 SSR 随输出频率与采样频率比值的变化趋势，取输出频率与采样频率比值 Ra 较大值，以 $w_s - w_o$ 处频谱作为杂散，分析幅度放大倍数与输出信号的信杂比关系，得到伪插值任意波形合成输出信号信杂比较差的情况。如图 5-65 所示，描述了 $Ra=0.8$ 时，以 $w_s - w_o$ 处频谱作为杂散，通道 DDS_2 输出波形幅度放大倍数 A 与两路 DDS 叠加后输出信号的信杂比的关系。

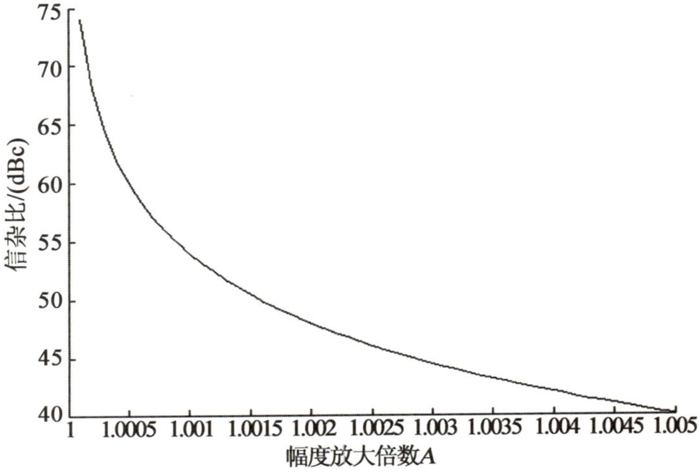

图 5-65　零阶保持方式下 $Ra=0.8$ 时通道 DDS_2 输出波形幅度放大倍数 A 与输出信号的信杂比关系

由图 5-65 可以看出，当输出频率一定时，以 $w_s - w_o$ 处频谱作为杂散，通道 DDS_2 放大倍数 A 越高，信杂比越低。DAC 在零阶保持方式下，要使两路 DDS 叠加后输出不同频率信号时都能得到 60dBc 以上的信杂比，通道 DDS_2 输出幅度放大倍数 A 应在区间 0.9995～1.0005 内。这对 DDS 通道间输出波形幅度的要求提出了较高的要求。

5.5　精密时钟分配与内嵌相位校准技术

随着测试应用中对多激励信号的需求，多通道任意波形合成技术也成为研究的热点。J. Hsieh 等人利用 FPGA 片上存储空间实现了 28 通道任意波形合成，每通道存储深度为 256 点，R. S. Varne 等人利用 DDS 芯片 Q2334 设计了双通道相关信号发生装置，袁玉先等人提出了一种通过延时控制器调节输出数据的延时关系实现多通道程控延时波形发生的方法，并通过 FPGA 仿真进行了验证，徐云等人提出了一种通过调节相位控制字实现通道相位差的双通道任意波形发生器的设计方法，给出了相位精度的计算公式。

但在实际设计中，通道间的相位差受到诸多因素的影响。DDS 输出滤波器的延迟特性将影响输出信号的时延特性。采样时钟或同步触发信号间的偏差，同样也会影响到输出信号的相位差。

保证通道间的相位差精度，其实质是为了保证通道间的同步关系。目前多通道任意波形合成精密同步的研究主要集中在信号布局布线方法及同步触发机制改进。王厚军等人建立了大规模系统中高速时钟传输分配的延迟模型，给出了定量计算时钟延迟尺度的关系式，对于参考时钟、采样时钟以及同步触发信号的布局布线有一定的指导意义。Luca Callegaro 等人利用两台独立的任意波形发生器，通过外部参考时钟，外部同步触发信号实现两通道信号的同步输出，同时给出了一些同步校正的方法。NI 公司 T-Clock 技术中给出了任意波形发生器系统间同步的几种结构，并对其中存在的问题进行了分析。

作为任意波形合成的逆过程，数字化波形采集的相关同步方法的研究对于多通道任意波形合成同步技术有一定的借鉴意义。王治刚等人讨论了一种信号捕获系统的触发设计，讨论了触发机制对信号采样精确同步的影响；此外，他们还对宽带采样系统中高速并行采样的精确同步技术进行了分析，并给出了相应的校正方法。

从上述研究成果可知，实现通道间精密同步的关键是保证通道输出延时的一致性，通过引入反馈结构进行补偿是一种较为有效的方式。其关键是通道间的同步误差的精确测量，反映在任意波形合成技术中，则是如何实现输出信号相位差的高精度快速测量。

5.5.1 多通道任意波形合成相位控制方法分析

以两通道任意波形发生器为例，任意波形合成部分结构如图 5-66 所示，主要包括时钟发生器、相位累加器、波形查找表和数模转换器。

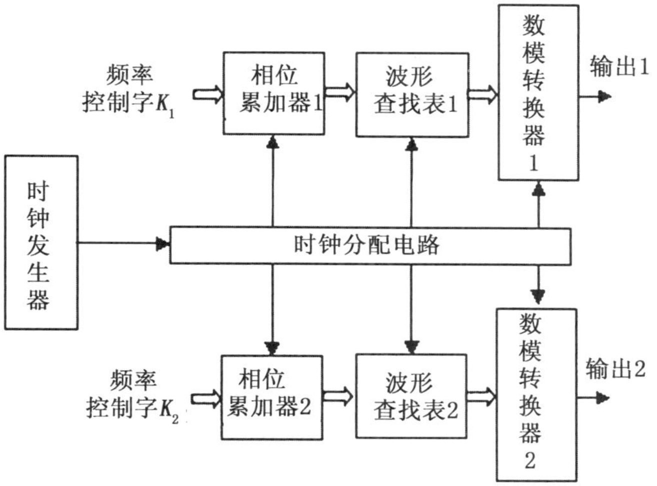

图 5-66 双通道任意波形发生器结构

时钟发生模块产生任意波形发生器的采样时钟信号。每一个采样时钟的上升沿，N 位相位累加器的输出与频率控制字 K（K_1 或 K_2）进行一次累加操作，输出的高 A 位作为地址信号对波形查找表进行寻址，将波形的相位信息转换为幅度信息，DAC 完成数字波形到模拟波形之间的转换，输出用户想要的波形信号。时钟分配电路用于保障时钟信号到达各个单元电路时刻的一致性。

不考虑模拟通道的影响，输出通道间的相位差可通过如下三种方法实现。

（1）在输出信号末端加入程控延时单元，调节程控延时单元的延迟时间，实现通道间输出信号之间的时延，如图 5-67 所示。

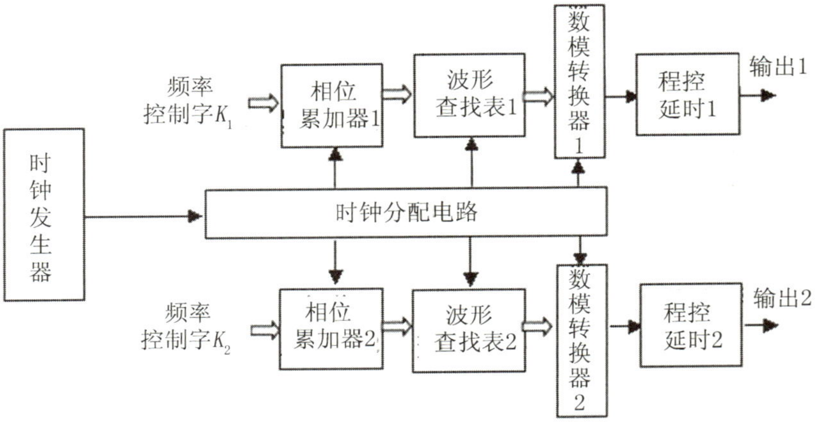

图 5-67　通过延时单元调节输出信号相位差

（2）调节时钟发生器输出的采样时钟 CLK_1 和 CLK_2 的相位差，如图 5-68 所示。

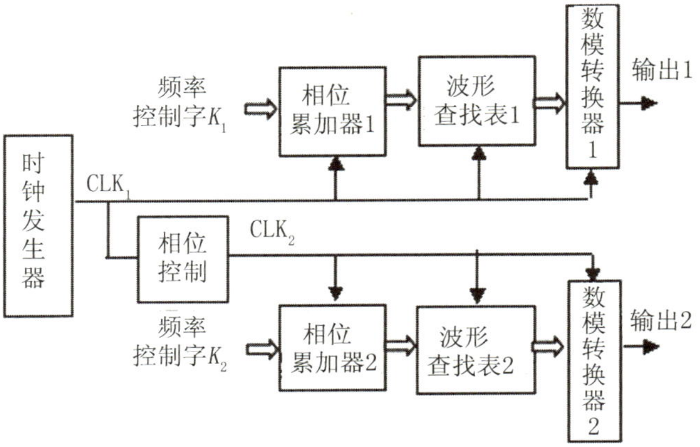

图 5-68　通过调节采样时钟的相位差调节输出信号相位差

(3) 在相位累加器后加入相位加法器，通过设置相位控制字 P 调节各通道的初始相位偏移值，如图 5-69 所示。

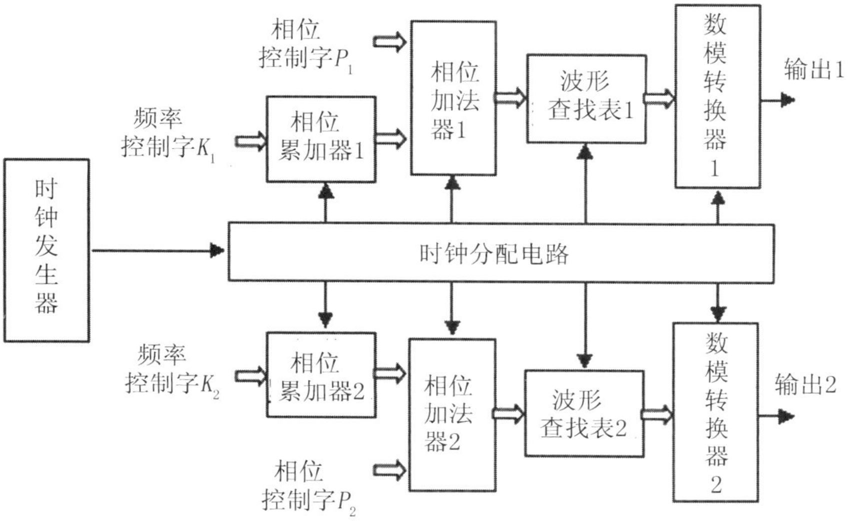

图 5-69　调节相位控制字来调节相位

方法（1）通过调节程控延时单元的延迟时间来改变信号的相位差，假设程控延时单元能调节的延迟范围为（$-\Delta t,\Delta t$），分辨率为 Δt_{res}。若输出信号频率为 f_0，则输出信号的相位调节范围为（$-2\pi\Delta t f_0, 2\pi\Delta t f_0$），分辨率为 $2\pi\Delta t_{res} f_0$。

方法（2）通过调节采样时钟 CLK_1 和 CLK_2 的时间差来实现输出信号的不同相位，因此，相位调节的精度与范围受采样时钟时间差调节精度与范围的影响。假设时钟采样率为 f_s，则 CLK_1 和 CLK_2 之间的时间差范围为 $\left(-\frac{1}{f_s},\frac{1}{f_s}\right)$，输出信号相位差的调节范围为 $\left(-2\pi\frac{f_0}{f_s},2\pi\frac{f_0}{f_s}\right)$。

可见，方法（1）相位差可调节的范围由输出信号频率和延迟单元的延迟时间决定，方法（2）相位差可调节的范围由输出信号频率和采样频率的比值决定，当输出信号频率远远小于采样频率时，相位差的可调节范围较小。

方法（3）通过调节各通道的初始相位偏移值来实现输出信号的不同相位。由采样原理可知，如果各通道采样时钟与频率控制字相同，同时设定不同的初始相位，那么在原理上就具备了实现输出两路具有一定相位差的同频信号的可能性。通过设置不同的相位控制字的值，可实现输出波形初始相位的改变。输出信号的初始相位为

$$p_{\circ} = \frac{P}{2^M} 2\pi \tag{5-90}$$

P 在 $0 \sim 2^{M-1}$ 间取值。

可见，在任意输出频率时的相位差调节范围均可达到（$-2\pi, 2\pi$），相位调节的分辨率为

$$p_{\Delta} = \frac{2\pi}{2^M} \tag{5-91}$$

由式（5-90）和式（5-91）可知，调节相位控制字改变通道间相位差的方法具有调节范围宽、相位分辨率高的优点，且相位的调节范围和相位分辨率与输出信号频率、采样频率无关。为提高相位控制的分辨率，可通过增加相位控制字的位数（即波形查找表的规模）来实现。目前，主流任意波形合成模块中波形查找表的容量一般大于 64K 数据点（相位控制字大于 16 位），由式(5-91)可知，相位控制的精度理论上可优于 0.005°。

5.5.2 多通道精密同步技术

通过如图 5-70 所示的硬件结构可实现多通道的任意波形信号合成。在实际应用中，单台任意波形发生器的输出往往无法满足现代时域测试对多输出激励信号的需求，因此，常采用多台任意波形发生器并行的模式产生所需的多个激励信号，满足上述要求的多通道任意波形输出系统如图 5-70 所示。

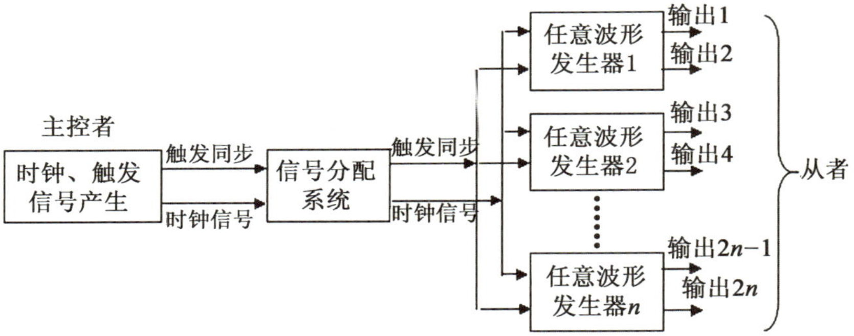

图 5-70　同步多台任意波形发生器获取多路输出信号

任意波形发生器 1—n 工作于并行模式，作为系统的从者，均提供两路信号输出。任意波形发生器 1—n 接收由主控者产生的时钟信号和同步触发信号，同一时钟信号可保证任意波形发生器具有相同的时钟源。同步触发信号为真时任意波形发生器才产生输出，在测试系统中可起到降低参数获取设备的硬件开

销，缩短测试时间的作用。信号分配系统保证时钟信号、触发信号到达任意波形发生器 1—n 的传输时间一致。通过上述系统，可实现 $2n$ 路激励信号的产生。

为保证信号之间特定的相位关系，除进行相位控制外，任意波形发生器的精密同步是保证精密相位关系的关键。从同步的对象来看，同步主要分为系统内同步和系统间同步。系统内同步是指一台多通道任意波形发生器各输出通道之间的同步；系统间同步是指多台任意波形发生器通道间的同步。

要想实现任意波形发生器系统间的同步，其关键在于采样时钟信号与触发同步信号的同步。即要求各任意波形发生器间的采样时钟信号、同步触发信号均具有相同的频率和相位，这主要依靠系统中的信号分配系统的控制来实现。下面将着重分析任意波形发生器系统内同步的关键和精密同步控制的方法。

5.5.2.1 系统内通道同步条件

在 DDS 模块中，采样时钟将提供给相位累加器、相位加法器、波形查找表和 DAC 模块用作同步时钟，而同步触发信号用来启动相位累加器、相位加法器和 DAC 模块工作。因此，对于系统内同步，如果能保证各个通道中采样时钟和同步触发信号到达上述模块的时间一致，就可以保证输出信号的同步。实际应用中由于采样时钟和同步触发信号均需要连接到各个模块，虽然有电路板布局布线延迟模型的理论指导，但是在物理实现上难度较大。下面将对同步中各模块对时钟信号和触发信号同步的具体要求进行分析。

从双通道任意波形发生器的结构可知，其中的相位累加器部分和相位加法器部分实现地址产生功能，可集成在 FPGA 芯片中实现，同一通道中采样时钟到达这两个模块可认为是同步的。因此，将双通道任意波形合成的硬件部分分解为地址产生模块、波形查找表、DAC 数模转换模块和信号调理模块 4 个部分，其中，信号调理模块并不在时钟同步下工作。

从任意波形合成的原理可知，数字信号（例如，地址产生模块送给波形查找表的地址和波形查找表输出的波形数据）之间有一定的时延并不一定会影响输出信号的最终同步，但其前提是保证由波形查找表送给 DAC 模块的数据在 DAC 进行数模转换的时刻同步，且满足 DAC 数据建立、保持时间的要求。因此，提供给不同通道间地址产生模块以及存储器模块的时钟，甚至同一通道内地址产生模块和存储器模块的时钟允许有一定的偏差。但是提供给不同通道 DAC 数模转换模块的时钟以及触发信号则必须同步。因此，双通道任意波形发生器的硬件结构如图 5-71 所示。

首先以单通道任意波形合成（通道 1）为研究对象，假设地址产生模块时

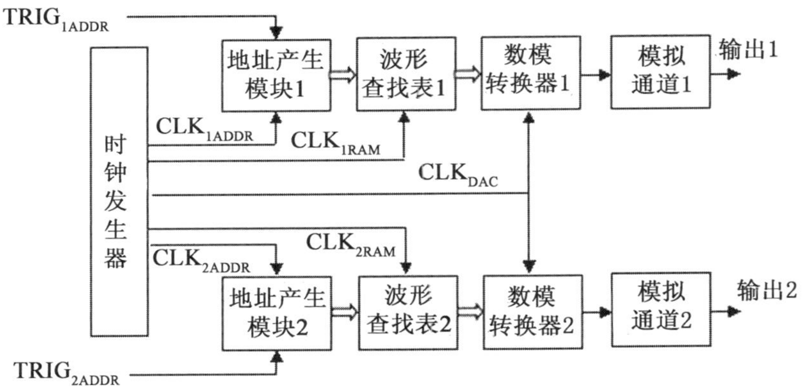

图 5-71　双通道任意波形合成原理框图

钟为 CLK_{1ADDR}，波形查找表时钟为 CLK_{1RAM}，DAC 数模转换时钟为 CLK_{DAC}，其采样周期均为 T，则任意波形合成的时序图如图 5-72 所示。其中 CLK_{1ADDR} 和 CLK_{1RAM} 相对于 CLK_{DAC} 的延迟分别为 t_{11} 和 t_{12}，地址产生模块的输出延迟时间为 t_{13}，波形查找表的输出延迟时间为 t_{14}。地址产生模块的触发信号 $TRIG_{1ADDR}$ 采用上升沿触发，相对于 CLK_{DAC} 延迟 t_{15}。上述延迟时间均为实际延迟与时钟周期 T 的余数，因而均小于 T。

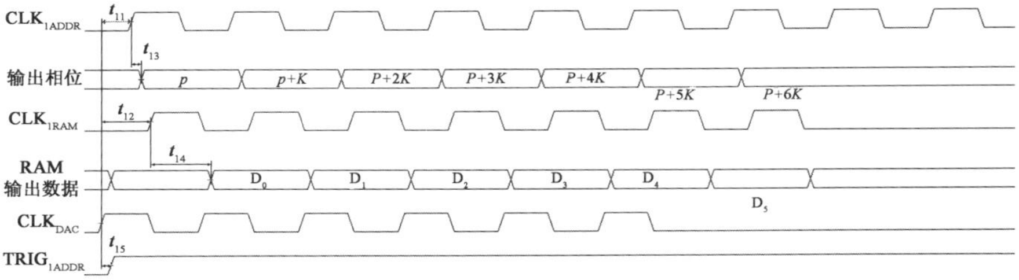

图 5-72　任意波形合成时序图

假设所选的波形查找表地址建立和保持时间分别为 t_{As} 和 t_{Ah}，DAC 的输入数据建立和保持时间分别为 t_{Ds} 和 t_{Dh}。

可知，如果 $t_{12}+t_{14}>T$，则有

$$\begin{cases}2T-(t_{12}+t_{14})>t_{Ds}\\(t_{12}+t_{14})-T>t_{Dh}\end{cases}\tag{5-92}$$

相位查找表时钟 $CLK1_{RAM}$ 与 DAC 的时钟 $CLK1_{DAC}$ 间的延迟 t_{12} 应满足

$$T + t_{Dh} - t_{14} < t_{12} < 2T - t_{14} - t_{Ds} \tag{5-93}$$

如果 $t_{12} + t_{14} < T$，则有

$$t_{Dh} - t_{14} < t_{12} < T - t_{14} - t_{Ds} \tag{5-94}$$

同理可得 t_{11} 应满足

$$\begin{cases} t_{Ah} + t_{12} - T - t_{13} < t_{11} < t_{12} - t_{13} - t_{As}, t_{11} < t_{12} - t_{13} \\ t_{Ah} + t_{12} - t_{13} < t_{11} < T + t_{12} - t_{As} - t_{13}, t_{11} > t_{12} - t_{13} \end{cases} \tag{5-95}$$

此外触发信号的延迟时间 t_{15} 应满足

$$\begin{cases} t_{15} < t_{11} - t_{Ts}, t_{11} - t_{15} > 0 \\ t_{15} < T - t_{Ts} + t_{11}, t_{11} - t_{15} < 0 \end{cases} \tag{5-96}$$

t_{Ts} 是触发信号的最小建立时间。

因此，在双通道任意波形合成中，除保证两通道的 DAC 数模转换时钟完全同步外，地址发生器时钟 CLK_{1ADDR} 和 CLK_{2ADDR} 应满足式（5-93）或式（5-94），相位查找表的时钟 CLK_{1RAM} 和 CLK_{2RAM} 应满足式（5-95），触发信号 $TRIG_{1ADDR}$ 和 $TRIG_{2ADDR}$ 满足式（5-96），且触发信号的上升沿位于同一个地址发生器的时钟周期内，则可以保证系统内通道的同步要求。

5.5.2.2 精密同步技术研究

为了实现通道间的精密同步，可设置两通道产生一个固定相差的信号，通过专用设备进行相位误差测量，然后进行补偿，可实现通道间的高精度同步。但由于元件特性之间的偏差，这种补偿方法重复性差，校正复杂。从误差来源看，同步时间误差是一种固有的系统误差，主要由采样时钟之间的偏差和通道延迟构成。为此，在多通道任意波形发生器中采用反馈结构，通过内嵌相位校准模块测量两通道相位差，进而获得通道间的固有延迟，再根据所得结果对波形相位进行补偿。从整体来看，相位差的精密测量是进行精密相位控制的基础和核心，因此，选择一种高精度且具有较小开销的测量方法是进行相位校准的前提。

1. 数字相关相位差测量方法

在相位差测量方法中，数字相关法由于计算量小，有较高的相位差测量精度，所需硬件开销少，非常适合用于实时性要求比较高的场合。

设被测信号为 $x(t) = V_1 \sin(w_o t - \varphi_1)$ 和 $y(t) = V_2 \sin(w_o t - \varphi_2)$，输出信号的相位差 $\varphi = \varphi_2 - \varphi_1$。则 $x(t)$ 和 $y(t)$ 的相关函数为

$$R_{xy}(\tau) = \frac{1}{T}\int_T x(t) y(t+\tau) \mathrm{d}t \tag{5-97}$$

令 $\tau=0$，则

$$R_{xy}(0)=\frac{1}{T}\int_{T}x(t)y(t)\mathrm{d}t=\frac{V_1V_2}{2}\cos(\varphi_2-\varphi_1) \tag{5-98}$$

可得

$$\varphi=\varphi_2-\varphi_1=\arccos\left(\frac{2R_{xy}(0)}{V_1V_2}\right) \tag{5-99}$$

其中，$V_1=\sqrt{2R_{xx}(0)}$，$V_2=\sqrt{2R_{yy}(0)}$。

将信号用其样本值表示，可得

$$R_{xy}(0)=\frac{1}{N}\sum_{n=0}^{N-1}x(n\Delta t)y(n\Delta t) \tag{5-100}$$

$$R_{xx}(0)=\frac{1}{N}\sum_{n=0}^{N-1}x^2(n\Delta t) \tag{5-101}$$

$$R_{yy}(0)=\frac{1}{N}\sum_{n=0}^{N-1}y^2(n\Delta t) \tag{5-102}$$

此方法用 AD 变换器对 $x(t)$ 和 $y(t)$ 同时进行采样。通过选择单片集成双通道功能的 AD 转换器，可以较好地消除由于比较器和 AD 转换器传播延迟的影响。另一方面，由于信号的样本可以选择任意一个周期，因此，初始时刻的选定具有任意性。同时，由于 DDS 实质上是对于参考时钟进行分频，因此，可以选取输出信号频率 $f_0=\frac{f_c}{N}$、分频系数 N（也即采样的点数）为整数的时刻，可保证采样的周期性。

2. 相位差测量控制电路

相位差测量控制电路如图 5-73 所示。采样触发信号发生电路对 DDS 的采样时钟 CLK 进行 N_1 分频，产生 AD 变换器的采样时钟（采样周期 $T_s=N_1T$），同时对 CLK 进行 N_2 次计数，产生一个宽度为 N_2T（输出信号的周期）的采样门控信号，用于启动和终止采样，其中，$N_2=N\cdot N_1$。数据实时计算单元接收 AD 转换器采集到的数据，进行参数 $R_{xy}(0)$，$R_{xx}(0)$ 和 $R_{yy}(0)$ 的实时计算，并将结果送给 CPU 模块，CPU 模块按照式（5-103）计算后获得两通道相位差的实际值 $\hat{\varphi}$。获得两通道信号的固有偏差时间。

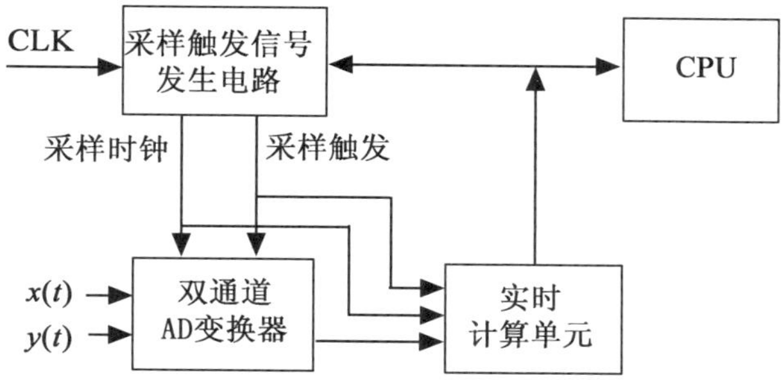

图 5-73 相位差测量电路

$$\Delta t = \frac{\varphi - \hat{\varphi}}{2\pi} N_2 T = \frac{\varphi - \hat{\varphi}}{2\pi} N T_s \tag{5-103}$$

通过获得的通道固有偏差时间 Δt，则可通过调节相位控制字来对固有偏差时间进行补偿。假设目前需要输出信号的频率为 f_0，DDS 的采样频率为 f_c，相位控制字位数为 M，通道 1 的初始相位为 P_1，通道 2 的初始相位为 P_2。以通道 1 的信号为基准信号，则通道 2 的相位控制字 P_{w2} 计算公式为

$$P_{w2} = \frac{P_2 + 2\pi \Delta t \cdot f_0}{2\pi} 2^M \tag{5-104}$$

按照式（5-104）的结果设置通道 2 的相位控制字，则可以补偿由于采样时钟之间的偏差和通道延迟所引起的同步时间误差。

第6章 脉冲波形合成技术

脉冲技术是伴随电子测试技术的发展而兴起，并随着通信技术和数字化技术的发展不断拓展应用范围，不断丰富技术内涵的。脉冲信号是指持续时间较短、按特定规律变化的电压或电流信号。常见的脉冲信号有矩形脉冲、锯齿波脉冲、钟形脉冲和数字编码序列脉冲等，其中最基本的波形是矩形脉冲。

6.1 研究背景

传统脉冲波形合成通常分成两步，首先通过主振电路及其扩展电路产生初始波形，然后通过对初始脉冲波形进行整形并加以组合，其脉冲信号源的基本组成如图 6-1 所示。“主振电路”产生矩形波，“信号定时”调整信号延迟，“波形电路”对矩形脉冲的脉宽、边沿等进行调整和控制，“输出通道”通过信号调理实现脉冲信号电平与幅度的控制。

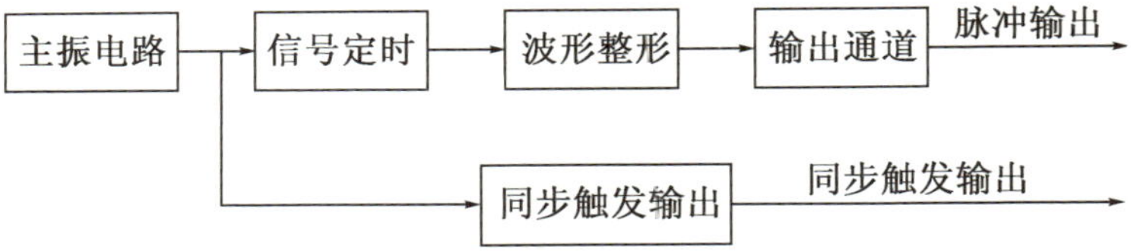

图 6-1　传统脉冲信号源的基本组成

随着电子设备，尤其是武器装备高速高效化、自动化、智能化及复杂化的不断提升，对脉冲技术所涉及的重复频率、脉宽、延迟、电平、幅度、上升时间/下降时间、脉冲重复/脉冲叠加/脉冲群发等指标以及波形可编程能力、序列脉冲可编程长度、参数控制精度及分辨率等都提出了越来越高的要求。

目前，高速脉冲技术的研究重点在于：如何不断提高脉冲重复频率，如何不断丰富和增强波形编辑能力，如何不断缩小脉冲宽度，减小上升/下降时间，如何不断提高电平精度，如何不断提高脉冲定时精度与减小抖动，如何降低波形传输失真。

6.1.1 波形合成技术

1918年Wiliam Henry Eccles和Frank Wilfred Jordan共同发明了双稳态电路，利用尖脉冲触发形成矩形脉冲波形，从而开创了脉冲波形合成技术（采用有源型脉冲产生电路）。而在此之前，通常是采用无源型脉冲产生电路即脉冲整形方法来获取矩形脉冲波形。双稳态电路被广泛地应用到雷达、电视、电子计算机、通信等领域，各个国家也相继展开触发电路的研究，使得新双稳态结构、单稳态结构、多谐振荡器、各类触发器等各种研究成果不断涌现。如1938年Otto H. Schmitt发明了Schmitt双稳态触发电路后，Schmitt触发器随着应用的扩展和要求提高而不断改进和丰富。而基于触发振荡原理的以晶体管电路为基础的脉冲波形合成技术也不断丰富和改进，从而奠定了低频矩形脉冲波形的合成技术基础，直到现在各国学者和研究人员仍然在不断改进触发电路结构。在接下来的20年间，触发振荡技术与整形技术不断融合，进一步促进了脉冲合成技术的发展。

20世纪60年代，高速数字通信技术、高精度脉冲雷达、微波网络和数字系统等应用技术的发展，使得脉冲信号需求呈现极窄脉宽、快速沿、大功率、高度可编程、多样化等趋势。大功率窄脉冲的产生技术，最初应用于材料响应实验、闪光X射线照相及模拟核武器效应。1962年英国核武器研究中心的J. C. Martin成功地结合Marx发生器与传输线技术，产生了持续时间短达ns级的高功率脉冲，从而开辟了这一崭新的技术领域。受控热核聚变研究、高功率粒子束、大功率激光、高功率相干辐射源技术的发展以及定向束能武器、电磁轨道炮等技术领域的发展都对高功率脉冲技术提出了新的要求。所以，1980年后大功率脉冲技术成为极为活跃的研究领域之一。

与此同时，以超宽带通信（UWB）应用为核心需求的极窄脉冲产生技术也得到了快速发展。现代意义上的超宽带技术来源于冲激无线电（Pulse Radio）技术，产生于20世纪60年代，起初主要应用于军事雷达定位和测距等。目前，UWB极窄脉冲产生技术已经发展成为一支独立的热门技术，各国学者与技术人员正致力于研究适合通信的超短、超快沿、理想高斯型波形合成方法和波形传输的低损耗与高效性等新技术与新型系统的研究。高功率的高速脉冲合成技术以高速器件为核心，包括雪崩晶体三极管、阶跃恢复二极管、俘越二极管、体效应管以及脉冲放电管与光导开关等，许多研究机构与设备生产商都投入了大量的财力物力，致力于特殊半导体器件和高速器件的开发，取得了较多成果。

而广泛应用于半导体、集成电路、数字电路测试以及通信、雷达、探测等领域的中小功率的通用型脉冲信号的产生与合成技术的发展则不断凸显高速化（高重复频率、极窄脉冲、快速沿）、波形复杂化（群脉冲、序列脉冲及各种定制波形）、参数高度可编程（连续可调的宽度、边沿、幅度、偏移、频率等）与高精度（低抖动、高稳频率、精确定时等）等需求特征。DDWS 采用波形数据取样存储后，数字时钟逐点读取，经 ADC 转换得到所需特征的波形。由于波形可编程能力突出，DDWS 被广泛地应用于现代任意波形发生器中，并引领和促进了数字式波形合成技术的发展，现代高速脉冲波形的数字式合成方法也来源于此。本文研究正是通用脉冲信号的高速、高度可编程波形合成、控制与传输等关键技术。

6.1.2 快沿脉冲技术

快沿脉冲技术是随着高速脉冲技术的应用发展起来的，它起源于 19 世纪 60 年代，主要为满足高速取样、系统响应测试和高精度雷达设计等需要。如在高分辨率雷达中利用上升沿陡峭的脉冲波形进行目标识别，目标分辨率与发射波带宽（上升沿陡峭程度）成正比。快沿脉冲技术从最初的离散硅射频管快沿技术，发展到特殊结构器件（阶跃恢复二极管、隧道二极管、雪崩管等）技术，再到目前最先进的非线性传输线技术与微波集成技术，经历了几个发展阶段。快沿水平从几个 ns，到几百 ps，再到几十 ps，到目前最高的 2ps（实验室水平）。其中，由于具有电路结构简单、快沿水平高、波形质量好等特点，阶跃恢复二极管快沿技术得到了长足发展和广泛的应用。早在 1965 年，Kotzebue K. L. 等人就提出了阶跃恢复二极管的精确模型，为设计者提供仿真模型和参数计算依据。随后各国研究人员不断开发新型阶跃恢复二极管并推出其电路模型，展开其快沿应用技术的研究。在国内，周建明、费元春等研究人员也开展了基于阶跃恢复二极管的快沿脉冲产生技术，并在近 10 年取得了长足进步。

1956～1960 年，Mayley，Rowe，Tien 和 Bell 等人提出并研究了信号波形在传输线中的能量损失、频谱散射及其他特征的变化，1960 年 Landanen 提出了利用非线性传输线进行波形传输的可能性，1965 年 Benson 和 Last 则首先在谐波发生器中采用了变容二极管构建的梯形结构的非线性传输线（Nonlinear Transmission Line，NLTL），1966 年 Fall Side 和 Bickley 提出了基于均匀传输线构建非线性传输线的方法，1973 年 Karbowiak 和 Freeman 提出了非线性传输线的数学模型，因此非线性传输线开始被广泛接受和应用。1991 年 Miles M. Turner，Greg Branch 和 Paul W. Smith 等人推导了非线性传输线脉冲沿压缩的计算方法，各发达国家开始将非线性传输线脉冲沿压缩技术应用于快沿信号的产生。其中，有研究人员研究了多种材料的传输线，分别设计了一种新型肖特基二极管和高速开关二极管作为非线性传输线变容器件，并深入分析器件参数对波形特征的影响；研究人员讨论了非线性传输线的集总参数元件构成方法的精度与大信号传输特性问题；研究人员还讨论了非线性传输线单片集成技术的可行性，并给出设计理论与方法，非线性传输线开始进入实际应用阶段；另有一些作者研究了 Si、GaAs 不同半导体材料上和采用 CMOS 等工艺集成非线性传输线，对波形传输的特征影响。目前，小于 5ps 的世界最高水平的快沿信号，正是 PSPL 公司采用非线性传输线实现的。而我国的非线性传输线研究还处于起步阶段，半导体集成工艺的落后也导致无法实现高集成度的肖特基二极管来构建非线性传输线，公开发表的研究结果较少且均以间接应用为主，公开发表的快沿研究成果最高为应用于示波器校准的 80ps 快沿脉冲。

6.1.3 信号调理技术

信号调理技术是以线性放大和衰减电路为基础，以完全不失真地保持输入波形特征为终极目标，对信号功率（幅度）和电平（偏移）进行调整的技术。线性电路分为有源电路和无源电路，有源电路以运算放大器、乘法器等为代表，无源电路则以 RC 衰减网络为代表。中小功率的通用低频脉冲信号，均以线性电路为基础实现信号调理，例如 Agilent 公司的函数/任意波形发生器 33120 即采用了带宽为 35MHz、压摆率（slew rate）为 1000V/μs 的集成运放作为信号调理主芯片。但是，由于集成运放通常是对通用型结构电路的集成化实现，并不具有技术创新内容，因此集成运放技术水平的发展明显滞后于信号调理技术。发达国家仪器生产商通常自主研发具有极高带宽和压摆率的专用电路制成集成器件，并申请专利保护。由于发达国家对我国采取的高端器件禁运政策，使得我国信号调理技术远远落后于发达国家，这也是造成我国信号源类的高端仪器匮乏的主要原因。

为满足大规模集成电路自动测试需要，从 20 世纪 70 年代末，国外许多学者就开始了 PEC（Pin Electronic Circuit）的研究，采用单片集成方法实现信号驱动器、窗口比较器和可编程负载。PEC 也被各国脉冲/数据发生器厂商应用于信号通道的设计，实现脉冲信号调理。1989 年 Tektronix 公司的 Chris Branson 等人制成了一款基于 CMOS 工艺的 66 脚 PLCC 封装的 PEC 器件，调理幅度达 $5V_{PP}$（50Ω），数据率为 200Mbps；1993 年 Stewart S. Taylor 等人基于 GaAs 场 MESFET 制成的 PEC 器件，实现了超过 1Gbps 的数据率、$7V_{PP}$ 输出幅度和压摆率可控功能；进入 21 世纪后，PEC 器件工作速率不断提高，2004 年 David Keezer 等人成功开发出 2.5Gbps 的 PEC，2005 年日本科学家 Atsushi Ohshima 等人将 PEC 的数据率提升到 6.4Gbps。PEC 器件也逐步走向通用化，包括 ADI、MAXIM、SEMTECH、INTERSIL 和 HARRIS 等在内的许多国外 IC 厂商，都研制了大量通用型的 PEC 器件，用于自动测试系统（ATE）。由于发达国家的封锁政策使得我国无法接触到最新的 PEC 实现技术，也无法购得高性能的 PEC 产品。保守估计目前 PEC 器件水平已经突破 10Gbps，但是目前国内市面上 PEC 的最高速率仅为 1.2Gbps 左右。因此，可用于脉冲信号调理的 PEC 器件，在 200MHz 脉冲频率条件下无法保证 $3V_{PP}$ 幅度输出。电子科技大学自主研发的脉冲波形非线性调理技术具有自主知识产权，很好地解决了高速脉冲波形调理问题。

6.2 脉冲波形特征与信息合成方法

理想的矩形脉冲是阶跃信号的组合，涉及的有效状态为高电平状态和低电平状态。数字信号的应用正是起源于矩形脉冲的这一特征，采用高低状态分别表示 1 和 0，各种不同的逻辑电平只是矩形脉冲电平与幅度的一个特定值。作为通用型信号源，脉冲信号的波形质量要求与电平幅度精度要求更高，电路结构更加复杂，匹配也更加困难。理想阶跃信号是阶跃时间为零，即两种状态的转换时间为零，这样的信号在自然条件下是不存在的，也是无法实现的。这是由于在实际电路中，总是有集总或分布的电感、电容等惰性元素的存在，使得理想阶跃信号所呈现的瞬时变化无法实现。因此理想的矩形脉冲也是不存在的。脉冲从一个电平到另一个电平的转换总是要经历一段有限的时间，即脉冲的上升时间和下降时间，也称为过渡状态。而高性能脉冲信号的设计目标之一，就是不断缩短状态转换时间即上升/下降时间。实际矩形脉冲信号波形不可能是完全无失真的，它不仅具有一定的上升/下降时间从而使波形更像梯形，而且在上升沿与下降沿的前端和末端都存在一定幅度的尖冲，而高低电平平坦度、边沿线性度、波形重复性等误差都是实际矩形脉冲存在的波形失真的具体表现。

本节内容研究分析了脉冲信号的时域特征和频域特征，以及两者之间的相关性问题，特别是通过分析脉宽、上升/下降时间等时域波形参数对信号频谱的影响，明确了高速脉冲源研制及其他处理系统设计中合理估算脉冲信号带宽的方法。并针对传统脉冲波形合成方法的缺陷，结合脉冲波形特征分析的成果，提出基于信息合成原理的高速脉冲波形合成方法，其频率信息和功率信息的合成与控制，是通过对相关波形特征的分阶段的产生和控制来实现的。

6.2.1 时域波形

6.2.1.1 基础波形及参数

如图 6-2 所示，实际应用中矩形脉冲的基础波形是一个具有一定程度失真的脉冲波形。在不同的应用中，波形失真度的要求不同，对波形参数的关注点也不相同。

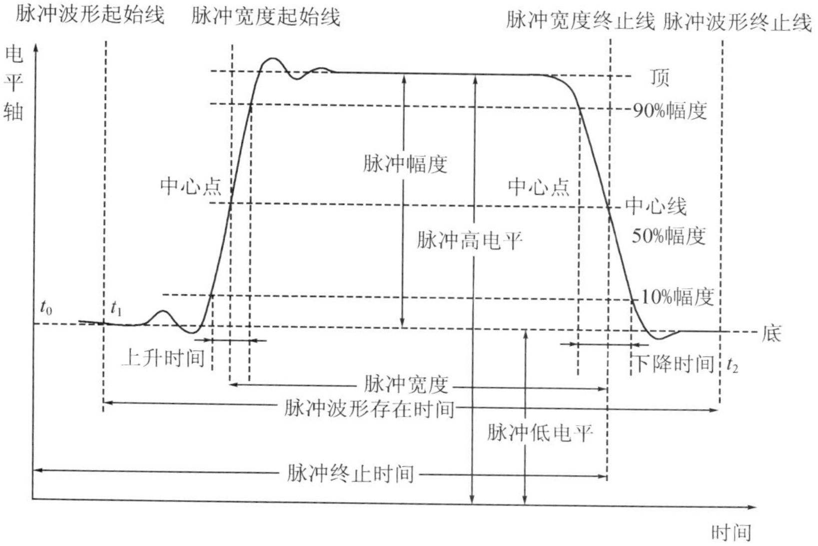

图 6-2　矩形脉冲波形及参数示意

在图 6-2 中对应时间轴，矩形脉冲信号波形主要包含了稳定低电平状态（底）、上升过渡状态、稳定高电平状态（顶）、下降过渡状态。基础脉冲信号的主要参数包括上升时间、脉冲宽度、下降时间、脉冲间隔、重复周期/频率、脉冲幅度、脉冲高电平、脉冲低电平等；另外还有对波形失真度的描述参数，包括预冲、过冲、边沿线性度、振铃、电平稳定时间、倾斜、凹陷等。

6.2.1.2　复合波形及参数

复合脉冲是指为满足多样化脉冲波形的应用需求，以图 6-2 所示基本波形为单元复合而成的更加复杂、更加多样化的脉冲波形，包括单脉冲序列、双脉冲、群脉冲、长序列脉冲等（如图 6-3 所示），以及互补脉冲（如图 6-4 所示）。其中，单脉冲序列是指周期性重复的脉冲波形；双脉冲序列是指由脉宽不同的两路单脉冲序列以某种固定关系复合而成的脉冲波形，其同样具有周期性，主要用于系统对相邻脉冲间隔分辨能力的测量；除特别说明外，群脉冲是指以多个（不少于 2 个）脉宽相同的等间距单脉冲为一个基本单元（称为群）、周期性重复的脉冲信号；长序列脉冲是指以单周期内脉冲个数较多、任意脉冲的宽度与间距均可控的脉冲信号，主要以数字可编程方式实现；互补脉冲是指电平、幅度、脉宽和周期均相等而极性相反的两路同步脉冲信号。

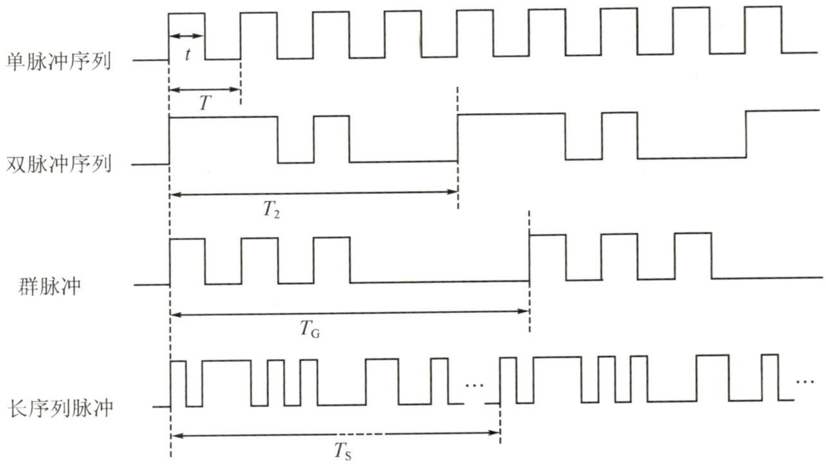

图 6-3　复合脉冲波形示意图

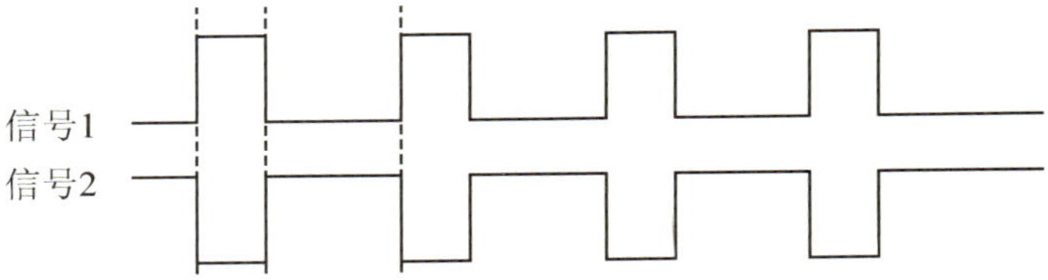

图 6-4 互补脉冲波形示意

复合脉冲波形参数主要包括：重复周期与频率、占空比、群脉冲个数、脉宽抖动、周期抖动、延迟抖动、序列脉冲可编程长度、信号延迟等。

因此，准确描述脉冲信号需要系统而全面地定义脉冲波形的相关参数。就脉冲波形合成而言，则主要关注对信息携带或系统激励相关的部分参数，如脉宽、重复周期、脉冲间隔、群参数、序列内容、上升时间、下降时间、脉冲幅度、直流偏移等；对于倾斜、过冲、振铃、凹陷等参数则不希望出现，需要进行消除或其他处理。

6.2.2　脉冲频谱分析

如图 6-2 所示，单脉冲序列脉冲宽度为 τ，周期为 T，假设脉冲幅度为 A，以序列中某个脉冲的中分线为参考时间零点，则该矩形脉冲信号的时域表达式如式（6-1）所示，其中 N 为整实数：

$$f(t)=\begin{cases}A, & -\frac{\tau}{2}+NT\leqslant t\leqslant\frac{\tau}{2}+NT\\ 0, & \frac{\tau}{2}+NT<t<-\frac{\tau}{2}+(N+1)T\end{cases}\tag{6-1}$$

该矩形波的频谱系数为

$$\begin{aligned}F(n\omega_o)&=\frac{1}{T}\int_{-\frac{T}{2}}^{\frac{T}{2}}f(t)\mathrm{e}^{-\mathrm{j}n\omega_o t}\mathrm{d}t\\&=\frac{A\tau}{T}\frac{\sin(n\omega_o\frac{\tau}{2})}{n\omega_o\frac{\tau}{2}}\end{aligned}\tag{6-2}$$

理想矩形脉冲波形的频谱函数为

$$|F(n\omega_o)|=\frac{A\tau}{T}\left|\frac{\sin n\omega_o\frac{\tau}{2}}{n\omega_o\frac{\tau}{2}}\right|=\frac{A\tau}{T}\left|\frac{\sin n\frac{2\pi}{T}\frac{\tau}{2}}{n\frac{2\pi}{T}\frac{\tau}{2}}\right|=\frac{A\tau}{T}\left|\frac{\sin n\frac{\pi\tau}{T}}{n\frac{\pi\tau}{T}}\right|\tag{6-3}$$

6.2.3 脉冲信号带宽分析

6.2.3.1 信号带宽及分析方法

从广义上讲，信号带宽是指信号频谱的宽度，也就是信号的最高频率分量与最低频率分量之差。对于理想的矩形脉冲，从式（6-3）可知其最低频率分量为脉冲重复频率，最高频率分量则为 n 倍于无穷大时的 n 次谐波频率，可见理想矩形脉冲具有无限频谱的广义信号带宽。从狭义上讲，信号带宽是指信号频谱上的有效（有用）频率分量的最高最低之差。最低有效频率分量通常为信号重复频率（周期信号），比较容易确定；而最高有效频率分量的确定则和信号的应用相关，因此通常情况下信号带宽用最高有效频率分量来表示。

有效频率分量或称有用频率分量的定义与应用领域相关，主要分为两种定义方法。第一种是按信号能量损失比例为依据，确定最高有效频率分量（简称为能量损失法）。频谱上，信号某个频率分量右边所有频率分量的功率之和与信号总功率之比小于规定值时，就认定该频率分量为最高有效频率分量。例如无直流偏移的方波，能量损失不超过5%时信号带宽为基波频率到七次谐波频率，能量损失不超过7%时信号带宽为基波频率到五次谐波频率，能量损失不超过10%时信号带宽为基波频率到三次谐波频率。

第二种方法是以波形特征精度，或者所需传递信息保持为判据，确定最高有效频率分量（简称为波形特征法）。即信号去掉比某频率更高的谐波分量时，其余谐波分量合成波形与原波形相比较，指定波形特征参数产生的误差是否在规定范围内（所需传递的信息没有丢失），则判别该频率分量是否为该信号的最高有效频率分量。例如，数字通信信号是以信号眼图质量（与误码率直接相关）为依据来确定信号带宽。而广泛应用于系统响应测试的快沿信号（广谱信号），在信号带宽估计时则是以上升沿的退化情况为依据，确定最高有效频率分量。上升沿越快，信号带宽越宽，按近似计算公式，350ps 上升沿对应信号带宽为 1GHz。

针对实际应用中不同领域的需求，合理选择信号带宽的计算方法是电子信号系统设计的关键内容。

1. 能量损失法估算信号带宽

假设矩形脉冲 $f(t)$ 的正脉宽为 τ，周期为 T，高低电平分别为 V_{H} 和 V_{L}。周期矩形脉冲信号 $f(t)$ 的平均功率 P 为

$$\begin{aligned} P &= \frac{1}{T}\int_0^{\mathrm{T}} f^2(t)\mathrm{d}t \\ &= \frac{1}{T}[\tau V_{\mathrm{H}}{}^2 + (T-\tau)V_{\mathrm{L}}{}^2] \end{aligned} \tag{6-4}$$

对于满足狄里赫利条件的任何周期信号，均可以展开为三角函数形式的傅里叶级数。因此，信号 $f(t)$ 可表达为式（6-5）：

$$f(t) = A_0 + \sum_{n=1}^{\infty} A_n \cos(n\omega_o t + \varphi_n) \tag{6-5}$$

其中，$\omega_0 = \dfrac{2\pi}{T} = 2\pi f$，$A_0$ 为直流分量，A_n 为各次谐波的幅度。因此，根据线性叠加原理，信号功率应等于各次谐波的平均功率之和，即有如式（6-6）所示关系：

$$\begin{aligned} P &= A_0^2 + \sum_{n=1}^{\infty} P_n \\ &= A_0^2 + \sum_{n=1}^{\infty}\left[\frac{1}{T}\int_0^T (A_n\cos(n\omega_o t + \varphi_n))^2 \mathrm{d}t\right] \end{aligned} \tag{6-6}$$

式（6-6）中，T 为矩形脉冲的重复周期，虽然各次谐波的初始相位将影响实际合成波形的特征，但是作为周期函数的各谐波的平均功率计算，计算结果与相位无关。因此在积分计算中均可以以各谐波初始相位为 0 的方式来简化计算，而对结果不会产生影响。首先计算各次谐波平均功率，如式（6-7）所示：

$$\begin{aligned} P_n &= \frac{1}{T}\int_0^T [A_n\cos(n\omega_o t+\varphi_n)]^2 dt \\ &= \frac{A_n^2}{2}+\frac{1}{4n\omega_o}[\sin(2n\omega_o 3T+2\varphi_n)-\sin 2\varphi_n] \end{aligned} \tag{6-7}$$

因为 $w_o=\frac{2\pi}{T}$，因此化简式（6-7），得到 P_n 简化表达式为式（6-8）：

$$\begin{aligned} P_n &= \frac{A_n^2}{2}+\frac{1}{4n\omega_o}[\sin(2n\cdot 2\pi+2\varphi_n)-\sin 2\varphi_n] \\ &= \frac{A_n^2}{2} \end{aligned} \tag{6-8}$$

其中，A 为

$$A_n^2 = a_n^2 + b_n^2 \tag{6-9}$$

$$a_n = \frac{2}{T}\int_0^T f(t)\cos n\omega_o t dt = \frac{V_H - V_L}{n\pi}\sin n\omega_o\tau \tag{6-10}$$

$$b_n = \frac{2}{T}\int_0^T f(t)\sin n\omega_o t dt = \frac{V_H - V_L}{n\pi}(1-\cos n\omega_o\tau) \tag{6-11}$$

$$A_n{}^2 = a_n{}^2 + b_n{}^2 = \frac{(V_H - V_L)^2}{n^2\pi^2}4\sin^2\frac{n\omega_o\tau}{2} \tag{6-12}$$

$$P = \sum_{n=1}^{\infty}\frac{2(V_H - V_L)^2}{n^2\pi^2}\sin^2\frac{n\omega_o\tau}{2} \tag{6-13}$$

由此，对于给定脉冲宽度和周期的矩形脉冲信号，可根据公式（6-13）计算信号总功率（不包含直流分量），根据式（6-8）计算各次谐波功率，然后按照能量损失的要求得到信号带宽。能量损失法作为传统的脉冲信号带宽估算方法，具有方便快捷的优点，但是针对各种应用中对不同特征要求不同时，具有极大的局限。

2. 波形特征法估算信号带宽

波形特征法估算带宽是基于“信号是信息的载体”，其通常应用均是以传递信息为目的。因此，只要信号的有用信息没有丢失或发生错误变化且可用，那么信道及其他处理系统的设计就是合理的。根据不同的应用，波形特征被定义为不同的信息内涵，同时也给出波形畸变范围。因此信号带宽的估算以不损失有用信息、波形特征畸变不超出规定误差范围为标准。而脉冲信号的波形特征主要以 6.2.1 节中的参数量化来标示，其中以脉冲重复周期、脉冲宽度、脉冲间隔、上升/下降时间、群特征、序列特征和高低电平为主要信息载体，特别是快速沿和窄脉冲波形特征所需的合成谐波分量更多，信号带宽也更宽。同时，边沿和脉冲宽度是信号带宽的决定性因素。因此在 6.2.3.2 小节中，展开波形特征法信号带宽估算方法的研究，并主要从上升时间和脉冲宽度两个方面进行信号带宽估算的研究。

6.2.3.2 脉宽特征与信号带宽

1. 同周期不同脉宽波形的信号带宽

在 6.2.2 节中，没有涉及占空比大于 50%的情况。这是因为当占空比大于 50%时，负脉冲宽度与周期之比小于 50%，该脉冲信号的频谱图与其互补脉冲信号（如图 6-4 所示）的频谱图相同，只是直流分量和相位谱不同，也就是两者具有相同的信号带宽。以下进行证明：假设两个矩形脉冲信号 $f_1(t)$ 和 $f_2(t)$ 的周期同为 T，幅度为 A，根据 6.2.1 节中互补脉冲信号定义，脉冲宽度存在式（6-14）所示的关系：

$$\tau_1 + \tau_2 = T \tag{6-14}$$

由式（6-5）得到式（6-15）：

$$A_n = \frac{2A\tau}{T}\left|\frac{\sin\frac{n\pi\tau}{T}}{\frac{n\pi\tau}{T}}\right| = \frac{2A}{n\pi}\left|\sin\frac{n\pi\tau}{T}\right| \tag{6-15}$$

$$A_n' = \frac{2A}{n\pi}\left|\sin\frac{n\pi\tau_1}{T}\right| \tag{6-16}$$

$$A_n'' = \frac{2A}{n\pi}\left|\sin\frac{n\pi\tau_2}{T}\right| \tag{6-17}$$

由式（6-14）得到

$$\frac{n\pi\tau_1}{T} + \frac{n\pi\tau_2}{T} = \frac{n\pi(\tau_1 + \tau_2)}{T} = n\pi \tag{6-18}$$

因为函数 $|\sin t|$ 的周期为 π，因此有

$$\left|\sin\frac{n\pi\tau_1}{T}\right| = \left|\sin\frac{n\pi\tau_2}{T}\right| \tag{6-19}$$

则 $f_1(t)$ 和 $f_2(t)$ 的各次谐波振幅相等：

$$A_n' = \frac{2A}{n\pi}\left|\sin\frac{n\pi\tau_1}{T}\right| = \frac{2A}{n\pi}\left|\sin\frac{n\pi\tau_2}{T}\right| = A_n'' \tag{6-20}$$

式（6-20）证明了互补脉冲具有相同频谱。因此，在脉冲信号带宽的分析中，只需考察占空比小于等于 50%的脉冲信号就够了。同时，当周期不变，

脉冲宽度减小，则谱线的收敛速率减慢，表明信号带宽增大。因此，对于一个矩形脉冲信号，其信号带宽决定于正负脉冲宽度中较小的一个。

2. 同脉宽不同周期波形的信号带宽

对于脉冲宽度同为 τ 、周期 T 不同的脉冲信号之间的频谱和信号带宽存在怎样的关系呢？由 6.2.2 节内容可知，脉冲信号功率主要集中在第一个为零的频率范围内（$f \in \left[0, \frac{1}{\tau}\right]$），因此在精度要求不高的应用中，通常以脉宽的倒数 $\frac{1}{\tau}$ 作为信号带宽的高端边界值。但是，随着脉冲技术的应用扩展，脉宽精度要求不断提高，在很多工程应用中已经不能再采用这种带宽近似，必须要适当提高信号带宽才能有效保证高精度要求的波形特征。由式（6-3）可知，脉冲宽度 τ 不变、周期 T 增大时，谱线间距 f_0 减小，谱线幅值也相应较小，而谱线包络的零点 $f = \frac{1}{\tau}$ 不会发生变化。考察信号频谱上第二个为零的频率范围内，功率分布情况。设两个脉冲信号 $g_1(t)$ 和 $g_2(t)$ 的脉冲宽度同为 τ ，幅度同为 A ，周期分别为 T_1 和 T_2 ，其占空比分别为 50%和 25%。由式(6-3)和式（6-4）得到信号的平均功率和直流分量分别为

$$\begin{cases} P = \dfrac{A^2\tau}{T} \\ A_0 = \dfrac{A\tau}{T} \end{cases} \tag{6-21}$$

则除去直流分量的信号平均功率为

$$P_{AC} = \frac{A^2\tau}{T} - \left(\frac{A\tau}{T}\right)^2 = \frac{A^2\tau}{T}\left(1 - \frac{\tau}{T}\right) \tag{6-22}$$

$g_1(t)$ 和 $g_2(t)$ 除去直流分量的信号平均功率为

$$P_{AC}' = \frac{A^2\tau}{T}\left(1 - \frac{\tau}{T}\right) = \frac{A^2}{4} \tag{6-23}$$

$$P_{AC}'' = \frac{A^2\tau}{T}\left(1 - \frac{\tau}{T}\right) = \frac{3A^2}{16} \tag{6-24}$$

$g_1(t)$ 各次谐波的平均功率为

$$P_n' = \frac{(A_n')^2}{2} = \frac{2A^2}{n^2\pi^2}\sin^2\frac{n\pi\tau_1}{T} = \frac{2A^2}{n^2\pi^2}\sin^2\frac{n\pi}{2} \tag{6-25}$$

由 6.2.2 节分析结果可知，$g_1(t)$ 频谱的第一个零点内谐波只有基波，第一

个零点到第二个零点内只有三次谐波。其平均功率分别为

$$\begin{cases} P_1' = \dfrac{2A^2}{\pi^2} \\ P_3' = \dfrac{2A^2}{9\pi^2} \end{cases} \tag{6-26}$$

所占总平均功率比例为

$$\begin{cases} \dfrac{P_1'}{P_{AC}'} = \left(\dfrac{2A^2}{\pi^2}\right) \div \left(\dfrac{A^2}{4}\right) = 81.06\% \\ \dfrac{P_1' + P_3'}{P_{AC}'} = \left(\dfrac{2A^2}{\pi^2} + \dfrac{2A^2}{9\pi^2}\right) \div \left(\dfrac{A^2}{4}\right) = 90.11\% \end{cases} \tag{6-27}$$

$g_2(t)$ 各次谐波平均功率为

$$P_n'' = \frac{(A_n'')^2}{2} = \frac{2A^2}{n^2\pi^2}\sin^2\frac{n\pi\tau_2}{T} = \frac{2A^2}{n^2\pi^2}\sin^2\frac{n\pi}{4} \tag{6-28}$$

由 6.2.2 节分析结果可知，$g_2(t)$ 频谱的第一个零点内有基波、二次谐波、三次谐波，第一个零点到第二个零点内有五次谐波、六次谐波和七次谐波。其平均功率分别为

$$\begin{cases} P_1'' = \dfrac{A^2}{\pi^2} \\ P_2'' = \dfrac{A^2}{2\pi^2} \\ P_3'' = \dfrac{A^2}{9\pi^2} \end{cases} \tag{6-29}$$

$$\begin{cases} P_5'' = \dfrac{A^2}{25\pi^2} \\ P_6'' = \dfrac{A^2}{18\pi^2} \\ P_7'' = \dfrac{A^2}{49\pi^2} \end{cases} \tag{6-30}$$

占总平均功率的比例为

$$\begin{cases} \dfrac{P_1'' + P_2'' + P_3''}{P_{AC}''} = \left(\dfrac{A^2}{\pi^2} + \dfrac{A^2}{2\pi^2} + \dfrac{A^2}{9\pi^2}\right) \div \dfrac{3A^2}{16} = 87.06\% \\ \dfrac{P_1'' + P_2'' + P_3'' + P_5'' + P_6'' + P_7''}{P_{AC}''} \\ = \left(\dfrac{A^2}{\pi^2} + \dfrac{A^2}{2\pi^2} + \dfrac{A^2}{9\pi^2} + \dfrac{A^2}{25\pi^2} + \dfrac{A^2}{18\pi^2} + \dfrac{A^2}{49\pi^2}\right) \div \dfrac{3A^2}{16} = 93.32\% \end{cases} \tag{6-31}$$

比较式（6-29）、式（6-30）和式（6-31）的计算结果，发现具有相同脉宽不同周期的两个脉冲信号的频谱上，第二个零点范围内所含谐波分量所占总功率的比例超过了90%。因此在信号带宽估计中，可选择$\frac{1.5}{\tau}$（两个零点之间）作为信号带宽的高端边界。$\frac{1.5}{\tau}$频率即脉宽为τ的方波信号$g_1(t)$三次谐波$3f_0$。那么$g_2(t)$频谱上频率不大于$3f_0$的频率分量有基波、二次谐波、三次谐波、五次谐波和六次谐波，占总功率比为92.22。采用相同的方法计算脉宽同为τ、占空比分别为$\frac{1}{3}$和$\frac{1}{6}$的矩形脉冲，$0\sim 3f_0$频率范围内谐波分量之和占其信号总功率（去除直流分量）分别为89.76%和92.6%。同样的方法可以计算和证明其他占空比不同、周期相同的脉冲波形具有相似的信号带宽。

脉冲宽度相同、周期不同的矩形脉冲频谱，在同脉宽方波信号三次諸波以内的各次谐波分量之和与总功率之比相近，且功率比基本达到或超过90%。因此，在通用型脉冲信号应用中，可推荐以$\frac{1.5}{\tau}$为信号带宽高端边界。如果对脉宽精度具有不同要求，则可以采用$\frac{M}{\tau}$来估算信号带宽，其中τ为脉冲宽度，M是1～2的常数。

6.2.3.3 上升沿特征与信号带宽

当脉冲信号的上升时间/下降时间较长时，信号带宽主要决定于脉冲宽度；而当脉冲边沿比较陡峭时，信号带宽则主要决定于脉冲沿的陡峭程度。脉冲边沿越陡峭，上升时间/下降时间越短，则其信号带宽越宽。在实际应用中，最常见的矩形脉冲失真在于上升沿和下降沿的退化，这是因为实际系统的通频带边界频率小于脉冲信号带宽高端边界频率，从而造成上升时间和下降时间的增大。因此，要保证边沿特征则必须合理估算信号带宽，并作为实际系统通频带的设计依据，力求最大程度上有用频率分量的衰减较小。

如图6-5所示，在t_0时刻即脉冲电平上升到$\frac{1}{2}$幅度使得瞬时电压增长率与信号带宽f_B高端边界频率成正比：

$$\left(\frac{\mathrm{d}v(t)}{\mathrm{d}t}\right)_{\max} = 2Af_B \tag{6-32}$$

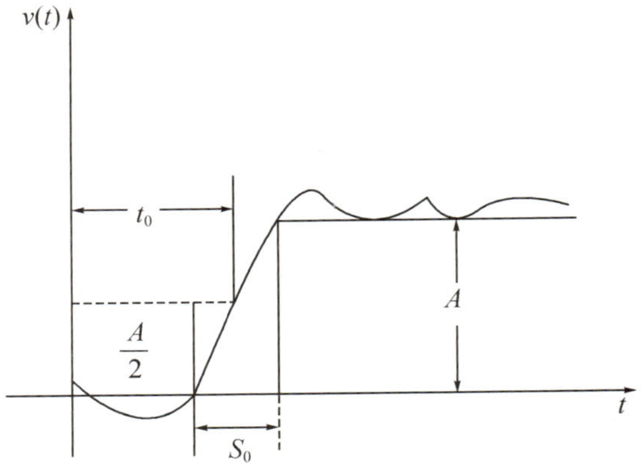

图 6-5　脉冲上升沿示意图

电压增长持续时间为

$$\delta_0 = \frac{A}{\left(\frac{dv(t)}{dt}\right)_{max}} = \frac{0.5}{f_B} \tag{6-33}$$

换算为 0.1A 到 0.9A 的增长时间及脉冲上升时间 t_r 得到脉冲上升时间与信号带宽 f_B 高端边界频率之间的关系如式（6-34）：

$$t_r = \frac{N}{f_B} \tag{6-34}$$

其中，N 是 0.37～0.45 的常数。如 t_r 为 0.8ns 时，对应信号带宽 f_B 边界值为 500MHz（N 取 0.4），因此实际系统设计时如果要求保证信号上升沿特征，则通频带边界频率必须大于 500MHz。目前在许多应用领域，如示波器通道带宽计算，在一定误差范围内将 N 取 0.35，以此估算信号带宽。因此，对于 N 的取值应该根据设计要求，上升时间精度要求高时 N 取较大值，反之取较小值。

根据脉宽决定的信号带宽（$\frac{M}{\tau}$）和脉冲上升时间或下降时间决定的信号带宽（$\frac{N}{t_r}/\frac{N}{t_f}$）可知，在估算信号带宽时必须综合考虑脉冲宽度和上升/下降时间，分别根据脉宽特征和上升/下降沿特征估算得到两个信号带宽高端边界频率，然后根据其中最大的一个作为信号带宽的最终估算值，其 M、N 分别按照各自波形特征精度要求取值。当 M、N 分别取 1 和 0.4 时，则得到目前在工程中所要求的上升/下降时间 t_r、t_f 应大于 $\frac{2}{5}\tau$ 的条件。显然，当信号的上升时间与下降时间不对称时，信号宽度由状态过渡较快、过渡时间较短的脉宽沿决定。

6.3 脉冲波形频率特征合成技术

脉冲波形的信息主要依靠频率相关的波形特征来表征和携带，因此脉冲波形频率特征的合成方法和控制技术是高速脉冲波形合成技术的关键部分。脉冲波形的频率特征是指与频率信息相关的波形特征，即影响信号频谱分布、信号带宽的相关波形特征，包括重复周期、脉宽、脉冲间隔、群特征、序列特征和边沿特征等。高速脉冲波形频率特征合成技术，以信息合成方法为基础，采用数字式合成的方法完成除边沿特征以外（上升时间/下降时间）脉冲波形频率特征与信号定时特征的产生与控制技术。相比传统方法而言，本章所研究的基于数字式的合成方法真正实现了脉冲波形的高度可编程能力，弥补了传统方法在群脉冲、长序列脉冲、双/多脉冲等复杂化、多样化波形合成方面的能力缺陷，解决了周期、脉宽和延迟定时的高分辨率和宽覆盖范围难题。序列波形合成方法大幅提高了合成脉冲波形的可编程能力和波形序列长度。

6.3.1 时钟频率合成分析

6.3.1.1 时钟频率合成单元设计

脉冲波形合成所需频率合成，是以产生和提供脉冲重复频率特征为目的，满足波形合成中数字时序电路的时钟频率需求，产生输出脉冲。重复频率特征通过数字时钟频率的方式合成。合成频率的范围、分辨力、准确度和稳定度对应了输出脉冲信号的频率范围、分辨力、准确度和稳定度，而合成频率的相位噪声和杂散则是影响合成脉冲波形抖动的主要因素。通用高速脉冲信号源具有较宽的重复频率覆盖：从小于 1Hz 到几百 MHz 甚至 GHz 级、0.1Hz 级分辨力，同时具有极窄脉宽能力和低抖动。直接频率合成技术特别是直接数字频率合成技术 DDFS 具有分辨力高、最高频率受制于 0.4 f_c 、输出范围有限的特点；锁相环（PLL）频率合成，具有合成频率高、频谱纯度高、合成频率分辨率低的特点。因此为满足高速脉冲波形合成需要，结合 DDFS 与 PLL 频率合成的技术特点，采用两者结合的方法，充分发挥二者的优势，实现宽范围、高精度、高分辨力及低抖动的时钟频率合成。

时钟频率合成模块采用如图 6-6 所示的结构方案实现。

时钟模块由控制系统部分、标准频率部分、直接数字频率合成部分、锁相频率合成部分等四个部分组成。标准频率部分用于提供频率合成所需的标准频

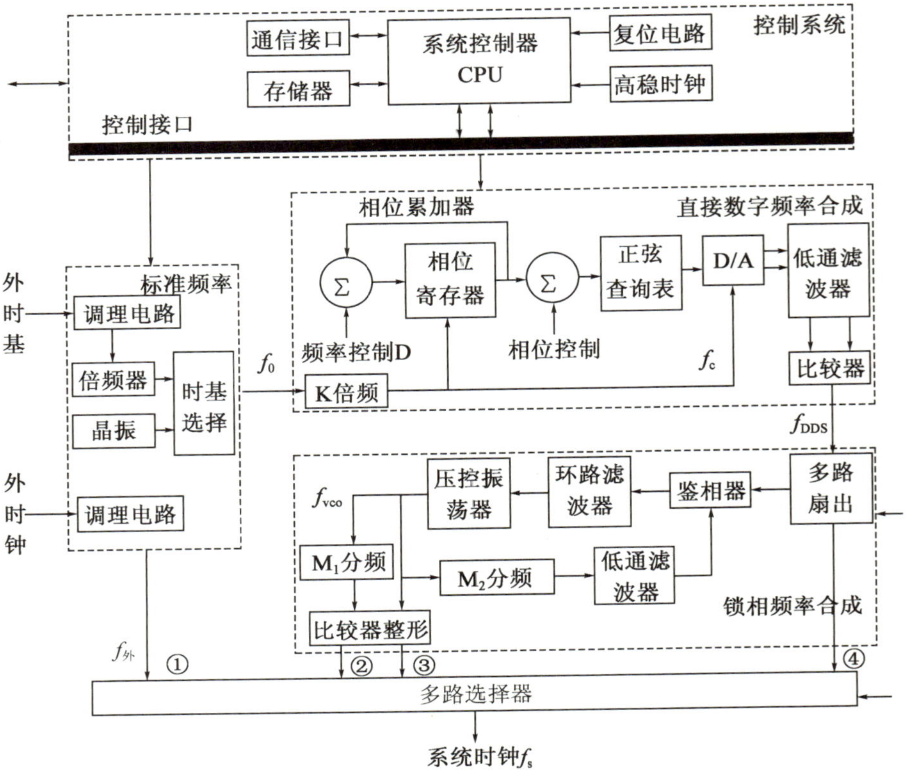

图 6-6　时钟频率合成模块电路框图

率源，它可以是仪器内部晶体振荡器产生的高稳参考频率，也可以是外部输入的标准频率信号。为保证时钟频率具有较高的稳定度和频率精度，内时基通常使用温补晶振或恒温晶振。DDFS 合成部分用于产生高分辨率的极低频到较高频的频率信号：一方面直接提供较低频段（低于 200MHz）系统时钟频率，另一方面提供锁相频率合成部分的参考频率。PLL 频率合成部分主要用于产生高频段（高于 200MHz）系统时钟频率，它通过对参考频率的倍频得到高频系统时钟，不同倍频数对应得到多个频段的高频时钟。

6.3.1.2　时钟抖动分析

在数字式脉冲波形合成中，频率稳定而精确的时钟信号是系统时序设计和脉宽精度的保障。但是由于温度效应、噪声、杂散和干扰等因素，时钟信号占空比和周期呈现一定时间范围内的不确定性，即产生了时钟抖动。这种时序上的不确定性将严重影响脉冲波形频率特征的合成时序，并同时造成脉宽和定时精度的下降。因此，尽量降低时钟抖动和消除其影响是数字式高速脉冲波形合成技术的关键内容之一。

抖动来源分析要点如下。时钟抖动从波形特征上可分为脉宽抖动（占空比失真）和周期抖动，在实时示波器上表现为触发后的下降沿和上升沿抖动。时钟抖动是指与标准时钟比较，在时间刻度上，时钟上升沿和下降沿的偏差和不确定性。如图 6-7 所示，该抖动可用时间间隔误差简单表示抖动的大小情况和极性。标准时钟即为理想时钟，具有稳定的频率和严格 50% 占空比，时间间隔误差取实际时钟上升沿和下降沿与标准时钟在时间刻度上的差值，振幅表示抖动的峰值，正负表示波形的延迟或超前。同时时间间隔误差的变化规律也表征了时钟抖动的变化规律，该规律可作为评估抖动来源的依据之一。

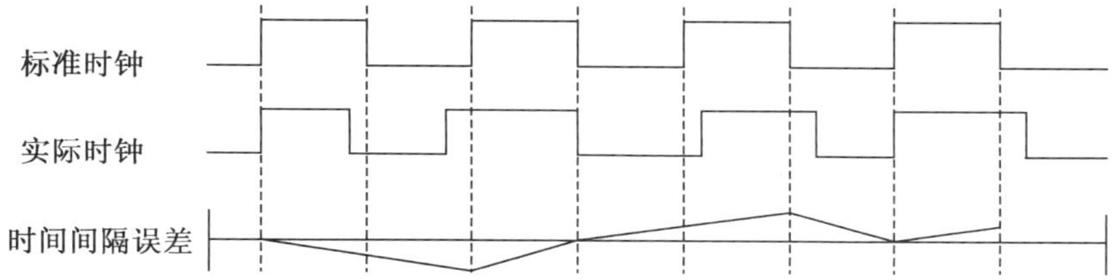

图 6-7　时钟抖动示意图

相位噪声和抖动是对同一现象的不同描述，相位噪声与抖动之间具有一定的对应关系。时钟抖动主要来源于频率合成中的相位噪声和器件引入的固有抖动，系统抖动误差模型如图 6-8 所示。

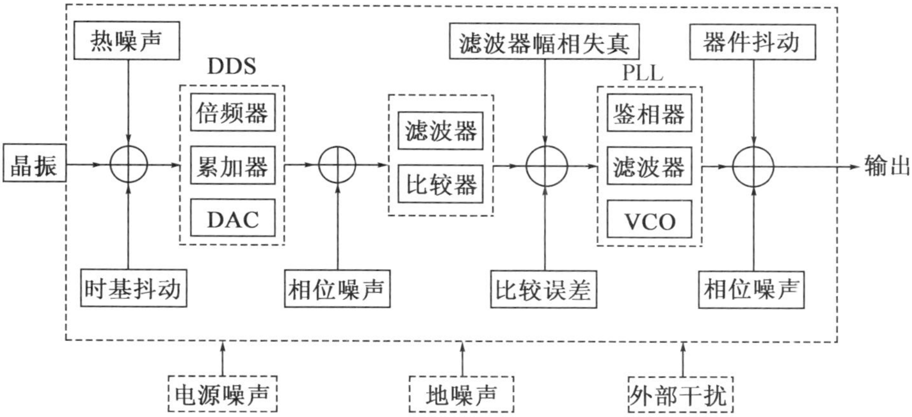

图 6-8　时钟抖动误差模型

由图 6-8 所示的抖动误差模型分析，电源噪声和地噪声是整个系统指标保证的先决条件，主要来源于纹波电压和反弹噪声。纹波电压主要由电源变压器、AC—DC 转换、整流电路等产生；反弹噪声（包括电源反弹噪声和地反弹噪声）则是来源于瞬态电流和回路电感造成的交流压降引起的电源和地的电位瞬态变化和不稳定。电源噪声和地噪声会对时钟信号产生调制，形成相位噪声，引起时钟波形的脉宽抖动和周期抖动。外部干扰通过辐射、串扰或其他耦合方式对时钟信号形成过程叠加噪声，增加波形抖动。时基抖动是指由晶体振荡器周期不对称性和外部热噪声引起的输出参考频率信号的抖动。DDS 的相位噪声是考察其输出时钟抖动的主要指标，主要来源于倍频器造成的时基抖动恶化、相位累加器的截断误差、DAC 非线性误差等。PLL 的相位噪声主要来源于非理想鉴相灵敏度引起的鉴相附加噪声、VCO 高频噪声、环路滤波器相位噪声，以及锁相环倍频引起的相噪恶化等。比较器电平比较误差和其他器件固有抖动都是时钟抖动的来源。

6.3.2 数字式频率特征合成方法

数字信号是矩形脉冲信号的特例和典型应用，两者具有共同的波形特征，都具有有限状态（高/低电平状态或 0/1 状态），而数字信号所关注的波形特征更少且波形特征的精度要求更低。因此，对于高速、多模式、多样化的脉冲波形采用数字式的合成是一种波形控制能力更强、控制精度更高的有效的波形合成方式。

数字式脉冲波形合成是以时钟信号的周期特征为基础，以信号触发同步特征为使能，对时钟波形进行截取与叠加，从而产生所需的脉冲波形的序列特征。经多个项目的研究实践和总结，在高速脉冲波形合成中，研究并使用了下面四种数字式波形截取和叠加方法。

6.3.2.1 使能截取方法合成单脉冲波形

单脉冲波形是基础波形，序列特征简单，通常采用使能截取法获得，波形合成原理如图 6-9 所示。使能截取方法主要用于合成单脉冲序列波形，并得到触发和起始信息。单脉冲序列波形的触发同步特征表现为图 6-9 中使能信号波形特征。

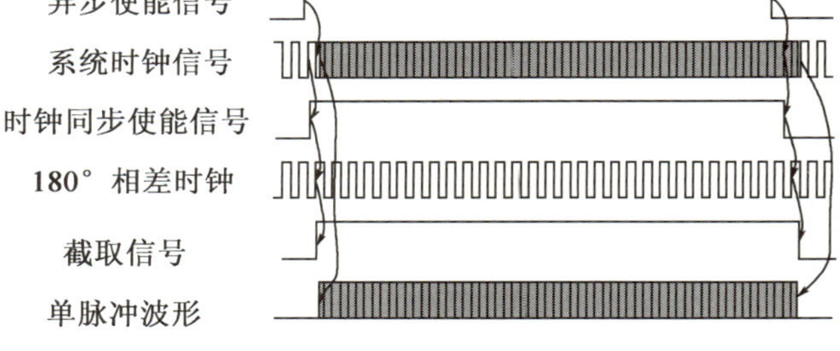

图 6-9 使能截取法单脉冲波形合成原理

如图 6-9 波形合成原理所示，使能截取法是采用使能信号作为截取条件，对系统时钟信号进行整周期波形的截取，图中阴影部分为截取波形。异步使能信号作为非相关性的外来信号，起点和终点与系统时钟必须进行同步处理，以保证其同步关系，建立使能信号宽度与系统时钟的确定关系；通过与系统时钟相位差为严格 180°的时钟信号，将同步使能信号延迟半个系统时钟周期，由于电路传输延迟存在且较小，保证了截取信号的起始与结束都在某个系统时钟的上升沿前端，且时间间隔在半个时钟周期以内，从而使得截取的脉冲波形中正脉冲的完整性，使能信号为低时信号保持为低。

同步使能信号的起始和结束决定了输出脉冲波形的触发同步特征，而延迟定时特征是通过对同步使能信号起始的定时控制粗调（细调则通过其他精密控制电路实现），系统时钟周期决定了输出脉冲的周期特征，而此时的脉冲宽度特征与时钟信号脉宽相等。

6.3.2.2 计数截取方法合成群脉冲波形

计数截取方法主要用于合成群脉冲波形，以控制其周期和个数为设计目标。群特征包括时钟周期、群周期、脉冲个数、脉宽与延迟定时等，涉及参数多、截取信号复杂，采用使能控制下的计数器状态产生截取信号是群脉冲波形合成的有效方法。计数截取法合成群脉冲波形的基本原理如图 6-10 所示（群脉冲周期为 8，群脉冲个数为 6）。在同步使能作用下，计数器模块启动时钟周期计数；计数模块输出触发截取信号的高低状态转换，产生宽度和周期均为整数倍系统时钟周期的初始截取信号；初始截取信号通过 180°相位差时钟信号的同步实现半时钟周期延迟，实现上升沿和下降沿均处于某时钟上升沿前端，且时间间隔在半个时钟周期以内的截取信号；截取信号截取时钟波形的整周期且正脉冲完整的信号波形，获得群脉冲波形的合成，如图 6-10 中阴影部分波形。使能信号的起始和结束决定了群脉冲波形的触发同步特征，系统时钟周期决定了群脉冲波形的初始脉宽特征，截取信号的宽度和周期决定了群脉冲波形的脉冲个数特征和周期特征。

计数截取法群脉冲合成波形的实现方案如图 6-11 所示。该方案结合全局时钟和同步时序的结构设计，使计数器工作在较低频率，从而突破了高位宽计数器工作频率的限制，在局部牺牲群脉冲周期和脉冲个数分辨率的条件下成倍提高了截取波形的频率。

通过采用低频分相时钟产生的截取信号进行叠加，可保证脉冲个数分辨率为 1。当使用 2 分频时钟进行计数时，通过对两个相移 180°的时钟信号产生的截取信号进行叠加，可截取产生群脉冲周期分辨率为 2、最小脉冲个数为 2、

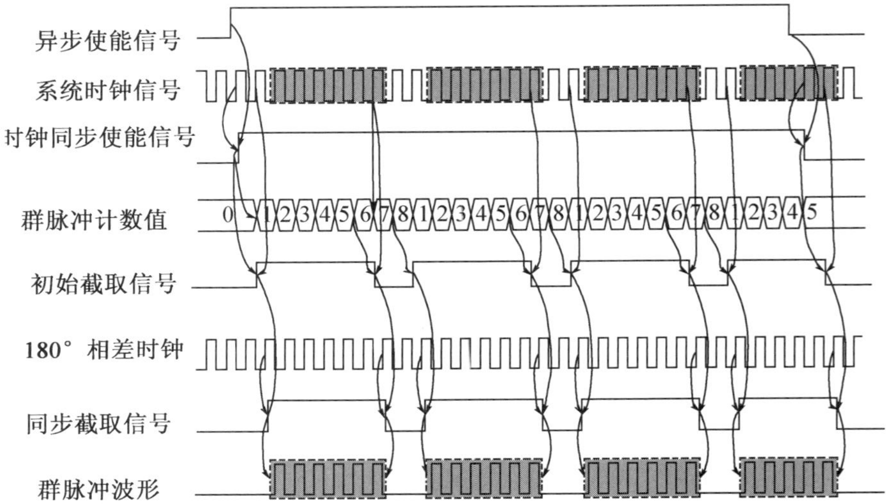

图 6-10 计数截取法群脉冲合成原理

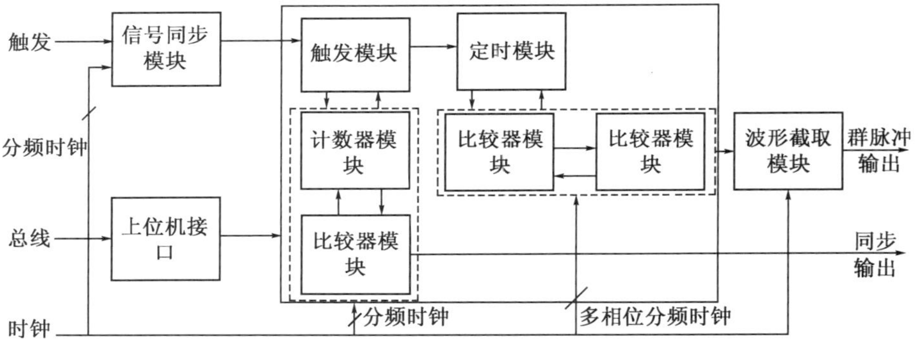

图 6-11 计数截取法群脉冲合成方案

脉冲个数分辨率为 1 的群脉冲波形合成；当使用 4 分频时钟进行计数时，通过相移分别为 0°、90°、180°、270°的 4 个时钟产生的截取信号进行叠加，可截取群周期分辨率为 4，个数分辨率为 1，最小个数为 4 的群脉冲波形；依次类推，如果相移控制精度允许，则可进一步提高分辨率。

6.3.2.3 多波形叠加方法合成双（多）脉冲波形

利用有限的硬件资源，实现输出脉冲波形的多样化，获得更好的脉宽和脉冲间隔的可编程能力，满足应用中的多样化需求，是高速脉冲波形合成技术的重要研究内容。多波形叠加方法主要应用于双（多）脉冲波形的合成，一个周期内得到两个（或多个）高分辨率可控脉宽。双（多）脉冲信号重复周期内有两个（多个）不同宽度和脉冲间隔的正脉冲（或负脉冲），波形合成以单脉冲波形合成为基础，采用波形延迟叠加方式实现，基本原理如图 6-12 所示。双（多）脉冲波形以两个（多个）具有相同周期特征（如图 6-12 中的 T）、不同脉宽特征（如 τ_1 和 τ_2 ）的单脉冲波形为基础（如单脉冲 1 和单脉冲 2），并根据所需脉冲间隔特征确定两个（多个）脉冲信号的相对延迟时间（如 TD_1），将各延迟之后的脉冲波形进行叠加就得到了双（多）脉冲波形。设计中各单脉冲参数满足关系式（6-35）、式（6-36）和式（6-37）。

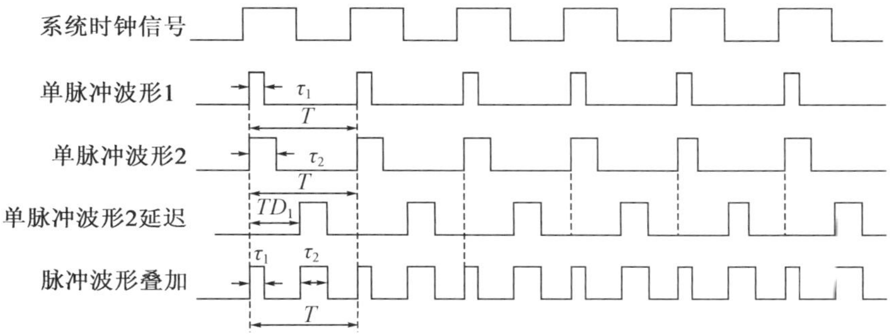

图 6-12 多波形叠加法群双脉冲合成原理

$$\tau_1 + \tau_2 + \cdots + \tau_N < T \tag{6-35}$$

$$TD_N > TD_{N-1} + \tau_{N-1} \tag{6-36}$$

$$TD_N + \tau_N < T \tag{6-37}$$

波形叠加合成的双（多）脉冲波形集成了多个叠加波形的脉宽特征，并通过控制其延迟定时的方法增加了脉冲间隔特征。所叠加的脉冲波形越多，则合成的脉冲波形复杂程度就越高，资源成本也随之增长。脉冲源通常在保证各单脉冲波形合成输出的前提下，利用较少资源合成双（多）脉冲波形作为增强型输出。双脉冲波形合成方案设计如图 6-13 所示。

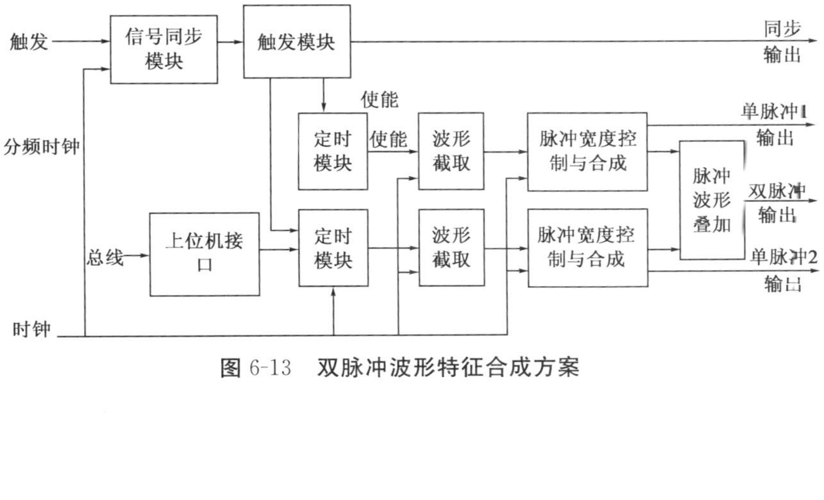

图 6-13 双脉冲波形特征合成方案

6.3.2.4 序列波形合成法

当所需脉冲波形的复杂程度成倍提高时，如不同宽度的脉冲和不同脉冲间隔个数达到几千个、几万个甚至更多，依靠多通道脉冲波形叠加的方法就变得无能为力。因此，必须研究新的方法，解决脉冲波形多样化的深度扩展这一问题。借鉴 DDWS（直接数字波形合成）技术的思想：取样所需波形，存储波形数据，按所需重复频率读取波形数据转化为所需波形。对于矩形脉冲而言，其波形数据只有两个值，即 0 和 1，分别代表高电平状态和低电平状态，波形转换无须 D/A 转换器，而是通过信息合成方案的后端部分来控制高低电平，这就是序列波形合成法。

矩形脉冲波形合成以脉冲宽度、脉冲间隔、重复周期与触发同步等波形特征产生与合成为目标，脉冲波形具有有限状态（高/低电平状态），而区别于正弦波、三角波等，波形数据简单。因此将高电平状态定义为 1，低电平状态定义为 0。波形取样环节简化为波形数据（1/0）的直接编辑，用 1 和 0 的持续时间分别表示各脉冲宽度和脉冲间隔，如图 6-14 所示。序列重复周期长度取决于波形数据存储器的容量，这极大地扩展了周期内不同宽度脉冲个数的容量。

另外，当目标波形中存在重复出现的波形片段时，存储器中只需要存一次该波形片段，在波形数据读取时通过控制读取地址无缝跳转（序列波形合成的设计难点），即可实现连续的长序列脉冲波形输出，从而大幅地扩展了可编程脉冲波形的长度。序列脉冲的宽度和间隔分辨率由波形数据读取时钟周期（系统时钟）来决定，这种方法在局部牺牲脉宽分辨率的条件下，利用较少的硬件资源，大大提高了脉冲波形的可编程能力。通过引入归 0 码（R_Z）和归 1 码（R_1）的方法，可通过脉宽控制电路精密调整正脉冲宽度（R_Z 码）或负脉冲宽度（R_1 码），从而提高脉宽/间隔分辨率。归 0 码和归 1 码波形如图 6-14 所示。

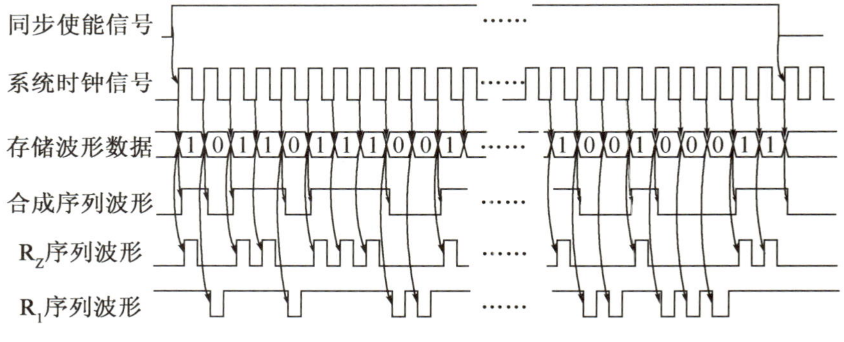

图 6-14　序列波形合成法合成脉冲波形特征原理

同时，通过静态存储器波形数据的低速读取和分相合成输出方法（并-串转换结构），突破静态存储器的读取速率限制，可实现 8 倍甚至 16 倍于存储器读周期的序列脉冲波形产生，极大地提高了高速脉冲波形合成水平。序列波形合成法合成复杂脉冲波形的实现方案如图 6-15 所示。波形数据载入时，通过上位机接口顺序地将波形数据装载到静态存储器中；波形输出时，读地址产生模块在触发模块的控制下产生对应单元的地址，输出波形数据。

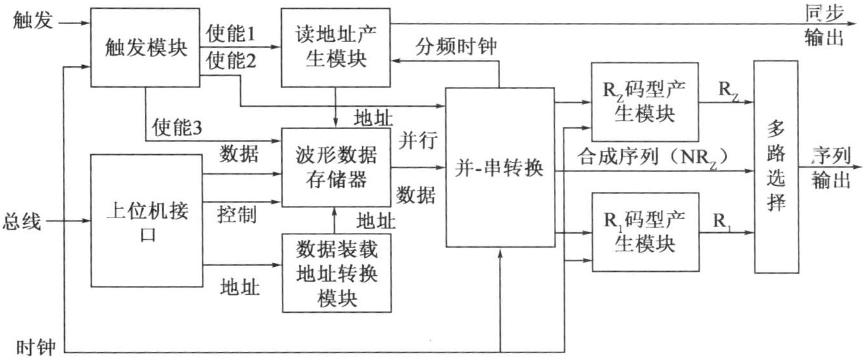

图 6-15　数字序列合成复杂脉冲波形特征方案

6.3.3　延迟定时与脉宽精调技术

6.3.3.1　延迟定时方法

信号延迟包括固定延迟和可变延迟。固定延迟由电路结构和信号路径决定，延迟定时技术主要解决可变延迟的大范围精密控制问题。传统方法通常采用模拟延迟的方式来实现信号延迟定时，但存在分辨率、精度与延迟范围的矛盾。因为，通常延迟范围较大的模拟延迟线，其分辨率和精度较低，而具有较高分辨率和精度的延迟线又难以实现大范围的可编程延迟，且这样的集成器件体积相对较大，不利于大量级联。本节所研究的数字式脉冲波形频率特征合成技术中，采取计数延迟的方法代替宽范围模拟延迟线实现大范围的信号延迟要求，高速数字系统产生的计数延迟解决了大范围和高精度的矛盾问题，该实现方案如图 6-16 所示。

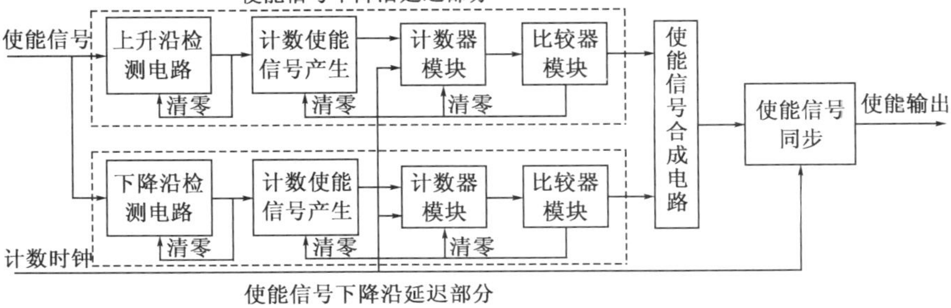

图 6-16　信号延迟粗调方案

但是，数字计数延迟的分辨率也受制于系统时钟周期，大范围延迟与分辨率的矛盾依然存在。要大幅提高延迟分辨率就必须成倍提高系统频率，如100ps 分辨率通常需要 10GHz 的系统时钟，这使得系统设计异常困难。一方面，系统时钟频率的提高非常困难，特别是要实现 ps 级分辨率；另一方面，超高的系统时钟，对数字系统的工作速度要求成倍提高，时序设计难度也呈指数上升，这将骤然提高设计成本和难度。因此，为了解决数字延迟受限于系统时钟周期的问题，结合现在发展迅速的高精度模拟延迟线（如图6-17所示）具有的高分辨率（已达到 1ps 以下）的特点，采用计数延迟粗调方案（如图 6-16 所示）与多抽头可编程传输延迟精调相结合的方法，是实现高速脉冲波形的延迟控制有效途径。

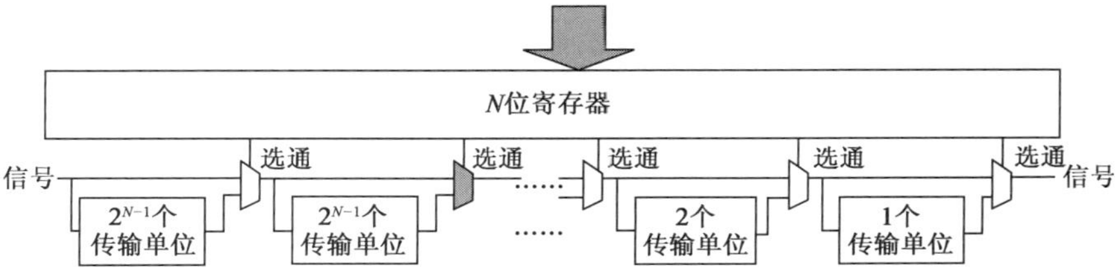

图 6-17　高精度多抽头可编程延迟线原理图

如图 6-16 所示，首先通过沿检测方法，获得使能信号的上升沿与下降沿的定时信息，通过对它们相同的计数延迟，实现延迟粗调；然后通过外部延迟线实现信号延迟的细调。

图 6-18 所示为所研制的某型脉冲/数据发生器中的双通道固定延迟测试结果，通道 3 显示为同步触发信号；图 6-19 所示为双通道信号延迟波形测试图，通道 3 显示为同步触发信号；图 6-20 所示为信号延迟分辨率验证测试波形。

6.3.3.2　脉宽精调技术

在数字式脉冲频率特征合成技术中，多模式复杂化的频率特征合成是其优势所在。但由于波形截取主要来源于时钟波形，因此合成脉冲波形的宽度与时钟脉冲宽度相等，一方面，合成波形脉宽分辨率受制于时钟周期，分辨率较低，高分辨率脉宽设计则必然提高系统时序设计难度；另一方面，时钟的脉宽抖动将直接传递给合成波形，极大地影响了脉冲波形的质量。因此，为了解决脉冲宽度精调难题，经过反复论证和试验，提出了“基于相对延迟和沿合成原理的脉宽精调方法”，基本原理如图 6-21 所示。将前端截取的数字脉冲波形，即具有所需群特征或序列特征和周期特征的波形，分解为具有极窄脉宽特征（远小于时钟周期）的上升沿信号和下降沿信号；通过上述延迟方法实现两个

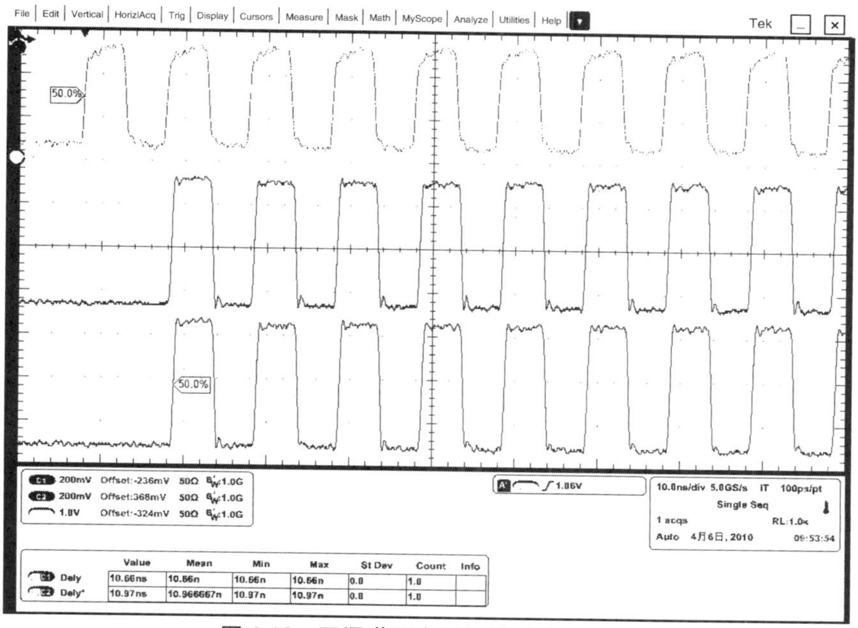

图 6-18　双通道固定延迟的测试结果

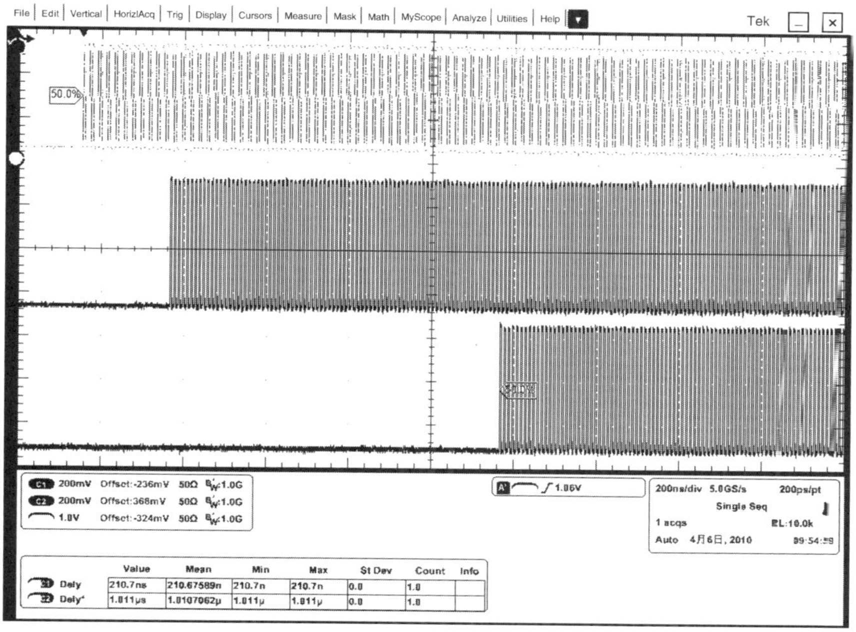

图 6-19　双通道信号延迟范围测试波形

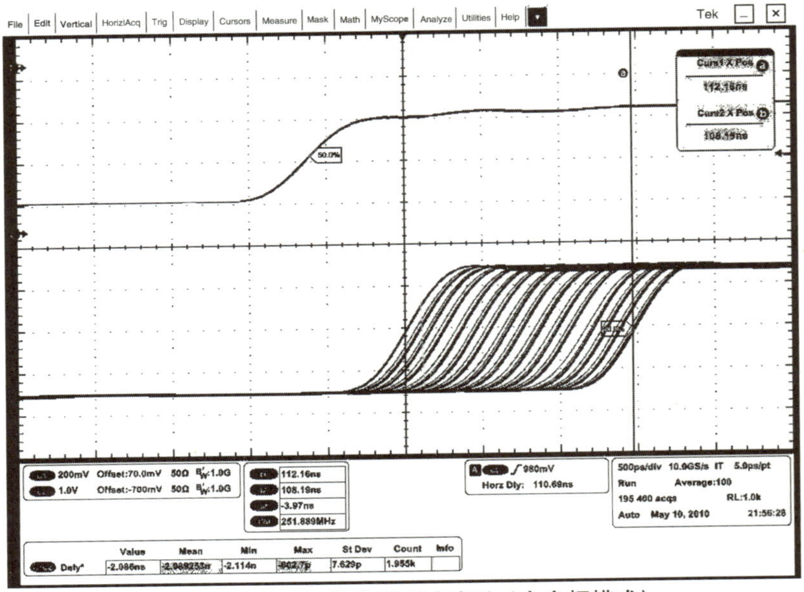

图 6-20 信号延迟分辨率测试波形（全余辉模式）

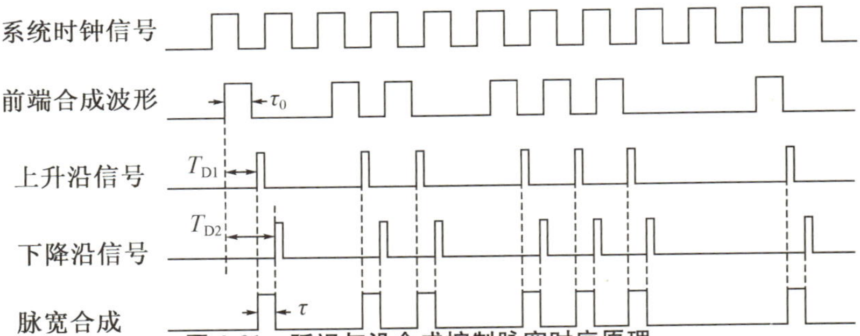

图 6-21 延迟与沿合成控制脉宽时序原理

沿信号延迟定时，合成脉宽转化为上升沿与下降沿的相对延迟，合成脉冲宽度如式（6-38）所示：

$$\tau = T_{D2} - T_{D1} \tag{6-38}$$

图 6-21 中的 τ_0 为数字合成脉宽，等于半个时钟周期。由式（6-38）可知，合成脉冲宽度 τ 与系统时钟周期无关，只决定上升沿信号和下降沿信号的相对延迟，理论最小值可为零（当 $T_{D2} = T_{D1}$ 时），最大脉宽接近 T_{D2} 的最大值，即该方法保证了宽范围脉宽和极窄脉冲的合成能力。同时合成脉宽的分辨率决定于信号延迟定时分辨率。另外，由于合成脉宽的上升沿信号和下降沿信号来源于同一个截取脉冲上升沿，因此数字时钟的脉宽抖动将不会传递给合成脉冲，

从而提高了合成脉冲波形质量。沿用6.3.3.1小节中延迟定时方法可实现脉冲宽度的大范围和高分辨率调正，实现方案如图6-22所示。

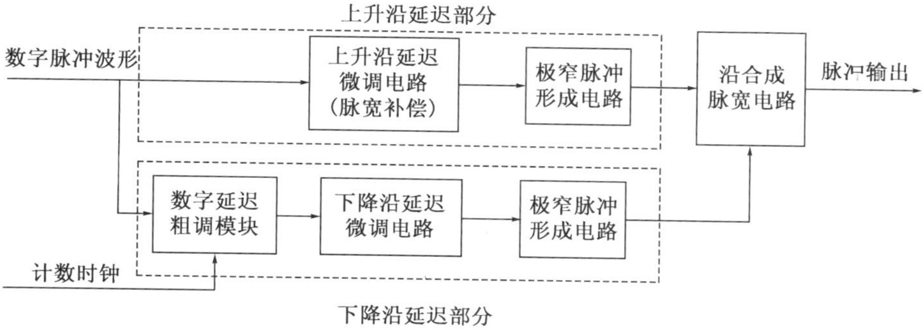

图6-22 脉宽合成方案框图

图6-22中数字延迟粗调电路详细设计与图6-16中信号延迟粗调方案中的“使能信号下降沿延迟部分”相似，延迟精调电路的原理如图6-17所示。由于数字延迟粗调模块可调延迟范围由计数器资源决定，易于扩展，而多抽头可编程传输延迟线基于精确标定的传输延迟，其分辨率和精度极高，而通频带也能做到较高，因此，在数字式脉冲频率特征合成技术中，采用“基于相对延迟和沿合成原理”的脉冲宽度精调技术，很好地解决了合成脉冲宽度的控制难题。

6.4 快沿产生技术研究

6.4.1 概述

快沿技术是高速脉冲技术的基础技术之一，也是现代测试技术发展的关键技术之一和高速通信技术发展的引领技术，同时还是高速采样系统的关键技术，其发展不断推动着超高速采样技术的进步。快沿脉冲信号作为广谱信号，在时域测量中是系统瞬态响应测试的重要工具，可用于数字通信、雷达、时域特征测量的领域。快沿产生方法主要有三种：隧道二极管快沿脉冲产生方法，非线性传输线脉冲上升沿压缩方法，阶跃恢复二极管快沿整形方法。此外还有水银开关脉冲产生法、雪崩晶体管快沿产生方法等。本节所介绍的阶跃恢复二极管快沿整形电路实现了80ps的快沿整形，并进一步研究了非线性传输线脉冲沿压缩技术，对其工程化进行了可行性分析和实验验证。

6.4.2 阶跃恢复二极管快沿整形电路设计

阶跃恢复二极管快沿脉冲整形原理如图6-23所示，主要由隔离电路、偏置电路和阶跃恢复二极管电路组成。在脉冲上升沿到来之前，二极管导通偏置电路使得阶跃恢复二极管处于稳定导通状态，正向导通电流使二极管 N 区完成电荷储存。当脉冲上升沿到来时，随着输入信号电平的增加，阶跃恢复二极管端电压下降到小于其导通电压，此时，阶跃恢复二极管不会立即截止，而是管内出现极大反向电流，二极管仍然表现为一个小电阻特性。当反向电流驱散储存电荷时，输出近似于短路状态，负载端电平没有明显的上升。直到阶跃恢复二极管存储时间结束，存储电荷驱散完成，二极管阻抗极速跃升至完全截止状态，负载端电平也跟随二极管电压降急速跃升至高电平值。当脉冲下降沿到来时，二极管进入导通状态，下一个上升沿到来重复以上过程。从而，负载端得到的脉冲波形通过整形电路后，可获得原波形上升时间 1/10 左右的快沿脉冲。

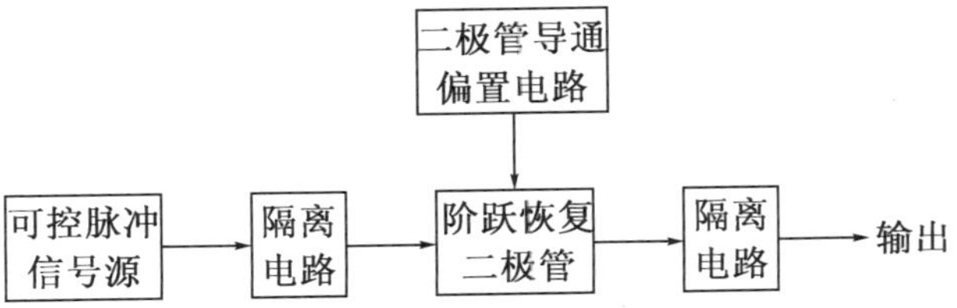

图 6-23　阶跃恢复二极管快沿整形原理框图

6.4.3　非线性传输线脉冲边沿压缩技术

阶跃恢复二极管快沿脉冲整形方法能够将上升时间降到原有脉冲波形的十分之一，具有很高的快沿整形效率，在现代工程中应用广泛。但由于工艺和半导体掺杂技术的限制，阶跃恢复二极管快沿脉冲整形技术的输出脉冲的最快上升沿局限在几十个 ps 量级，很难进一步提高。特别是对于 10ps 以下的快沿脉冲波形而言，阶跃恢复二极管快沿脉冲整形电路目前更是无能为力。因此，基于非线性传输线特性的脉冲沿压缩方法被提出，并很快成为射频技术中的一个研究热点。非线性传输线是基于传输线上非线性参数对波形传输速率的影响，从而影响脉冲波形的边沿在传递过程中被压缩产生快沿。该方法在传输线通频带内使边沿时间的压缩与传输线非线性参数变化的特征曲线和传输线长度相关，而输入信号电平特征则决定了传输线的非线性参数变化的动态范围。非线性传输线快沿压缩技术作为新型的快速沿产生技术，由于具有与输入信号相关性低、传输频率高、快沿水平高、波形质量好等诸多优点而得到较快的发展。本节内容将从非线性传输线的基本原理出发，研究基于变容器件构建的近似非线性传输线对脉冲信号上升沿的压缩影响，同时探讨集总参数器件实现近似非线性传输线的可行性和工程条件。

6.4.3.1 非线性传输线原理

传输线由两条有一定长度的导线组成，这些导线可以是同轴电缆、双绞线、共面线、微带线和带状线。传输线的两个主要特征参数为特征阻抗和传输延迟。通常情况下，设计者希望传输线是均匀的、无损的、线性的，信号在传输线中的传输是无失真的，波形特征是无损失的。因此在理想的均匀无损传输线中，传输线的特征参数将保持恒定，不受输入信号影响。如果采用一阶等效模型表示均匀无损传输线，则传输线等效电路如图 6-24 所示，该模型由回路电感 L 和线间电容 C 组成。传输线特征阻抗 Z_0 、信号传播速率 v_p 与传输线时延 T_D 用传输线单位长度电感与电容分别表示为式（6-39）、式（6-40）和式（6-41），其中 c 表示真空光速，ε_r 为介电常数。均匀传输线上各点的单位长度电感、电容均为固定常数。

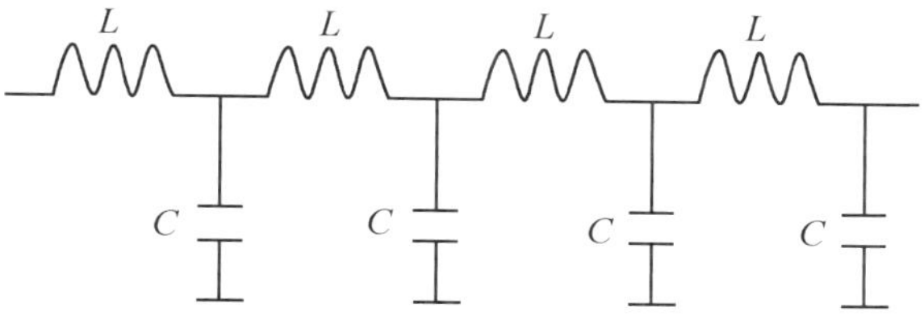

图 6-24 均匀无损传输线 1 阶等效电路模型

$$Z_0 = \sqrt{L/C} \tag{6-39}$$

$$v_p = \frac{c}{\sqrt{\varepsilon_r}} = \frac{1}{\sqrt{LC}} \tag{6-40}$$

$$T_D = \frac{Len}{v_p} = \frac{Len \cdot \sqrt{\varepsilon_r}}{c} = Len \cdot \sqrt{LC} \tag{6-41}$$

非线性传输线（NLTL）是一种特殊的传输线，其主要特征表现为传输线特征参数与输入信号波形特征相关。结合图 6-24 所示的均匀无损传输线模型，当传输线中单位长度电感 L 或者电容 C 不是固定常数而与传输信号相关时，则该传输线为非线性传输线。因此，非线性传输线从构成原理上可分为电感可变型和电容可变型两种非线性传输线，如图 6-25 所示。理想条件下的非线性传输线应该为均匀传输线，即图 6-25 中的可变电容或可变电感为传输线分布参数。由于目前还难以实现传输线分布参数可控特性，在工程中通常采用集总参数性质的变容器件或变感器件（非线性元件）嵌入极度微分的均匀无损传输线的方式，近似非线性传输线。其中由于电感可变型非线性传输线需要将变感器件串联接入，而且变感器件模型复杂、L-V 曲线线性度差，所以在非线性传输线中应用较少。而电容可变型非线性传输线采用的是并联接入变容器件的方式，故应用更加广泛。目前非线性传输线结构研究也主要集中在变容器件与传输线的集成方面。正是基于这方面的原因，本节将着重讨论基于变容器件嵌入均匀无损传输线实现的非线性传输线。

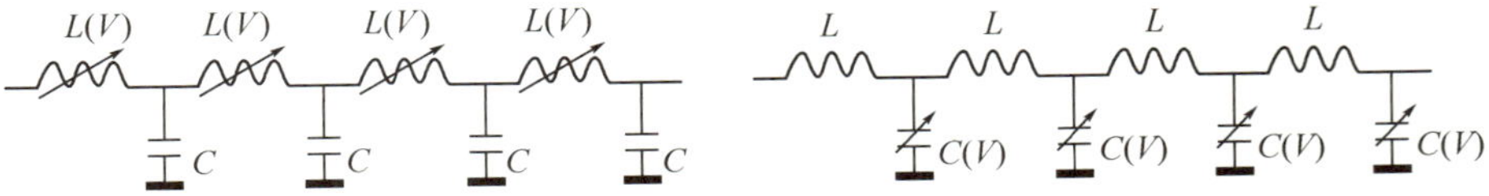

图 6-25　非线性传输线模型

6.4.3.2　非线性传输线沿压缩原理

非线性传输线对脉冲信号的上升沿或下降沿的压缩的基本原理是：非线性器件的电容或电感受控于信号电平，而传输线单位长度的电容或电感将影响信号在传输线上的传输速率，从而造成信号波形上不同状态点通过传输线的延迟不等，使得脉冲沿产生压缩效应。因此在电容可变型非线性传输线中，对于一般的变容器件，脉冲上升沿压缩通常伴随着下降沿的延伸。要得到上升沿和下降沿均产生压缩效应，则必须构造具有特殊 *C-V* 曲线的变容器件来实现，如图6-26所示为给出的一个 MOS 变容二极管。其中在 $V_1 \sim V_2$ 区间二极管电容随信号电平上升而增大，$V_2 \sim V_3$ 区间电容随电平下降而增大，合理选择输入信号电平偏置可以压缩脉冲上升沿和下降沿，同时伴随脉冲宽度的减小。图 6-27 给出了利用图 6-26 中的变容二极管实现上升沿和下降沿双边沿压缩的波形传输示意图。双边沿压缩技术主要应用于极窄脉冲（ps 和亚 ps 级脉冲宽度）的产生和整形。而作为广谱信号的快沿脉冲则主要强调快沿特征，沿压缩程度和快沿水平是研究的主要关注对象，通常脉冲宽度较宽（μs 级），重复频率较低（MHz 或 kHz），单边沿压缩伴随的另一个沿的延伸对快沿信号的应用并不造成实质性的影响。因此，本节研究对象为基于非线性传输线的上升沿压缩技术。

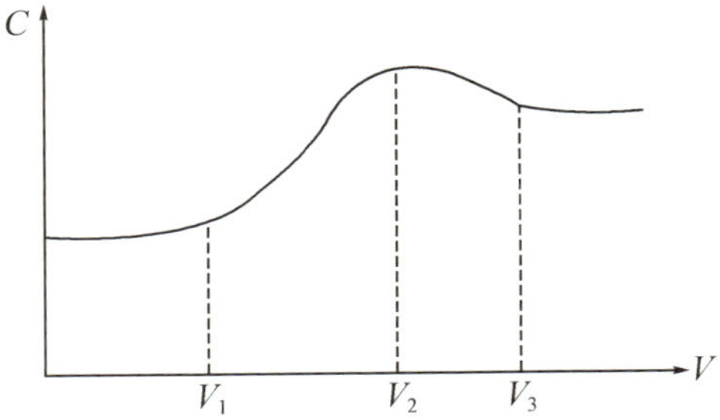

图 6-26　MOS 变容二极管 *C-V* 曲线

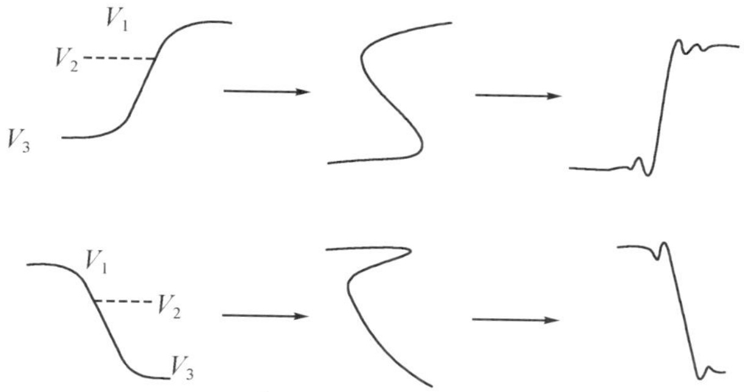

图 6-27 双边沿压缩的波形传输示意图

在上升沿压缩的非线性传输线设计中，采用的变容器件通常具有如图6-28所示的 C-V 曲线。反向偏置的二极管电容随输入信号电平的增加呈下降趋势，且在某范围内基本呈线性变化，这是非线性传输线研究的一种近似方法。当脉冲信号上升沿通过非线性传输线时，各状态点的传输时间如图 6-29 所示。

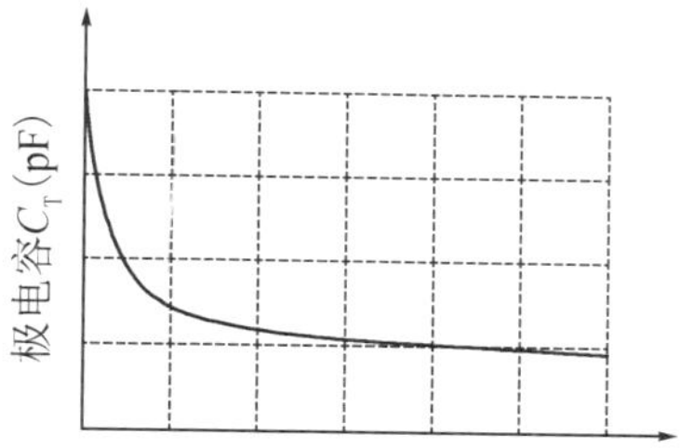

图 6-28 常用变容二极管 C-V 曲线

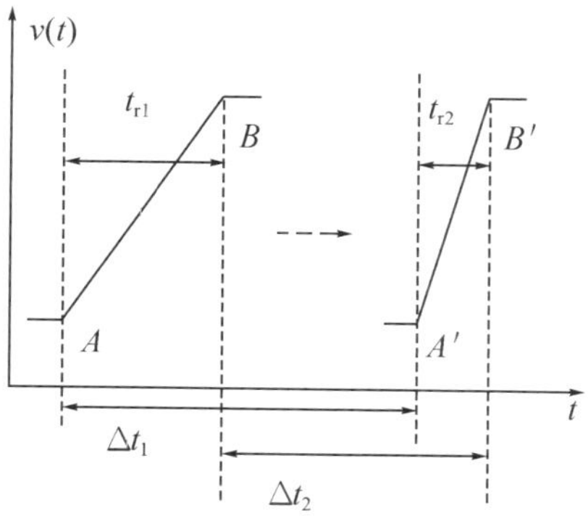

图 6-29 上升沿压缩原理

其中，Δt_1 为上升沿上低电平状态点 A 的传输时间，Δt_2 为上升沿上高电平状态点 B 的传输时间，t_{r1} 与 t_{r2} 则为上升沿在通过单节非线性传输线前后的上升时间。如果假设变容二极管的电容与信号电平有式（6-42）所示关系，其中 b 为常数，C_{j0} 为变容二极管零偏结电容。非线性传输线单位长度电容电感表示如式（6-43），其中 L_0 、C_0 分别表示均匀无损传输线的单位长度电感和电容；非线性传输线特征阻抗如式（6-45）所示，d 为单节非线性传输线长度。由式（6-40）、式（6-42）和式（6-43）得到单节非线性传输线各状态点的延迟时间如式（6-45）所示，由图 6-29 得到通过非线性传输线前后的脉冲上升时间与各状态点的传输延迟时间之间的关系如式（6-46），单节非线性传输线的上升沿时间压缩为式（6-47），则 n 节非线传输线对上升沿的总压缩时间表达为式（6-48）。

$$C(v) = C_{j0} - bv(t) \tag{6-42}$$

$$\begin{cases} L = \dfrac{L_1}{d} = L_0 \\ C = \dfrac{C_1 + C(v)}{d} = C_0 + \dfrac{C(v)}{d} \end{cases} \tag{6-43}$$

$$Z = \sqrt{\frac{L}{C}} = \sqrt{\frac{L_1}{C_1 + C(v)}} \tag{6-44}$$

$$\begin{cases} \Delta t_1 = d/v_{pA} = \sqrt{L_1[C_1 + (C_{j0} - bv_A)]} \\ \Delta t_2 = d/v_{pB} = \sqrt{L_1[C_1 + (C_{j0} - bv_B)]} \\ v_A < v_B \end{cases} \tag{6-45}$$

$$\begin{cases} \Delta t_1 > \Delta t_2 \\ \Delta t_1 + t_{r2} = t_{r1} + \Delta t_2 \end{cases} \tag{6-46}$$

$$\begin{aligned} \Delta t_r &= t_{r1} - t_{r2} = \Delta t_1 - \Delta t_2 \\ &= \sqrt{L_1[C_1 + (C_{j0} - bv_A)]} - \sqrt{L_1[C_1 + (C_{j0} - bv_B)]} \end{aligned} \tag{6-47}$$

$$\Delta t_{r\text{-total}} = n \cdot \Delta t_r \tag{6-48}$$

由式（6-44）可以得到，上升沿各点在通过非线性传输线时由于电平不同导致所遭遇的单位长度电容不同，从而传输速率产生差异。对于上升沿而言，低电平状态点 A 率先进入非线性传输线，但其传输速率慢延迟时间长；高电平状态点 B 最后进入传输线，其传输速率快延迟时间短；同样上升沿上 A 与 B 之间的其他状态点的传输延迟逐渐变小。在整个上升沿通过传输线后，高电平状态点传输比低电平状态点传输更快，因此缩小了高电平状态点与低电平状态点之间的时间差，压缩了输入信号上升时间。当然，在实际非线性传输线中由于其阶数、间距、集中参数误差、元件 C-V 曲线不理想等因素导致实际上升沿压缩时间会小于式（6-48）中计算所得数值。

6.4.3.3 非线性传输线设计分析

1. 设计方法

非线性传输线对矩形脉冲上升沿的压缩能力，来源于传输线中的非线性器件。对基于变容器件的非线性传输线而言，其传输线的沿压缩能力取决于变容器件的特性参数。由第 6.2.3.3 小节内容可知，快沿脉冲具有极宽的信号带宽，截止频率很高，因此嵌入传输线的变容器件必须满足输出快沿信号的带宽要求。设计中，一般采用高速肖特基二极管（反偏）作为变容器件。同时为了保证非线性传输线带宽，变容器件嵌入间距必须尽量小。因此，根据传输线被微分的程度，非线性传输线的实现方法分为两种：集成化方法和工程化方法。

集成化方法是指传输线和非线性元件采用在半导体材料上面集成的实现方法。通常均匀无损传输线采用高阻共面波导，能够很好地控制导体厚度、宽度，保证阻抗连续性。可变电容则采用集成化肖特基二极管，具有尺寸小、接入间距小、C-V 曲线理想等优点，从而使非线性传输线具有极高截止频率（超过 100GHz），而且集成度极高。集成化技术可以将几百节甚至更高的非线性传输线集成到 1 cm^2 的芯片内部，可实现几十到几百 ps 的上升沿压缩，压缩范围宽和精度高。但是，由于集成化技术制作困难、定制周期长和成本高昂，所以除在标准件或通用电路以外，主要应用于高端微波集成器件。而对于指标要求不高、需求量不大的许多工程应用来讲，则需要一种设计简单、成本低廉的实现上升沿压缩的方法和技术。

工程化方法是指利用常规器件与电路板制作方法实现所需功能。沿压缩非线性传输线工程化是在射频印制板上设计均匀无损传输线，并根据上升沿压缩的参数要求选择适当的变容器件均匀地接入传输线，从而模拟非线性传输线特性，实现一定范围的快速沿压缩的方法。工程化技术可以灵活选择变容器件和具有不同介电常数的基材作为印制板板材，其选择范围均是成品，以保证低成本和短周期。虽然工程化非线性传输线的截止频率不高（低于 10GHz），但是只需要合理选择材料和器件，就可以实现并满足一定的上升沿压缩需求。因此，由于设计灵活简单、周期短、成本低，工程化方法的应用具有较高实用价值。

2. 工程化设计

工程中用反向偏置的肖特基二极管作为变容器件，等间距地嵌入均匀无损传输线中，其示意图与等效电路分别如图 6-30（a）和（b）所示。工程化设计的目的是在满足工程化条件的前提下，选择合适的肖特基二极管，并计算得到均匀无损传输线的特征阻抗和二极管嵌入间距。非线性传输线工程化条件包括：二极管可排布性——外形尺寸足够小且嵌入间距足够大；传输线阻抗可实现性——阻抗控制误差满足设计要求；电路结构简单化等。在如图 6-30 所示的非线性传输线中，作为变容器件的肖特基二极管等效为极间电容 C_d 和串联电阻 R_d，分段传输线如图 6-30（b）等效为单节传输线电感 L_l 与电容 C_l 组成的 LC 回路。工程化设计的目的是希望能够在现有的工艺条件和器件水平的基础上，实现非线性传输线的研究和实验，初步应用于实际工程中，并为进一步研究做好技术铺垫。

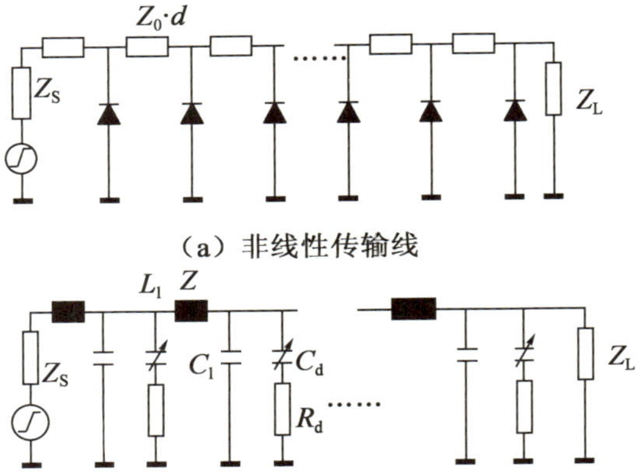

（b）非线性传输线等效电路

图 6-30　工程化非线性传输线电路

肖特基二极管自身的截止频率 f_c 如式（6-49）所示，非线性传输线截止频率 f_g 如式（6-50）所示，根据 6.2.3.3 小节内容，输出快沿脉冲的高端截止频率 f_{out} 与输出上升沿的关系如式（6-51）所示。为了实现指定上升时间的快沿输出，f_c，f_g 和 f_{out} 须满足关系式（6-52）。非线性传输线工程化设计主要按以下步骤实现。

$$f_c = \frac{1}{2\pi \cdot R_d \cdot C_{max}} \tag{6-49}$$

$$f_g = \frac{1}{\pi\sqrt{L_l(C_l + C(v))}} \tag{6-50}$$

$$f_{out} \approx \frac{0.45}{t_{rout}} \tag{6-51}$$

$$\frac{1}{5}f_{c} \geqslant f_{g} \geqslant f_{out} \tag{6-52}$$

（1）根据快沿设计目标，按式（6-51）计算信号高端截止频率，按式(6-52)得到二极管截止频率和传输线截止频率的要求。

（2）选择符合截止频率要求的肖特基二极管，同时根据信号截止频率选择印制板板材（介电常数ε_{r}）。

（3）根据负载Z_{L}的情况（通常为50Ω），以传输线匹配条件设置非线性传输线特征阻抗Z与负载阻抗相等，并用输入信号周期内肖特基二极管的平均电容C_{m}代替式（6-44）传输线瞬态特征阻抗中的$C(v)$得到式（6-53）表示非线性传输线的平均特征阻抗。

（4）按式（6-54）表示单节传输线的电感L_{1}与电容C_{1}，其中d为肖特基二极管嵌入间距即单节非线性传输线长度，将式（6-53）、式（6-39）、式（6-40）与式（6-54）联立方程，表达如式（6-55）所示。

（5）设定传输线特征阻抗Z_{0}或者嵌入间距d，计算得到单节传输线参数电感L_{1}和电容C_{1}，并根据二极管平均极电容C_{m}和串联等效电阻R_{d}画出非线性传输线仿真电路做验证计算。

（6）根据肖特基二极管C-V曲线与输入脉冲电平特征，按公式（6-47）计算单节非线性传输线的上升沿压缩时间，进一步计算非线性传输线节数。

（7）根据所选二极管封装、板材以及传输线特征阻抗Z_{0}，计算得到的二极管间距d和非线性传输线节数制作印制电路板。

$$\sqrt{\frac{L_{1}}{C_{1}+C_{m}}} = Z = Z_{L} \tag{6-53}$$

$$\begin{cases} C_{1} = d \cdot C_{0} \\ L_{1} = d \cdot L_{0} \end{cases} \tag{6-54}$$

$$\begin{cases} \dfrac{c}{\sqrt{\varepsilon_{r}}} = \dfrac{1}{\sqrt{L_{0}C_{0}}} \\ Z_{L} = Z = \sqrt{\dfrac{L_{1}/d}{(C_{1}+C_{m})/d}} \\ L_{1} = d \cdot L_{0}, C_{1} = d \cdot C_{0} \\ Z_{0} = \sqrt{\dfrac{L_{0}}{C_{0}}} \end{cases} \tag{6-55}$$

设计中由于该非线性传输线单位长度等效电容可变，因此在计算其等效特征阻抗时，需要使用平均电容C_{m}来代替，以最大限度上满足阻抗匹配。在求解式（6-55）时，由于变量多于独立方程个数，因此设定其中两个变量为已知参数（通常为介电常数ε_r和均匀无损传输线特征阻抗Z_0），得到二极管间距d后，需判断是否满足工程化要求；如果d太小，则重新选择印制板板材，并根据新的ε_r计算传输线特征阻抗和二极管嵌入间距。如果d太大同样需要调整，以免占用射频板太多空间。

为了更快捷地得到成功的工程设计，需要更好地定性分析各参数之间的相互关系。将式（6-49）中可变电容C_{max}近似为式（6-53）中的平均电容C_m，得到式（6-56）。由此可得到有利于设计的几个结论：二极管间距与快沿脉冲上升时间、负载阻抗、基材和均匀无损传输线特征阻抗相关；可以通过减小基材介电常数（选不同印制板板材）来调整二极管间距；截止频率则可以通过减小二极管间距和选择结电容更小的肖特基二极管来实现；同样Z_0的减小也可以提高f_g。通过这些参数之间的相互关系，在设计中能够根据需求的变更，确定如何调整参数。

$$d=\frac{c\cdot Z_L}{\pi\cdot Z_0\cdot f_g\cdot\sqrt{\varepsilon_r}}\tag{6-56}$$

由此可以得出，d越小，则节数越多，传输线截止频率越高，这与工程化要求较大的d，以及用尽量少的阶数实现上升沿压缩目标相矛盾。设计中必须综合两方面的因素，做折中处理。

6.5 脉冲波形功率特征合成与沿控制技术研究

为了满足测试中所需的宽范围高精度脉冲幅度特征和偏移特征的要求，特别是数字电路噪声容限和电平灵敏度测试中的幅度高分辨率宽范围要求和建立/保持时间测试中的快速沿要求，信号通道部分需要在继承前端电路合成的触发同步特征、重复周期特征、脉宽特征、序列特征等频率特征的条件下，合成控制脉冲波形的功率特征，并完成边沿控制与输出阻抗匹配。通常将该部分内容划入信号调理技术范畴，传统的信号调理方法以线性调理技术为主。由于器件压摆率限制，线性调理技术在极窄脉冲或边沿陡峭的脉冲波形的调理过程中，面临通道带宽急剧增加和脉冲沿严重退化的难题。本节针对脉冲波形特殊性，并基于信息合成原理，提出了非线性调理技术，解决了传统方法的难题。

同时，由于多样化需求对脉冲边沿特征也格外引人关注，因此脉冲沿调整技术已成为信号产生技术中的一个重要组成部分。针对脉冲偏移和幅度控制的难点和特殊性，本节提出了非线性调理技术，致力于研究适合于矩形脉冲波形调理的方案和电路设计。根据需要，研究了基于电容恒流充放电原理的脉冲沿控制技术，根据实际项目需求设计了实施方案，并通过具体电路进行了验证。

6.5.1 非线性调理技术

信号源设计中，通常为了尽量保持原有波形的频率特征，信号的传输处理都希望尽量接近线性。但是在频率不断上升、电平与幅度要求同样苛刻的条件下，线性调理（传输、放大、衰减等）的难度也呈指数上升，在很多场合线性处理已经成为信号源设计的瓶颈。对于高速脉冲信号而言，其包含的高频分量比较丰富，线性放大对电路通频带宽要求极高（详见第2章），并且不利于对前端电路和周围电路的噪声进行滤除，脉冲高低电平的平稳度通常很差，脉冲波形线性调理的难度更大。特别是目前广泛采用超高速集成运放技术，对于高速脉冲信号调理而言已经远远滞后于设计需要，而且高端的超高速运放还受到西方国家的出口限制，这极大制约了我国相关技术领域的发展。因此，如何解决高速脉冲信号调理问题，实现高精度高分辨率的功率特征控制，是高速脉冲波形合成技术中的又一个难点。

6.5.1.1 波形特征与非线性问题

脉冲波形在时间轴上的投影情况反映了脉冲波形频率信息的相关特征，包括重复周期特征、脉宽特征、序列特征、沿特征等。沿特征是指脉冲上升沿和脉冲下降沿的持续时间，也称为脉冲波形过渡状态部分。前端生成脉冲波形之后，脉冲波形调理电路如何实现脉冲频率特征的正确传递和脉冲功率特征的精确控制是非线性调理技术的核心问题。

通常对于脉冲波形的调理而言，频率特征的数字合成方法难以控制脉冲边沿，即合成单元输出波形的沿特征无效，因此通常在信号调理过程中不需要复现合成波形的沿特征。在信号调理过程中，要保持所需脉冲的频率特征，只需将脉冲宽度与各脉冲间隔时间正确传递，即可将脉冲信号所包含的两种状态（高电平和低电平）的交替情况分离出来并传递下去。而且，由于理想矩形脉冲波形的电平状态仅有两个，其功率特征的注入与重构相对简单。也就是说，脉冲信号的频率特征与其功率特征是可以分离的，这与其他信号波形具有本质区别。例如正弦信号的电平根据相位呈正弦函数变化，信号电平有无限个状态，其功率信息的分离和重构都是不可实现的。因此，可以利用脉冲波形的特殊性，保留脉冲频率特征，重构脉冲功率特征，而不必在全信号带宽条件下实现线性调理。

非线性调理技术正是基于这种思想，利用前端合成的脉冲波形的高/低状态分布（频率特征）来控制调理电路在两种工作状态下进行快速切换，对输入波形进行重建。通过适当地控制电路工作点设置，使得输出脉冲宽度、脉冲间隔等于输入信号，从而正确地传递脉冲频率特征，保持脉冲波形原有的触发同步特征、周期特征、脉宽特征、群特征或序列特征等。功率特征的注入通过独立控制输出脉冲的高电平和脉冲幅度来实现，这样的控制与输入脉冲信号的电平几乎是不相关的。前端各级电路完成脉冲频率信息的准确传递，后一级调理电路完成脉冲功率信息的注入，而脉冲信号的上升/下降沿时间由最后一级沿控制电路决定。

6.5.1.2　高速脉冲非线性调理电路原理

工作在限幅放大状态的差分电路具有两种稳定状态，两种状态的转换由差分信号的极性决定，状态转换时间受制于差分电路元件的特性参数。比较脉冲波形特殊性，差分放大电路具有非线性工作特性，切合与矩形脉冲波形的特殊性，可用于实现脉冲信号的电平调整。因此，非线性调理电路以差动放大电路为基础，主体如图 6-31 所示，可控恒流源为射级负载。该电路通过控制集电极电压实现脉冲波形的高电平调整，通过恒流源电流控制实现输出脉冲幅度的控制，完成脉冲波形功率特征的注入。组成差动电路的两个三极管基极输入为具有所需频率特征的互补脉冲波形，IN 和 IN* 具有 180°相差（数字差分信号），两个信号电平的相对高低情况驱动两个差动三极管 Q_1 和 Q_2 的交替导通/截止，从而控制输出脉冲的高低电平状态转换，继承了前端合成的脉冲波形的频率信息（沿特征除外）。输出脉冲波形的上升/下降沿主要决定于差动三极管的开关时间。

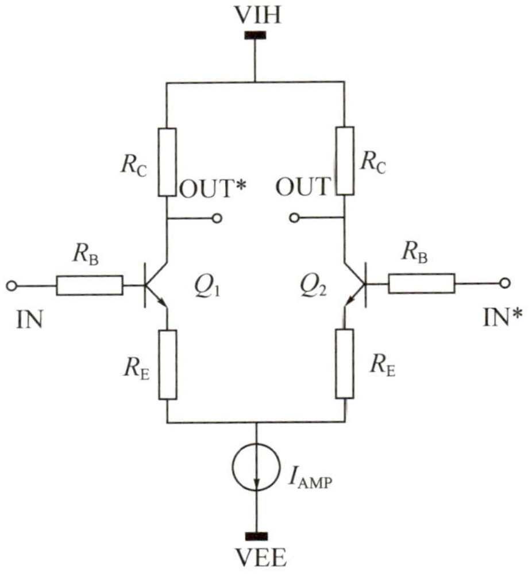

图 6-31　脉冲波形非线性调理电路原理示意图

由于恒流源的交流输出阻抗很大，相当于在差分放大器的射极接入一个数值很大的电阻，所以该电路结构能够有效地抑制零点漂移。另外，差分结构共模抑制比高，具有较好的抗干扰特性，因此广泛应用于模拟小信号调理。当输入差模信号较大时，差动电路将工作在大信号限幅状态，其传输特性如图6-32所示。图中 I 为恒流源电流，i_C 为晶体管集电极电流，u_{id} 为输入信号，U_T 为热电压。由图6-32可知当输入差模信号 u_{id} 较小时，电路工作在线性放大区域，两个晶体管集电极电流之和等于恒流源电流；当 u_{id} 较大时，一个晶体管饱和，集电极电流近似于恒流源电流，另一个晶体管截止，集电极电流近似于零，电路工作在限幅放大状态。

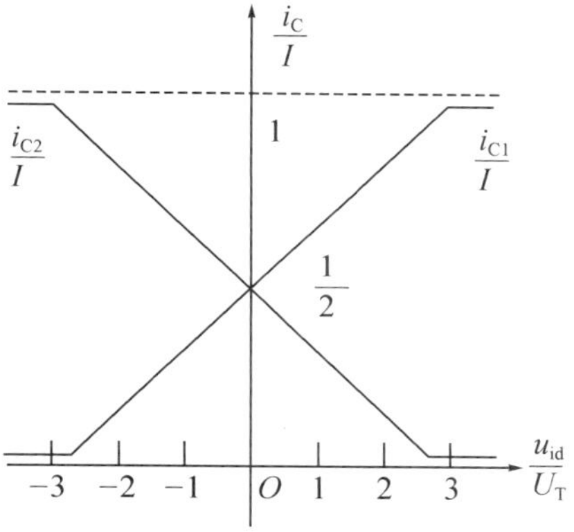

图6-32 差动结构电路传输特性图

非线性调理电路设计中的线性通频带要求转化为图6-31中两个三极管的导通和截止时间，器件要求和设计难度都大幅度降低了。此时输入为脉冲波形合成电路产生的两路互补信号，且幅度较大，两个三极管在输入脉冲信号的控制下交替导通和截止。如果其中一个三极管（Q_1）导通，则另一个三极管（Q_2）截止，三极管集电极电流计算如式（6-57）所示：

$$\begin{cases} i_{C1} = I_{C_{MAX}} = I_{AMP} \\ i_{C2} = I_{C_{MIN}} = 0 \end{cases} \tag{6-57}$$

当三极管截止时集电极电流为零，负载 R_L 电平计算如式（6-58）所示：

$$V_{OUT1} = V_{OH} = \frac{R_L}{R_L + R_C} \text{VIH} \tag{6-58}$$

当三极管导通时集电极电流为 I_{AMP}，负载 R_L 电平 V_{OL} 存在如式（6-59）所示关系：

$$I_{AMP} + \frac{V_{OL}}{R_L} = \frac{\text{VIH} - V_{OL}}{R_C} \tag{6-59}$$

推导得三极管导通时负载 R_L 电平计算如式（6-60）所示：

$$V_{OUT2} = V_{OL} = \frac{R_L}{R_L + R_C}(\mathrm{VIH} - I_{AMP}R_C) \tag{6-60}$$

负载 R_L 得到信号幅度、偏移计算如式（6-61）所示：

$$\begin{cases} A = V_{OH} - V_{OL} = \dfrac{R_L}{R_C + R_L} I_{AMP} R_C \\ V_{offset} = \dfrac{V_{OH} + V_{OL}}{2} = \dfrac{R_L}{R_C + R_L}\mathrm{VIH} - \dfrac{R_L}{2(R_C + R_L)} I_{AMP} R_C \end{cases} \tag{6-61}$$

非线性调理电路中 Q_2 段负载获得的幅度偏移计算同式（6-61）。这样，随着输入脉冲波形的高低变化，驱动三极管 Q_1、Q_2 交替导通和截止，其负载端获得的脉冲波形产生高低状态转换。这样，图 6-31 中输出互补脉冲信号 OUT/OUT* 波形，承载了输入脉冲信号 IN/IN* 的频率信息，并注入了所需的幅度偏移特征。

6.5.1.3 与传统方法比较

以线性调理技术为核心的传统方法，以波形的无失真传递和功率的衰减/放大为设计目标。波形的无失真传递以通道带宽大于被调理信号带宽为基础条件，同时功率控制则要求放大器具有极高的压摆率和全功率带宽。欧美日等发达国家和地区在集成放大器和线性调理技术方面的研究遥遥领先，但同时都对外封锁高端技术输出和器件出口。因此，在现有的器件水平和工艺基础上要实现高速脉冲信号调理技术的突破，就必须研究新的实现技术和系统结构。本节所提出的非线性调理技术正是基于这样的研究和应用背景，采用通用化的进口器件和国产器件来实现高速脉冲的调理。下面通过图 6-33 来比较传统技术与非线性调理技术。

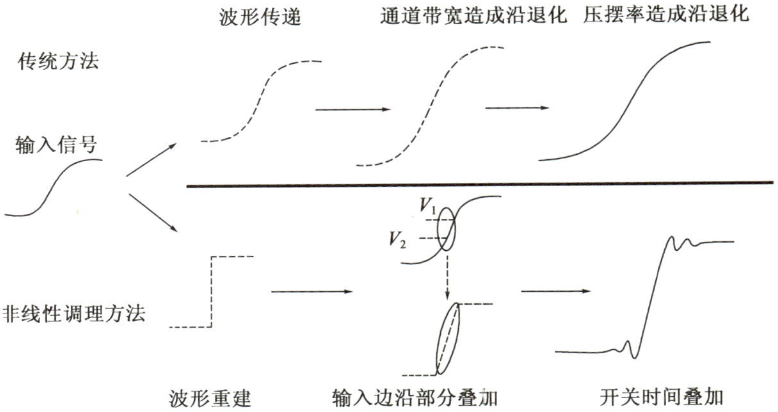

图 6-33　比较传统方法示意图

图 6-33 中采用虚线波形的方式来表示信号调理的演变过程。传统方法，即线性调理技术在完成信号功率控制的同时，必须传递输入波形除功率特征以外的其他所有波形特征，因此其主体思路是传递波形。而线性调理的输出波形则受制于通道带宽和器件压摆率，脉冲上升/下降时间是输入脉冲上升时间、通道带宽和压摆率造成的沿退化影响（通常用系统的上升时间 t_{rs} 或全功率带宽 f_B 来表征）的叠加，表达如式（6-62）所示。传统方法中，输出功率和信号带宽均受制于 f_B，且幅度和电平控制困难，而目前的器件水平使得高速脉冲信号的线性调理输出功率和上升/下降时间都难以满足要求。非线性调理方法则是以继承输入脉冲频率特征条件下重建波形，将功率控制转化为高低电平控制，并通过射频开关管的导通和截止来定制高低状态的持续和转换，控制容易且分辨率高。输出脉冲边沿主要决定于射频开关管的导通时间，并叠加输入脉冲在部分幅度范围内的上升/下降时间，该幅度范围取决于射频开关管的内部结构，输出脉冲上升时间计算如式（6-63）。由于射频开关管的导通时间极短，通过电流较大，因此在非线性调理方法中，输出脉冲波形具有较短的上升时间且可得到较大功率。同时因为输出脉冲是重建波形，因此输入波形的噪声和畸变能够得到很好的抑制。

$$t_{ro} = \sqrt{t_{ri}^2 + t_{rs}^2} \tag{6-62}$$

$$t_{ro}' = \sqrt{(\alpha t_{ri})^2 + t_k^2}, \quad \alpha < 1 \tag{6-63}$$

6.5.1.4 非线性调理模块设计

非线性调理模块的主要设计目标是脉冲功率特征注入，控制电平偏移和幅度。非线性调理模块以恒流源差动电路为基础，并根据试验和调试情况，增加电平偏移控制、射频补偿和外围电路，以及对差动恒流源电路进行改善，以提高输出波形质量。非线性调理模块设计方案如图 6-34 所示。

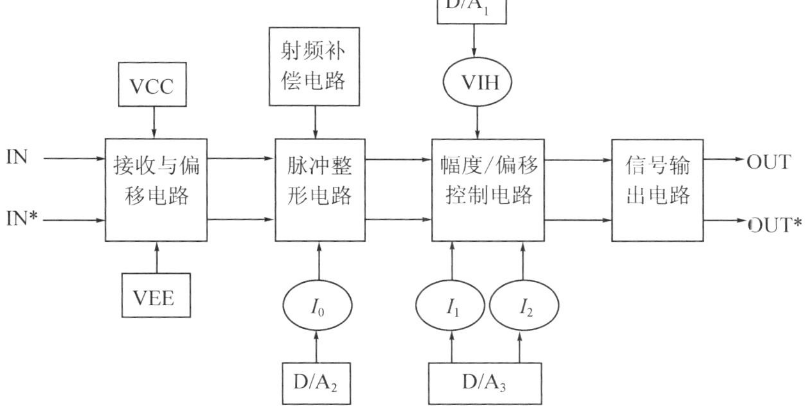

图 6-34 差动结构电路传输特性图

图 6-34 中，直流偏置电路正确接收波形合成单元的数字脉冲信号，根据整形电路静态工作点要求，对脉冲信号加入所需直流偏置电平。由于非线性调理所需输入信号为差分信号，因此直流偏置电路部分必须提供差分信号输出。该电路能够很好地接收脉冲波形的频率信息，保持前端合成的触发同步特征、重复周期特征、脉宽特征和序列特征等，并有效地隔离前端数字电路和后端的模拟电路，从而整形脉冲和增强驱动。脉冲整形电路部分进一步调整信号幅度和偏移，并通过差动电路整形脉冲波形，通过可控射频补偿电路对部分频段和小幅度信号进行补偿，降低高频信号噪声（减小过冲、振铃等）。幅度/偏移控制电路是非线性调理模块的核心部分，决定了输出波形的质量，采用恒流源差动电路结构调整脉冲波形，对管集电极共同通过 R_C 连接到一个可控恒压源控制输出脉冲高电平，而射级端的恒流源则精密控制信号幅度，输出阻抗（信号源内阻）等于 R_C。本方案的幅度/偏移控制电路如图 6-35 所示，信号输出电路通常为输出使能控制或沿调整电路（详见 6.2 节）等。

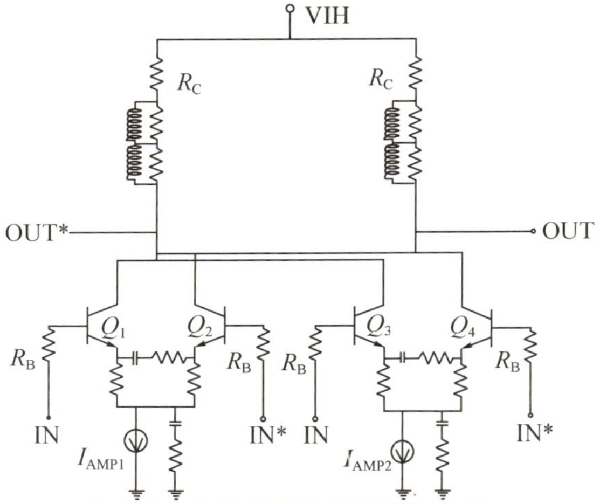

图 6-35　**非线性幅度/偏移控制电路**

6.5.1.5　影响波形质量的因素分析

非线性调理电路中，输出脉冲波形的质量主要由幅度/偏移控制电路部分决定。但是由于各部分电路互为所需、环环相扣，整形级提供幅度/偏移电路所需的输入幅度、偏移和边沿，接收和电平偏移电路保证整形电路工作区间和减少噪声等，因此，非线性调理电路中各部分都一定程度上影响着输出脉冲波形的质量。

经反复试验和比对，总结非线性调理技术中影响波形质量的几个主要因素为：

（1）前端合成脉冲波形的脉宽和周期抖动造成的差动电路输入差分边沿不

对称性，影响对管的导通和截止过程，从而影响输出脉冲波形互补性；

(2) 幅度/偏移控制电路输入信号的偏移和幅度过小、边沿线性度不够是影响输出脉冲波形上升时间和下降时间的主要因素；

(3) 差动结构中的三极管开关速率和对称性对输出脉冲波形的边沿特性起决定性作用；

(4) 恒压源和恒流源的不稳定性是引起边沿非线性问题和高低电平倾斜的主要原因；

(5) 集电极的 RL 电路能够改善提高脉冲波形的边沿陡峭程度，但会使波形的过冲和振铃问题更为突出，必须折中处理；

(6) 主信号通路的阻抗匹配，主信号路径相关电路的参考电源和地层的完整性以及低噪声是改善输出波形过冲、振铃和凹陷的重要手段。

6.5.2 边沿控制技术研究

边沿特征是脉冲波形频率特征之一，但在系统设计中通常纳入信号通道部分，因此，这部分内容安排在了本节。缩短上升/下降时间、增加边沿陡峭程度是重要的设计目标，如对于响应测试、系统上升时间测试等应用中，上升/下降时间要求越短越好，这就是6.4节所讨论的快沿产生技术。但陡峭的上升/下降沿使信号带宽更宽（详见6.2.3.3小节），而高频分量会为系统带来更多噪声，这将极大地影响许多低频率高稳定系统的工作。因此，产生和发展了边沿控制技术来满足多样化的需求。

由于电路中惰性元素的存在，如电容压降、电感电流、三极管极间电荷等不能瞬变，使得高低电平转换时间不为零，而脉冲边沿特征通常决定于所有惰性因素影响的叠加。例如，示波器通道的上升时间决定于其输入电容大小。由此可知，控制沿特征可通过改变电路的惰性因素来实现，如通路电容。因此在边沿控制中，主要采用基于差动结构的沿控制方法和基于充放电电容阵列的沿控制方法。另外，当沿特征精度要求不高时，可采用在信号通路中并入 RLC 的方法滤出高频率分量，实现边沿变化。该方法已成功实现 0.8ns 到 1.6ns 边沿的转换，如图6-36所示。

6.5.2.1 基于差动结构的沿控制设计

基于差动结构的沿控制是以差动电路为基础，采用对管集电极输出互补脉冲波形，电路结构如图6-37所示，其工作原理与6.5.1.2小节中的电路原理相似。输入信号为差分信号，控制差动结构的对管交替导通和截止，恒流源 I_{sum} 电流等于恒流源 I_1 和 I_2 的电流之和。当 IN 上升沿到来，三极管 Q_1 导通、

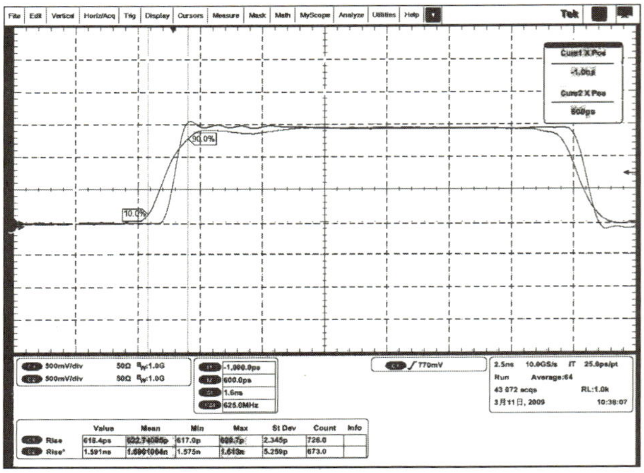

图 6-36　非线性调理输出测试波形

三极管 Q_2 截止时，Q_1 集电极电流为 I_{sum}，电容 C_1 放电以补充电流 I_{sum} 与 I_1 的差值（即 I_2），输出 OUT* 电平随着电容 C_1 放电不断下降（下降沿状态），直到下降到 V_L 时，二极管 D_1 导通，OUT* 被钳位（低电平状态）。同样，当 IN 下降沿到来，三极管 Q_1 截止，电容 C_1 充电到 V_H 后被钳位，充电电流为 I_1，OUT* 信号波形产生对应的上升沿和高电平状态。因此，OUT 波形与 IN 波形具有相同脉冲宽度和序列特征。

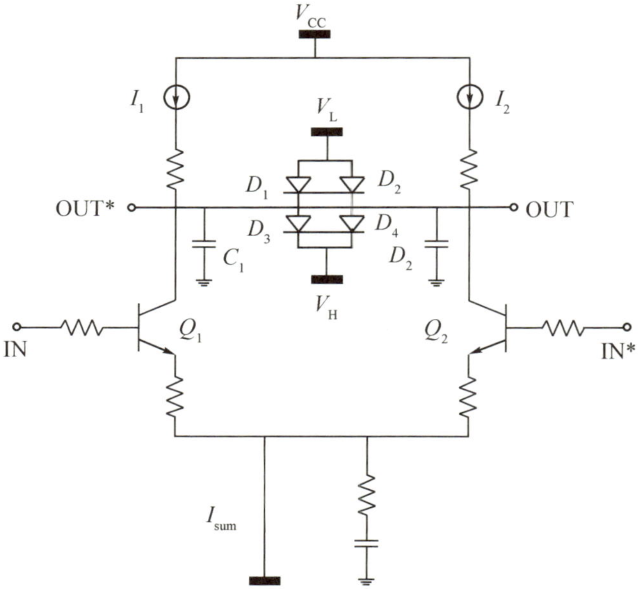

图 6-37　基于差动结构的沿控制电路原理

差动结构的电路中，同侧（如图 6-37 中的 IN 和 OUT*）的输入/输出波形具有 180°相位差。由图 6-38 可见，输入/输出脉冲宽度不会发生变化，因此该信号仍然有效地保持了原有脉冲波形的脉宽特征、序列特征，而周期和触发同步特征不会受电路影响。输出信号与输入信号之间存在延迟 T_D，输入信号上升/下降时间为 t_{r_1} 和 t_{f_1}，输出信号上升/下降时间分别为 t_{r_1} 和 t_{f_2}，则输入/输出信号参数之间存在式（6-64）所示关系，且输出脉冲波形上升时间和下降时间按照式（6-65）所示近似计算。

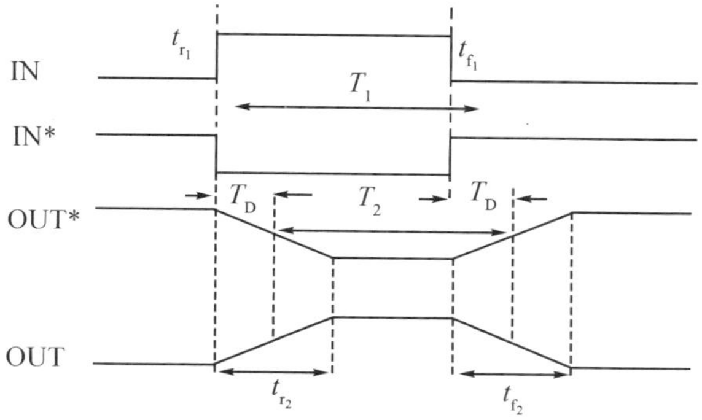

图 6-38 基于差动结构沿控制波形对比

$$\begin{cases} t_{f_2} > t_{f_1} \\ t_{r_2} > t_{r_1} \\ \tau_1 = \tau_2 \\ T_D > 0 \end{cases} \tag{6-64}$$

$$\begin{cases} t_{r2} \approx C\dfrac{(V_H - V_L)}{I_1} \\ t_{f2} \approx C\dfrac{(V_H - V_L)}{I_2} \end{cases} \tag{6-65}$$

输出脉冲波形的上升时间和下降时间主要由电容的充放电时间决定，并叠加输入信号的上升/下降时间，因此输出波形上升时间和下降时间必然大于输入波形。本设计已经成功应用于某脉冲发生器中，图 6-39 和图 6-40 为沿调整测试波形。

6.5.2.2 基于充电电容阵列的沿控制设计

基于充电电容阵列的沿控制电路，同样以电容充放电的方式控制脉冲波形边沿，并通过隔离电路减小其他电路与充放电电路之间的相互影响，通过二极

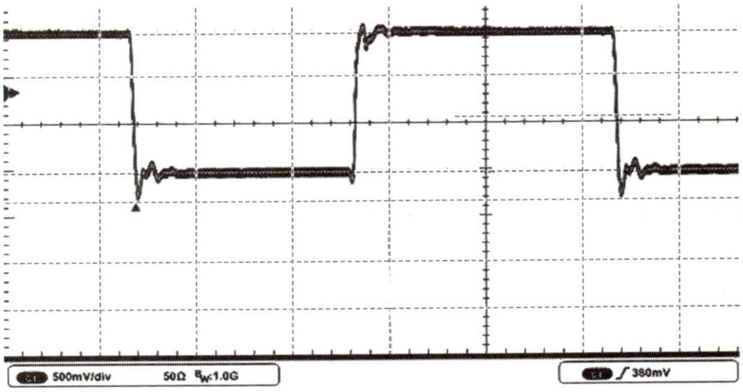

	Value	Mean	Min	Max	St Dev	Count	Info
Rise	926.8ps	927.11397p	160.0p	33.62n	1.235p	15.78k	
Fall	915.7ps	916.69432p	320.0p	18.37n	904.3f	15.78k	
Ampl	1.5V	1.5000298	0.0	1.68	777.8μ	15.84k	
High	620.0mV	620.02981m	-20.0m	1.9	777.8μ	15.84k	
Low	-880.0mV	-880.0m	-940.0m	1.58	30.41f	15.84k	
+Ovrsht	8.0%	8.0608124	2.941	300.0	280.7m	15.83k	
-Ovrsht*	20.0%	20.117144	2.941	200.0	361.3m	15.83k	

图 6-39　基于差动结构沿控制测试波形 1（1.0ns）

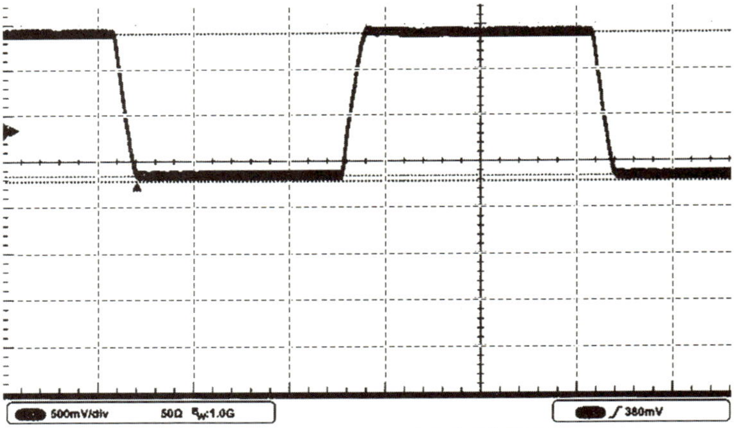

	Value	Mean	Min	Max	St Dev	Count	Info
Rise	3.675ns	3.6767024n	160.0p	33.62n	21.79p	6.465k	
Fall	3.476ns	3.4733385n	320.0p	18.37n	23.9p	6.464k	
Ampl	1.56V	1.5598088	0.0	1.68	2.261m	6.524k	
High	1.06V	1.0598407	-20.0m	1.9	1.792m	6.524k	
Low	-500.0mV	-499.96793m	-500.0m	1.58	806.8μ	6.524k	
+Ovrsht	6.41%	6.3116858	2.941	300.0	345.9m	6.523k	
-Ovrsht*	3.846%	4.6059101	2.941	200.0	427.8m	6.523k	

图 6-40　基于差动结构沿控制测试波形 2（3.5ns）

管桥的方式引入电容充放电电流。信号通路接入电容量可通过电容阵列进行控制，充放电电流通过恒流源大小进行控制，电路如图 6-41 所示。

当输入脉冲波形上升沿到来，二极管桥（D_1、D_2、D_3 和 D_4）平衡被打破，

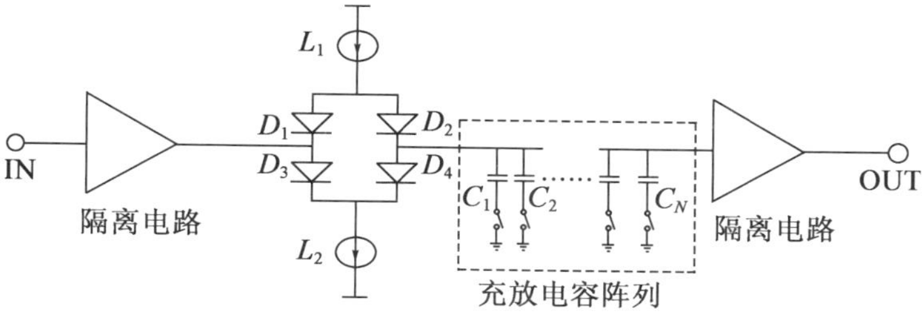

图 6-41 基于电容阵列的沿控制电路原理

D_3 和 D_2 率先导通，D_1 和 D_4 截止，电流 I_1 对电容阵列充电，直到二极管桥输入/输出端电平相等时，电容阵列停止充电，电容电平保持，二极管桥重新进入平衡状态；当输入脉冲波形下降沿到来平衡被打破，D_1 和 D_4 率先导通，D_2 和 D_3 截止，电流 I_2 对电容阵列放电，直到二极管桥输入/输出端电平相等时，电容阵列停止放电，电容电平保持，二极管桥再次进入平衡状态。电容阵列随着输入脉冲波形的变化，而在充电、保持、放电、保持进程中不断转换，从而继承了前段合成脉冲波形的脉宽、重复周期、序列特征。输入/输出波形对比如图 6-42 所示。

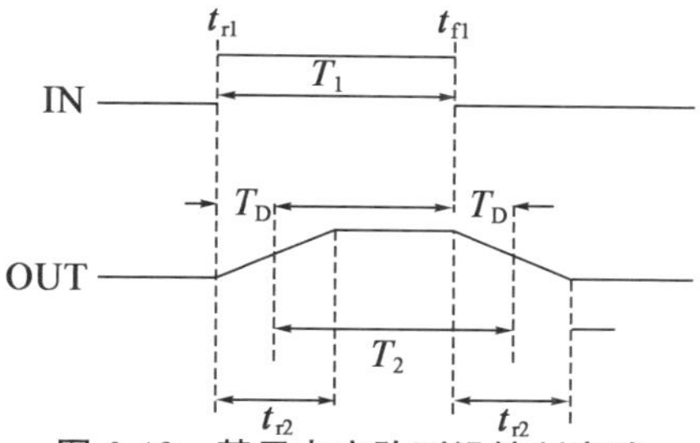

图 6-42 基于电容阵列沿控制电路输入/输出波形对照图

输入/输出波形同样存在如式（6-64）所示关系，且电平和幅度近似相等。输出脉冲的上升/下降时间按照式（6-66）进行计算，A 为脉冲幅度：

$$\begin{cases} t_{r2} \approx (C_1 + C_2 + \cdots)\dfrac{A}{I_1} \\ t_{f2} \approx (C_1 + C_2 + \cdots)\dfrac{A}{I_2} \end{cases} \tag{6-66}$$

6.5.2.3 误差来源综合分析

本节所研究的沿控制技术主要是基于恒流源对电容的充放电原理，在给定幅度和偏移的条件下，通过控制与充放电时间相关的电容值、恒流源电流的方式，控制脉冲波形的上升时间和下降时间。同时由于输入脉冲波形的上升时间和下降时间不可能为零，因此输出脉冲波形的上升时间和下降时间计算时必须考虑输入脉冲波形的边沿特性，显然输入脉冲波形的边沿越陡峭对输出脉冲波形边沿的计算就越准确。

因此电容充放电原理控制脉冲波形边沿电路中，上升时间和下降时间的控制误差主要来源于以下几个方面。

（1）输入脉冲波形的上升时间和下降时间：由于输入波形的边沿时间对输出波形的影响和不确定系数的叠加方式，引入沿控制误差。

（2）充放电电容的精度问题：一方面，电容自身的精度会直接影响边沿时间的控制精度；另一方面，电路分布电容、寄生电容、耦合电容和其他旁路电容同样会影响边沿时间的控制精度。

（3）充放电电流的精度问题：由于电容漏电流、引线电阻和其他旁路造成电流分流，使得实际充放电电流下降，边沿时间增加；而恒流源的稳定性和控制精度不足，同样会影响边沿时间的不确定性和控制精度。

（4）充放电因素的不稳定性和输入脉冲波形边沿的非线性，导致输出脉冲波形边沿的非线性，是导致边沿控制误差一个重要因素。

因此，设计中必须综合考虑、反复测试和比较，才能找出误差来源，进而改善沿控制方案和电路设计，实现较高分辨率、控制精度和线性度的输出脉冲边沿。

第7章 捕获与合成技术的应用

7.1 捕获类和合成类测试仪器

7.1.1 宽带数字存储示波器设计

本设计来源于著作者团队研制的20Gsps采样率宽带数字存储示波器项目。汇聚本文的研究成果，采用高速采集系统构成方法，结合并行采样技术及非均匀误差校正技术、高速大容量数据存储、快速处理与显示技术，设计一3dB带宽为2.5GHz、20Gsps实时采样率、最大存储深度为700Mpts的宽带高速数字存储示波器。

主要技术指标为：

▶通道数：2

▶最高实时采样率：20Gsps

▶最大存储深度：700Mpts

▶模拟带宽：2.5GHz

▶波形捕获率：400 000wfms/s

本设计包含宽带信号调理、高频采样时钟产生及驱动、高速采样电路、高速数据流缓存和大容量存储、数字触发等模块。

7.1.1.1 宽带信号调理

并行采集系统中的宽带信号调理主要分为垂直通道调理、宽带信号驱动和触发通道调理。垂直通道调理模块将待测信号无失真地转换到ADC的最佳输入范围；宽带信号驱动模块将调理后的单路信号转换为四路输出，同时驱动四片ADC采集端口；触发通道调理模块将调理后的信号送至电平比较器，产生与之同步的触发信号供后端触发系统使用。

1. 垂直通道调理

垂直通道信号调理主要由输入阻抗/交直流选择、衰减网络、阻抗变换网络、数控步进增益放大器（Digital Step Amplifier，DSA）和固定增益放大器（Fixed Gain AMP）构成。其原理框图如7-1所示。

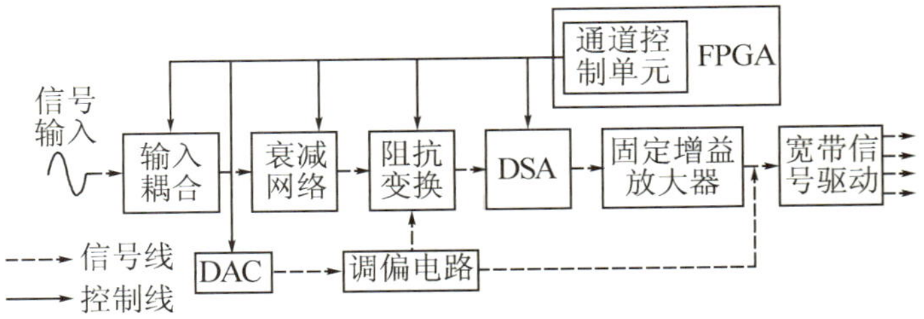

图 7-1　垂直通道调理

输入信号在 DSA 之前有两条并行通路，一条是高带宽 2.5GHz 的 50Ω 的无源衰减及阻抗变换电路，另外一条是 500MHz 带宽、1MΩ 的无源衰减网络和阻抗变换电路，输入信号经过不同阻抗的直通/衰减网络后，通过阻抗变换网络将信号送入后级的可变增益放大模块，最后经过一级固定增益模块。图 7-1 中的通道控制模块由 FPGA 逻辑实现，通过 HC4094 接口扩展完成输入阻抗切换、交直流耦合选择、粗衰减或放大控制。数模转换器 DAC 可实现阻抗变换网络的输出调零处理，并实现垂直偏移调节和宽带驱动模块的电平偏移调节。可变增益模块由一级程控增益放大器和一级固定增益放大器构成，在 FPGA控制下对信号进行进一步的幅度缩放变换处理。

2. 宽带信号驱动

本设计的并行采集系统，单个通道信号需要驱动四片 ADC。单路信号同时驱动四片 ADC 具有相当的难度，采用两级高速差分运放，结合 1 分 2 的 Y 型分支线实现信号分离，如图 7-2 所示。

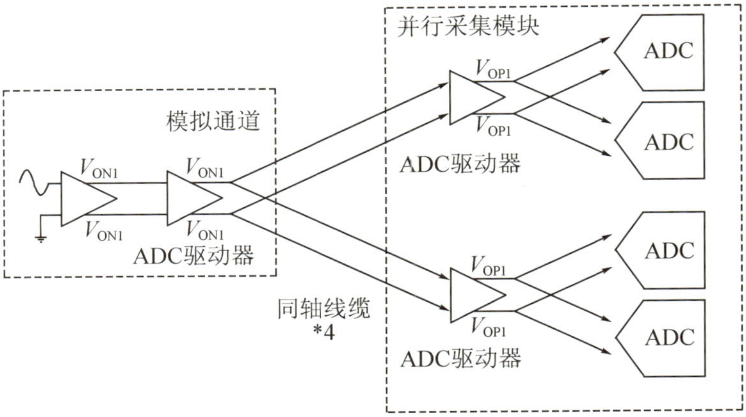

图 7-2　多 ADC 驱动器结构

在模拟通道输出端，经过调理的单端信号被转换为差分信号，两级 ADC

驱动器选用高速差分运放 ADL5565 实现。由于采用分板设计，模拟通道和 ADC 采集模块之间用同轴线缆连接。并行采集模块尺寸较大，各 ADC 间隔较远，信号链路较长。宽带信号长线传输时，需要考虑传输路径的特征阻抗均匀和适当的终端匹配，以避免传输路径反射引起振荡。

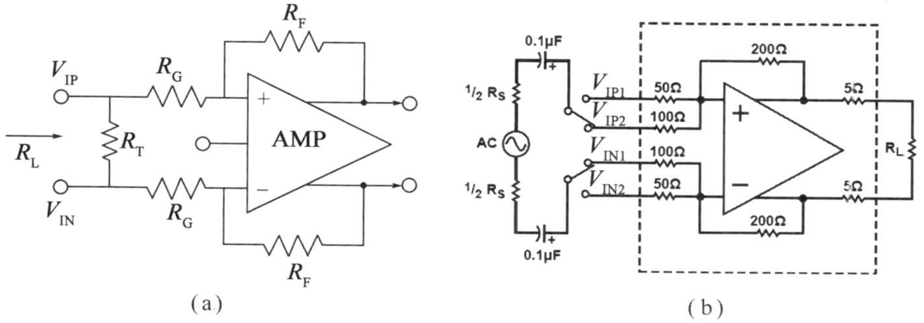

图 7-3 终端匹配示意图

根据差分运放电路的“虚短虚断”原则，其输入电阻 $R_{IN}=2R_G$，为了匹配前端输出，将匹配电阻 R_T 串接到 V_{IN} 和 V_{IP} 差分输入之间，如 7-3（a）所示，得到等效匹配电阻 $R_L=R_{IN} \parallel R_T$。ADL5565 的内部结构如 7-3（b）所示，当选择 V_{IN1} 和 V_{IP1} 输入时，输入电阻为 200Ω；选择 V_{IN2} 和 V_{IP2} 输入时，输入电阻为 100Ω；两个端口同时接入时，输入电阻为 67Ω，可以获得最大增益。器件手册同时指出，在负载为 200Ω 时可获得最佳性能表现。根据图 7-2 所示的级联结构，综合增益和性能要求，前级 ADL5565 两个端口同时输入，作为固定增益模块使用；后级仅采用 V_{IN1} 和 V_{IP1} 输入，保障高频信号的传输质量。

3. 触发通道

触发通道主要包括以下几个模块：外触发信号变换模块、3：1 多路选择器电路、2 级固定增益放大器 THS4302、高速比较器、高速分频器 ADCMP572 和视频触发模块。功能框图如 7-4 所示。

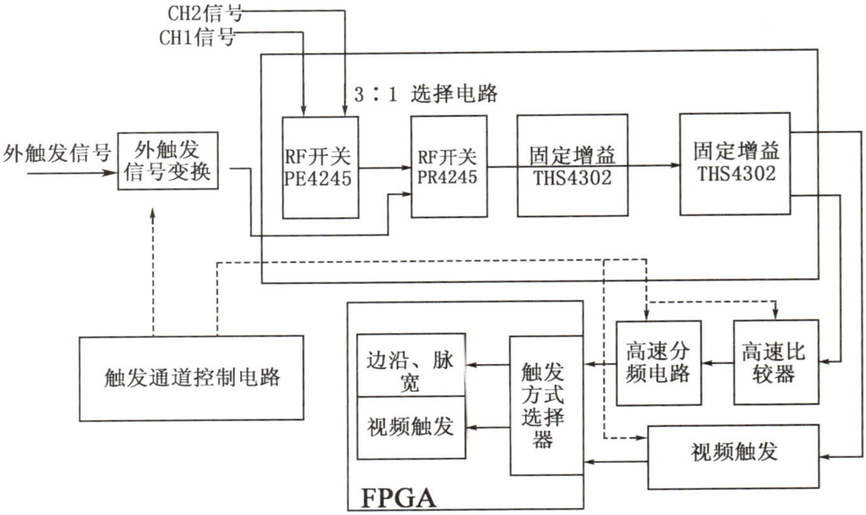

图 7-4　触发通道

外触发源信号的输入阻抗为 1MΩ，经过外触发信号调理通道进行信号的阻抗变换及无失真处理，隔离外触源。3∶1 多路选择电路采用两个 RF 开关器件组成。两个 RF 开关根据用户选定的触发源，选择外触发信号、通道 CH1 和 CH2 信号中的一个输入。使用两级固定增益放大器 THS4302 级联的方式对选择的触发信号进行放大处理，匹配后级高速比较器 ADCMP572，同时增加电压的可比较的范围，并减小由于宽带噪声造成的误触发。放大后的信号一路进入高速比较器中进行电压比较，得到触发信号，另外一路送到视频信号分离器件 LM1980，得到视频信号的行、场屏同步信号。

高速触发信号超出了 FPGA 管脚输入的频率上限，难以被有效识别，需要在高速比较器和 FPGA 之间进行降频处理。我们在此采用了高速分频器 SY89231U，输入带宽可达 3.2GHz，工作模式可选直通/÷3/÷5 的分频，对比较器产生的数字信号进行分频处理后送至 FPGA。但是当示波器选择单次触发模式时，分频器需要以直通模式工作。

7.1.1.2　时间交替 ADC 并行采集设计

待测信号经过调理通道后，送到 ADC 进行模数转换，该过程是数据采集系统的核心。本节就时间交替 ADC 采集系统设计做详细说明。

1. 模数转换器应用

选定 EV10AQ190 作为核心器件。该芯片除了基本的带宽、采样率和垂直分辨率满足设计需求外，还有以下几个特点。

(1) 供电简单。仅有 3.3V 和 1.8V 两种电压输入需求，3.3V 的模拟电源要求功耗较大，最坏情况需要 1.8A 的电流输入，在设计时应注意提供充足电流，布板时注意提供充分的供电通道。

(2) 信号传输抗干扰能力强。模拟信号输入、采样时钟输入、采样后的数据流及同步时钟都采用高速传输逻辑 LVDS 电平标准，抗共模干扰能力强，有效地抑制电磁干扰。

(3) 集成高速采样保持电路。集成的高速采保，当采样时钟为低的时候，跟踪输入信号；当采样时钟为高的时候，保持当前采样值不变。

(4) 采样时钟相位可调整。具有±15ps 的时钟调整范围，共 1024 级步进，调节精度为 30fs。

(5) 控制方便。具有独立的复位和同步端口，SPI 数字接口可灵活配置内部寄存器，实现工作模式切换、带宽控制、编码模式选择、ADC 增益和偏置调整等功能。

单片 EV10AQ190 配备四个输入端，由四个 ADC 子核构成，可以配置为 4/2/1 通道工作模式。输入信号都送至模拟多路选择器，根据 ADC 工作模式选择对应端口的信号送至 ADC 核的模拟输入端。内部的时钟电路接收外部频率为 2.5GHz 的正弦信号，然后被分频为 1.25GHz，按照不同的工作模式，以对应的相位关系送至各 ADC 核，都工作在 1.25GHz 的频率。本设计配置为单通道模式以实现 5Gsps 的采样率，结构如图7-5所示。

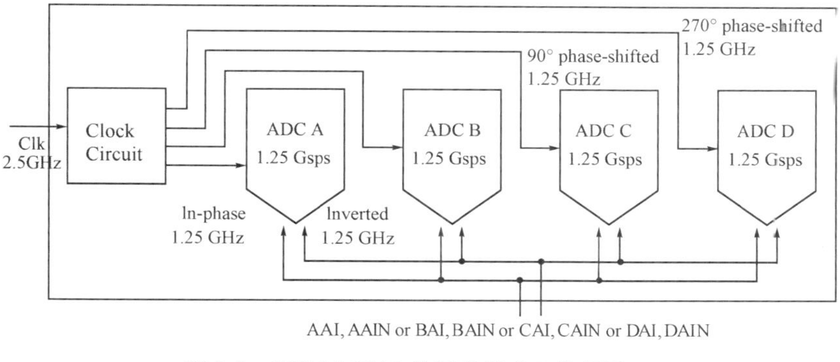

图 7-5　EV10AQ190 单通道模式工作框图

通道模式下，四个 ADC 子核采样钟的相位差分别为 90°，其时序关系如 7-6所示。各 ADC 核的采样钟相位关系固定，转换得到的数据顺序也是固定的。输出同步时钟为 625MHz，转换数据采用 DDR 模式，数据率达到 1.25GHz，单个时钟沿同时输出 4 个 ADC 核的转换数据。按照 A/C/B/D 核的转换顺序重构信号，可以得到 5Gsps 的采样数据。

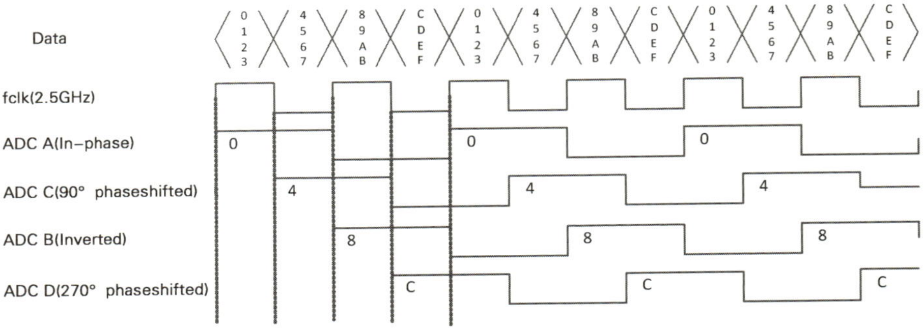

图 7-6　EV10AQ190 内部工作时序

按照采集系统方案，在单片 ADC 正常工作的情况下，搭建时间交替 ADC 采集阵列。单片 ADC 内部由四个 ADC 核构成，四片芯片构成的采集系统实际上是 16 个 ADC 核，都工作在 1.25GHz 的采样率下。要实现 20Gsps 的采集系统，采样点间隔应该是 $T_s = 1/f_s = 1/20\text{GHz} = 50\text{ps}$，鉴于单片 ADC 内部四个 ADC 核的相位关系，四片 ADC 芯片的 2.5GHz 采样时钟彼此间隔为 50ps，即 45°相位差。由此搭建采集系统的理想时钟相位关系如图 7-7 所示。系统要实现 20Gsps 采样率，但单核采样率为 1.25GHz，故子核在一个采样周期内，系统就要采集 20/1.25=16 个样点。颜色加深区域为 fclk1 作用下的 ADC 采样点关系，外部时钟间隔为 50ps，反映到内部各 ADC 子核的采样钟相位关系上，每个 A/C/B/D 路 ADC 采样钟间隔 50ps，得到 1A—2A—3A—4A—1C—2C—3C—4C—1B—2B—3B—4B—1D—2D—3D—4D…的数据顺序，按此顺序重构即可得到 20Gsps 的采样数据。

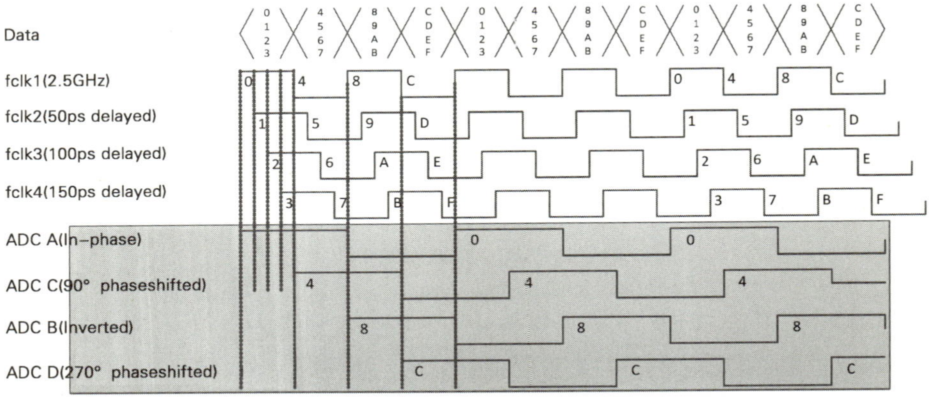

图 7-7　时间交替采集系统时钟相位关系

2. 高速多路时钟产生方案

选用 Texas Instruement 公司的 LMK04806 芯片来展开时钟设计。典型的双锁相环模式应用的功能框图如 7-8 所示。

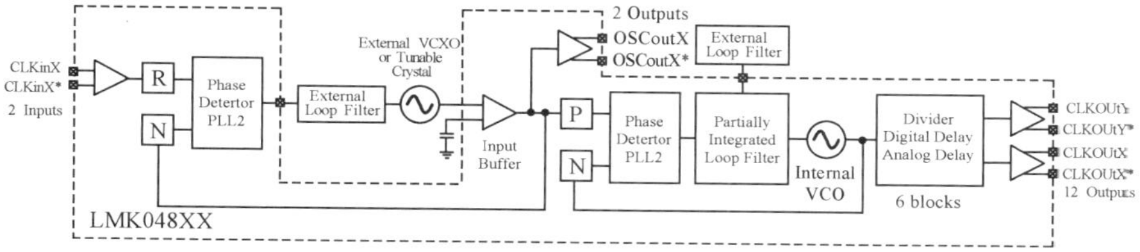

图 7-8 双锁相环模式简化功能框图

两个高性能回路、一个低噪声晶体震荡电路和一个高性能压控振荡器构成双锁相环结构。第一级锁相环中，外接低成本压控晶体振荡器或可调晶体的近相位噪声，配合一个窄的环路滤波器，消除输入时钟源的抖动，为第二级锁相环提供纯净的参考源输入；第二级锁相环集成的压控振荡器性能远远超过第一级锁相环中的压控晶体振荡器或可调晶体，部分集成的环路滤波器消除远端相位噪声，保障极低的抖动性能，典型值为 123fs（按照 100Hz～20MHz 的相位噪声功率积分计算得到）。该芯片集成分频范围在 1～1045 的输出分频器，奇数和偶数分频均可保障 50%的占空比。最高可以有 6 路压控晶体振荡器/晶体缓冲输出，最高可以提供 14 路差分输出，输出电平标准可编程配置为 LVPECL，LVDS 或者 LVCMOS，接口匹配相对灵活。精准的数字延迟单元步进为 50ps，可以设置为固定延迟或者动态可调，25ps 步进的模拟延迟控制，为本设计的多相时钟产生的关键单元之一。

3. 并行采集系统实现

前面两小节给出了具体的并行采集实现方案，主要介绍了高速 ADC 配置和时钟产生方案。本小节主要就采样数据重构展开讨论。

单片 ADC 的采样数据顺序由芯片本身保障，并行采集系统多片 ADC 采样时序由多相时钟保障。接收和存储时进行串并转换降速处理，系统时钟速率低于采样钟速率，在异步复位时并不能保障多片 ADC 的接收和存储时钟同时工作，造成接收端数据顺序不确定。涉及时钟异步复位包括 ADC 同步信号操作和 ADC 数据同步时钟 XDR 在 FPGA 内部分频器的异步复位，这两个过程导致接收数据顺序不确定的原理是相同的。

下面以两片 ADC 的时钟复位关系展开讨论。单片 ADC 同步信号操作，数据同步时钟（625MHz）和采样钟（2.5GHz）的时序关系在前面已有介绍；两片 ADC 均进行同步操作，忽略采样钟 50ps 相位差，数据同步时钟可能会出现 4 种相位关系，如 7-9 所示。

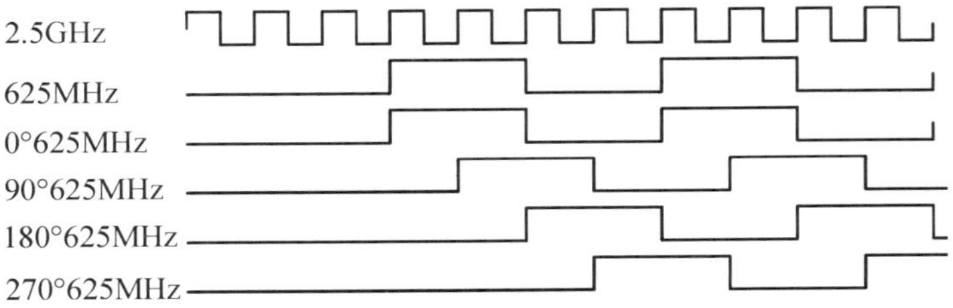

图 7-9　两片 ADC 同步复位的数据同步时钟相位示意图

以其中一片 ADC 的数据同步时钟为参考，另外一片 ADC 的数据同步时钟可能的相位关系有 4 种，其延迟值分别为 0，400ps，800ps 和 1.2ns。每次进行同步复位操作，4 种情况都会出现，给后端数据顺序的确定带来了困难。同理，ADC 数据同步时钟 XDR 在 FPGA 内部的分频处理，625MHz 时钟的 2 分频同样会出现两种情况的时钟相位关系。综合考虑这两个步骤的处理，最后要实现 2.5GHz 到 312.5MHz 的降速处理，两个 312.5MHz 的处理时钟可能的相位关系有 8 种，相应的数据顺序关系也就有 8 种，给数据重构带来困难。

考虑到数据顺序与处理时钟的相位相关，引入时间展宽测量电路对处理时钟的相位关系进行测量。由时钟相位差形成的测量窄脉冲 Dt_x ，在此时间内用一个较大的恒流源 I_1 对电容 C 充电；窄脉冲结束后，用一个较小的恒流源 I_2 对电容放电，直到恢复起始电平位置，得到时间上展宽的脉冲 Dt_0 。根据充放电电荷相等可得，时间扩展倍数等于恒流源大小之比，即 $Dt_0/Dt_x = K = I_1/I_2$ 。对于宽脉冲，用周期为 T_0 的时钟计数 N ，得到时钟延迟值 $Dt_x = Dt_0/K = NT_0/K$ 。

分立器件搭建的模拟时间展宽电路，工作状态受温度等环境因素影响较大，时间扩展倍数难以精确计算。考虑实际的采样钟相位，最小的窄脉冲可能为 250ps 左右，电源开关的切换速率、充放电电路的非线性使测量性能急剧恶化。考虑叠加处理时钟周期，延长窄脉冲时间，引入标准脉冲测量来进行校准。首先，令待测脉冲为 $2T_0$ ，得到计数值 $N_1 = 2K$ ；然后，令待测脉冲为 $3T_0$ ，得到计数值 $N_2 = 3K$ ；最后，处理时钟相位差叠加两个时钟周期，待测脉冲为 $Dt = Dt_x + 2T_0$ ，得到计数值 $N_3 = K(Dt_x + 2T_0)/T_0$ ，经过计算可得 $Dt_x = (N_x - N_1)/(N_2 - N_1) \times T_0$ 。通过标准脉冲测量进行校准后，测量结果消除了时间扩展倍数的影响。在具体实现上，标准脉冲信号 $2T_0$ 和 $3T_0$ 由 FPGA 内部逻辑实现；待测脉冲 $Dt = Dt_x$ 形成电路选用高速逻辑器件搭建，通过多路选择器送至时间展宽电路测量。

本设计选定 ADC_3 的处理时钟作为参考，分别测量其他处理时钟与之的相位关系。为了保障后端数据顺序一致，本设计多次同步 ADC 和复位 FPGA 的分频逻辑，得到处理时钟之间的相位分布；然后选定其中一种相位关系作为后端处理的依据，当同步 ADC 和复位 FPGA 得到的处理时钟满足该相位关系时，认为系统正常，否则重复当前操作，以保障各 ADC 之间的数据按照采样相位重构。

采集和接收端保障了并行采集数据顺序之后，存储控制信号上也需要固定的延迟，以保障每次采集过程的数据存储同步。同一个通道内 4 片 FPGA 的存储控制信号使用同一个源，通过 FPGA 之间的差分信号线连接。以 FPGA3 作为主控 FPGA，其控制逻辑在 DSP 命令作用下产生相应的读写控制信号，传送到其他从 FPGA 完成存储管理。由于物理上的延迟固定，主从 FPGA 之间存储数据的相对时间关系固定，后端固定调整即可消除由此带来的采集数据时间偏斜，完成并行采集数据重构。

7.1.1.3 高速采样数据流接收设计

接口解决方案设计：针对本设计 ADC 的源同步数据流，充分利用时钟资源管理数据同步时钟，设计 IODELAY 和 ISERDES 结合使用的接口解决方案接收数据。

数据同步时钟 XDR 共 4 路，频率为 625MHz 且同相位。数据流工作在 DDR 模式，频率为 1.25GHz，设计的 ISERDES 模块实现 1∶4 串并转换，得到 312.5MHz 数据流。ISERDES 模块工作在 NETWORKING 模式下，其高速时钟端 CLK 和分频时钟端 CLKDIV 的相位关系对串并转换过程至关重要。FPGA 内部提供了两种推荐设计来管理时钟，下面对其做详细分析。

第一种是使用 MMCM 管理。CLK 和 CLKDIV 端由同一个 MMCM 驱动，且需要用相同的缓冲器驱动，以保证相位延时的一致性。调用 Xilinx 公司提供的时钟管理 IP 核，配置同步时钟输入频率为 625MHz，输出 CLK 频率为 625MHz 和 CLKDIV 频率为 312.5MHz，相位关联且与输入同步时钟相位保持一致。前期设计采用了此种方案，但在后期调试中发现该方案的时钟抖动较大，不利于工作时钟相位测量和设计稳定性。通过排查，IP 核配置的输入时钟分频器 D 的分频比为 6，反馈回路分频器 M 的分频比为 12，根据公式 $F_{PFD} = F_{CLKIN}/D = 625/6 = 104.17$ MHz，鉴相器的工作频率超出了限制范围。根据器件手册要求，当分频比大于 2 的时候，参考时钟的输入频率最高只能到 315MHz，不满足设计需求。尝试手动调整设计参数，同比例缩小分频比，令

$D=2, M=4$，超出了反馈回路分频比范围 5～64；尝试调整参数为 $F_{PFD}=F_{CLKIN}/D=625/6=104.17\text{MHz}, D=2, M=6$，压控振荡器的工作频率为 $f_{VCO}=f_{CLKIN}\times M/D=1.875$ GHz，超出了其工作范围。通过几次尝试，修改本方案达不到减小抖动的目的。

第二种方案直接使用时钟缓冲器驱动。CLK 端由 BUFIO 时钟缓冲器驱动，CLKDIV 端由同一个时钟输入连接 BUFR 时钟缓冲器驱动，设定分频系数为 2。BUFIO 的最高工作频率可达 800MHz，BUFR 的最大输入时钟频率为 800MHz，最大输出时钟频率为 420MHz，满足本设计要求；但是由于 BUFIO 没有复位端口，复位 BUFR 的时候，快速时钟 CLK 仍在驱动接口逻辑工作，会破坏同步时钟与数据流之间的采样时间顺序关系，造成后端无法重构数据。

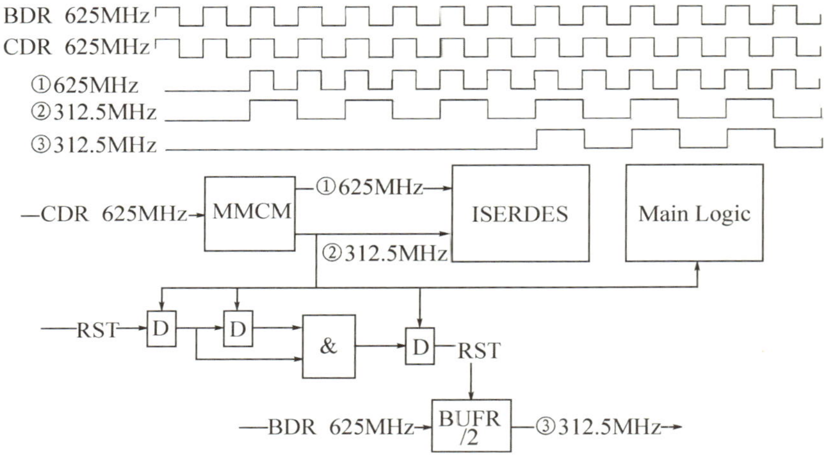

图 7-10　数据同步时钟方案

故按照图 7-10 所示设计数据同步时钟方案。上面提到本设计使用 MMCM 的抖动较大，但不影响数据接收和系统逻辑运行，故保持该架构不变。多路数据同步时钟 XDR 之间相位关联，异步复位 MMCM 时可以保障 CLK 和 CLK-DIV 同时震荡，保持同步时钟与数据流之间的采样时间顺序关系。额外设计同步复位电路，产生与系统处理时钟同相的时钟用于时间展宽测量，BUFR 分频可以减小时钟抖动，有利于区分不同时钟相位的测量结果，降低对时间展宽电路的要求。

IODELAY 和 ISERDES 结合使用的接口解决方案如图 7-11 所示。

ADC 数据流输出接口为 LVDS 电平标准，因此 FPGA 也配置为 LVDS 接收器。此处设计时要注意，如果调用 FPGA 提供的接口解决方案 IP 核，其生

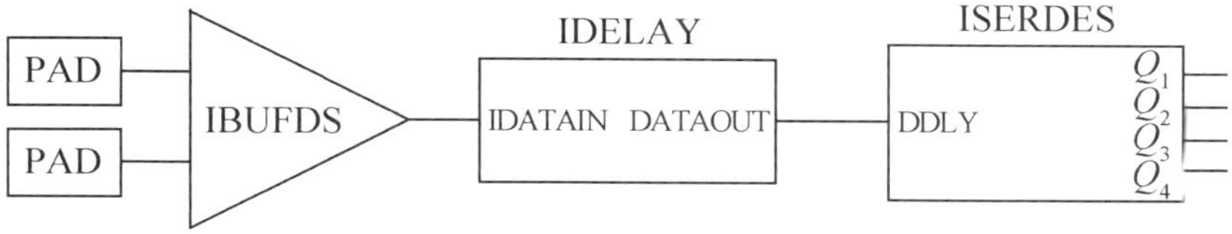

图 7-11 数据接收接口框图

成的默认配置，并不包含差分端并接的 100Ω 匹配电阻，需要手动添加 DIFF _ TERM＝TRUE 的约束条件。数据流高达 1.25GHz，除去数据变换时的上升时间和 FPGA 的引脚抖动，实际采样窗口较小，故利用 IODELAYE 模块调节延迟，使稳定数据恰好落在采样窗口中心区域。ISERDES 模块对数据流进行串并转换，实现 1∶4 降速处理。

单片 ADC 的数据流 A/C/B/D 各 10 位，共 40 位数据位宽，所有延迟线 IODELAY 位于同一个时钟域内，由同一个伺服装置（IODELAYCTRL）校准。利用动态相位调整（dynamic phase aslignment）技术的思想，逐一扫描 IDELAY 的延迟值，查找数据窗口所在区间，然后设定合适的延迟值。

7.1.1.4 高速数据流存储设计

利用 FPGA 丰富的 BRAM 资源搭建 FIFO 作为缓存单元。根据实际的存储需求设计合理的 FIFO 结构有利于功能实现，同时节省 FPGA 存储和逻辑资源。

本设计的波形显示区域为 800×600 的分辨率，意味着实时采样下显示单屏数据至少需要 800 个采样点。需要的采样点数按照下面这个公式计算：单屏记录时间＝实际采样间隔×所需点数＝等效采样间隔×波形显示区水平分辨率，即所需要的点数等于 800 乘以软件抽点数。如果全时基挡位都工作在最高采样率下，则慢时基挡位下的数据量巨大，DSP 读取采样数据需要的时间远远超出可以容忍的范围，严重影响系统运行效率。在慢时基挡位下，考虑通过控制缓存电路，间接降低采样率的方式来处理。

在本设计中，实际采样率配置为 20Gsps，5Gsps，2.5Gsps，1.25Gsps 和 625Msps 5 种模式。在 20Gsps 采样率时，4 片 ADC 的 A、B、C、D 4 路采集数据均有效；在 5Gsps 采样率时，ADC3 的 A、B、C、D 4 路采集数据均有效；在 2.5Gsps 采样率时，ADC3 的 A、B2 路采样数据有效；在 1.25G 采样率时，仅有 ADC3 的 A 路数据有效；在 625Msps 采样率时，仅有 ADC3 的 A 路数据部分有效。根据以上数据特点，将数据接收 FPGA 中的采集 FIFO 配置为 5 个同步 FIFO：FIFO _ AL、FIFO _ AH、FIFO _ B、FIFO _ C、FIFO _

D。以 ADC3 为例，其采集数据在 FPGA3 内缓存结构如 7-12 所示。

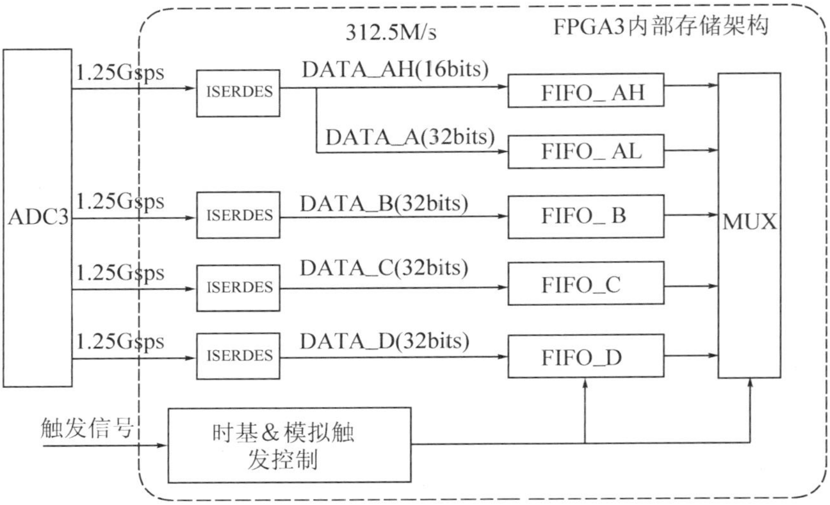

图 7-12　采集数据的缓存结构框图

在采样率为 625M 时，最大软件抽点数为 25，至少需要 20k 的数据量。此时有效数据仅为 ADC3 的 A 路高 16 位数据，故 FIFO _ AH 的大小至少为 10k×16bit。FPGA 设计中只能配置大小为 2^n 的 FIFO，实际将 FIFO _ AH 和 FIFO _ AL 均设置为 16k×16bit。在采样率为 2.5G 时，最大抽点数为 25，同样需要 20k 的数据量。此时有效数据为 ADC3 的 A 路和 B 路，位宽均为 32bit。FIFO _ B 的存储量为 10k×8bit，其深度要求为 2.5k，实际将 FIFO _ B 设置为 4k×32bit。在采样率为 5G 时，最大抽点数为 20，需要 16k 的数据量。ADC3 的 A、B、C、D 四路采集数据均有效，各自的存储量要求为 4k×8bit，其深度要求为 1k。实际将 FIFO _ C 和 FIFO _ D 设置为 1k×32bit。

这种多路数据流缓存形式最大限度地节省了 FPGA 的存储和逻辑资源。同时，这些 FIFO 均提供为可编程满模式，使 FIFO 的存储控制和状态监测更加灵活，易于功能设计。

各片数据接收 FPGA 实现了 5Gsps 采集数据的缓存，进一步需要把 4 片 FPGA 中的数据传输到后级扩展 FPGA 中拼合成 20Gsps 采样数据，方便进一步的插值和平均处理。前后级 FPGA 之间的数据传输采用 DDR 模式，利用握手信号通信进行数据传输。以 FPGA1 的数据接收为例，后级扩展 FPGA 的接收存储功能如图 7-13 所示。

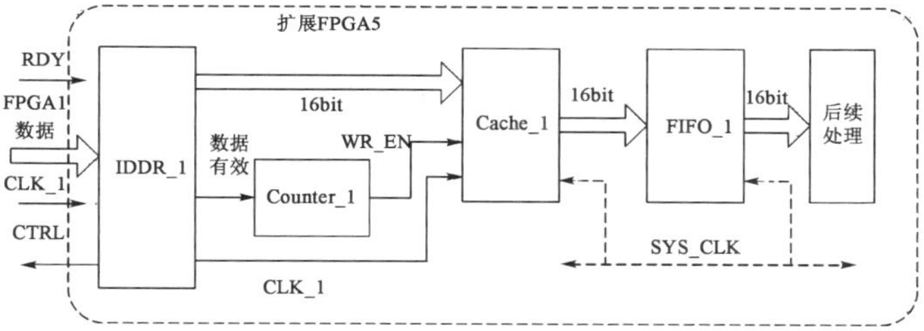

图 7-13 后级 FPGA 中的单路数据接收存储框图

前级数据接收 FPGA 在存储控制逻辑控制下存储采集数据，FIFO 存满后激活数据准备好信号 RDY，传输至扩展 FPGA5。后级扩展 FPGA 检测到该信号后，发出传输使能控制信号 CTRL，通知前级从 FIFO 中读数进行传输。该次采集完成后，复位相关接收逻辑，准备进行下一次采集数据传输。

前级数据接收 FPGA 采用主从控制的结构，数据存储的读写使能并不同步，采样开始时刻不相同，但是这种延时关系却是固定的，需要采用一种校正技术来调整采样数据的顺序。这里提出一种校正方式，利用"快沿信号"来确定各路 ADC 的采集数据顺序关系，通过数据有效计数器完成顺序调整，使各路 ADC 采集波形的快沿位置重合，由此完成并行采集数据的重构。

7.1.1.5 大容量数据存储设计

设计要求实现 700M 采样点深存储，在主控接收 FPGA3 上搭载 2G 容量的内存模组进行开发，其基本结构如图 7-14 所示。

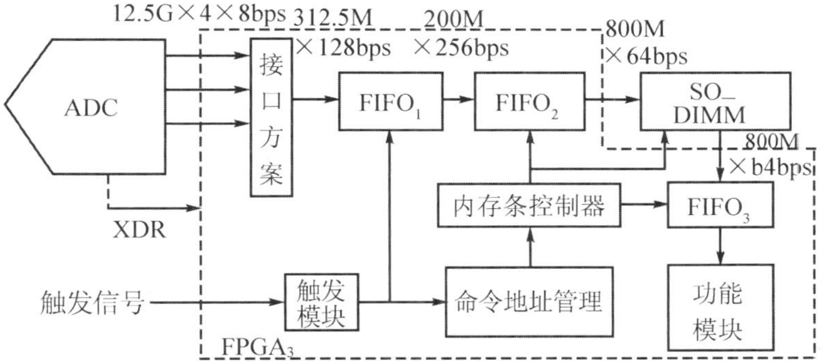

图 7-14 深存储基本结构框图

经 ADC 量化后的采集数据流经接口解决方案处理后，转换为 312.5M×128bit 的数据流，实时送入 $FIFO_1$ 中。内存条控制的相关逻辑工作时钟为 200MHz，故 $FIFO_1$ 用于跨时钟域转换，同时数据位宽从 128bit 扩展至 255bit。

$FIFO_2$ 在内存条控制器的作用下，把 $FIFO_1$ 中存储的数据组织成内存条写入所需的数据流格式，$FIFO_3$ 用于缓存从内存条中读回数据的缓存单元。经 $FIFO_3$ 缓存的数据送入功能模块进行数据后抽点和峰值检测处理，筛选出的数据再次经 FIFO 缓存后，送至 DSP 供后续处理和显示。整个内存条的访问受 DSP 读写命令和触发模块信号控制，经命令和地址管理单元产生相应的接口操作，完成内存条的读写操作，实现深存储功能。

7.1.2 高采样率任意波形发生器设计

任意波形发生器（Arbitrary Waveform Generator，AWG）是近年来飞速发展起来的一类通用信号源。与传统信号源相比，任意波形发生器的最大优势在于其产生信号的方式灵活。它不仅能产生正弦波、方波等标准波形，同时具有输出频率稳定度和分辨率高、频率切换速率快、并且切换时输出波形相位连续等优点。它还可以通过波形编辑软件，根据用户的测试需求仿真被测产品在实际条件运行时所遇到的“真实世界”信号，生成任意波形激励信号，重演由数字示波器捕获的波形，模拟甚至替代来自某个尚未安装元件的信号或测试过程中难以重复或很难通过元件和传感器生成的信号。

为此，提出了研发高性能任意波形发生器的要求，即需要研制高性能的信号合成系统来完成高质量的信号产生。

本节主要针对某型号任意波形发生器的研制展开。其主要指标如下：

▲最高采样率：2Gsps

▲最大输出带宽：500MHz

▲垂直分辨率：14bit

▲最大存储深度：16Mpts

7.1.2.1 硬件平台总体结构

本设计采用 DDS 并行伪插值和多存储器并行的任意波形合成方法来实现 2Gsps 的任意波形发生器，并行路数为 2 路，每路工作在 1Gsps 采样率，通过伪插值实现 2Gsps 的最终采样率。每路 DDS 中，采用 4 路存储器并行的结构，将存储器的工作频率降低到可实现的 250MHz。

两路 DDS 并行伪插值任意波形发生器的硬件电路如图 7-15 所示，主要由控制器、时钟发生器、波形合成模块以及模拟通道构成。

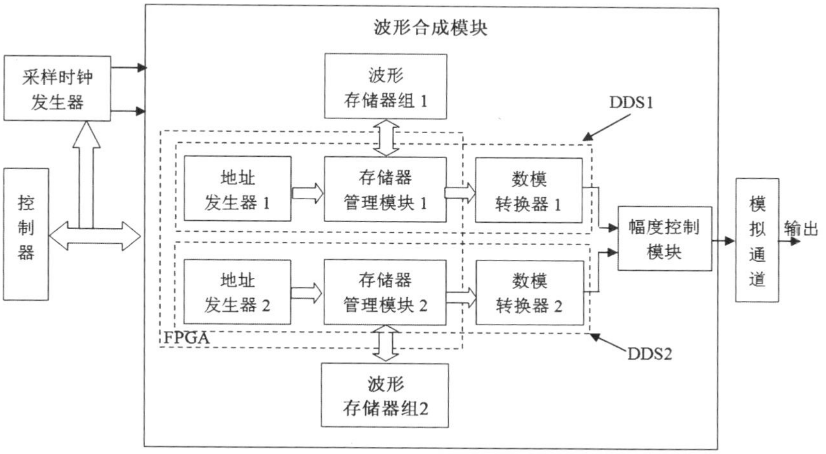

图 7-15 两路 DDS 伪插值任意波形合成总体方案

控制器实现键盘、显示、程控接口等人机交互模块，根据用户选择的波形传送相应的波形数据给波形合成模块，依据用户设置的参数，计算相应的控制字，传送给时钟发生器、波形合成模块和模拟通道，实现频率、幅度等参数的控制。

波形合成模块实现满足用户要求，具有特定频率的波形输出。波形合成模块采用两路 DDS 并行伪插值结构来实现。每路 DDS 模块采样率为 1Gsps，均由地址发生器、存储器和数模转换器、幅度控制模块构成，其中，幅度控制模块实现两路 DDS 输出幅度的调整，保证两路 DDS 输出幅度的一致性，消除幅度不匹配误差，并进行波形的叠加，合成一路采样率为 2Gsps 的波形。采样时钟电路实现两路相位相差 180°，频率为 1GHz 的时钟信号，以及用于实现 2 路并行存储 DDS 结构中所需的数据时钟（采样时钟的 4 分频）；模拟通道对输出信号进行幅度控制、偏移控制、滤除杂散分量等。

7.1.2.2 时钟电路设计

根据伪插值任意波形合成原理可知，时钟电路涉及波形合成的整个过程，包括地址产生、波形读写和数模转换过程。而两路采样时钟间的精确相位关系是伪插值任意波形合成过程正确实施的关键。

首先，由并行伪插值技术的可行性分析过程可以看出，两路 DDS 采样时钟的相位应相差 180°，每路的采样率为 1Gsps。

其次，伪插值任意波形合成过程中两路 DDS 输出波形需有先后顺序。波形输出的顺序要求各路 DDS 的采样时钟（或触发信号）按一定次序启动。不考虑 DAC 的保持特性，两路 DDS 伪插值波形合成正弦波时，对采样时钟启动次序及相位关系要求如图 7-16 所示。

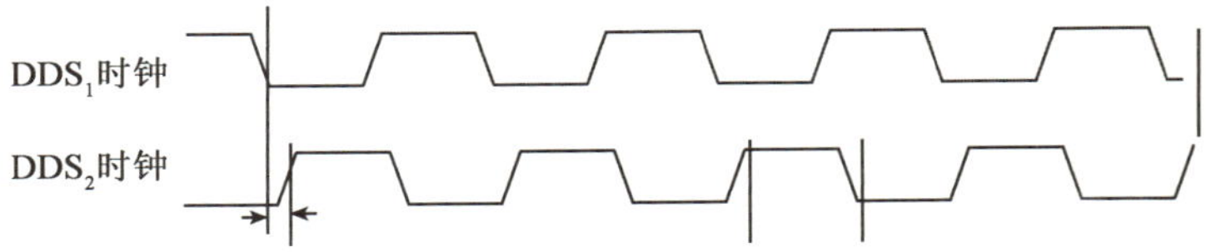

图 7-16　两路时钟信号相位偏差 Δφ

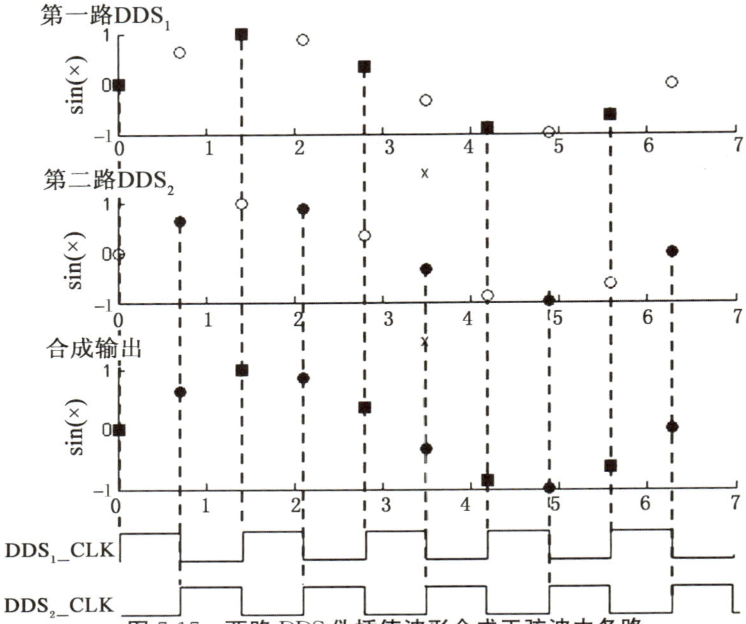

图 7-17　两路 DDS 伪插值波形合成正弦波中各路采样时钟启动次序及其相位关系

如图 7-17 所示，DDS$_1$ _ CLK 是 DDS$_1$ 采样时钟，DDS$_2$ _ CLK 是 DDS$_2$ 采样时钟，在采样时钟的配合下，各路 DDS 分别取得波形幅度数据的 5 个点，用于伪插值波形合成。两路 DDS 输出波形在叠加时，DDS$_1$ 与 DDS$_2$ 采样时钟相位相差 $\Delta\varphi = 360°/2 = 180°$，在这个相位关系下，波形合成启动时，两路 DDS 分别产生波形合成所需的偶数点与奇数点。同时，时钟需按次序启动，如图 7-17 所示 DDS$_1$ 采样时钟的第一个上升沿到来后，紧接着 DDS$_2$ 采样时钟的第一个上升沿到来，然后 DDS$_1$ 采样时钟的第二个时钟上升沿到来，以此重复。只有采样时钟启动次序正确，才能保证各路 DDS 输出数据点的输出顺序正确，保证合成波形是所需的正弦波波形。

根据上述分析可知，各路 DDS 采样时钟频率为 1GHz，且需具有一定的相位关系，而且时钟启动次序正确，才能保证波形的正确合成。为了使采样时钟相位关系相对固定，设计中需采用同一个参考时钟源。同时，为了保证输出时钟的精度，要求时钟相位具有高的调节分辨率和精度，以补偿由于布局布线所带来的相位偏差。因此，在设计中，采用同一个参考时钟经过 PLL 倍频后形成 1GHz 频率的采样时钟，再经过时钟分配芯片，以及延迟线组的方式来调节输出时钟的相位差，形成频率为 1GHz、相位差相差 180°的两路采样时钟信号。

在直接数字合成过程中，波形数据需要由上位机计算得到，并预先存入 SRAM 芯片中。波形合成启动时，在两路 DDS 数据时钟的配合下，FPGA 中地址发生器产生所需波形相位，并对 SRAM 寻址；同样在数据时钟的配合下，SRAM 完成由波形相位到波形幅度的转换，并将转换得到的量化幅度数据送给 FPGA，在 FPGA 内部实现波形数据的插值，形成 1Gsps 采样率的波形数据后再送给 DAC；DAC 同样需要采样时钟配合，将量化的幅度数据转换成模拟信号。在地址发生器块与 SRAM 间、SRAM 与 DAC 间传输过程中，要保证采样的正确性。

其次，在伪插值任意波形合成过程中，DDS 通道间采样时钟需具有一定的相位关系和启动次序，但 DDS 实现中各个模块对时钟相位关系及启动次序的要求有所不同。

在保证采样过程正确性的前提下，并不能完全保证伪插值任意波形合成过程的顺利实施。根据上述伪插值任意波形合成过程中采样时钟方案分析可知，多路 DDS 的输出波形幅度数据需具有一定相位关系并需要按一定次序输出，所以要求波形合成过程中 DDS 通道间采样时钟具有一定相位关系，且按一定次序启动。然而，对参与伪插值任意波形合成过程的 DAC 采样时钟、SRAM 和地址发生器数据时钟在相位关系和启动的要求有所不同。

在伪插值任意波形合成过程中，在 SRAM 和 DAC 采样正确的前提下，SRAM 输出的波形数据的顺序决定着 DAC 送出波形数据的顺序，而 SRAM 输出的波形数据的顺序由地址发生器输出相位的顺序决定，其相位顺序由数据时钟的启动次序决定。由此可见，地址发生器的数据时钟的启动次序是伪插值任意波形合成模块时钟启动次序的关键，而 DAC 与 SRAM 在这个过程中只需保证采样正确，对其采样时钟的启动次序没有严格要求。

由上述对时钟电路的分析可知，DDS 通道间采样时钟正确的启动次序是伪插值任意波形合成过程正确实施的基本保证。本设计充分利用 FPGA 设计的灵活性，采用其内部逻辑实现两路 DDS 数据时钟的启动控制，如图 7-18 所示。

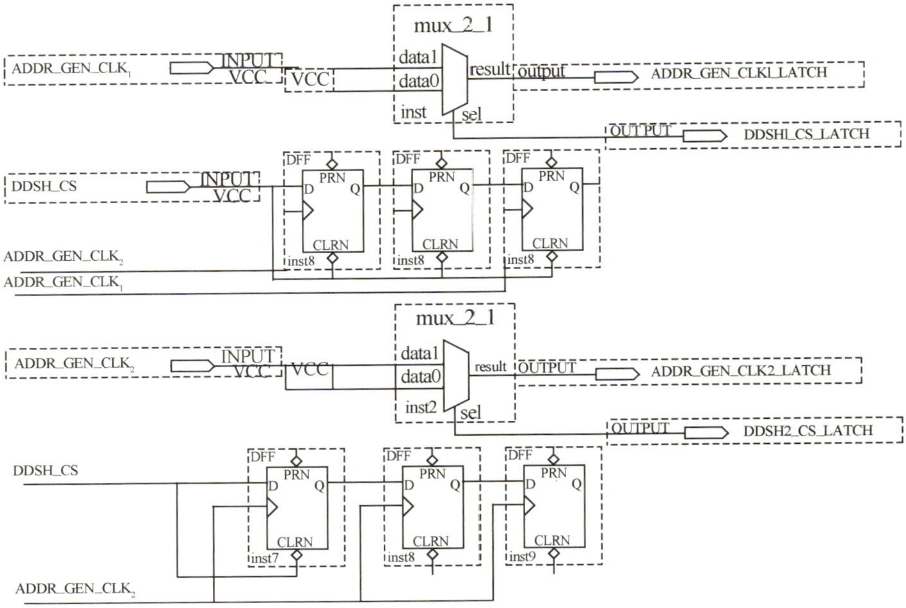

图 7-18　两路 DDS 采样时钟启动控制电路

如图 7-18 所示，ADDR _ GEN _ CLK_1 和 ADDR _ GEN _ CLK_2 是从时钟发生器送至地址发生器的数据时钟，但两路时钟启动次序不定。DDSH _ CS 是波形合成使能信号，高电平有效。分析可知，为保证两路 DDS 通道间数据时钟启动正确，第二路 DDS 的使能信号不能早于第一路 DDS 的使能信号有效，使两路 DDS 使能信号均由 ADDR _ GEN _ CLK_2 对 DDSH _ CS 采样后，再与各自通道的采样时钟同步。ADDR _ GEN _ CLK_1 _ LATCH 和 ADDR _ GEN _ CLK_2 _ LATCH 分别是对 ADDR _ GEN _ CLK_1 和 ADDR _ GEN _ CLK_2 排序后的时钟信号，为两路 DDS 中的地址发生器提供数据时钟。

7.1.2.3　波形合成电路设计

1. 数模转换电路与幅度控制设计

要完成对伪插值任意波形合成中两路 DDS 通道间输出波形幅度失配误差的校正，数模转换模块与幅度控制模块的设计是保证抑制通道间输出波形幅度失配误差的关键。

（1）数模转换与幅度控制方案分析

数模转换模块是直接数字合成过程中的关键环节，主要负责将量化的幅度值转换成模拟信号。幅度控制模块主要实现对两路 DDS 输出波形幅度的调节。通过改变两路 DDS 通道输出波形幅度，消除两路输出幅度的不均衡，并完成两路输出波形的插值操作。

首先，伪插值任意波形合成原理要求两路 DDS 输出幅度一致。

其次，根据相关研究表明，DDS 实现过程中存在的幅度量化误差在多路 DDS 并行伪插值任意波形合成过程中依然存在，而且描述波形幅度的量化位数越高，幅度量化误差就越小。波形幅度量化位数受 DAC 垂直分辨率的影响，所以，为减小幅度量化误差，DAC 的垂直分辨率应尽量高。

根据上述对数模转换及幅度控制模块设计要求的分析，采用调节 DAC 输出量程的方法实现 DDS 输出波形幅度控制。这种方法保持波形存储器中幅度量化数据不变，通过改变 DAC 输出信号的量程，实现输出信号幅度值的调节功能，减轻了上位机计算与控制负担。

(2) 指标分析与芯片选择

本设计要求实现 2Gsps 采样率，由伪插值任意波形合成原理可知，两路 DDS 伪插值任意波形合成过程可实现采样频率等效增加一倍，所以单路 DDS 采样时钟频率应达到 1GHz。

结合上面分析，要求 DAC 输出幅度可调，DAC 的垂直分辨率尽量高。本设计选用 AD 公司的 AD9736 芯片作为各路 DDS 实现过程的数模转换设备。

AD9736 具有最高 1.2Gsps 的采样率和 600MHz 输出带宽，能够满足本设计单路 DDS 采样频率和带宽的要求；14bit 垂直分辨率可尽量减小幅度量化误差；输出电流信号，且量程从 8.6～31.66mA 可调，可满足两路 DDS 输出波形幅度可调的要求。此外，AD9736 采用差分时钟采样，可减小外界对时钟信号的干扰，保证采样过程的准确性。

要实现对各路 DDS 通道输出波形幅度调节，需通过上位机对 AD9736 寄存器操作，改变其输出量程。上位机作为伪插值任意波形合成模块的总控制器，送出数据、地址及控制信号。FPGA 接收并对上述信号译码，送出各个模块所需的数据、地址及控制信号，完成伪插值任意波形合成模块的初始化、数据传输等操作。AD9736 提供 SPI 接口用于对寄存器的操作，共包括 5 根线，分别是复位线 RESET、片选线 CSB、时钟线 SCLK、双向数据线 SDIO、单向数据输出线 SDO。其中 SDIO 可以作为双向的数据输入与输出线，也可以作为单向数据输入线。当作为单向数据输入线时，需 SDO 作数据输出线与其配合实现数据读写，完成上位机与 DAC 的通信。为了设计方便，本设计采用 SDIO 作为双向的数据输入/输出线，并将两路 DDS 中 AD9736 的 SDIO 信号线分开，以便写入不同的控制字，调节输出不同的电流量程，从而满足两路 DDS 通道输出幅度失配条件。

如图 7-19 所示，AD9736 控制模块在 FPGA 内部实现，负责接收上位机送出数据并译码输出的相应控制信号，按照一定时序送给芯片 AD9736 的 SPI 控制接口，完成 AD9736 的初始化及幅度控制操作。

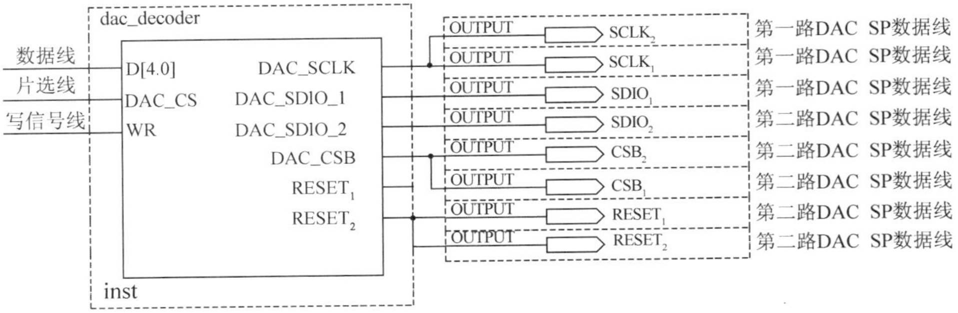

图 7-19 AD9736 初始化控制模块

(3) 数模转换模块时钟电路

DAC是伪插值任意波形合成过程的关键环节，其采样时钟设计是伪插值任意波形合成模块时钟电路设计的重点之一。选用的 DAC 芯片 AD9736 采用差分时钟采样，能够有效地减小外界干扰对 DAC 采样时钟的影响，其速率可达到 1.2Gsps。AD9736 的差分时钟需要有 400mV 偏置，800mVpp 输入。在本设计中采用 LVDS2.5 标准电压，可以实现 800mVpp 输出，但其偏置电压为 1.2V，不能满足 AD9736 的差分采样时钟对偏置电压的要求，所以需对 LVDS2.5 电压修正后才能作为 DAC 提供采样时钟，采样时钟电路修正过程如图 7-20 所示。

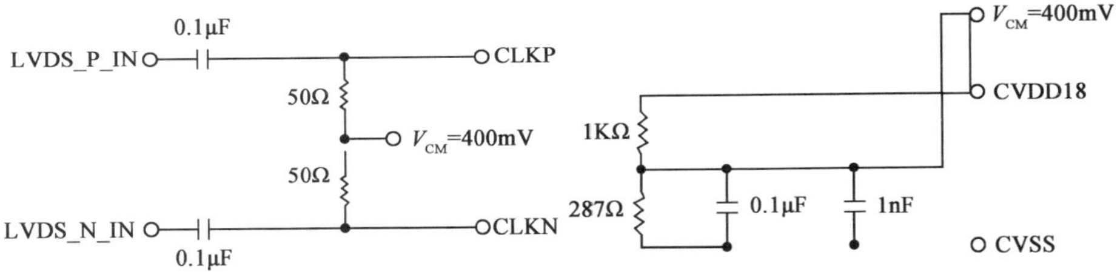

图 7-20 采样时钟电路设计

(4) 校准电路

本设计采用 AD9736 工作在 1GHz，需要使用专用的校准电路进行校准，使采样时钟相位跟数字信号相位保持在想要的相位上，保证采集的数据正确无误，输出的模拟波形无噪声。

AD9736 的校准需要通过 SPI 接口编程配置 LVDS 数据控制器的寄存器（地址分别为 0X04、0X05、0X06）。具体流程是：

1) 确保采样时钟信号 DSS 位于数据窗的中心位置；

2) 寻找 LVDS 数据控制器的寄存器（0X04、0X05、0X06）的最佳值。

因为延时时钟 DATACLK _ IN 获得信号 DSS，该信号作为数据采样时钟采样锁存传送给 DAC 的数字信号 DB [13 : 0]，所以需要校准内部 DSS 延时，使其精确以最优采样时钟与数据之间的相位。校准 DSS 延时的延时有两个方法：一是将时钟采样信号 CSS 延时后输出；二是将时钟信号 DCS 延时后输出。保证 LVDS 采样模块确定时钟 DATACLK _ IN 上升沿和下降沿的位置，并找到数据窗中心位置。

采样延时时间 SD<3：0>控制了时钟采样信号 CSS 的起始位置。计算测量建立延时和保持时间可以得到采样延时时间（SD<3：0>）。测量建立延时和保持时间是由人工手动调整设置的。手动计算 SD，MSD，MHD 流程如图 7-21所示，时钟信号和数据信号是否对齐的标志信号是 check bit，当标志位为 0 时说明两者对齐了，反之则说明没有对齐。按照图 7-21 所示的流程操作。

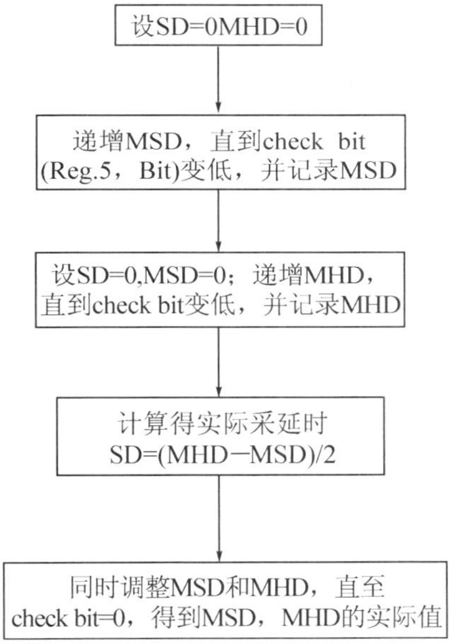

图 7-21 **手动计算** SD，MSD，MHD **流程图**

①获得采样延时时间 SD<3：0>。

②将 LVDS 控制器的运行模式设置为自动模式，并将采样延时的模式设置成自动更新模式。方法是将 LAUTO 和 LSURV 位设置为高电平，将 LVDS 中断位写入 0（即将 0X01 寄存器的 bit3 设为 0）。

（5）幅度调节电路设计

为了校正伪插值任意波形合成过程中 DDS 通道间输出波形幅度失配误差，需能调节 2 路 DDS 输出波形的幅度。本设计利用 AD9736 芯片内部电流调节功能实现对输出波形幅度的调节功能。

AD9736 电流输出，内置 1.2V 精准电压源，通过外部电阻使内部产生 120μA 精准参考电流，并可以通过 AD9736 提供的 SPI 接口，编程实现输出电流量程从8.6～31.66mA的调节，满足设计要求。引脚REFIO提供1.2V精准参考电压，通过0.1μF电容接地；引脚FSADJ通过10kΩ电阻接地，使内部产生120μA参考电流。依图7-19设计，AD9736的输出量程I_{FS}可用以下公式计算：

$$I_{FS}=\frac{1.2V}{10\ 000}\times\left[72+(\frac{3}{16}\times DACnFSC)\right] \tag{7-1}$$

式（7-1）中$DACnFSC$通过设置AD9736的寄存器值改变，可选择0X000～0X3FF任意整数值，使输出电流根据需要调节。

AD9736输出为电流信号，在实际应用中，需要将电流信号转换成电压信号后再进行叠加操作。电流电压信号的转换采用阻值相等的电阻进行流压转换，将两片AD9736输出的差分电流信号I_{outP}，I_{outN}分别转换成电压信号V_{p1}，V_{n1}与V_{p2}，V_{n2}。此外，由于AD9736输出信号依然是差分信号，所以采用了运算放大器THS3202，将差分电压信号转换成单端电压信号，以方便叠加操作。

（6）叠加电路设计

叠加电路的主要功能是实现两路DDS输出波形叠加，波形叠加过程由芯片AD8009实现，如图7-22所示，V_{out_1}与V_{out_2}为两路DDS输出电压信号，V_{out}为叠加后输出信号。

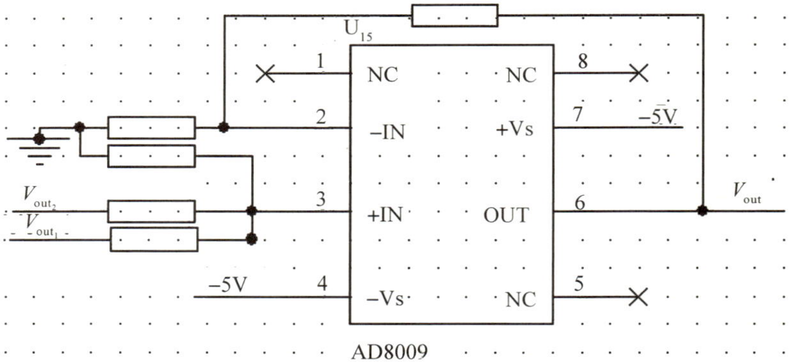

图7-22　加法电路

2. FPGA逻辑设计

要使伪插值任意波形合成模块硬件平台正常工作，除了需要时钟电路、数模转换模块和幅度控制模块外，还需其他相关模块配合工作。比如由FPGA内部逻辑实现的译码逻辑、相位累加模块、芯片初始化模块、存储器管理模块等。

（1）地址发生器设计

本设计选用了ALTERA公司生产的Stratix III系列的芯片EP3S110F1152I4，作为伪插值任意波形合成模块所需的FPGA设备，在其内部实现对上位机输出信号的译码、SPI接口控制和地址产生等功能。

译码逻辑是伪插值任意波形合成模块与上位机通信的桥梁。首先，FPGA对上位机送出的高位地址进行译码，译码结果作为各个控制模块的片选信号。其次，各模块控制单元收到片选信号后，对低位地址或数据位译码，产生各芯片初始化及控制所需信号，完成所有芯片的初始化及相关控制任务。

地址发生器模块为DDS过程提供所需的波形相位。由4路存储器并行的结构可知，地址发生器由1个相位累加器和4路相位加法器构成，相位加法器实现相位的初始偏移。两路DDS中地址发生器模块的结构均相同，只是第二路DDS的相位加法器的初始相位相对第一路相位加法器的初始相位相差 K，K 是频率控制字，可通过计算获得。地址发生器和其中一路相位加法器模块如图7-23所示。

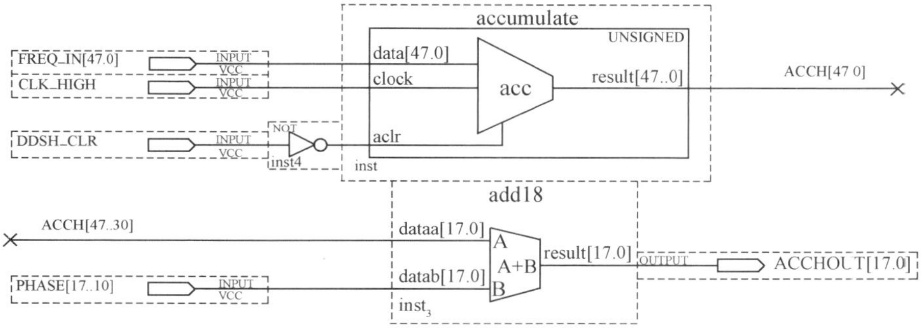

图7-23 单路DDS累加器相位累加及调节电路

累加器accumulate在累加时钟CLK _ HIGH配合下，对累加步长FREQ _ IN累加并输出ACCH。ACCH与PHASE相加后输出合成波形所需相位值。其中PHASE为累加器输出相位偏差值。根据相关分析可知，两路DDS中PHASE取值不同，两路DDS中累加器输出相邻相位偏差值FREQ _ IN/2。为提高两路DDS输出频率分辨率，取累加步长FREQ _ IN位数较高，但由于波形存储容量不足，对累加器输出的相位值截断输出18位的数据ACCH _ OUT，作为SRAM读取波形所需地址。其中，相位截断过程会产生上面所述的相位截断误差，但可知，DDS输出频率分辨率不受相位截断过程影响，且频率分辨率 $f_{res} = 8.88 \times 10^{-7}$ Hz不变。

（2）波形存储及控制逻辑设计

波形存储模块是DDS过程的重要环节，本设计采用并行存储技术，要求每片数据波形存储模块读取速率达到250MHz。伪插值任意波形合成过程要求先对存储器写入波形数据，波形合成时再对其读操作。在对SRAM写操作过程中，地址由上位机产生，而读操作过程所需地址由累加器在累加时钟的配合下产生。

SRAM 读写操作所需地址来源不同，所以读写操作的转换过程需对地址切换。此外，对 SRAM 读写过程中要保证数据流向的正确性，防止数据冲突。

综合考虑存储容量及数据位宽，本设计选用了 ISSI 公司生产的 SRAM 芯片 IS61NLP25618A 作为波形存储设备，它具有 250MHz 输出带宽，256K 的存储单元，每单元数据位数为 18bit，能够满足本设计需求。SRAM 读写转换控制由 FPGA 内部逻辑实现，如图 7-24 所示。ADDR _ H_1 和 ADDR _ H_2 分别是两路 DDS 通道中累加器产生的高速地址，用于 SRAM 的读操作；A 是由上位机产生的低速地址，用于波形写操作。两路 DDS 中 SRAM 的低速写操作到高速读操作切换过程分别由两个二选一选择器 lmp _ mux _ 18 _ 2 完成。其中，用于读写切换的 RAM _ OE1 与 RAM _ WR_1 信号由译码逻辑对上位机输出的高位地址译码产生。

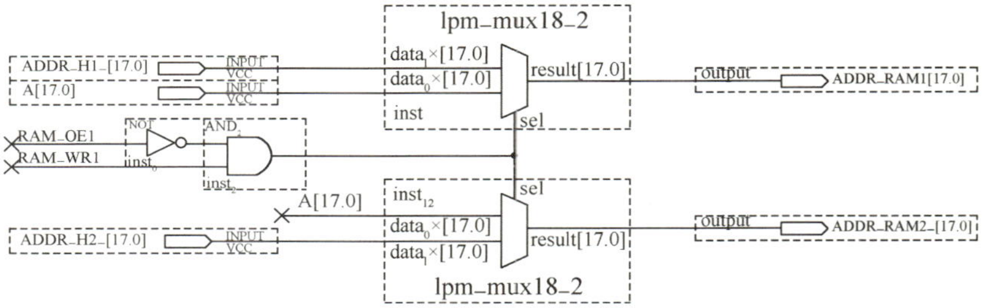

图 7-24　SRAM 读写过程地址切换电路

此外，为了满足所选 SRAM 芯片的时序要求，防止 SRAM 读写过程中数据冲突，需对波形数据方向及时序进行调整，调整电路如图 7-25 所示。

在存储器写操作过程中，芯片要求数据相对于低速地址延时两个周期，所以在数据 data _ ram 后加入两个触发器。在读操作过程中，由读写方向控制信号 RAM _ WR _ CS 关断写操作数据路径，防止数据冲突，保证数据正确输出到 DAC 数据输入端口，从而保证在波形合成过程中数据流向的正确性。

7.1.2.4　模拟通道设计

1. 模拟通道的总体设计方案

所设计的任意波形发生器的采样频率为 2GHz，根据两路 DDS 并行伪插值原理分析可知，1.5GHz 为最严重杂散信号的频率，根据指标要求，应予以滤除；另外，本项目要求输出信号幅度和偏移在规定范围内连续可调，而 DDS 系统末端 D/A 芯片输出信号幅度有限，难以满足要求；信号经过放大衰减电路后，会产生一定的谐波失真和交调失真，影响波形质量。除此之外，时钟泄漏、DAC 非线性也会引入杂散谱线。

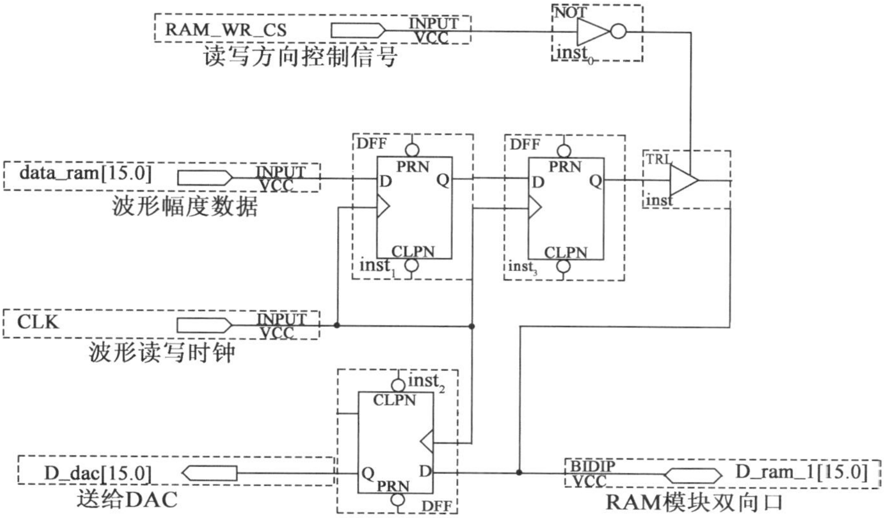

图 7-25 数据通道方向及时序控制电路

综上所述，模拟通道总体设计方案如图 7-26 所示。

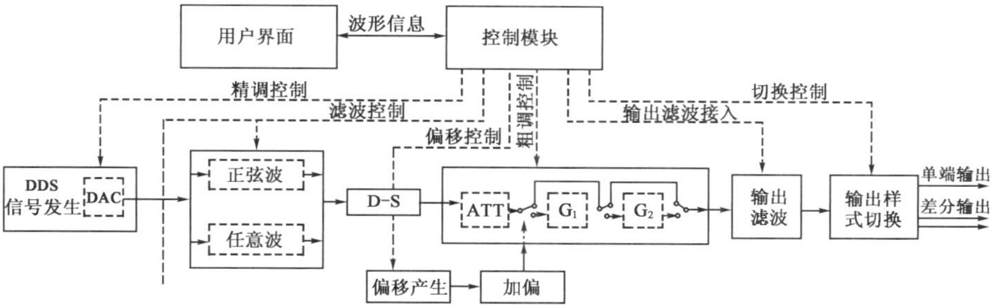

图 7-26 模拟通道信号流程图

经伪插值合成后的输出信号，进入由衰减器、加偏放大器以及后级放大器组成的幅度粗调电路，其中，步进式衰减器（ATT）可以根据需要设置衰减值，再与后端选择接入的放大器组合，共同确定信号的粗调区间。偏移电路根据控制信号产生对应的偏移信号，通过加偏放大器叠加在主信号上。完成幅度调节和偏移叠加的信号进入输出电路，这时可以根据信号的质量情况选择是否接入输出滤波器，最后，信号进入输出样式切换电路输出。

2. 滤波器的设计

由 DDS 谱分析可知：1.5GHz 为最严重杂散信号的频率。对于 1.5GHz 及 1GHz 的时钟泄漏的杂散信号，即对所有频率的正弦信号，电路中采用一路椭圆低通滤波器对其进行滤波处理。通常，衰减特性和群延时特性是滤波器设计时重点考虑的两个指标；衰减特性优异的滤波器可以最大限度地保留波形中有用的频谱；而恒定的群延时特性可以使滤波后的信号不产生相位失真。但衰减特性与群延时特性又是矛盾的。锐截止的滤波器，在截止点的群延时很大；而截止特性平滑的滤波器群延时较小。本项目中的任意波形发生器产生的波形种类中既包含单一谱线的连续正弦波，也有频谱复杂的任意波，对于后者，要首先考虑保持其相位特性，因此，这里选用贝塞尔低通滤波器对任意波进行滤波处理。

综上所述，本设计采用锐截止的椭圆低通滤波器来滤除单一谱线的正弦波中的高频噪声，对于频谱复杂的任意波，则采用群延时特性良好的贝塞尔低通滤波器来保证波形质量，滤波设计方案如图 7-27 所示。

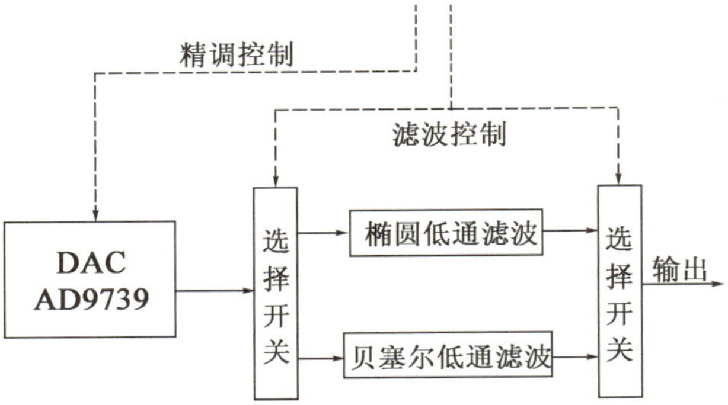

图 7-27　输入滤波电路方案示意图

3. 幅度控制的实现

本项目要求输出信号的幅值可以在 20mVpp～4.5Vpp 的范围内以 1mV 的步进调节，而前端 DDS 输出的初始波形幅值有限，D/A 芯片的最高输出电压为 1V，所以，需要对信号进行放大或衰减，使之达到要求的最大值或最小值；指标要求的输出信号最大和最小幅值相差接近 50dB，很难通过固定的放大和衰减组合，在如此大的范围内，得到想要的输出值。因此，我们可以将 20mVpp～4.5Vpp 这样一个幅值范围分为几个较小的区间段，在每个区间段内部，通过精调 D/A 芯片的输出信号，再结合有限的放大衰减组合，就完全可以满足该区间的上下限，该过程就是幅度的粗调。这样做的好处是可以用有限的放大器和衰减器覆盖整个幅值区间，既简化了电路、节约成本，又节省了空间。

信号的精调通常有两种方式：1）用乘法器将信号和精调系数相乘；2）通过改变 DDS 系统中 D/A 芯片控制字来微调 D/A 输出信号，实现信号的精调。

第一种方案需要高频乘法器才能实现，目前市面上的高频乘法器的表现都难以满足本项目对幅度平坦性的要求，所以我们采用第二种方案。DDS 系统采用的 D/A 转换芯片为 AD9739；AD9739 是一款高性能、高速、低功耗的 14 位电流输出 DAC，输出电压范围是－1～＋1V，分辨率完全满足要求，可以用它来实现信号的精调。

综上所述，幅度调节通过粗调结合精调实现，粗调区间由不同的放大和衰减组合来确定，精调则通过改变 DAC 输出电流来完成，如图 7-28 所示。

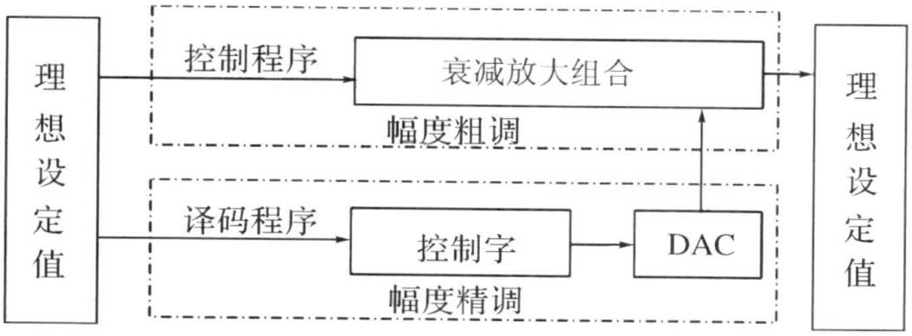

图 7-28 幅度控制原理示意图

（1）放大电路

本项目指标要求输出正弦波最高频率为 500MHz，最高频率输出下的最大峰峰值为 2.5Vpp，通过计算得到选择的放大器应满足 $SR > 3925\text{V}/\mu\text{s}$；THS3201 的压摆率为 10500V/μs，大信号带宽为 880MHz。

结合本项目的指标来看，THS3201 完全能够满足放大电路的要求，所以这里依然采用该运放的同相放大电路来实现幅度粗调所需的放大功能，如图 7-29所示。

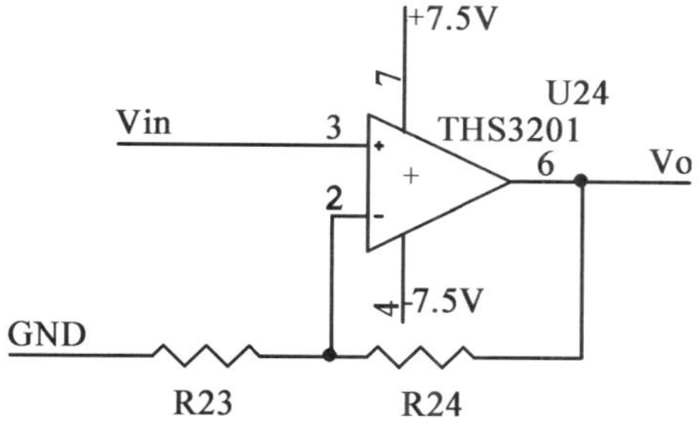

图 7-29 同相放大电路

（2）衰减电路

本项目采用 Mini 公司的步进式衰减芯片 DAT－31R5－SP＋，完美地解决了衰减电路的问题。

该芯片是一款 50Ω 匹配的数字步进式衰减器，可以在 3V 电源下、0～31.5dB 的范围内，通过一组六位串行控制字，以 0.5dB 的步进任意设置衰减值。

其简单内部结构如图 7-30 所示。

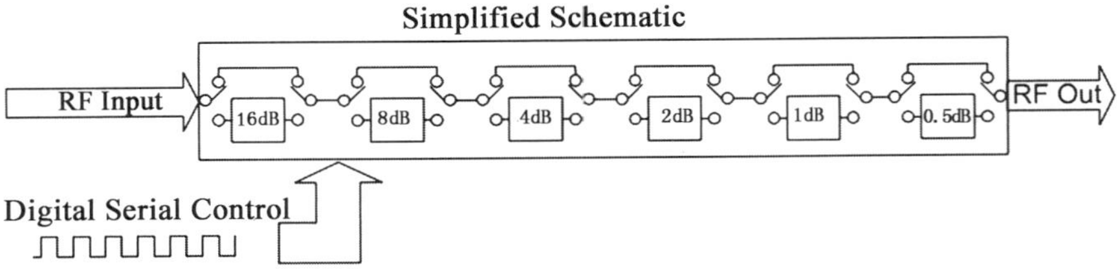

图 7-30　DAT－31R5－SP＋内部结构图

该芯片内部有 6 个不同衰减值的衰减单元，分别对应六位控制字中的每一位，规定范围内的每个衰减值都可以通过这些衰减单元组合得到。

由此可见，该芯片在 DC～500MHz 的频率范围内衰减特性稳定，通过编写极其简单的控制函数就可以实现对芯片的控制，完全符合本设计的要求。实际的衰减电路如图 7-31 所示。

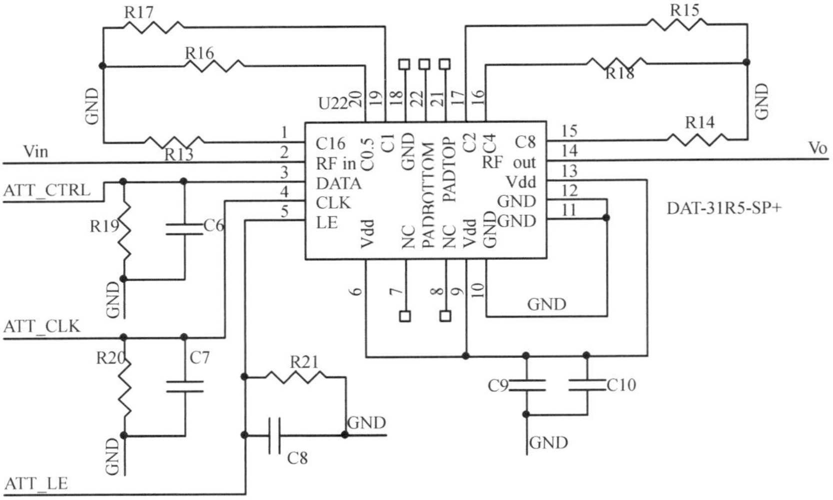

图 7-31　衰减电路图

(3) 粗调区间的划分

DDS 系统末端的 AD9736 输出的差分信号中，每一路的满幅电流的变化范围为 8.66～31.66mA，当输出电阻为 50Ω 时，对应输出电压是 0.433～1V (AD9739 的最高输出电压为 1V)，转换为单端信号后对应的电压范围是 0.866～2V，根据指标要求，粗调区间的划分方案为 20～45mV，40～95mV，90～200mV，195～440mV，410～940mV，870～2V，1.8mV～3.9V，3～4.5V；引入 DAT－31R5－SP＋，＋6dB 放大及＋10dB 放大三个模块即可实现此方案，如表 7-1 所示。

表 7-1 粗调区间的划分

幅度	DAT－31R5－SP+	6dB	10d3
20～45mV	－31.5dB	不接	不接
40～95mV	－26.5dB	不接	不接
90～200mV	－20dB	不接	不接
195～440mV	－13dB	不接	不接
410～940mV	－6.5dB	不接	不接
870mV～2V	0dB	不接	不接
1.8～3.9V	0dB	接入	不接
3～4.5V	0dB	不接	接入

（4）偏移及外部信号叠加电路的设计

偏移与外部信号叠加电路的作用是将需要的直流偏移和其他非直流信号引入主信号通路中，电路的基本原理如图 7-32 所示。

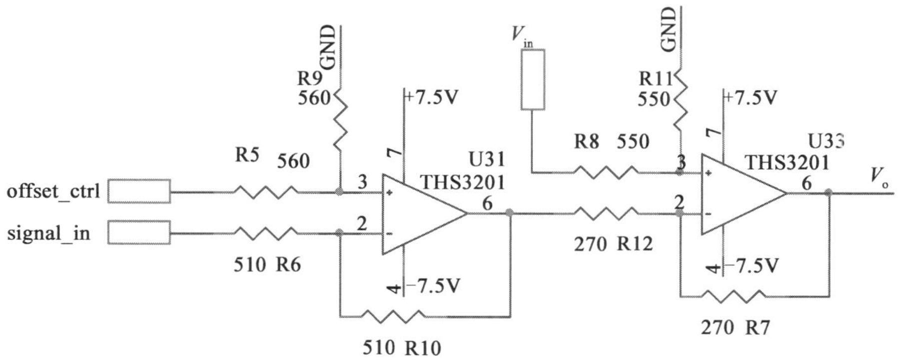

图 7-32 偏移及外部信号叠加电路

叠加电路是由两组 THS3201 运放构成的差动放大器组成的，不难看出，该电路最终输出与输入的关系为

$$V_o = V_{in} + V_{signal\_in} - V_{offset\_ctrl} \tag{7-2}$$

其中，V_{in} 为主信号；V_{signal_in} 为 DC～100MHz 的外部输入信号；V_{offset_ctrl} 为偏移信号，根据指标，它的变化范围是－2.25～2.25V。

7.1.3 高速脉冲发生器设计

高速脉冲发生器是以产生可编程高频瞬态信号、高速脉冲序列信号及数字激励信号为目标的一类通用信号源设备，可用于新型雷达所需极窄脉冲信号产生、通信系统中高速可编程数字激励源的验证和测试。

所设计的高速脉冲发生器可产生连续、门控、触发等三种模式下的脉冲、脉冲序列、数字序列等多种信号。脉冲最高频率 400MHz，最小脉宽 1.25ns，最高数据率 800Mbit/s，脉冲、数据可编程。主要功能有以下几种。

触发功能：内触发/外触发

脉冲生成功能：产生脉宽覆盖 1.25ns～0.995ms 的宽带脉冲信号

信号参数可控功能：延迟、脉宽、幅度、周期、电平窗、边沿可控

串行数据发生功能：产生两路大数据量可编程的串行数据

信号可编程功能：数据内容、执行顺序、脉冲波形可编程

1. 硬件总体设计

高速脉冲/数据发生器。主要由嵌入式系统、仪器时序主板单元、模拟通道以及电源模块等组成，整机设计方案如图 7-33 所示。

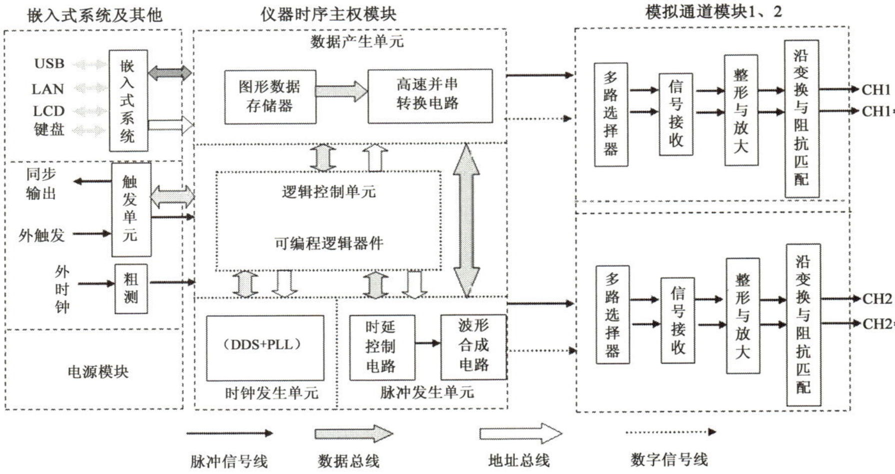

图 7-33　整机硬件总体设计框图

(1) 嵌入式系统设计

嵌入式系统作为仪器的系统控制与操作的核心提供一个供系统软件运行的硬件平台，为仪器的硬件控制提供支持，同时提供与用户交互的人机接口（包括键盘、显示器）和设备的对外接口。嵌入式系统的构建基于嵌入式控制芯片及其外围电路，采用 WinCE 操作系统作为应用软件开发平台，并通过开发显示控制、键盘控制、网口通信、USB 通信接口等接口驱动程序，搭建完成符合设备控制、显示与交互需求的最小化、最优化系统。

（2）仪器时序主板设计

时序主板合成了时钟单元、逻辑控制单元、脉冲波形合成单元和数据产生单元，是整个系统的核心，仪器的主要功能包括外触发、外时钟、外参考、波形合成、数据产生、群脉冲合成、信号延时控制、脉冲宽度控制、脉冲频率控制、通道板控制等都由时序主板设计完成。时序主板提供时序调整（信号类型、触发方式、延迟与脉宽）完成后的信号给后端的模拟通道，完成用户所需的信号幅度与电平的调整。

（3）模拟通道板设计

模拟通道位于仪器信号流的末端，包括了信号接收加偏电路、脉冲整形电路、幅度电平调整电路、上升沿调控电路、输出控制电路等。接收加偏电路完成对时序主板的数字信号的准确接收，并根据后端正行和放大电路的需要对信号加入适当的直流偏置；脉冲整形电路则根据后端放大输出电路调整前端波形，并适当调整信号幅度，以达到输出脉冲波形最优化的目的；幅度电平调整电路是模拟通道的核心，它完成脉冲信号的幅度、高电平的精密控制，同时实现 50Ω 输出阻抗的匹配；上升沿调控电路和输出控制电路，则根据用户的需求，通过 RLC 电路调整低频信号的上升沿，并实现输出无效时，内接 50Ω 的负载阻抗。模拟通道是整个系统的最大难点，同时也是信号输出的最后一道关口，直接决定了脉冲信号的质量。

2. 硬件系统设计

（1）时钟产生单元设计

脉冲/数据发生器对系统时钟的要求为：频率范围覆盖 1kHz～800MHz，时钟频率分辨率为最高 4 个字，周期精度为±（100ppm＋50ps）。实现这样宽频率覆盖范围，高精度的系统时钟，原理结构框图如图 7-34 所示。低频率段（1kHz～100MHz）由 DDS 直接产生。在 DDS 信号输出端加低通滤波器，再经过低速比较器以得到高精度稳定的时钟信号。高频率段（（100～800）MHz）由 DDS＋PLL 产生。

1）DDS 及其外围电路设计

DDS 部分是高速时钟模块的核心，DDS 输出信号的好坏直接影响整个系统时钟的性能，DDS 的设计可以采用 FPGA 编程得到，但现有的脉冲发生器自身工作频率不高，限制了 DDS 输出信号频率范围，并且由于结构上的限制，其输出信号分辨率也将受到影响，再加上 FPGA 设计开发时间较长，为了缩短开发时间，提高时钟分辨率，本项目采用 DDS 集成芯片来完成。

参考时钟方面，在 AD9854ASQ 的输入端，由于输入抖动全部加到输出

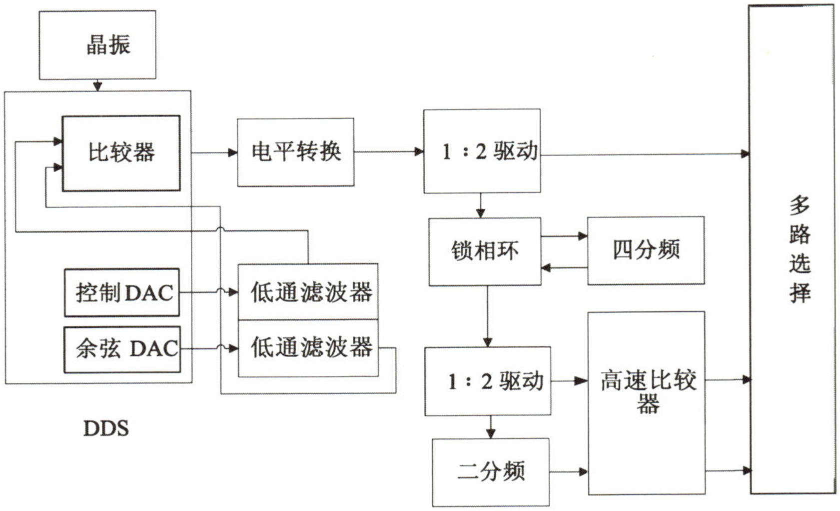

图 7-34　高速时钟电路结构框图

端，所以使用高稳定的 AD9854ASQ 参考时钟作用很明显。同时考虑到 AD9854ASQ 内部倍频电路的功耗，因此选用了高稳定的 20MHz 晶振，AD9854ASQ 内部 PLL 设置为 15 倍。

AD9854ASQ 有 4 种模式，每种模式中又包含很多可选功能，附加的功能无疑增加了芯片的功耗。高速时钟模块要求 AD9854ASQ 输出频率连续可调的方波，从 AD9854ASQ 的模式上，单频模式已符合要求，该模式是芯片所有模式中最简单的模式，附加功能也最少，选用这种模式最大限度地降低了芯片的功耗。

根据设计要求，在 AD9854ASQ 输出端设计一个阻抗 50Ω、截止频率 120MHz 的低通滤波器，滤波器的性能对保证输出时钟有较低的抖动十分关键。滤波器的传输特性中衰减特性是滤波器考虑的重点因素，在设计时，采用截止特性很陡的 7 阶椭圆滤波器对输出信号滤波。

项目要求时钟信号为方波，而 AD9854ASQ 的输出波形为正弦波，因此信号需要经过比较器变为方波，本设计将 DDS 输出的差分信号输入芯片自带的比较器。

AD9854ASQ 比较器的输出电平为 LVCMOS，而后续电路均为 LVPECL，且 DDS 输出信号在低频段作时钟直接输出，高频段作 PLL 参考信号，因此对 DDS 输出部分作了如下处理：比较器输出端与电平转换芯片相连，将 LVCMOS 电平转换为 LVPECL，再将转换后信号输入驱动芯片，转换为两对差分信号，一对作为低频段时钟，一对作为 PLL 的参考时钟。

2）PLL 及其外围电路的设计

为了保证时钟的性能，DDS，实际输出频率不大于 120MHz。而根据项目指标，时钟频率最高需达 800MHz，因此必须加倍频电路，本项目采用 PLL 作为倍频电路。PLL 芯片选用了 MICREL 公司的数字锁相环 SY89421V。

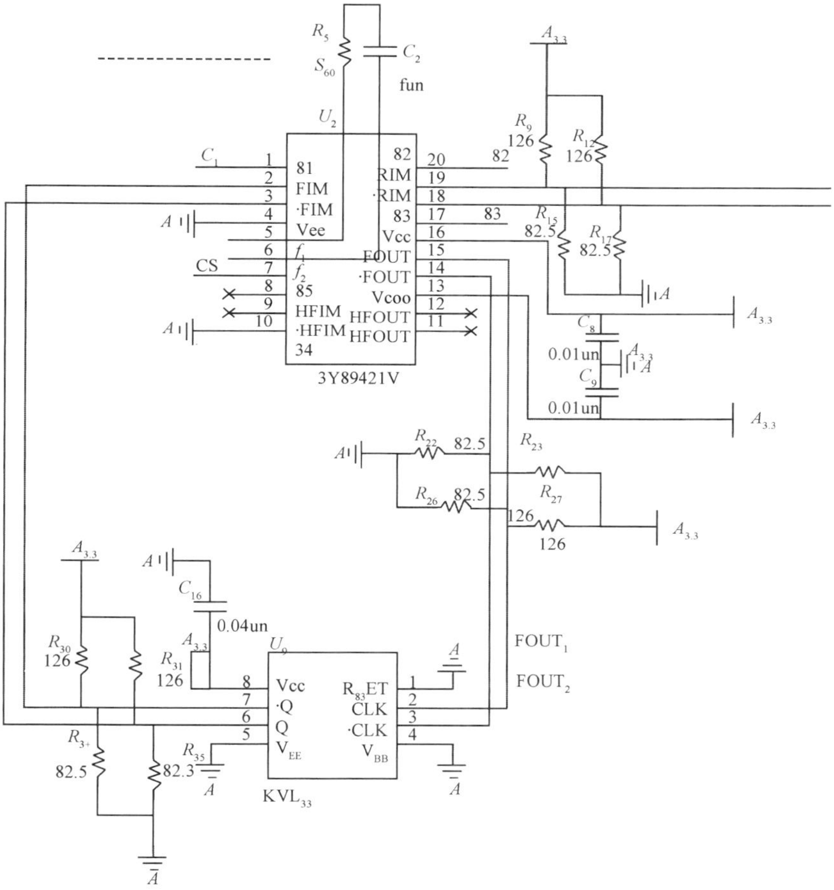

图 7-35　SY89421V 外围电路原理

SY89421V 的外围电路原理如图 7-35 所示，为满足高速时钟模块要求，对锁相环及外围电路进行了如下的设计。

①采用 SY89421V 的内部 VCO，其内部 VCO 频率覆盖范围（480～1120）MHz，该频段覆盖了时钟最高运行频率，另外选用内部 VCO 有利于提高 PLL 输出时钟精度，减少外围电路复杂度，降低成本。

②环路滤波器采用 RC 积分滤波器滤波，其设置 $R=560\Omega\pm10\%$，$C=1.0\pm10\%$，接于芯片的 F_1 和 F_2 脚。

③按设计要求，PLL 输出信号最高频率为 800MHz，因此 SY89421V 的工作电平选择适合高速信号传输的 LVPECL 电平，该种电平的信号在信号线传输时需要外部端节，设计采用了戴维南端接法，考虑到整个时钟电路传输线为 50 Ω 阻抗，可计算出两并联电阻阻值为：$R_{电源}=127\Omega$，$R_{曲}=82.5\Omega$。

④根据 PLL 工作原理，PLL 锁定时鉴相器参考时钟输入端与反馈输入端输入信号频率相同，SY89421V 反馈输入端集成的分频器分频倍数为 1 和 2，而 DDS 输出最高频率为 100MHz，当 SY89421V 输出端输出频率为 160MHz 以上时，PLL 不能锁定，因此在锁相环路中应外接分频器，设计要求最终输出频率为 800MHz，因此分频倍数为 4 就足够。

⑤高频段信号频率范围为 100～800MHz，反馈环路外接分频器时，按公式转换为鉴相器反馈端的频率范围为 25～125MHz，而 SY89421V 的参考时钟输入频率范围为 30～560MHz，因为 PLL 最终锁定于参考时钟上，因此鉴相器反馈端的频率范围应在输入参考频率范围之内，而当前鉴相器反馈端频率范围下限值已在 SY89421V 输入频率范围之外，解决方法为：按表 7-2 对高频段频率范围进行再划分，对不符合输入频率要求的频段，先通过锁相环得到期望频率值二倍的信号，再通过二分频器得到期望频率的信号：

$$f_{反馈} = f_{高}/4N \tag{7-3}$$

其中，N 为鉴相器反馈端内部分频器分频倍数，$f_{高}$ 为高频信号频率，$f_{反馈}$ 为反馈端号频率。

表 7-2　频段划分表

时钟板输出端信号频率	DDS 输出端信号频率	鉴相器反馈端分频器分频倍数	VCO 输出端分频器分频倍数	外部分频器分频倍数
1kHz～100MHz	1kHz～100MHz	—	—	—
(100～130) MHz	(50～65) MHz	1	4	2
(130～250) MHz	(32.5～62.5) MHz	2	2	2
(250～500) MHz	(31.25～62.5) MHz	2	2	1
(500～800) MHz	(62.5～100) MHz	2	1	1

3）比较器及其外围电路的设计

为了减少时钟信号的噪声，改善时钟的沿特性，设计选取了比较器作为信号调理的手段。在时钟信号低频段，应选取上升时间较大的低速比较器；而高频段，保证器件的截止频率在高频时钟频率之上，且有较好的去噪性能，故设计选取高速迟滞比较器。

低频部分比较器选用的是 AD9854 内部比较器，该比较器负载 50Ω 时，转换速率典型值为 400MHz。低频信号由 AD9854 产生，因此采用其内部比较器能更好地兼容。

高频部分（100～250）MHz，比较器选用的是 Analog Device 公司的高速比较器 ADCMP552。

高频部分（250～800）MHz，比较器选用的是 Analog Device 公司的高速比较器 ADCMP582。

4）时钟分配电路

时钟分配单元主要包括 5 选 1 电路、1∶5 扇出电路以及若干电阻电容等。该单元的主要作用是实现内/外时钟的选择与通道时钟的分配，同时加强时钟输出的驱动能力。

（2）外输入电路设计

外输入电路包括外时基/外时钟电路和外触发处理电路。主要组成部分包括衰减电路、门限电平产生电路（属于外触发处理电路）、比较器电路三个部分以及若干电阻电容。

1）衰减电路

外输入信号，包括外时钟信号、外参考信号、外触发信号等，对于信号源是未知的，为了更好地保护信号源不受损害，外输入电路中加入保护器和适当的衰减电路是非常必要的。其中保护器由傍路导通二极管组成。而外输入信号的衰减则是通过无源网络来实现 1/3 衰减的，电路主要由电阻、电容等元器件组成。各电阻、电容的值可见原理图或根据其器件标号见时序主板明细表即可，部分电路原理如图 7-36 所示。

2）门限电平产生电路

门限电平产生电路包括一个数模转换器 LT1446 和稳压管 LM431 以及若干电阻、电容等，其作用是根据用户在面板设置的门限电平值，产生相应的参考电平到比较器。该部分电路原理图如图 7-37 所示。其输出脚（引脚 5）电平值由 DIN（引脚 2）的输入数值决定。DIN 数值的输入需配合 CLK 及 CS 的一定时序，该数值的输入由上位机根据用户设定的门限电平数值配合 FPGA 内部的程序实现。

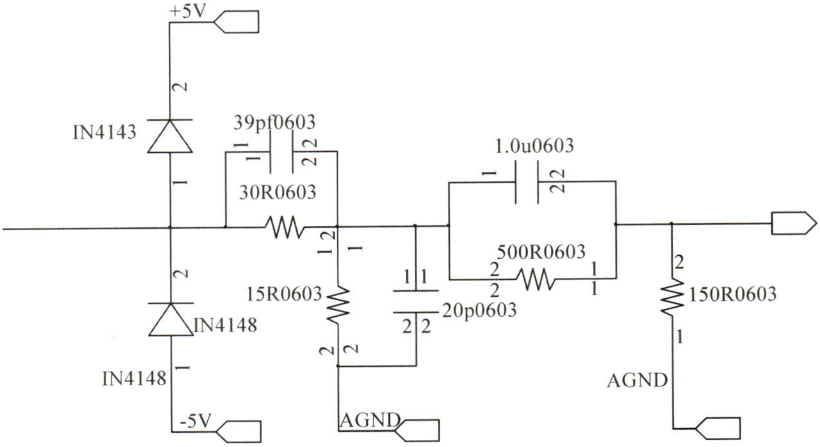

图 7-36　衰减电路原理图

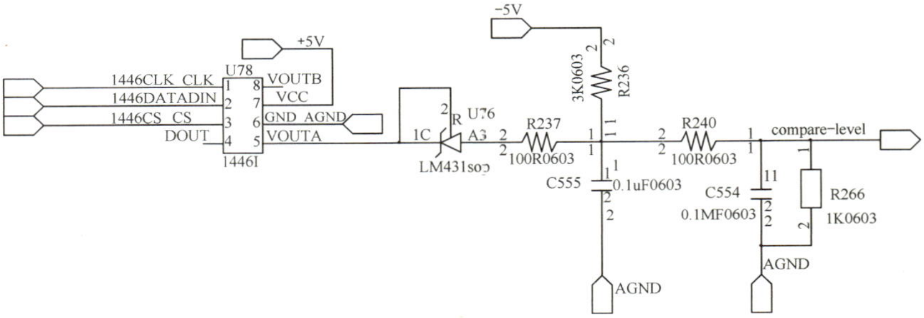

图 7-37　门限电压产生电路

3）比较器电路

比较器电路主要由一个比较器（ADCMP561）以及若干电容、电阻组成。该部分电路的作用主要是将模拟信号转变为数字信号。其电路原理图如图 7-38 所示，通道 A 的＋INA 信号是通过衰减电路的外时钟输入。＋INB 是通过衰减电路的外触发信号，－INB 与门限电平产生电路的输出（即产生的门限电平）相连。此外 QA＋，QA－，QB＋，QB－均是比较器输出，它们根据需要连接到后端电路。其他引脚的连接见其电路原理连接图即可。

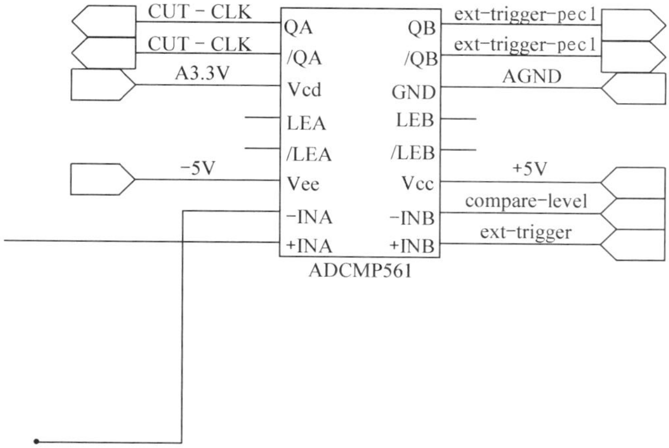

图 7-38　比较器电路原理图

（3）脉冲/数据产生电路设计

脉冲/数据产生单元从功能电路上分为：FPGA 单元、延迟与脉宽微调电路、脉冲合成电路、数据产生电路等。

1）FPGA 单元

FPGA 单元主要由一个 FPGA 芯片（EP2S15F484C3，U116）及其配置芯片（EPCS16，U115）组成。

在设计中，选用的是 Altera 公司的型号为 EP2S15F484C3 的 FPGA 芯片，它有 366 个可用 I/O 引脚、15 600 个可用等效逻辑单元、6 个内部锁相环，最高工作时钟频率可以达到 550MHz 以上，并且其体积小、功耗低，完全满足了便携式系统的要求。

2）延迟与脉宽微调电路

延迟脉宽微调及后端脉冲合成单元主要包括选择电路、延迟线电路、电平转换电路、脉冲合成电路以及外围电路等。该部分电路分为通道 1 和通道 2 两部分，但两部分的设计原理及实现均是相同的，因此下面只叙述通道 1 的情况，通道 2 的情况类似。

①选择电路

选择电路的作用和设计方法均与“数据产生电路单元”中的选择电路相同：选择电路主要由一个 2 选 1 芯片组成，用于选择最终输出的信号是脉冲还是数据。其选择的实现由选择信号实现：U113 的引脚 17 为逻辑 1、U118 的引脚 17 为逻辑 0 时，选择输出数据；反之选择输出脉冲。MC100EP56 其他引脚的连接以及各电阻、电容的连接如图 7-39 所示。

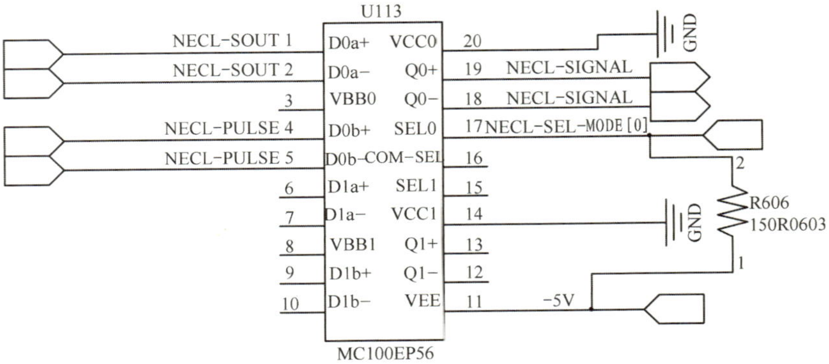

图 7-39　选择最终输出的选择电路

②延迟线电路

延迟线电路主要由 5 片延迟芯片 MC100EP196 及其外围电路组成。共分为 3 组：第一组（两片）主要用于实现 20ns 内高精度、高分辨率的信号延迟调整；第二组（一片）的作用是对脉宽初始值进行补偿，当上升沿触发信号和下降沿触发信号的固定延迟（即最后输出的初始脉宽）大于 1.25ns 的时候，即需要用此片延迟线对上升沿触发信号做一定的延迟，使最小脉宽能达到 1.25ns，从而满足项目指标要求；第三组（两片）主要是用于脉宽的微调，即对下降沿触发信号 20ns 内高精度、高分辨率的延迟调整。

单片延迟线的连接方式如图 7-40 所示。数据端（$D_0 \sim D_9$）与 FPGA 相连，用作延迟线对经过信号所产生的延迟量的控制，具体数值由 FPGA 内部程序配合上位机根据用户设置值得出；LEN 信号是数据载入端：即数据准备好后此信号需要有一个上升沿，才能将数据锁存入延迟线中；N+，N−是输入端，接输入信号，Q+，Q−是输出端，接输出信号。其他（如电源等）各引脚的连接见如图 7-40 所示电路原理图即可。

两片延迟线级联方式是：将低位片的 CAS+和 CAS−分别与高位片的 SETMAX 和 SETMIN 相连，由低位片的数据端 D_{10} 控制 CAS+和 CAS−输出，当需要超过 10ns 的延迟时，D_{10} 为 1，此时 CAS+和 CAS−输出则分别为逻辑 1 和逻辑 0，因此实现高位片的满延迟量（10ns）输出，从而实现了超过 10ns 的延迟调整。其余引脚的连接与单片延迟线的引脚连接相同，如图 7-41 所示。

③电平转换电路

电平转换电路主要用于实现 LVTTL→LVPECL（MC100EPT622），LVDS→LVPECL（MAX9375），LVPECL→NECL（MC100LVEL91）的电平转换，与

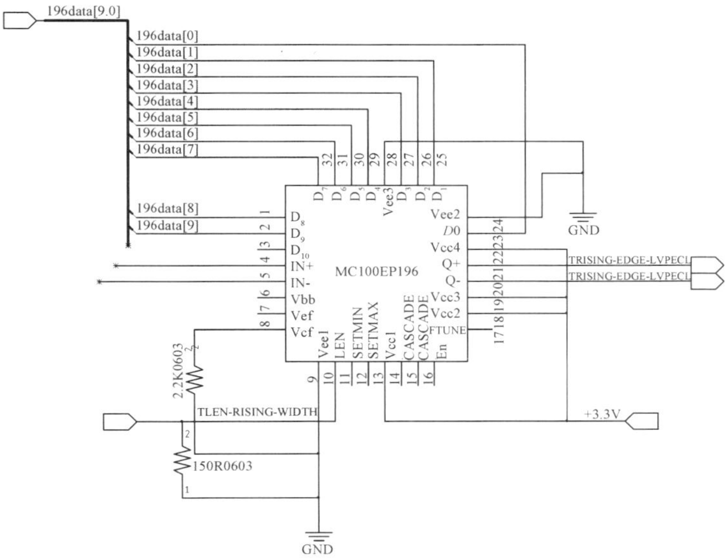

图 7-40　单片延迟线连接图

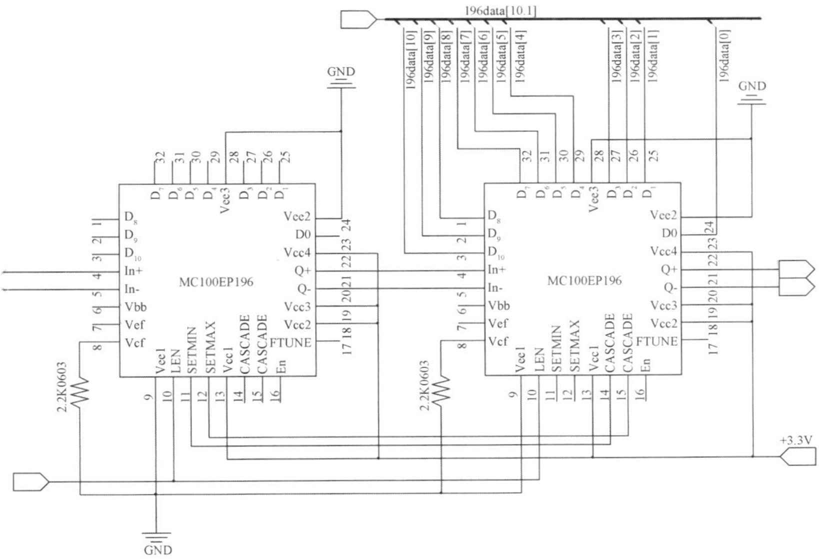

图 7-41　两片延迟线连接图

前面的电平转换电路相同，其作用均是使前后端的芯片输出/输入电平能互相兼容。电平转换芯片的设计原理较简单，如图 7-42～图 7-44 所示。

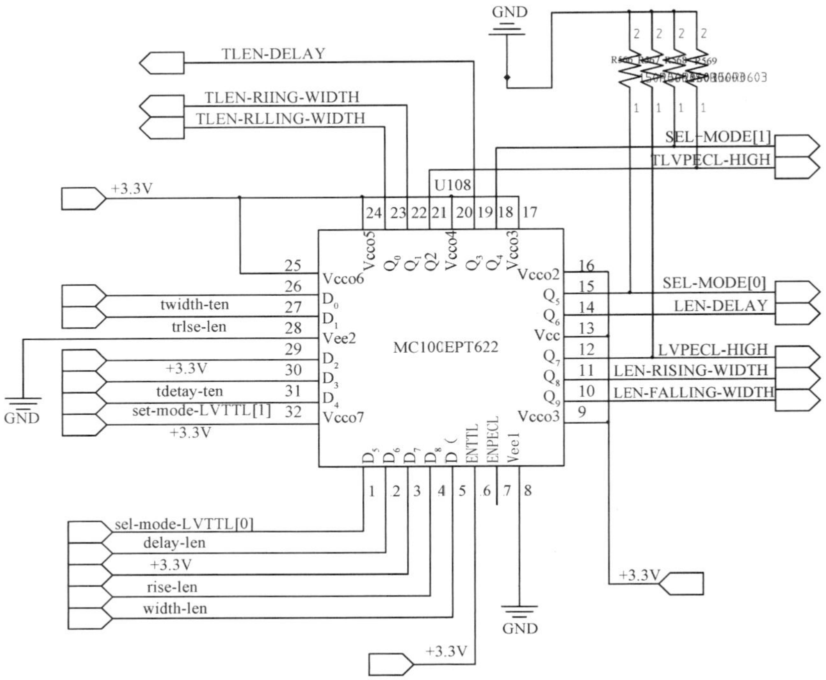

图 7-42　MC100EPT622

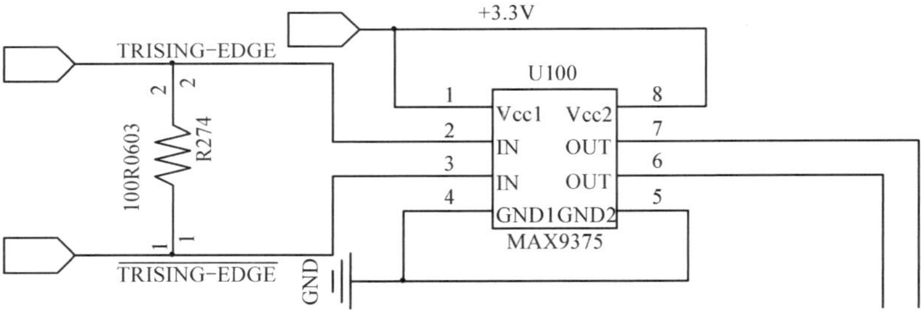

图 7-43　MAX9375

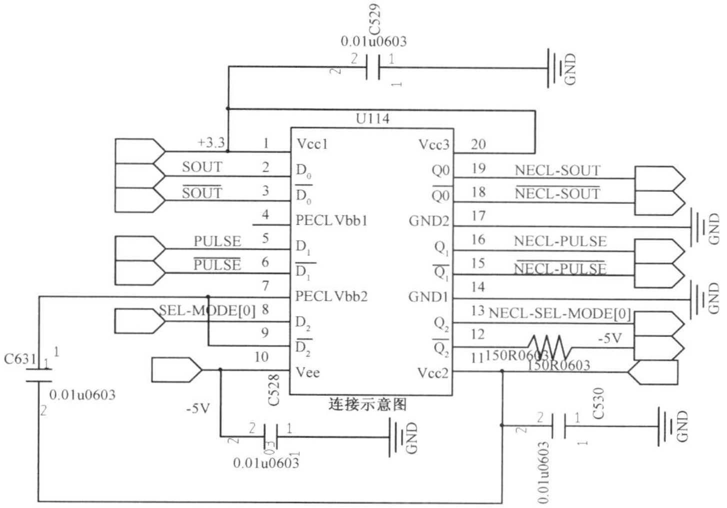

图 7-44 MC100LVEL91

3）脉冲合成电路

脉冲合成电路主要由一个 HP-D 触发器及其外围电路组成，作用是将上升沿触发信号和下降沿触发信号合成为最终的脉冲输出。其设计原理是将 D 触发器的数据 D 端接 NECL 逻辑电平的逻辑高，将 D 触发器的差分时钟输入端接上升沿触发信号，将 D 触发器的清零端接下降沿触发信号，这样上升沿触发信号即触发形成最终输出脉冲的上升沿，而下降沿触发信号即触发形成最终输出脉冲的下降沿，实现了脉冲的合成。此外 D 触发器的 Q+，Q−端接输出（合成后的脉冲）；VCC，VEE 端分别接 GND 和−5V 电源。

4）数据产生电路

数据产生电路单元包括 SRAM、并串转换器、电平转换以及外围电路等。该部分电路分为通道 1 和通道 2 两部分，但两部分的设计原理及实现均是相同的，因此以下只叙述通道 1 的情况，通道 2 的情况类似即可。

①SRAM 电路与并串转换电路

SRAM（U38）和并串转换器 MC100EP446（U36）主要用于产生用户所设置的数据。因为 MC100EP446 是一个 8 位的并串转换器，因此 SRAM 的数据端只用了低 8 位，将其与 MC100EP446 的数据端直接相连，同时 SRAM 的 LB−和 UB−分别与 GND（相当于 TTL 逻辑低）和 3.3V（相当于 TTL 逻辑高）相连，从而实现 SRAM 的低 8 位数据引脚使能而高 8 位数据引脚不用。此外 SRAM 的数据填入，以及其控制信号（图 7-45 中 CE，OE，WE）和

MC100EP446 的并串转换启停信号（图 7-46 中 SYNC，引脚 29）的控制均由 FPGA 内部程序完成。其他引脚及附属电阻、电容的连接见该部分的电路原理连接图，其电路连接如图 7-45、图 7-46 所示。

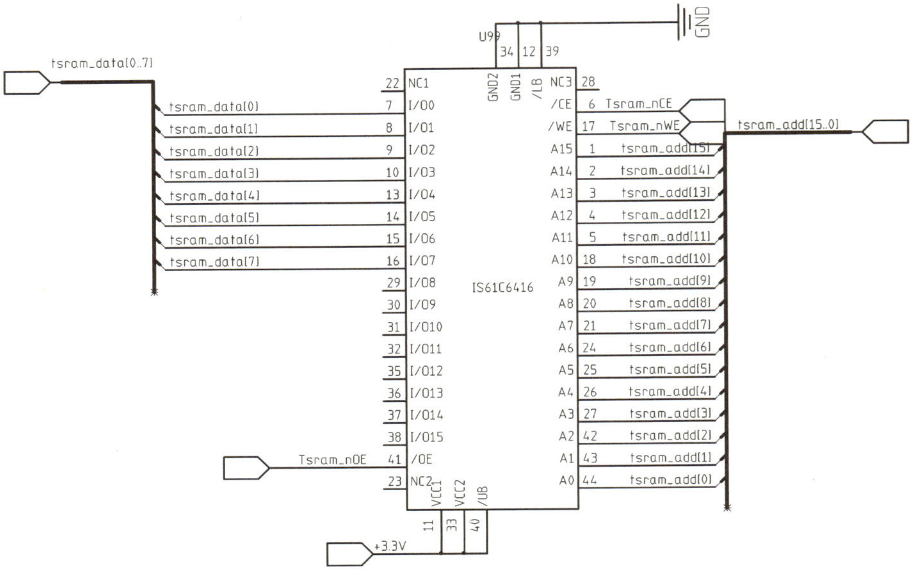

图 7-45 **存储器电路**

②电平转换电路

电平转换电路主要用于信号电平的转换，其中 MAX9374（U109）用于实现 LVPECL 到 LVDS 的电平转换，使并串转换芯片 MC100EP446 的 clk/8 转换到 FPGA 所能识别的电平（LVDS），从而配合 FPGA 数据控制程序的实现。芯片其他的连接见电路原理连接图 7-47 即可。

（4）模拟通道电路设计

脉冲输出通道是脉冲发生器的核心组成部分，输出通道负责对主板产生的固定幅度与电平的数字脉冲信号进行幅度与电平的调整，实现精密控制脉冲的幅度与电平。通道输出脉冲上升沿能够在 800ps 到 1μs 范围内连续可调，通道正负端输出可以单独控制。

脉冲输出通道电路主要由脉冲信号接收电路、电平搬移与幅度预放大电路、脉冲电平与幅度控制电路、沿控制电路和通道切换与开关控制五个功能模块组成，用户通过上位机发送对脉冲各项参数（脉冲电平、脉冲幅度、通道开关等）的控制数据。脉冲信号通过高速差分信号接收器，接收主板传输过来的

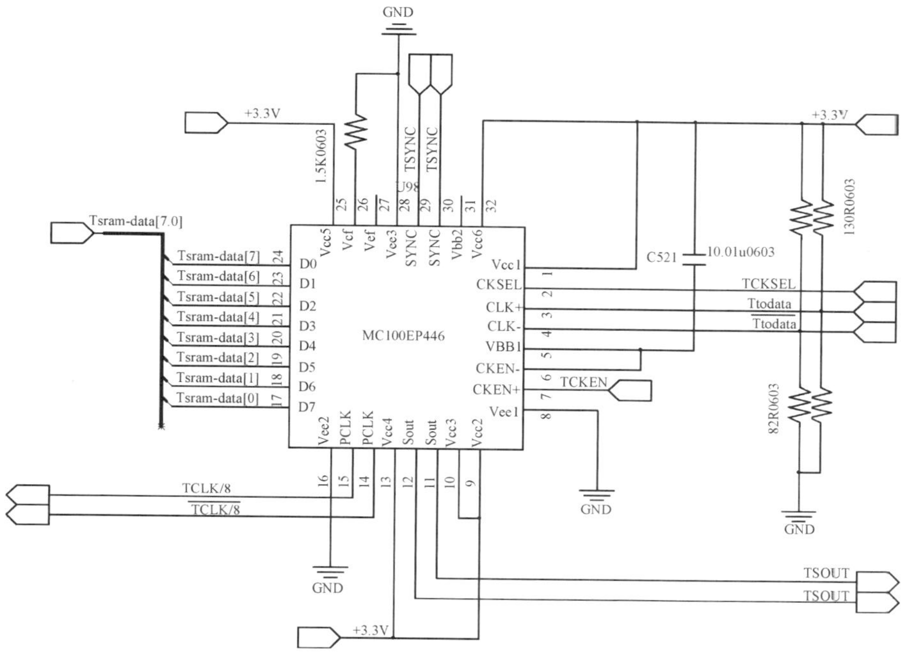

图 7-46 并串转换电路

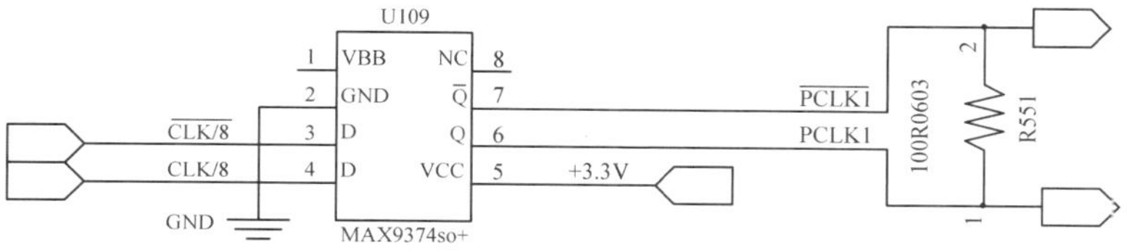

图 7-47 电平转换电路

固定幅度的脉冲信号，对固定的脉冲信号进行电平搬移与幅度预放大后，为后面的电平与幅度控制电路提供合适电平和幅度的输入信号。脉冲幅度与电平控制电路由两个级联的高速 ECL 门电路组成，这两个门电路经过 50Ω 的终端阻抗输出高速可控的脉冲信号。脉冲幅度与电平控制电路的直流电压源决定了输出脉冲的高电平窗，而控制级放大器的共射直流电流源决定了输出幅度的大小（直流电流源、电压源的控制数据均是上位机通过接口发送），输出脉冲信号再经过沿控制电路，选择适当的上升沿后输出。

1）脉冲调理总体设计

脉冲信号调理输出技术的实现方案为：通过高分辨率的 D/A 转换器控制

高精度、高稳定的恒流源，而恒流源的电流大小则直接控制线性放大电路输出信号的幅度。放大/衰减电路由五级电路组成，包括：脉冲信号接收电路、电平搬移与幅度预放大电路、信号幅度与偏置调整、阻抗转换与沿控制输出等。放大电路采用高速对管电路构成，电路结构高度对称以降低共模噪声，提高转换速率。放大电路的输入信号采用双端差分信号，该差分信号为前端脉冲波形形成电路的输出脉冲信号，它们控制主体三极管的导通和截止。脉冲信号从三极管集电极输出，恒流源的存在能有效提高三极管的转换速率，更大程度地保证脉冲信号的过渡时间。在导通后，恒流源保持对三极管射极电流强拉状态，使得脉冲幅度完全受控于恒流源电流，脉冲幅度精度主要由恒流源精度决定，提高恒流源精度更加容易实现。三极管截止时，输出信号电平等于三极管集电极电源电压，如图 7-48 所示。

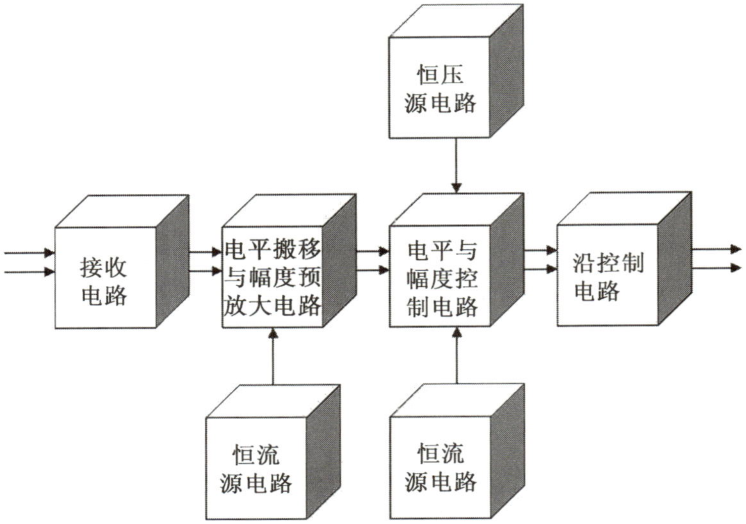

图 7-48　电平调理框图

另外，为了保证较大电流输出，在“幅度及偏置控制”电路中采用双备份对称电路（两部分电路输入/输出接到一起，电路结构基本相同）来实现输出电流倍增，大幅度提高信号源电流输出能力，并为 50Ω 输出阻抗的实现做好铺垫。而沿控制功能是在电路中接入额外电容，通过恒流源控制电容放入充电和放电的电流来控制输出信号的沿时间。本项关键技术主体采用自选分离元器件实现，并自主设计完成专用宽带、大动态范围通道电路。

2）模拟通道电路设计

脉冲调理电路主要分为数字脉冲信号接收电路、电平搬移与幅度预放大电路、通道开关控制3个功能模块，下面主要介绍脉冲幅度与电平控制和沿控制，如图7-49所示。

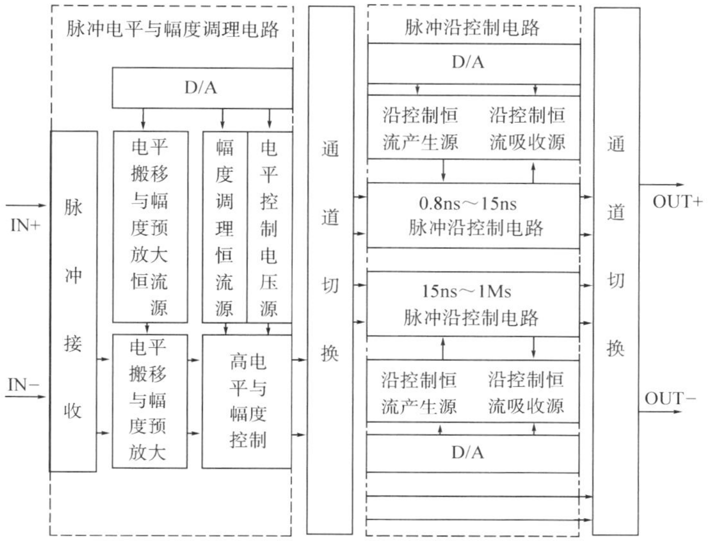

图7-49　脉冲信号非线性调理通道设计方案

本级电路需要实现脉冲高电平的控制、幅度控制、电平信息与频率信息重构新的脉冲信号、输出阻抗控制等功能。因此该电路按功能可划分为两部分：高电平控制电压源，实现脉冲信号电平信息；幅度控制电路，实现脉冲信号幅度的控制，同时完成输出阻抗控制和脉冲信号电平信息与频率信息的重构。

脉冲幅度和电平控制电路的主要作用为通过50Ω的终端阻抗输出高速可控的脉冲信号。脉冲幅度与电平控制电路的直流电压源决定了输出脉冲的高电平窗，而控制电路放大器的共射直流电流源决定了输出幅度的大小。如图7-50所示，脉冲幅度与电平控制电路由两个级联的ECL门电路与少量外围器件构成。开关对管 Q_1、Q_2 和 Q_3、Q_4 采用的是Philips公司的高速晶体管BFG541。

脉冲幅度与电平控制电路中的电阻 RB_1 和 RB_2，RB_3 和 RB_4，RE_1 和 RE_2，RE_3 和 RE_4，RC_1 和 RC_2 均为对称结构设计，其设计参数完全相同。RE_1、RE_2、RE_3、RE_4 为射极电阻，为射极电流源提供适当的输入范围，阻值均为4.7Ω。RB_1、RB_2、RB_3、RB_4 为基极电阻，消除输入的反射，阻值均为39Ω。RC_1、RC_2 为集电极负载电阻，设计中采用了CADDOCK公司的50Ω无感电阻 MP_{915}，为满足输出电阻50Ω的设计做准备。RS_1 和 CS_1，RS_3 和 CS_3 串联在晶体管对 Q_1 和 Q_2 的射极，保证电路设计的稳定性。而 RS_2 和 CS_2，

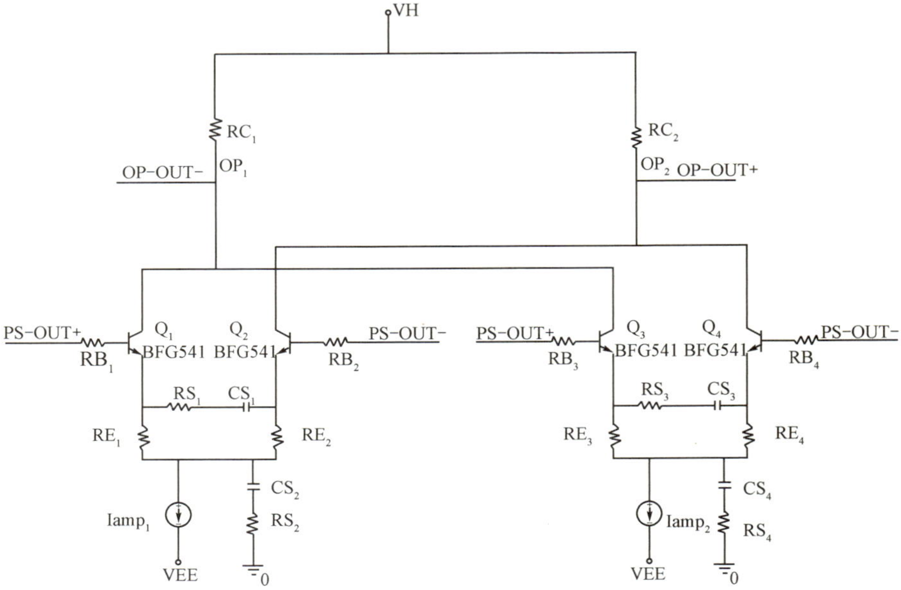

图 7-50　脉冲幅度控制电路

RS_4 和 CS_4 为缓冲网络（snubber network），有效地减少了整形脉冲输出的过冲。

高电平控制电压源 VH 是一个程控的直流电压输出源，为本级脉冲的输出提供脉冲高电平。脉冲输出电流源 I_{amp1} 和 I_{amp2} 为输出脉冲幅度的调整提供了输出范围宽广的直流电流。由于最终的脉冲输出在 50Ω 阻抗下为 0.1～3.8V，而且本电路的输出阻抗为 50Ω，那么在本电路的设计中，脉冲输出最大幅度应该大于 7.6V。脉冲输出幅度的大小等于（$I_{amp1}+I_{amp2}$）$\times RC_1$，那么（$I_{amp1}+I_{amp2}$）的电流值必须大于 7.6/50＝152（mA），考虑到 BFG541 集电极最大电流为 120mA，如果使用单 ECL 门电路设计，无疑会损坏 BFG541，所以本设计采用了两个级联的 ECL 门电路。

脉冲输出电流源 I_{amp_1} 和 I_{amp_2} 的输出电流值不能太大，太大会损坏 BFG541。同时，I_{amp_1} 和 I_{amp_2} 的大小和变化也要一致，满足两个 ECL 门电路中脉冲开关时间的一致。实际设计中采用了两个级联的电流缓冲器（current sink）组成，如图 7-51 所示。在本设计中，选择的运放 U_1 和 U_2 为 LT1112。Q_1 选用 Philips 公司的 PNP 三极管 MMBT5087，Q_2 选用 Philips 的 NPN 晶体管 ZT2222A。R_{S1} 和 R_{S2} 为取样电阻，阻值分别为 1kΩ 和 31Ω。R_{L1} 为负载电阻，阻值为 620Ω。R_{B1} 和 R_{B2}，R_{C1} 和 R_{C2} 的作用是消除反射，D_1 和 D_2 为肖特基二极管 bav99，它们调节电路的工作电压，使之稳定工作。D_3 和 D_4 是稳压值为 3.3V 的齐纳（ZENER）二极管 BZX84C3V3，在电路中将 I_{amp1} 和 I_{amp2} 的极大值限制到某个特定的值，防止电流过大导致的脉冲整形电路中开关三极管被击穿。C_1 和 C_2 为加速电容，用来改善二极管的瞬态特性。

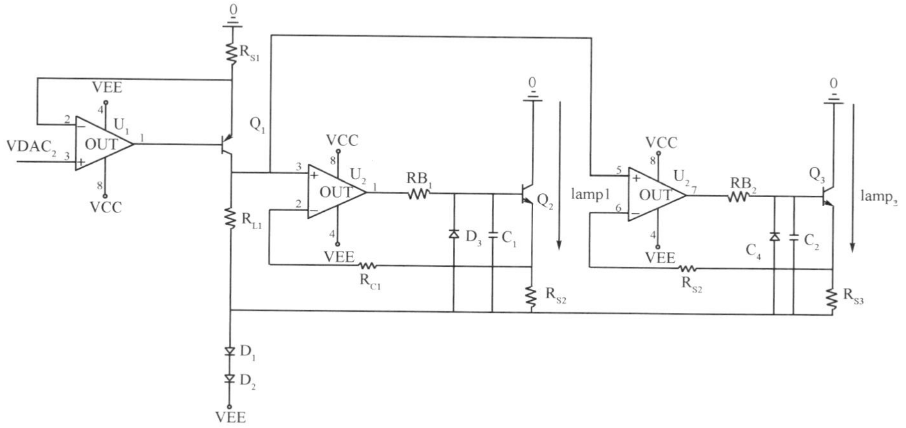

图 7-51　恒流源原理图

考虑到脉冲幅度控制级电流源（I_{amp}）的输入电压为－5～0V，电流源 I_{amp1} 和 I_{amp2} 的电流值 I_{amp} 计算公式为 $I_{amp}=VDAC_2/R_{S1}\times R_{L1}/R_{S2}$ 。随着 $VDAC_2$ 从 0V 慢慢减少到－5V，取样电阻 R_{S2} 两端的电压不断增大，当 R_{S2} 上的压降为 2.6V 时，D_3 正常工作，将 Q_2 射极电压钳位，I_{preamp} 达到最大值 2.6V/31Ω＝83mA。

高电平控制电压源 VH 决定了最终脉冲输出的高电平，对最终指标的实现有着极为关键的作用。如图 7-52 所示，VH 由电压叠加输入的同相放大电路通过推挽电路输出实现。考虑到输出高电平的高精度要求，运放 U_1 采用了 LT1112。VREF 是一个固定的参考电平，其值为＋5V，由基准芯片 AD1585 配合少量的外围电路产生，AD1585 是一款高精度的基准芯片，它有广阔的输入电压范围，极低的输出电流和能带噪声（wideband noise），满足设计的需要。VDAC3 输入范围为－5～0V，由 DAC 产生。三极管基极电阻 R_5 用来消除反射。R_6 保证了 Q_2、Q_3 的基极与射极的正常偏置。Q_2 和 Q_3 为互补功率对管，型号为 Onsemi 公司的 MJD44H11（NPN 管）和 MJD45H11（PNP 管），它们构成了输出的推挽电路，减少了静态功耗，提高了输出效率，增强了电压源的输出能力。

由于最终的脉冲输出高电平在 50Ω 阻抗下为－1.9～＋3.8V，而且本电路

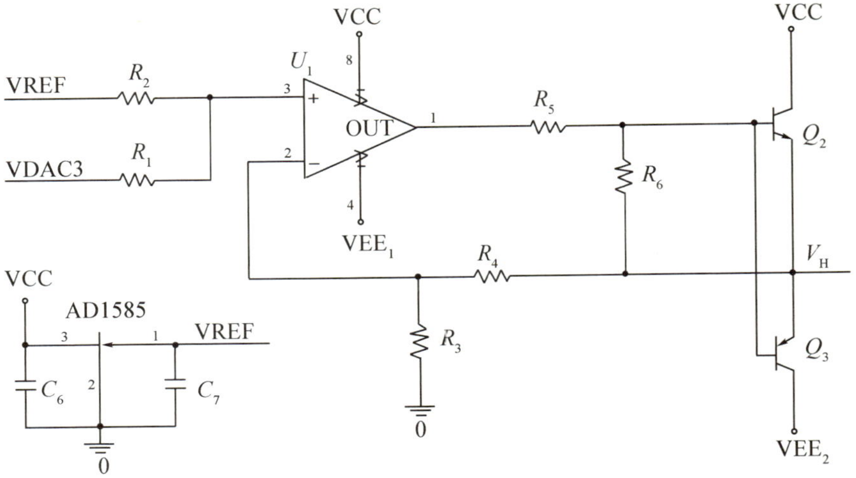

图 7-52　高电平控制电压源 VH 原理图

的输出阻抗为 50Ω，那么高电平控制电压源 VH 的输出电平应该覆盖－3.8～＋7.6V的范围。设计中，R_1＝6.8kΩ，R_2＝10kΩ，R_3＝5.6kΩ，R_4＝20kΩ，输出电压范围为－4.35～＋9.25V，覆盖了设计要求的－3.8～＋7.6V 的范围。（VCC＝12V，VEE$_1$＝－12V，VEE$_2$＝－5.2V）。

（3）沿控制电路设计

沿控制电路设计以电容的电压与充放电电流的关系为理论依据。电路设计中，考虑到脉冲沿时间范围跨度太大，单个电容难以实现，沿控制电路包括两部分：0.8～15ns 沿控制电路，15ns～1μs 沿控制电路。

（1）0.8～15ns 沿控制电路设计

电路原理图如图 7-53 所示，Q_1、Q_2 组成一对差分管，实现电流开关的功能，Pulse _ IN＋，Pulse _ IN－为信号输入端，Pulse _ OUT＋，Pulse _ OUT－为输出端。I_1，I_2 为一对大小相等的恒流产生源，I_{sum} 为恒流吸收源，其大小为 I_1 和 I_2 之和，C_1，C_2 为沿调整电容，V_L 为脉冲低电平控制电平，V_H 为脉冲高电平控制电压。

图 7-54 是输入脉冲信号与经过沿控制电路调理后的输出脉冲的对比示意图。当输入端 Pulse _ IN＋为脉冲上升沿、Pulse _ IN－为脉冲下降沿时，Q_1 将由截止向放大状态转换，Q_2 由放大状态向截止转换，电容 C_1 通过 Q_1 放电，输出出脉冲信号下降沿，而 C_2 因为 Q_2 的截止，电流 I_1 将对其充电，输出脉冲信号的上升沿。设计中使得恒流源 I_1 和 I_2 相等，且 I_1 和 I_2 之和等于 Isum。那么对 C_1 来说，充电电流大小为 I_2，而放电电流大小为 I_1。V_H 和 V_L 为输出

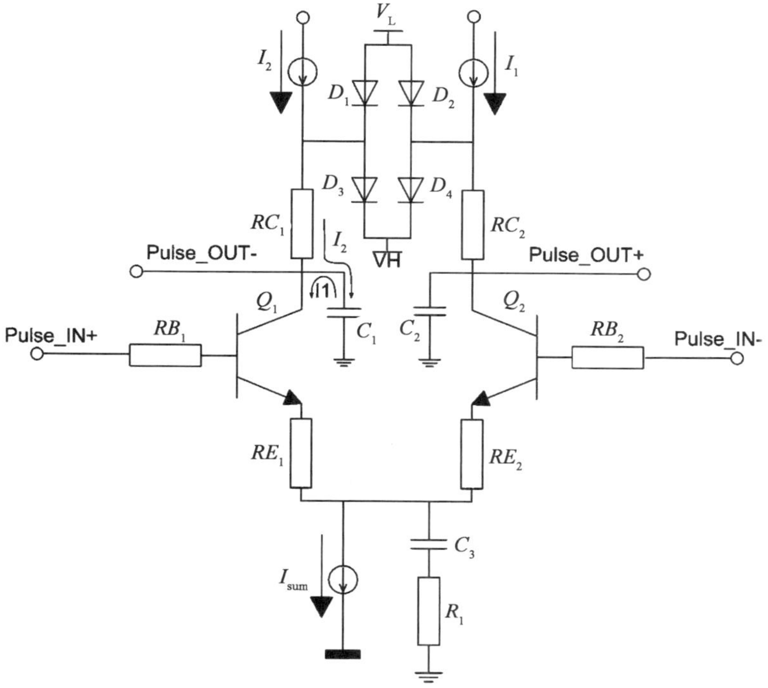

图 7-53　0.8～15ns 沿控制电路

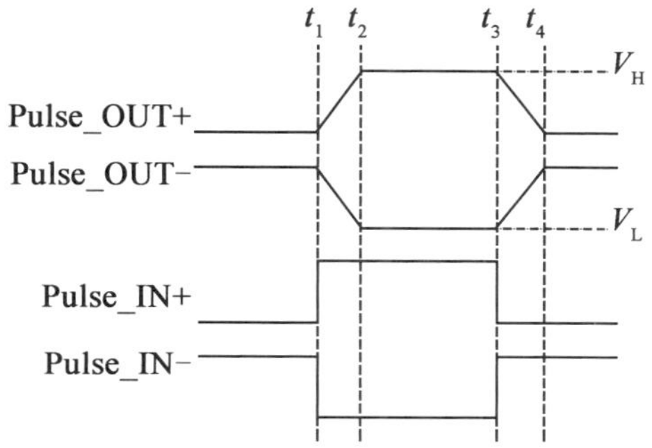

图 7-54　沿控制电路输入/输出信号对比图

信号电平控制电源，当电容充电使得其电压超过 V_H 与二极管导通电压之和，二极管导通，电容电压被钳位在 V_H，同理，当电容放电使得其电压低于 V_L 与二极管导通电压之和，二极管导通，电容电压被钳位在 V_L。

由电容的电压与电流的关系式：$t = CU/I$ 。当 C_1、C_2 的电容值为 10pF，要求输出幅度最大为 1.5V，最快上升/下降时间为 0.8ns，最慢为 15ns，则恒

流源 I_1 和 I_2 输出最大电流为 18.5mA，最小为 1mA，则电流 I_{sum} 范围为 2～37mA。电路设计中三极管和二极管的选择对输出信号的质量和沿控制效果有很大影响，要求三极管通过最大电流为 37mA，并且具有较好的高频开关特性，本电路中选用射频三极管 BFG541。二极管选用 Agilent 公司的 HSMS2865，HSMS2865 带宽高达 5.8GHz，正向导通电压为 0.3V，最大分布电容仅为 0.35pF，非常适合在本电路中做电压钳位二极管使用。

（2）15ns～1μs 沿控制电路设计

15ns～1μs 沿控制电路功能框图如图 7-55 所示，整个电路以高速开关为核心设计。

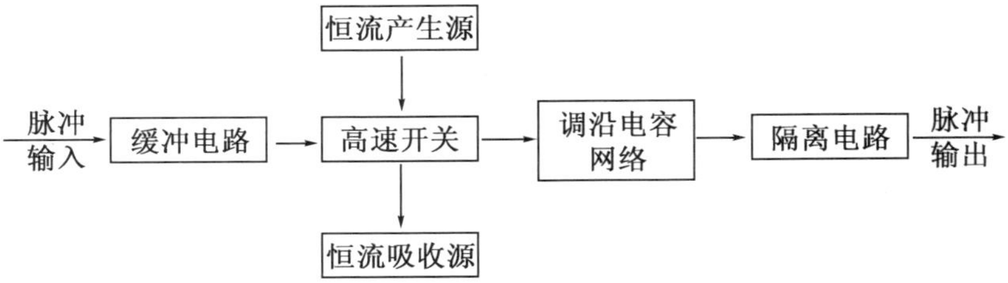

图 7-55　15ns～1μs 上升/下降沿控制电路原理框图

本电路中以电桥平衡原理为基础设计高速开关电路，利用脉冲信号高低电平切换表现出的开关特性，在输入脉冲的控制下相邻桥臂上的二极管轮流导通，为充电和放电电流提供回路。高速开关电路示意图如图 7-56 所示。

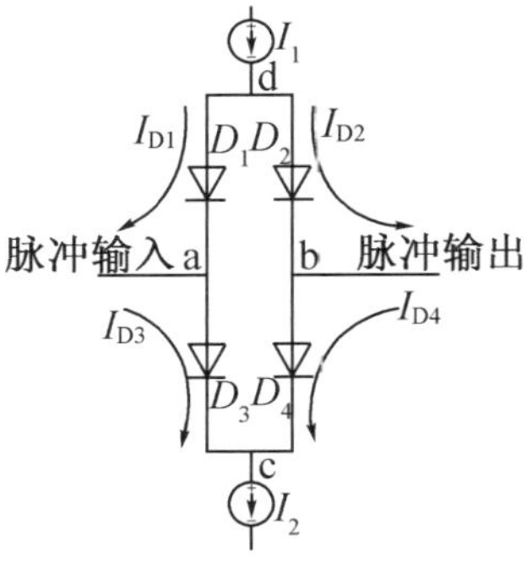

图 7-56　高速开关原理图

工作原理如下。静止状态 a、b 两点电压相同。当 a 点为脉冲上升沿时：D_1 将导通，D_3 截止，由电桥平衡原理知道，D_4 导通，D_2 截止。I_1 通过 D_1 流入前级缓冲电路，即图示中的电流 I_{D1}，后级电容网络的放电电流通过 D_4 形成 I_2，如图 7-56 中所示的放电电流 I_{D4}。这样在 D_4 的导通周期内，通过电容放电，输出信号电平由高电平变化为低电平，完成对输出脉冲下降沿及低电平控制。当 a 点为脉冲信号下降沿时：D_3 将导通，D_1 截止；D_2 导通，D_4 截止。缓冲级电路输出电流流经 D_3 形成 I_2，如图 7-56 中的 I_{D3} 。I_1 通过 D_2 对电容网络充电，如图 7-56 所示的充电电流 I_{D2}。这样在 D_2 导通周期内完成输出脉冲信号上升沿和高电平的控制。

考虑到 15ns～1μs 时间跨度仍然较大，需要对时间再分区间，同时为降低成本，提高恒流源利用率，本设计中考虑 15ns～1μs 时间区间内的沿控制电路与 0.8～15ns 区间沿控制电路共用恒流源，也就是说 15ns～1μs 区间内的沿控制电路对恒流源的要求不能超过 18.5mA。考虑各时间段的衔接，把时间区间分为：10～50ns，40～250ns，200ns～1μs；输出信号幅度最大为 1.5V，根据电流、时间区间和信号幅度，可以计算出各组电容值大小分别为：100pF、500pF 和 2.5nF，哪一组电容接入电路则由控制电路根据要求决定。为保证不要求接入调理电路的电容能有效地与电路断开，要求控制器件关断时有很小的关断电流，本设计中选用 HARRIS 公司的 NPN 三极管 MMBTH10，它的饱和电流只有 100nA，非常适合控制电容网络的工作状态，CRT_1、CRT_2、CRT_3 为选通控制信号。图 7-57 所示即为 15ns～1μs 上升/下降沿控制电路的调沿电容网络示意图。

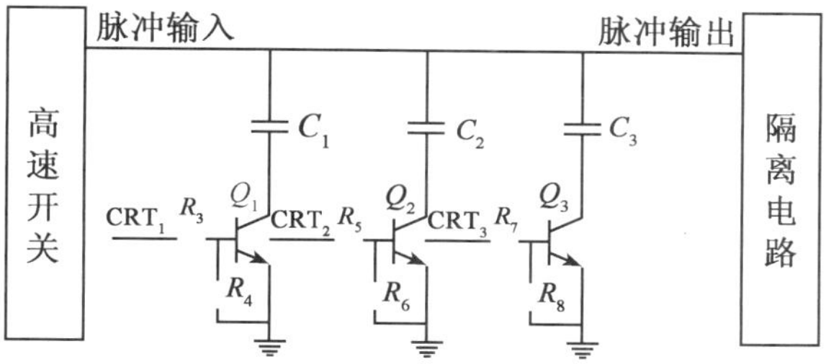

图 7-57　15ns～1μs 沿控制电容网络示意图

为了减小沿控制电路对前端电路的影响，并实现模拟通道 50Ω 输出，必须增加隔离/缓冲电路以及阻抗变换电路，本电路用运放 TI 公司的 THS3202 搭建电压跟随器实现信号前后级隔离和阻抗变换，THS3202 是一款单位增益带宽达 2GHz，压摆率为 9000V/μs 的高性能电流反馈型运放，大信号输出时上升/下降时间可达 0.45ns，所以能够满足 0.8ns～1μs 沿控制电路的设计需要。

7.2 机载防撞测试系统的应用

空中防撞系统（Traffic Collision Avoidance System，TCAS）的综合测试系统用于机载防撞系统设备的内场级测试，能够根据机载防撞系统工作特点，实现飞行过程中复杂的空间环境模拟，提供复杂的多接近目标方位、距离、高度等航迹信息；同时实时接收其射频端口信号，测量峰值功率、载波频率、灵敏度、方位解算等多种功能和技术参数；解调分析交互信息，提供机载数据总线的接收分析。通过相关参数的测量，判定 TCASⅡ系统中 TCAS 收发主机、S 模式应答机、控制盒、交通/决断显示器 4 个主要组件的功能、性能是否正常，从而对设备的故障进行隔离，是机载防撞系统测试验证和日常维护所必备的测试工具。

TCAS综合测试系统用于机载防撞系统设备的内场级测试，能够根据机载防撞系统工作特点，实现飞行过程中复杂的空间环境模拟，提供复杂的多接近目标方位、距离、高度等航迹信息；同时实时接收其射频端口信号，测量峰值功率、载波频率、灵敏度、方位解算等多种功能和技术参数；解调分析交互信息，提供机载数据总线的接收分析。通过相关参数的测量，判定 TCASⅡ系统中 TCAS收发主机、S模式应答机、控制盒、交通/决断显示器四个主要组件的功能、性能是否正常，从而对设备的故障进行隔离，是机载防撞系统测试验证和日常维护所必备的测试工具。

7.2.1 主要功能

1）入侵目标应答信号方位、距离、高度信息模拟功能；

2）多入侵目标应答信号模拟功能；

3）TCAS 收发主机询问射频参数测量功能；

4）TCAS 收发主机脉冲参数测试功能；

5）TCAS 收发主机发射功率对同步干扰的控制测试功能；

6）TCAS 收发主机接收灵敏度测试功能；

7）TCAS 收发主机对外通信接口测试功能；

8）TCAS 收发主机测向精度测试功能；

9）TCAS 收发主机监视目标跟踪能力测试功能；

10）TCAS 收发主机告警输出功能测试功能；

11）TCAS 收发主机询问信号模拟功能；

12）S 模式应答机应答信号射频参数测量功能；

13）S 模式应答机脉冲参数测试功能；

14）S 模式应答机接收灵敏度测试功能；

15）S 模式应答机对外通信接口测试功能；

16）S 模式应答机数据链能力测试功能；

17）控制盒对外通信接口测试功能；

18）交通/决断显示器对外通信接口测试功能。

7.2.2 系统的方案及工作原理简述

TCAS系统主要由TCAS收发主机、S模式应答机、控制盒、交通/决断显示器以及机上天线5个部分共同组成，TCAS综合测试系统将用于实现除天线以外各组成单元的主要功能和性能参数测试。其中TCAS收发主机和S模式应答机均同时具有射频发射和接收两个功能，由编码电路、发射电路、接收电路和译码电路4个部分单元电路组成；控制盒根据用户操作输出控制信号和数据总线信息；交通/决断显示器则根据数据总线传送信息进行显示。由于4个部分的工作过程各有不同，因此，TCAS综合测试系统需要分别针对以上4个部分进行测试设计。考虑到TCAS收发主机与S模式应答机的工作原理相近，采用软件无线电架构进行设计，其中频电路可通过模拟数据的动态配置实现不同模式信号的输出与检测分析。整个综合测试系统总体上划分为计算机单元、机舱环境模拟、信号模拟、接收检测和数据通信接口5大部分，其中信号模拟和接收检测两部分通过环形器与外部被测设备进行连接。整体硬件框图如图7-58所示。

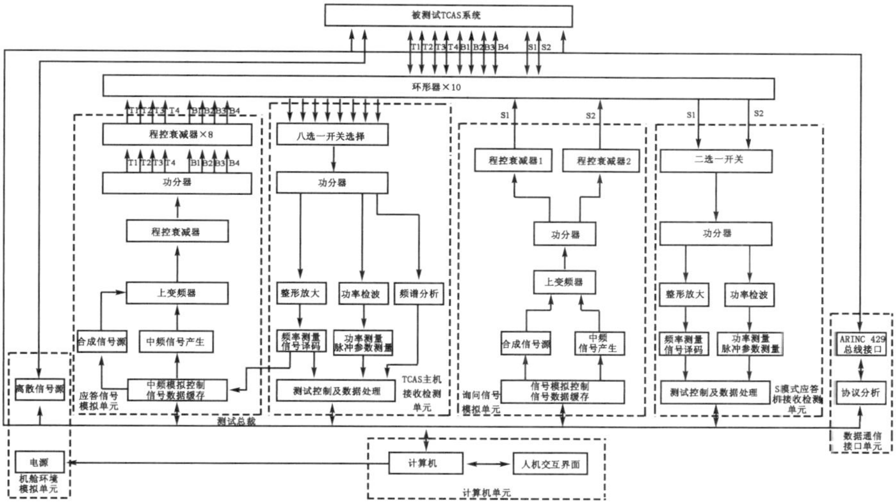

图 7-58 TCAS综合测试系统硬件框图

TCAS综合测试系统共划分为TCAS收发主机检测分机、S模式应答机检测分机、电源分机和一体化键盘显示器4个分机，每个分机均采用19英寸标准上架结构进行，并统一安装到19英寸标准框架结构的减震机箱中，如图7-59、图7-60所示。

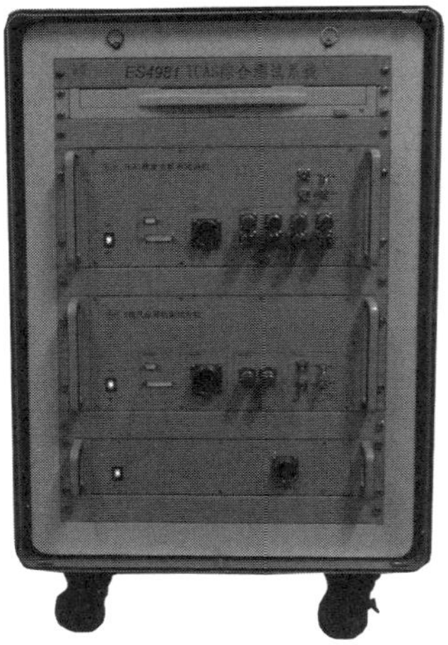

图 7-59　TCAS 综合测试系统结构图

图 7-60　外观结构图

为了缩短设备的平均维护时间（MTTR），TCAS 综合测试系统的所有自研硬件电路和外协功能单元均采用模块化结构设计，分别装入 TCAS 收发主机检测分机和 S 模式应答机检测分机两个分机中。尺寸参照 GJB100—1988《面板、机架和机柜的基本尺寸系列》和 IEEE1101 要求。所有模块按照功能划分为计算机模块 1（带 ARINC429 总线功能）、计算机模块 2（带离散信号输出功能）、中频处理模块、八通道上变频模块、八通道下变频模块、上变频模块、下变频模块、标准 CPCI 电源模块和微波电源模块共 9 种模块。

7.3　信号捕获与合成系统关键指标的测试方法

在时域测试领域中，数字存储示波器的应用越来越广泛。其中，波形捕获率是衡量其数据采集性能的一个重要指标。在著作者参与修订的新国家标准GB/T 15289—2009《数字存储示波器通用规范》中将波形捕获率定义为“单位时间内示波器所能捕获并显示的波形幅数（wfms/s）”。它表达了单位时间内采集系统所获取并显示的信息量的大小。波形捕获率越高，表示示波器对偶发事件的捕获能力越强。

虽然示波器供应商给出了各自产品的波形捕获率，但是该指标通常只能由设计人员来测试或计算确定。至今未见有关用户或第三方通过外特性定量测试该指标的方法或文献。

针对这一问题，本节提出了两种测试方法。

7.3.1 基于双脉冲法的数字存储示波器波形捕获率测试方法

本节提出了一种波形捕获率的测试计量方法。目前，该方法是通过外特性测试示波器波形捕获率的唯一方法。最后用该方法对常见的示波器波形捕获率指标进行了测试验证。

7.3.1.1 双脉冲测试原理及方法

1. 测试原理

示波器的采集是由触发信号来控制的，前后两次有效触发之间的时间间隔即为死区时间。

如图7-61所示，测试信号由一段较窄脉冲 W_1 和一段较宽脉冲 W_2 组成，两个脉冲的上升沿对应着波形的触发位置 t_1 和 t_2，t_1 和 t_2 之间的时间间隔 T_0 是可调节的。当 T_0 小于示波器的死区时间时，系统只能采集显示窄脉冲 W_1；当 T_0 大于死区时间时，系统既能采集显示窄脉冲 W_1，又能采集显示宽脉冲 W_2；当调节 T_0 到刚好能够同时观察到两个脉冲 W_1 和 W_2 的临界时间点时，此时 T_0 对应的时间即为示波器的死区时间。

若时间间隔 T_0 足够小，由于死区时间的存在，采集到第一个脉冲信号 W_1 后，示波器还没来得及开启下一次采集，必然会漏失掉第二个脉冲信号 W_2，通过增大时间间隔 T_0，当示波器刚好能将两个脉冲信号捕捉下来的时候就完成了波形捕获率的测试。

两个脉冲的脉宽不相等的原因是为了测试者观察的方便，可以清晰地判断出脉冲 W_2 出现与不出现的临界点，这个临界点恰好指明了完成一次采集所需的最短时间，范围是从第一个脉冲上升沿到第二个脉冲上升沿之间，即时间间隔 T_{0min}。

这时，T_{0min} 就是两个有效触发点的最短时间，也就是示波器采集与处理一次所需要的最短时间，它的倒数即是单位时间示波器的最大波形捕获率。即

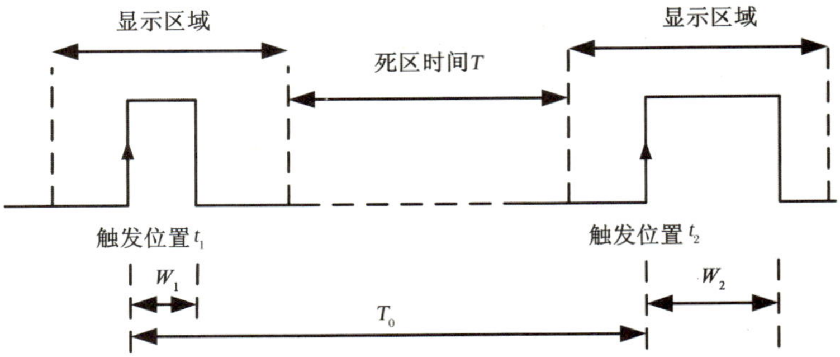

图 7-61　双脉冲信号示意图

$$Ru_{max} = 1/T_{0min} \tag{7-4}$$

2. 测试信号的产生方法

如图 7-62 所示，测试信号产生装置由一个窄脉冲发生器、一个宽脉冲发生器、一个或门和一个缓冲器组成。脉冲发生器的输入端 Datain 是需要对测试信号设置的一些值：两脉宽大小，两脉冲上升沿之间的间隔 T_0。Clkin 是输入时钟信号，ENB 是使能信号。

当使能有效时，窄脉冲发生器立即输出一个指定脉宽的脉冲信号，与此同时，宽脉冲发生器开始计数，当计数器计到指定的 T_0 时间时，模块输出一个指定脉宽的脉冲信号，两路信号通过或门合并后生成了上升沿相差 T_0 的双脉冲信号，即本测试试验所需要的双脉冲测试波形。输出接一个缓冲器，用来驱动信号。

3. 误差分析

由式（7-4）可知，波形捕获率测试的关键是确定时间间隔 T_{0min} 。设测试装置的系统时钟为 T_{CLK} ，被测示波器的采样时钟为 T_s ，则 T_{0min} 测试过程中的误差来源主要有以下两项：

第一，由于双脉冲的时间间隔是通过计数器计数实现的，则由计数带来了时间精度的±1 误差 ΔN ；

第二，一般示波器的采样时钟与测试装置的系统时钟是没有同步关系的，因此触发后示波器要等待采样时钟到来时才启动采集，那么触发后系统开始采集的时间是未知的，这是一个随机误差 ΔS，误差的大小为 $0 \leqslant \Delta S \leqslant T_s$ 。

不难得到 T_{0min} 的误差表达式为

$$\Delta T_0 = \Delta N \times T_{CLK} + \Delta S_1 + \Delta S_2 \tag{7-5}$$

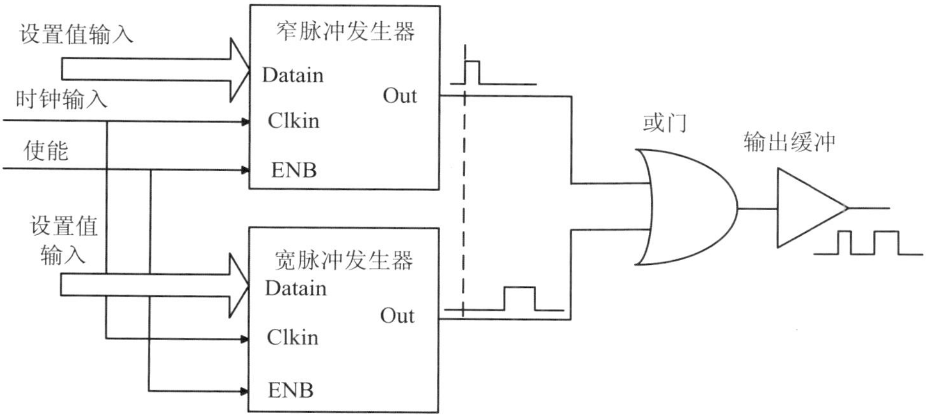

图 7-62 测试信号产生原理框图

式（7-5）中 ΔS_1 和 ΔS_2 分别表示双脉冲采样时，两次触发带来的随机误差。

4. 测试步骤

将被测示波器与测试模块的脉冲输出端相连接。设置示波器为最高实时采样率且无插值挡位或示波器产品指标中给定的最高波形捕获率状态下，调节至合适幅度，触发方式为正常，触发类型为边沿，斜率为上升沿，显示方式为无限余辉。测试前先关闭测试装置的输出。启动采集，待示波器进入等待触发状态后，打开测试装置的输出开关，观察被测示波器波形显示区。

首先设定较小的时间间隔 T_0，示波器波形显示区域中只有一个窄脉冲；然后调节信号发生器，逐渐增大 T_0，重新进行上述测试，直到采集到的信号如图 7-63 所示，即示波器波形显示区域中有重叠在一起的两个脉冲。此时即可确定临界点时 $T_{0\min}$ 的值，将其代入式（7-4）即可得到被测示波器的波形捕获率。

7.3.2 基于步进幅频组合脉冲的数字示波器捕获率测试方法

目前已有外特性测试数字示波器波形捕获率的方法，即双脉冲测试法，填补了波形捕获率测试方法的空白。然而，它仅能够测量出数字示波器的瞬态波形捕获率，测量结果反映的是被测时间点波形捕获情况。该方法最大的缺陷在于：它不能评价被测示波器在一段时间内波形捕获的实际情况，由于各厂家示波器在体系结构、波形处理显示手段上不尽相同，用该方法对并行构架的数字示波器进行指标测试、计量时可能存在较大的偏差。

为了能更客观地对波形捕获率指标进行测试或计量，在双脉冲测试法的基础上，提出了一种波形捕获率的综合评价方法。

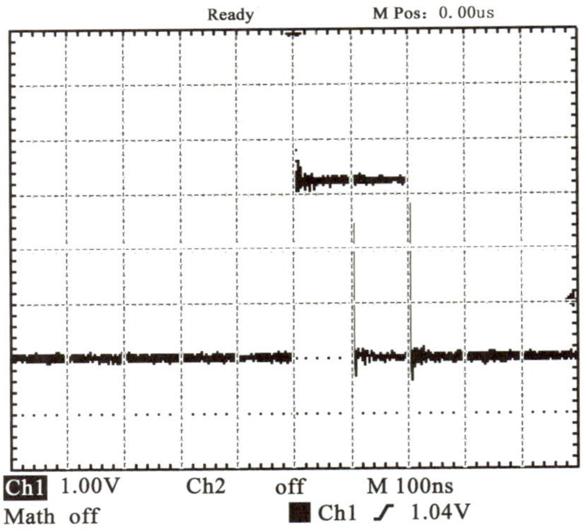

图 7-63　捕捉到两个脉冲

7.3.2.1　波形捕获率现有测试方法的不足

1. 数字示波器的体系结构

传统的数字存储示波器通常采用串行工作的构架，如图 7-64、图 7-65 所示，采集的数据从内存传送到计算机系统，经微处理器处理、计算参数，最终显示，这种构架的工作方式可以形象地表述为“采集一段、慢慢处理、控制显示”，然后重复这个过程。在微处理器“慢慢处理”的这段时间内，串行构架的采集系统将不能监视被测信号波形，这段时间就是“死区时间”。通常，此类仪器的波形捕获时间大约只占总观测时间的 1%，因此，在“死区时间”内将会漏掉 99%波形细节，使测试效率大大降低，换言之，仪器对被测信号的捕获率很低。

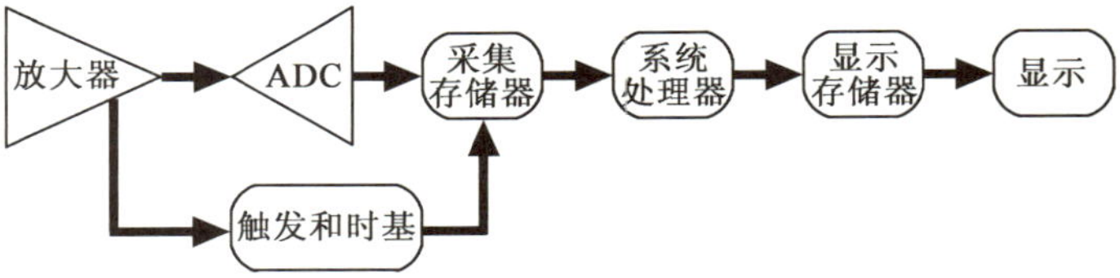

图 7-64　传统数字存储示波器结构

随着数字示波器技术的发展，波形捕获率指标越来越受到各示波器厂商的重视，波形捕获率提升的关键是改进示波器采集系统的体系结构，改变波形采集和显示的模式，尽可能降低死区时间。20 世纪 90 年代末期，泰克公司推出了世界上第一款并行结构的数字示波器——数字荧光示波器，从此，数字示波

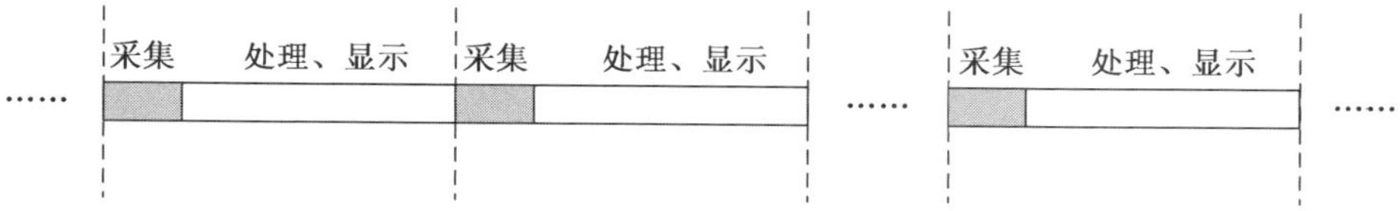

图 7-65　传统数字存储示波器波形捕获过程

器的波形捕获率得到了大幅提升。

如图 7-66 所示，具有波形数据并行处理体系的数字存储示波器主要分为三大部分：信号调理与触发模块、数据采集与波形并行协处理器模块、微处理器及显示模块。

经信号调理后的模拟信号送入 ADC 进行采样，在触发和时基电路的控制下将采样数据送入采集存储器缓存，完成一次采集后，波形并行协处理器启动，直接将采样数据映射成与显示屏点阵相对应的波形数据库，映射完成后又重新开始新一轮的采集与映射；与此同时，微处理器进行波形运算、菜单管理、人机接口管理等工作；当到达液晶屏定时刷新时间时，即刻启动显示刷新控制逻辑，自动将波形数据库和界面数据库的点阵数据组合后导入显示存储器，并更新显示。

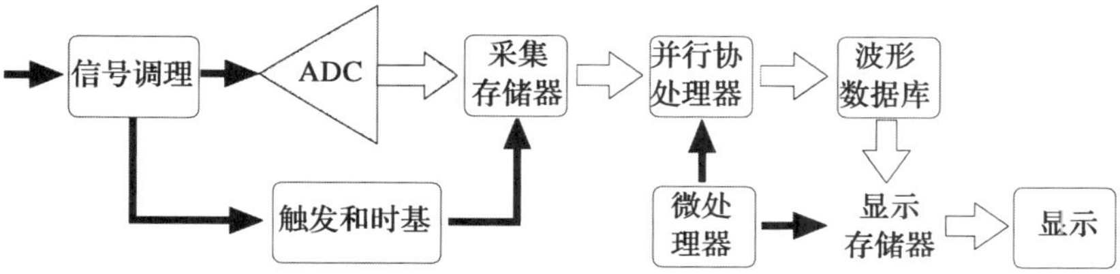

图 7-66　并行处理结构的数字存储示波器

在本系统中，采用波形采集处理与微处理器并行工作的构架，让微处理器从繁重的波形处理和显示中脱离出来，降低了系统的盲区时间，增大了发现瞬态异常信号的概率。

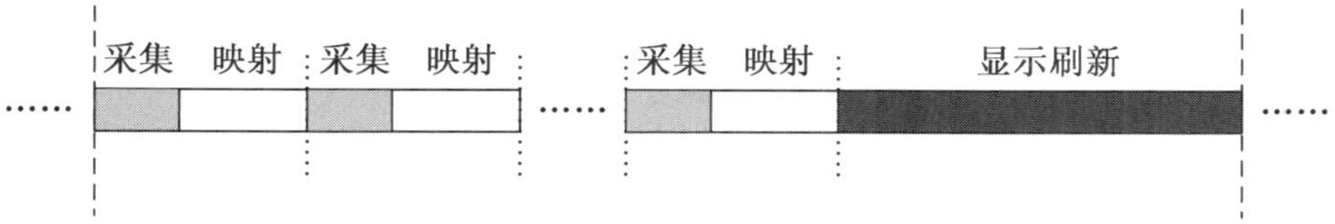

图 7-67　并行处理结构的数字存储示波器波形捕获过程

如图 7-67 所示并行结构数字示波器采集波形的特点是，在波形协处理器的作用下开始采集和映射，如此快速循环，当系统定义的刷屏周期到来时，停止采集和映射，波形协处理器将此时映射好的多幅波形导出到显示存储器，便于波形的显示，可见并行处理体系结构的死区时间有两部分：第一部分是波形映射时产生的死区时间，第二部分是刷屏时间到来时，导出映射好的波形图像时产生的死区时间。

2. 测试方法的缺陷

从数字示波器的体系结构分析可以看出，双脉冲测试法有相当的局限性。主要表现在：该方法仅衡量了示波器相邻两幅波形捕获的情况，其测试结果只是反映了示波器的瞬时波形捕获率指标，对于串行结构的数字示波器来说，由于相邻两次采集之间的时间间隔基本上是均匀的，用双脉冲测试法得到的测试结果基本能反映该类示波器在单位时间内的波形捕获率情况，误差不会太大；对于并行结构的数字示波器，由于其结构和波形映射方法的特殊性，存在两个不同环节的死区时间，波形捕获率在一个刷屏周期内是非均匀的，如果此时仍然用双脉冲测试法来评估该类示波器的波形捕获率的话，其测试结果将远远高于标称指标，从而得到错误的测试结果。

随着并行结构的数字示波器逐渐成为数字示波器市场的主流产品，寻求一种测量和评价并行架构数字示波器波形捕获率的方法尤为迫切。

7.3.2.2 步进幅频组合脉冲的原理

基于步进幅频组合脉冲的数字示波器捕获率测试方法是一种测量波形捕获率的方法，在双脉冲的基础上，考虑到并行示波器采集过程中采集的不均匀性和会出现的刷屏时间，提出步进幅频组合脉冲测试法，满足并行示波器波形捕获率测定。

基本思路是找出映射死区时间与刷屏死区时间，然后认为这个过程是周期性的，且以一个刷屏死区时间的出现为一个周期，最后测定这两个死区时间所占比重，计算确定在这样一个周期内的平均捕获率，从而确定并行示波器的捕获率。

基本原理是生成一组周期的可分辨的脉冲波形，送到示波器上去采集，根据对脉冲波形采集显示的情况，来判断示波器的捕获情况及确定刷屏死区时间位置与时间长度。

具体测试方法如下。

A. 通过双脉冲方法，确认示波器的最高捕获率

示波器设定在最大捕获率状态下，输入双脉冲信号，如图 7-68 所示，第一个脉冲宽度 P 为示波器最大捕获率状态下的时基时间。第二个脉冲的幅度

和宽度定为第一个脉冲的两倍，两脉冲间隔时间 L 使用标定捕获率的倒数。

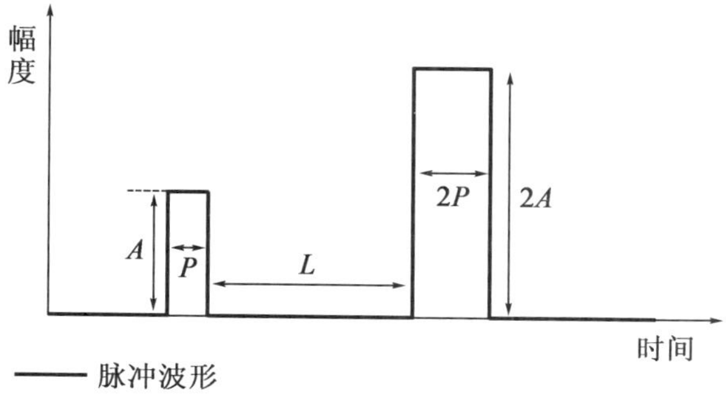

图 7-68 双脉冲波形图示

发送一次双脉冲，在被测示波器上观察，触发后是否能两个脉冲都捕获到。如果只捕获到第一个，表明示波器在 L 的时间内不能完成两个脉冲波形的捕获，需要增大脉冲间隔时间 L；反之如果两个脉冲都能捕获到，就减小脉冲间隔时间 L。反复调整脉冲时间间隔 L，直到捕获到两个脉冲的临界间隔时间 L'。则可知最短捕获时间 $T_{dp}=L'$，且最大捕获率为 $1/T_{dp}$。

B. 利用步进幅频组合脉冲法，定位刷屏所致死区时间位置及刷屏前的捕获波形数

由于受示波器显示屏局限，测试人员只能在屏幕中分辨一定数目的脉冲波形。从示波器的显示屏上得到水平格数 DIV_X，垂直格数 DIV_Y，则定义示波器屏幕能分辨的波形脉冲个数 N 为

$$N=\left(\frac{DIV_Y-1}{0.5}-1\right)(DIV_X-1) \tag{7-6}$$

脉冲间隔时间取双脉冲测试法得到的最短瞬态捕获时间 T_{dp}，脉冲波形按以下规律产生，如图 7-69 所示。

第 i 个脉冲幅度：

$$A_i=A_{min}+\left[(i)\bmod\left(\frac{DIV_Y-1}{0.5}-1\right)\right]\Delta A,(i=1,2,\cdots,N) \tag{7-7}$$

其中，A_{min} 表示最小脉冲幅度，数值等于示波器显示屏一格的幅度，ΔA 表示相邻脉冲递增幅度，数值等于示波器显示屏半格的幅度。

第 i 个脉冲宽度：

$$P_i=P_{min}+\left[\frac{i}{\left(\frac{DIV_Y-1}{0.5}-1\right)}\right]\Delta P,(i=1,2,\cdots,N) \tag{7-8}$$

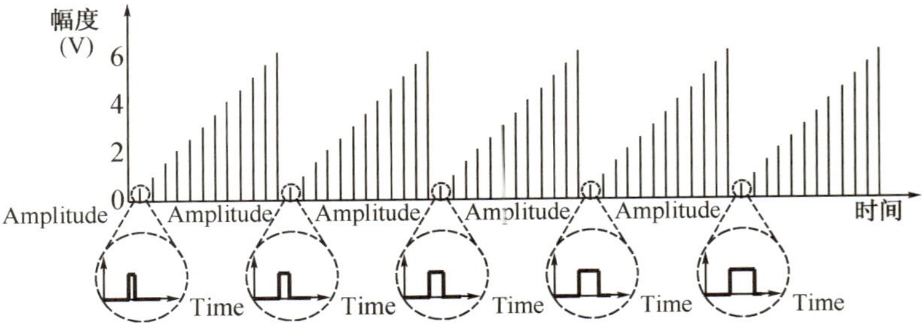

图 7-69　步进幅频组合脉冲示意图

其中，P_{min} 表示最小脉冲宽度，数值等于示波器显示屏一格的时基时间，ΔP 表示脉冲递增宽度，数值与 P_{min} 相等。

由于脉冲个数的限制，一段步进幅频组合脉冲所测试的时间范围为 $T_{seg} = T_{dp} \times N$。为了能在更多的时间范围内测试，可以利用正常触发模式下的每次采集过程的规律性，生成多段脉冲波形，时间上交错，从而满足对采集过程更多的时间范围上进行测试，如图 7-70 所示。

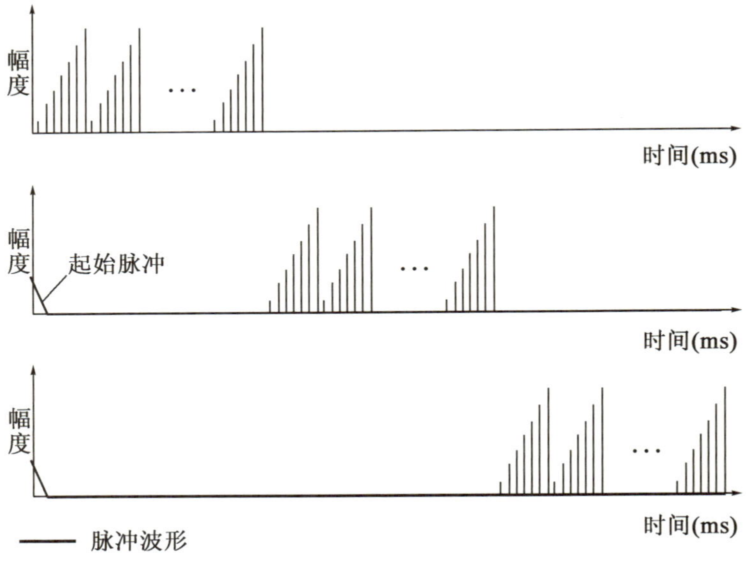

图 7-70　多段可测试不同时间范围的组合脉冲波形

将此多段测试波形分别输入示波器进行测试。当测到第 P 段，出现后半段的脉冲都没有被捕获到时，如图 7-71 所示，可以判断，此位置对应的就是刷屏所致死区时间出现的位置。

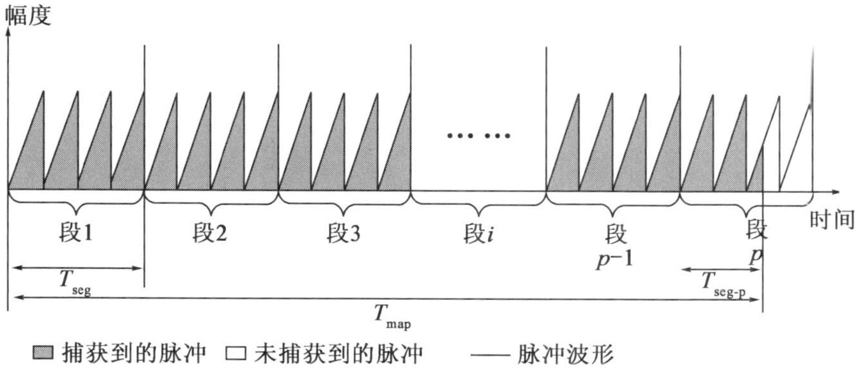

图 7-71　出现刷屏所致死区时间的情况

通过步进幅频组合脉冲捕获的情况，可以计算出刷屏所致死区时间出现的位置，同时也可以得到该时刻出现之前的时间实际上就是波形映射和采集的时间：

$$T_{map} = (P-1) \cdot T_{seg} + T_{seg\_p} \tag{7-9}$$

分段测试过程中，可以通过观察示波器屏幕得到第 k 段捕获的脉冲个数 W_{seg_k}，则在刷屏所致死区时间到来前，示波器能够捕获到的波形幅数为

$$W_{acq} = \sum_{k=1}^{P} W_{seg\_k} \tag{7-10}$$

C. 测量刷屏所致死区时间，并计算得到平均波形捕获率

对于测量刷屏所致死区时间，由于步进幅频组合脉冲法具有时间测量功能，因此仍可以使用这种方法，而期望测试结果能包括完整大死区时间，如图 7-72 所示，这样可以从缺失的脉冲个数算出大死区时间。

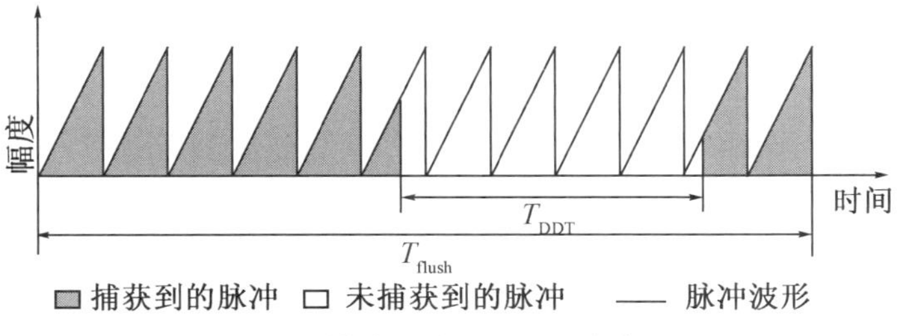

图 7-72　捕获完整死区时间的情况

因此需要选择合适的测量时间 T_{flush}，算出脉冲间隔时间，从而生成测量大死区时间的步进幅频组合脉冲波形。

对于初次测量，假定大死区时间 T_{DDT} 与映射时间 T_{map} 相等，并且在大死区时间之后须再加上一定的裕量时间。则首次的测量时间为

$$T_{flush} = 2T_{map} + \frac{1}{8}T_{map} \tag{7-11}$$

计算得到脉冲间隔时间为 $\frac{T_{flush}}{N}$，然后生成波形进行测试。

如果测试中发现大死区时间的结尾仍处在测试范围之外，则增大 T_{flush} 的值，重新算出脉冲间隔时间，生成波形再次测试。重复这样的实验过程，直到能够捕获到包括完整大死区时间的测试结果为止。

从满足条件的测试结果中，分析读出大死区时间所占的脉冲个数 W_{DL}，计算得到大死区时间为

$$T_{DDT} = W_{DL} \times \frac{T_{flush}}{N} \tag{7-12}$$

最后可根据已经得到的测量数据，算出被测示波器的实测波形捕获率为

$$WCR_{ave} = \frac{I(s)}{T_{DDT} + T_{map}} \times W_{acq} \tag{7-13}$$

参考文献

[1]林茂六，黄汉萍，初仁辛．非均匀取样周期信号时间偏差估计算法研究[J]．电子学报，1997，25(9)：89-91

[2]JENQ Y C. Digital spectra of nonuniformly sampled signals：a robust sampling time offset estimation algorithm for ultra high speed waveform digitizers using interleaving[J]. IEEE Transactions on Instrumentation and Measurement，1990，39(1)：71-75

[3]JIN H，LEE E K F. A Digital background Calibration Technique for Minimizing Timing error Effects in Time interleaved ADCs. IEEE Transactions on Circuits and Systems，2000，47(7)：603-613

[4]JOHN P D，SOULDERS T M，SOLOMON O M，et al. Bounds on least squares four parameter sine fit errors due to harmonic distortion and noise[J]. IEEE Transactions on Instrumentation and Measurement，1995，44(3)：637-642

[5]梁志国，朱济杰．数据采集系统通道间延迟时间差的精确评价[J]．仪器仪表学报，1999，20(61)：619-623

[6]ELBORNSSON J，GUSTAFSSON F，EKLUND J E，et al. Blind adaptive equalization of mismatch errors in a time interleaved converter system[J]. IEEE Transactions on Circuits and Systems，2004，51(1)：151-158

[7]HUANG L，LIN B Y，ZHANG S D. A digital background TIADC calibration architecture and a fast calibration algorithm for timing error mismatch [C]//International Conference on ASIC：2007. [S. l.]：[s. n.]，2007：253-256

[8]KNAPP C，CARTER G. The generalized correlation method for estimation of time delay[J]. IEEE Transactions on Acoustics Speech and Signal Processing，1976，24(4)：320-327

[9]邱天爽，王琏．广义相关时间延迟估计的自适应实现[J]．海洋技术，1994，13(4)：20-31

[10]MORI F，DISTEFANO J J. Optimal nonuniform sampling interval and test input design for identification of physiological system from very limited data [J]. IEEE Transactions on Automatic Control，1979，22(4)：893-900

[11]DELA S M，DORMIDO S. Nonperiodic sampling and identifiability[J]. E-

lectronics Letters, 1981, 17(24):922-924

[12]PEREIRA J M, SILVA P M B, SERRA A M C. An FFT based method to evaluate and compensate gain and offset errors of interleaved ADC systems [J]. IEEE Transactions on Instrumentation and Measurement, 2004, 53 (2):423-430

[13]DYER K C, FU D, LEWIS S H, et al. An analog background calibration technique for time interleaved analog to digital converters[J]. IEEE Journal of Solid State Circuits, 1998, 33(12):1912-1919

[14]EKLUND J E, GUSTAFSSON F. Digital offset compensation of tim einterleaved ADC using random chopper sampling[C]//International Symposium on Circuits and Systems:2000. [S. l.]:[s. n.], 2000:447-450

[15]VELAZQUEZ S R. Hybrid filter banks for analog/digital conversion[D]. Cambridge:Massachusetts Institute of Technology, 1997

[16]JAMAL S M, FU D H, SINGH MP, et al. Calibration of sample time error in a two channel time interleaved analog to digital converter[J]. IEEE Transactions on Circuits and Systems, 2004, 51(1):130-139

[17]JENQ Y C. Perfect reconstruction of digital spectrum from nonuniformly sampled signals[J]. IEEE Transactions on Instrumentation and Measurement, 1997, 46(3):649-651

[18]JAMAL S M, FU D H, CHANG N C, et al. A 10b 120Msample/s time interleaved analog to digital converter with digital background calibration[J]. IEEE Journal of Solid State Circuits, 2002, 37(12):1618-1627

[19]DOOLEY S R, NANDI A K. On explicit time delay estimation using the farrow structure[J]. Signal Processing, 1999, 72:53-57

[20]LAAKSO T I, VALIMAKI V, KARJALAINEN M, et al. Splitting the unit delay[J]. Signal Processing, 1996:30-60

[21]VESMA J, SARAM K T. Optimization and efficient implementation of FIR filters with adjustable fractional delay[C]//International Symposium on Circuits and Systems:1997. [S. l.]:[s. n.], 1997:2256-2259

[22]JOHANSSON H, LWENBORG P. On adjustable fractional delay fir filters and their design. Circuits System II Analog Digital Signal Processing IEEE Transcation, 2001, 150(1):164-169

[23]CONROY C S G, CLINE D W, GRAY P R. An 8b 85Ms/s parallel pipeline A/D converter in 1μm CMOS[J]. IEEE Journal of Solid State Circuits,

1993, 28(4):447-454

[24]SUMANEN L, WALTARI M, HALONEN K A I. A 10bit 200Ms/s CMOS parallel pipeline A/D converter[J]. IEEE Journal of Solid State Circuits, 2001:1048-1055

[25]OKAWARA H. Analysis of pseudo—interleaving AWG[C]//IEEE International Test Conference:2005 . [S. l.]:[s. n.], 2005:1178-1181

[26]田书林，刘科，周鹏. 基于双DDS的高速任意波发生器实现技术[J]. 仪器仪表学报，2004,25(4):557-560

[27]胡升平，宋跃，雷瑞廷，等. 基于FPGA的DDS-AM调幅波产生方法研究及实现[J]. 仪表技术，2007,4:7-9

[28]HEYMANN P, DOERNER R, BUGGE F, et al. A physics—based model of hyperabrupt varactors for nonlinear transmission line applications[J]. International Journal of Microwave and Millimeter—Wave Computer—Aided Engineering, 1997(7):278-288

[29]FAN Y, KEITH G L, EDWIN C K. Tunable nonlinear transmission lines with switched varactors[C]//International Symposium on Circuits and Systems:2009. [S. l.]:[s. n.], 2009:2077-2080

[30]LI M, HARRISON R G, AMAYA R E. CMOS varactors in NLTL pulse—compression applications[C]//European Microwave Conference: 37th. [S. l.]:[s. n.], 2007:1405-1408

[31]FERNANDEZ M, MARTIN F, STEENSON P, et al. A Comparison of different approaches for the simulation of nonlinear transmission lines. microwave and optical technology letters[J]. Microwave & Optical Technology Letters, 2002, 33(2):134-136

[32]SHI H, DOMIER C W, LUHMANN N C. A monollithic nonlinear transmission line system for the experimental study of lattice solitons[J]. American Institute of Physics, 1995, 78(4):2558-2564

[33]RODWELL M J W, ALLEN S T, YU R Y, et al. Active and nonlinear wave propagation devices in ultrafast electronics and optoelectronics[J]. Proceedings of the IEEE, 1994, 82(7):1037-1058

[34]RODWELL M J, MASAYUKI K, RUAI Y, et al. GaAs nonlinear transmission lines for picosecond pulse generation and millimeter—wave sampling [J]. IEEE Transactions on Microwave Theory and Techniques, 1991, 39 (7):1194-1204

[35]LI M, AMAYA R E, FERRARI P, et al. Low loss low cost a11 silicon CMOS NLTLs for pulse compression[C]// IEEE Mtt—s International Microwave Symposium Di [S. l.]:[s. n.], 2007:449-452

[36]SALAMEH D, LINTON D. Microstrip GaAs nonlinear transmission—line (NLTL) harmonic and pulse generators[J]. IEEE Transactions on Microwave Theory and Techniques, 1999, 47(7):1118-1121

[37]AFSHARI E, HAJIMIRI A. Nonlinear transmission lines for pulse shaping in silicon[J]. IEEE Journal of Solid—State Circuits, 2005, 40(3):744-752

[38]SHI H, ZHANG W M, DOMIER C W, et al. Novel concepts for improved nonlinear transmission line performance[J]. IEEE Transactions on Mirowave Theory and Techniques, 1995, 43(4):780-789

[39]WANG X D, HWU R J. Theoretical analysis and FDTD simulation of GaAs nonlinear transmission lines[J]. IEEE Transactions on Microwave Theory and Techniques, 1999, 47(7):1083-1091

[40]ROBERT H W. Analog to digital converter survey and analysis[J]. IEEE Journal on selected areas in communications, 1999, 17(4):539-550

[41]LE B, RONDEAU T W. Analog to Digital Converters[J]. IEEE Signal Processing Magazine, 2005:69-78

[42] YI B K, FALOUTSOS C. Fast time sequence indexing for arbitrary lp norms[C]//International Conference on Very Large Data Bases:26th. Cairo:[s. n.], 2000:1-24

[43]FALOUTSOS C, RANGANATHAN M, MANOLOPOULOS Y. Fast subsequence matching in time series databases[C]//ACM SIGMOD. [S. l.]:[s. n.], 1994, 419-429

[44]AGRAWAL R, FALOUTSOS C, SWAMI A. Efficient similarity search in sequence databases. FODO:4th. [S. l.]:[s. n.], 1993, 730:69-84

[45]BORECZKY J S, ROWE L A. Comparison of video shot boundary detection techniques[J]. Journal of Electronic Imaging, 1996, 5(2):122-128

[46]VLACHOS M, KOLLIOS G, GUNOPULOS D. Discovering similar multidimensional trajectories[J]. ICDE, 2002, 1:673-684

[47]KHANI S A, AGARWALA A K, SHAHANI D T. Advance oscilloscope triggering[J]. IEEE Trans Instrum Meas, 2007, 56(3):944-953

[48]Rana K P S, Khan S H. A DAQ card based mixed signal virtual oscilloscope [J]. Measurement, 2008, 41(9):1032-1039

[49]LYONS R G. Understanding digital signal processing[M]. 2nd. NewYork: Prentice Hell，2004:292-297

[50]MUEEN A，NATH S，LIU J. Fast approximate correlation for massive time series data[J]. Proceedings of the 2010 international conference on Management of data，2010，1:171-182

[51]Rodgers J L，Nicewander W A. Thirteen ways to look at the correlation coeffcient[J]. The American Statistician，1988，42(1):59-66

[52]MOTTAGHI KASHTIBAN M，SHAYESTEH M G. New efficient window function:replacement for the hamming window[J]. IET Signal Processing，2011，5(5):499-505

[53]Adams J W，Sucher R W. Optimal weights for autocorrelation sequences [C]//Conference Record of the 27th Asilomar Conference on Signals. Systems and Computers:[s. n.]，1993，2:1255-1259

[54]任颖. DDR2 SDRAM在高端数字存储示波器中的应用[D]. 成都:电子科技大学，2009

[55]ZENG H，WANG H J，YE P. Research on the technology of high speed large capacity data storage in DSO[C]//ICEMI:2007. [S. l.]:[s. n.]，2007:210-213

[56]Velazquez S R. Hybrid filter banks for analog digital conversion[D]. Cambridge:Massachusetts Institute of Technology，1997

[57]LI J，WU R B. An efficient algorithm for time delay estimation[J]. IEEE Transactions on Signal Processing，1998，46(8):2231-2235

[58]JOHANSSON H，LOWENBORG P. On the design of adjustable fractional delay FIR filters[J]. IEEE Transactions on Circuits and System II:Analog and Digital Signal Processing，2003，50(4):164-169

[59]ERUP L，GARDNER F M，HARRIS R A. Interpolation in digital modems part II:implementation and performance[J]. IEEE Transactions on Communications，1993，41(6):998-1008

[60]VESMA J. Optimization and applications of polynomial—based interpolation filters[D]. Finland:Tampereen Teknillinen Korkeakoulu，1999

[61]PEI S C，TSENG C C. A comb filter design using fractional sample delay [C]//IEEE International Symposium on Circuits and Systems:1997. [S. l.]:[s. n.]，1997，4 :2228-2231

[62]Deng T B. Discretization—free design of variable fractional—delay FIR fil-

ters[C]//IEEE International Symposium on Circuits and Systems:2001. [S. l.]:[s. n.], 2001, 2 :625-628

[63]VESMA J, SARAMKI T. Design and properties of polynomial—based fractional delay filters[C]//IEEE International Symposium on Circuits and Systems:2000. [S. l.]:[s. n.], 2000, 1: 104-107

[64]FARROW C W. A continuously variable digital delay element[C]//IEEE International Symposium on Circuits and Systems: 1988. [S. l.]: [s. n.], 1988, 3 : 2641-2645

[65]VESMA J, SARAMKI T. Interpolation filters with arbitrary frequency response for all—digital receivers[C]//IEEE International Symposium on Circuits and Systems:1996. [S. l.]:[s. n.], 1996: 568-571

[66]HARRIS F. Performance and design of farrow filter used for arbitrary resampling[C]//International Conference on Digital Signal Processing:13th. [S. l.]:[s. n.], 1997,2: 595-599

[67]VESMA J, HAMILA R, SARAMKI T, et al. Design of polynomial interpolation filters based on Taylor series[C]//European signal processing conference:1998. [S. l.]:[s. n.], 1998,1: 283-286

[68]OLSSON M, JOHANSSON H, LOWENBORG P. Delay estimation using adjustable fractional delay all pass filters[C]//Nordic Signal Processing Symposium:2006. [S. l.]:[s. n.], 2006:346-349

[69]FARROW C W. A continously variable digital delay element[C]//International Symposium on Circuits and Systems:1998. [S. l.]:[s. n.], 1988, 3 : 2641-2645

[70]YLI KAAKINEN J, SARAMKI T. An algorithm for the optimization of adjustable fractional—delay all—pass filters[C]//International Symposium on Circuits and Systems:2004. [S. l.]:[s. n.], 2004,3:153-156

[71]POWELL M J D. A fast algorithm for nonlinearly constrained optimization calculations[R]//Technical report 77/NA 2:department of applied mathematics and theoretical physics. Cambridge:University of Cambridge, 1977

[72]Hancock J. 在示波器上使用 DSP 滤波技术的优点和缺点[J]. 电子质量, 2004(7):5-8